Oberflächen-Abfluss

Überflutungen

Risikoanalyse

Sturzfluten

Fließgewässer

Kanalsystem

Oberfläche

Kanalnetzplanung und Überflutungsvorsorge

Prof. Dr-Ing. Helmut Grüning und Dr.-Ing. Klaus Hans Pecher

Kanalnetzplanung und Überflutungsvorsorge

Bibliografische Information der Deutschen Nationalbibliothek

Die Deutsche Nationalbibliothek verzeichnet diese Publikation in der Deutschen Nationalbibliografie; detaillierte bibliografische Daten sind im Internet über **www.dnb.de** abrufbar.

Kanalnetzplanung und Überflutungsvorsorge
Prof. Dr-Ing. Helmut Grüning, Dr.-Ing. Klaus Hans Pecher
2. Auflage

ISBN: 978-3-8356-7455-4 (Print)
ISBN: 978-3-8356-7456-1 (eBook)

Friedrich-Ebert-Straße 55, 45127 Essen, Deutschland
Telefon: +49 201 820 02-0, Internet: www.vulkan-verlag.de

Projektmanagement: Nico Hülsdau, Vulkan-Verlag GmbH, Essen
Lektorat: Daniela Brown, Vulkan-Verlag GmbH, Essen
Herstellung: Nilofar Mokhtarzada, Vulkan-Verlag GmbH, Essen
Umschlaggestaltung: Melanie Zöller, Vulkan-Verlag GmbH, Essen
Titelbild: Maxi Krähling
Satz: Veronika Koppers, Vulkan-Verlag GmbH
Druck: Scandinavianbook GmbH, Neustadt a. d. Aisch

Vorwort zur 2. Auflage

Urbane Sturzfluten durch Starkregen und Überschwemmungen durch Hochwasserereignisse sowie niederschlagsarme Phasen mit Temperaturrekorden verdeutlichen die Wirkungen des Elementes Wasser im Kontext des Klimawandels. Neben der grundlegenden Bedeutung für Leben und Wachstum steht die zerstörerische und lebensbedrohliche Wirkung von Wasser. Die Wirkung und Bedeutung von „Wasser in und außerhalb der Stadt" muss verstärkt wahr- und ernstgenommen werden. Vor diesem Hintergrund wurde in der 2. Auflage vor allem das Kapitel 12 „Gefährdungsanalyse und Überflutungsvorsorge" und Kapitel 13 „Wasserbewusste Stadtentwicklung" überarbeitet und ergänzt. Zu den Themenschwerpunkten zählen hier Konzepte zur Überflutungsvorsorge, Erläuterungen zum Hochwasserschutz sowie Maßnahmen zur Förderung natürlicher Wasserhaushaltsprozesse in urbanen Räumen.

Sämtliche Inhalte des Buches wurden grundlegend durchgesehen und stellenweise erweitert. Weiterhin enthält die 2. Auflage des Buches nun zahlreiche Beispiele, die zum Verständnis der behandelten Themen beitragen.

Vielen Dank an Nico Hülsdau vom Vulkan-Verlag, der engagiert und kompetent sämtliche Ideen und Wünsche der Autoren umgesetzt hat.

Steinfurt und Erkrath, September 2021

Vorwort zur 1. Auflage

Zu den maßgeblichen Aufgaben der Siedlungswasserwirtschaft zählen die Entsorgung von Abwasser zur Sicherstellung der Siedlungshygiene, die Gewährleistung des Gewässerschutzes durch weitreichende Rückhaltung und Behandlung der Abflüsse sowie die Ableitung niederschlagsbedingter Oberflächenabflüsse zur Vermeidung oder zumindest Reduktion von Personen- und Sachschäden durch Überflutungen.

Zur Entwässerung urbaner Räume hat sich vornehmlich in Bereichen mit humidem Klima die Schwemmkanalisation etabliert. Hierbei steht die rasche Ableitung von Schmutz- und Niederschlagswasser aus urbanen Räumen im Vordergrund. Die Planung und Bemessung sowie der Betrieb dieser grundlegenden infrastrukturellen Systeme sind Inhalt des vorliegenden Buches. Die dazu erforderlichen urbanhydrologischen und hydraulischen Grundlagen werden anschaulich erläutert. Auf einen regelmäßigen Bezug zu den jeweiligen Normen und Richtlinien legen die Autoren besonderen Wert. Im Bereich der Entwässerungstechnik sind die Regelwerke der Deutschen Vereinigung für Wasserwirtschaft, Abwasser und Abfall e.V. (DWA) maßgeblich.

Die Anwendung von Programmen zur Simulation der Prozesse und zur Bemessung von Entwässerungssystemen ist inzwischen ein selbstverständlicher Bestandteil des Ingenieuralltags. Allerdings findet sich dazu bislang nur wenig Literatur, in der die Grundlagen zur Simulation von Niederschlag- und Abflussprozessen beschrieben wird. Dieses Lehrbuch soll diese Lücke schließen.

Siedlungswasserwirtschaftler stehen heute vor neuen Herausforderungen. Klimatische Entwicklungen und Anforderungen an die Gewässerreinhaltung erfordern innovative Konzepte. Die Herausforderungen durch urbane Sturzfluten bilden einen Schwerpunkt der Ausführungen. Im letzten Teil des Buches werden Möglichkeiten und erforderliche übergreifende Maßnahmen zur wassersensitiven Stadtentwicklung diskutiert, um auf klimatische Entwicklungen zu reagieren.

In einem weiteren Band zum Thema „Regenwasserbewirtschaftung und Gewässerschutz“ werden konventionelle und innovative Möglichkeiten der Behandlung von Oberflächenabflüssen beschrieben.

Die Ausführungen richten sich an Studierende aus dem Bereich der Wasserwirtschaft und Umwelttechnik, aber auch an Praktiker, die sich über Grundlagen und Entwicklungen informieren möchten.

Für die kritische Durchsicht und die konstruktiven Hinweise bedanken wir uns bei Herrn Dr.-Ing. Holger Hoppe, Herrn Helmut Schmidt und Herrn Dr.-Ing. Gebhard Weiß.

Steinfurt und Erkrath, November 2019

Inhaltsverzeichnis

1 Entwicklung und Aufgaben der Stadtentwässerung

1.1 Wasserwirtschaftliche Infrastruktur

Wasserwirtschaftliche Systeme sind eine maßgebliche Voraussetzung für die Entwicklung urbaner Räume. Ziele der Siedlungsentwässerung sind die Sicherstellung hygienischer Verhältnisse, der Schutz vor Überflutungen im Rahmen der technischen und wirtschaftlichen Möglichkeiten sowie die Erhaltung und Verbesserung der Gewässerqualität. Heute geht es darum, die über Jahrzehnte geschaffene Infrastruktur zur Ableitung von Abwasser und zur Bewirtschaftung von Oberflächenabflüssen zu erhalten, aber auch Konzepte zu entwickeln, um künftige Herausforderungen zu meistern. Zu den aktuellen Herausforderungen zählen:

- Fortschreitende Flächenbefestigung und Bebauung von Freiflächen
- Veränderung klimatischer Bedingungen
- Veränderungen der Bevölkerungsstruktur durch Demografie (lokale Bevölkerungsabnahme) oder eine Bevölkerungsverdichtung in attraktiven Großstädten bis zur Bildung von Megacitys
- Eintrag von Mikroschadstoffen in die aquatische Umwelt
- Eingeschränkte finanzielle Handlungsspielräume der Kanalnetzbetreiber (Kommunen)

Die öffentliche Wahrnehmung der zumeist unterirdischen Infrastruktur beschränkt sich leider auf wenige problematische Situationen wie beispielsweise eine Überflutung nach intensiven Niederschlägen oder der Eintrag von Chemikalien in Gewässern und die damit verbundene Sorge um die Trinkwasserqualität. Vor diesem Hintergrund ist es erforderlich, den Wert der Infrastruktur öffentlich darzustellen.

Infrastruktursysteme, wie der öffentliche Verkehrsraum, werden durch die offensichtliche Nutzung von Straßen, Plätzen und Gehwegen wahrgenommen. Teilweise noch komplexere Systeme liegen allerdings verborgen unter der Erde. In unterschiedlichen Tiefenlagen und an verschiedenen Positionen ist der unterirdische Raum durch Leitungssysteme, bestehend aus Rohren und Kabeln, durchzogen. Dazu zählen Strom- und Kommunikationsleitungen (Kabel), Leitungen zum Transport unterschiedlicher Medien (z. B. Gas, Öl, Dampf) zu Heizzwecken und natürlich die Trinkwasserleitungen und Abwasserrohre (**Bild 1.1**). Im öffentlichen Straßenraum einer größeren Stadt eine neue Leitung zu verlegen, stellt eine logistische Herausforderung dar, denn der unterirdische

Bild 1.1: Unterirdische Infrastruktur im öffentlichen Verkehrsraum (Quelle: Tracto Technik GmbH)

Verkehrsraum wird intensiv durch die unterirdische Infrastruktur ausgenutzt. Die Länge des Kanalnetzes einer Großstadt umfasst mehrere Tausend Kilometer. Beispielsweise hat das öffentliche Kanalnetz der Stadt Berlin eine Länge von ca. 9.500 km. Die zusätzlichen privaten Abwasserleitungen sind geschätzt zwei- bis dreimal länger als die öffentliche Kanalisation. Die Länge der Wasserversorgungsnetze weist ähnliche Größenordnungen auf.

Abwasser entsteht durch Oberflächenabflüsse und durch die Nutzung von Trink- oder Brauchwasser im Haushalt und im industriell/gewerblichen Bereich. Die Systeme zur Wasserver- und Entsorgung sind in den Wasserkreislauf eingebunden. Wasserversorgungssysteme stehen eher im Fokus der Öffentlichkeit als Entwässerungssysteme. Ein wesentlicher Grund ist sicher, eine besondere Sensibilität gegenüber dem elementaren Lebensmittel Trinkwasser. Dabei erfolgt die Entnahme von Rohwasser aus Oberflächengewässern oder aus dem Grundwasser. Ein Großteil der Bevölkerung ahnt aber noch nicht einmal, dass in Gewässer, aus denen Rohwasser zur Trinkwasserversorgung entnommen wird, in nennenswertem Umfang das von ihr erzeugte Abwasser eingeleitet wird. Auch wenn es allgemein wenig bekannt ist: Die Einleitung von unbehandelten, bestenfalls verdünnten Abwässern in Oberflächengewässer bei Regenereignissen, ist auch heute noch übliche Praxis und anerkannte Regel der Technik. Die Einleitung erfolgt über Entlastungsbauwerke zumeist in Fließgewässer (**Bild 1.2**). Diese Bauwerke sind somit die Schnittstelle zwischen der Kanalisation und dem Gewässer. Das Wasser wird dann möglicherweise aus diesem Gewässer entnommen und im Wasserwerk aufbereitet. Über Transportleitungen und Verteilungsnetze gelangt es dann wieder zu den Endverbrauchern.

Anders als bei der Kanalisation handelt es sich bei Wasserversorgungsnetzen in der Regel um Drucksysteme. Das heißt, dass die Leitungsquerschnitte gefüllt sind. Der jeweilige Druck gewährleistet, dass Wasser letztlich auch aus dem Wasserhahn in den oberen Stockwerken ausströmen kann. Unmittelbar nach der Wassernutzung wird aus einwandfreiem Trinkwasser definitionsgemäß Abwasser. Komplexe Entsorgungssysteme (Kanalisationsnetze) leiten das Schmutzwasser aus Haushalten und Gewerbe/Industrie sowie das auf den Oberflächen abfließende Regenwasser ab. Ein großer Teil des Abwassers fließt zur Kläranlage und wird dort behandelt. In Deutschland wird das verschmutze Trinkwasser (noch) häufig gemeinsam mit dem Regenwasser gemeinsam in einem Kanal gesammelt und abgeleitet (Mischwassernetz). Bei Regenereignissen mit bestimmter Intensität kommt es zum beschriebenen Überlauf des aus Schmutz- und Regenwasser bestehenden Abwassers in ein Gewässer.

Letztlich fließt jeder Wassertropfen, gleichgültig welcher Grad der Verunreinigung vorliegt, wieder in ein Gewässer (Grund- oder Oberflächenwasser). Damit schließt sich der Kreis des in Kapitel 2.1.1 beschriebenen sog. urbanen Wasserkreislaufs.

Bild 1.2: Entlastung der Kanalisation in ein Fließgewässer während eines Regenereignisses

Die zumeist unter der Straße liegenden Kanäle weisen im Minimalfall Nennweiten von 200 bis 300 mm auf. Für Leitungen zur Entwässerung größerer Flächen sind durchaus auch Durchmesser bis zu 4 m und mehr möglich. Die Herausforderung der Dimensionierung liegt darin, das dynamische Niederschlagsverhalten und die Abflussvorgänge so zu berechnen, dass Überflutungen weitgehend vermieden werden und andererseits auch minimale Abflüsse möglichst ablagerungsfrei zur Kläranlage geleitet werden. Ziel der Bemessung ist es nicht, sämtliche Oberflächenabflüsse überflutungsfrei abzuleiten und ggf. zwischenzuspeichern. Die technischen und wirtschaftlichen Grenzen der Ableitung von Starkregen sind eine maßgebliche Herausforderung bei der Entwicklung von Maßnahmen zur Regenwasserbewirtschaftung. Die Dimensionierung größerer Kanäle löst das Problem nicht. Künftig sind verstärkt aktuelle Informationen des Systembetriebs zu berücksichtigen (Hoppe et al., 2019) und städtebauliche Konzepte vorzusehen, um Risiken durch Überflutungen zu entschärfen.

1.2 Historische Entwicklungen

Viele Städte entwickelten sich in unmittelbarer Nähe von Fließgewässern. Dies hat den Vorteil der unmittelbaren Verfügbarkeit von Wasser und der Möglichkeit, das Abwasser unmittelbar wieder zu entsorgen. Fließgewässer übernehmen so die Funktion der Ver- und Entsorgung. Nachteilig ist die Gefahr von Überflutungen durch natürliche Hochwässer in unmittelbarer Nähe der Flüsse. Der Schutz des Gewässers ist jedoch die Voraussetzung für einwandfreies Trinkwasser und belastungsfreie Nahrungsmittel. Dieser Zusammenhang wurde in der Vergangenheit häufig vernachlässigt.

Wasser ist nicht nur ein lebensnotwendiges Element zum Ausgleich des Flüssigkeitshaushaltes des menschlichen Körpers, sondern trägt maßgeblich zur Gewährleistung der Hygiene bei. Die Verfügbarkeit von Wasser zur häuslichen Durchführung der Körperhygienemaßnahmen erfordert zunächst Versorgungssysteme, aber genauso entsprechende Entsorgungssysteme. Beeindruckende wasserwirtschaftliche Infrastrukturen sind bereits aus frühen Zivilisationen bekannt. An einigen Beispielen wird die Entwicklung verdeutlicht.

Frühgeschichte und Altertum

Mit der Entstehung erster Siedlungen um 8000 v. Chr. im Vorderen Orient und im östlichen Mittelmeerraum entwickelten sich auch Infrastrukturen zur

Versorgung mit Wasser sowie Entsorgung von Abwasser und Abfällen. Erste Kanalisationsanlagen sind aus Ephesus (6000 v. Chr.) bekannt. Auf den schottischen Orkney-Inseln wurden bis zu 60 cm tiefe, mit Steinplatten ausgekleidete Ableitungsgräben aus dem 3. Jahrtausend v. Chr. gefunden, die bis zur nahe gelegenen Küste führten.

Die ersten Wasserrohre zur Wasserversorgung lassen sich um 2700 v. Chr. in der Induskultur im heutigen Pakistan und Indien nachweisen. Sie waren aus Ton, in den Abmessungen standardisiert und an den Enden mit Muffen versehen, damit sie leichter ineinander gesteckt und mit Asphalt verdichtet werden konnten. Erste Leitungen aus Metall sind aus Ägypten bekannt (etwa 2500 v. Chr.).

Auch Paläste der Antike waren mit ausgeklügelten Entwässerungssystemen ausgestattet. Über eine technisch bemerkenswerte Anlage verfügte der um 2000 v. Chr. erbaute Palast von Knossos auf Kreta. Aus jedem Teil des Palastes führten Abwasserrohre zu einem mit Steinplatten ausgekleideten Hauptkanal, der gleichzeitig durch eine Reihe von Regenentwässerungsgräben verbunden war. Auf diese Weise wurde erreicht, dass die wolkenbruchartigen Regengüsse, von denen die Insel regelmäßig heimgesucht wurde, das Kanalsystem gründlich durchspülten. Die Wasserversorgung erfolgte über Aquädukte, die Wasser von einer 7 km entfernten Quelle in Rohren aus gebranntem Ton in den Palast leiteten.

Die Abwasserentsorgung erfolgte in Rom durch die cloaca maxima. Diese gewaltige offene Abwasserrinne (3,20 m breit und 4,50 m tief) führte jahrhundertelang die Abwässer durch die Stadt. Erst 33 n. Chr. wurde die Anlage aufgrund der unangenehmen Gerüche grundlegend erneuert und mit einem Gewölbe abgedeckt. In den Anlagen römischer Provinzen (z. B. Paris, Köln, Trier) wurden kreisförmige Rohre aus Ton, Blei und Bronze als Ableitungskanäle sowie Hausleitungen gefunden.

Mittelalter

Die frühzeitlichen Entwicklungen indischer, ägyptischer oder auch römischer und griechischer Kulturen ist im Mittelalter völlig verdrängt worden. In den Straßen mittelalterlicher Städte herrschten katastrophale hygienische Verhältnisse, die im unmittelbaren Zusammenhang mit dem Ausbruch von Seuchen standen (Blasius und Büsing, 1894). Nur in mittelalterlichen Klöstern erhielt sich die Tradition der Wasserver- und Entsorgungssysteme. In Ziegelsteinrinnen erfolgte größtenteils unterirdisch der Wassertransport. Ansonsten ging im Mittelalter vieles an technischem Verständnis und Fortschritt verloren. Erkenntnisse über den Zusammenhang zwischen Hygiene und Gesundheit fehlten. Es war übliche Praxis den Unrat einfach auf den Straßen zu entsorgen oder in teilweise stagnierende Stadtgräben oder in die Flüsse zu werfen. Die Exkremente und Misthaufen verunreinigten das Grundwasser und die Brunnen zur Wasserversorgung. Aufgrund der unhygienischen Verhältnisse brachen entsprechend häufig Seuchen aus. Pest, Typhus und Cholera kosteten vielen Menschen das Leben. In manchen Städten gab es aber auch Erlasse, den Unrat von den Straßen zu sammeln und außerhalb der Stadt zu entsorgen. Der Versuch, eine ganze Stadt koordiniert mit Wasser zu versorgen, erfolgte erst wieder am Ende des 12. Jahrhunderts, als in Paris damit begonnen wurde, ein Leitungsnetz zu verlegen. So wurde in Paris auch bereits im Jahr 1270 durch eine königliche Verordnung die Reinhaltung der Straßen angeordnet. Der Unrat musste in geschlossenen Karren aus der Stadt gebracht und an bestimmten Stellen deponiert werden. Anfang des 16. Jahrhunderts wurde dort für jedes Haus eine Senkgrube angeordnet, die bestimmte Arbeiter (gadouards) gegen festgestellte Taxen in der Nachtzeit entleerten. **Bild 1.3** veranschaulicht exemplarisch die Bedingungen damaliger Zeit am Beispiel von Basel um 1880. Dargestellt

Bild 1.3: Hygienebedingungen um 1880 in Basel

sind hölzerne Abtritterker über dem Birsig, einem kleinen Stadtbach, der als offener Abwasserkanal die Aufnahme und den (eingeschränkten) Abtransport von Exkrementen und Abfällen gewährleisten sollte.

Neuzeit

Der maßgebende Impuls für den Bau geordneter Abwasserentsorgungssysteme und zentraler Wasserversorgungsanlagen waren verheerende Seuchen. Im 19. und 20. Jahrhundert grassierten Typhus und Cholera in den durch Industrialisierung und Bevölkerungswachstum gekennzeichneten urbanen Räumen. **Tabelle 1.1** veranschaulicht beispielgebend das Ausmaß dieser oft tödlich verlaufenden Seuchen. Besonders betroffen waren Städte wie Hamburg oder München, in denen es wiederholt zu Epidemien kam.

Erst im 19. Jahrhundert setzte sich die Erkenntnis durch, dass ein Zusammenhang zwischen Hygiene und Sterblichkeit besteht. Die Bedeutung von Bakterien bei der Entstehung bekannter Infektionen führte zur Entwicklung entsprechender Schutzmaßnahmen (Prophylaxe). Die ersten Hygienemaßnahmen kamen auf, nämlich Händewaschen sowie die tägliche Körperpflege mit Wasser und Seife. Sie wurden auf internationaler Ebene von Ärzten und Politikern jener Zeit auf Kongressen thematisiert. Ihr wichtigstes Ziel war die Bekämpfung von ansteckenden Krankheiten wie Cholera, Typhus und Gelbfieber. Mediziner erkannten den Zusammenhang zwischen gesundheitlichen Einschränkungen durch Hygienemängel und einer mangelhaften Infrastruktur. Nicht immer allgemein anerkannt waren die Vorschläge zur Verbesserung der Hygienesituation. Im Jahr 1847 stellte der Arzt Ignac Semmelweis fest, dass bestimmte Hygienemaßnah-

Tabelle 1.1: Beispiele für das Ausmaß von Epidemien aufgrund mangelhafter wasserwirtschaftlicher Bedingungen im 19. und 20. Jahrhundert

Ort und Jahr	Erkrankung	Erkrankte	Todesfälle
Wien (1830)	Cholera	nicht bekannt	mehr als 2.000
München (1873)	Cholera	3.075	1.490
Hamburg (1882)	Cholera	19.956	8.605
Wiesbaden (1885)	Typhus	938	52
Gelsenkirchen (1901)	Typhus	3.231	350
Pforzheim (1919)	Typhus	4.000	400
Hannover (1926)	Typhus	2.500	260

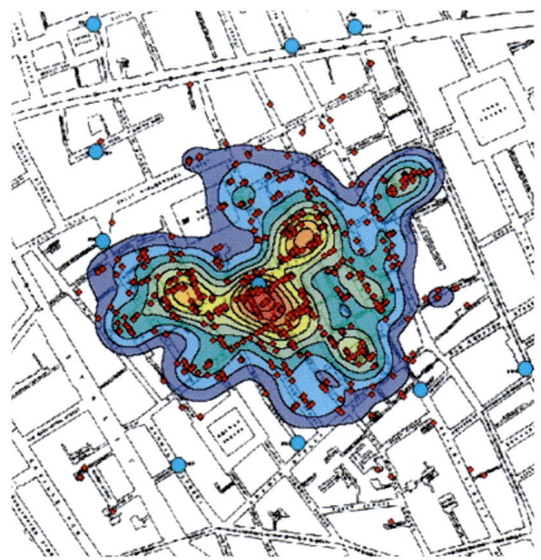

Bild 1.4: Kartografische Darstellung der Häufigkeitsverteilung von Cholerafällen im Umfeld eines Trinkwasserbrunnens durch den englischen Armenarzt John Snow

men die durch Kindbettfieber verursachte Sterblichkeitsrate reduzierten und der Schotte Joseph Lister, inspiriert durch die Arbeiten Pasteurs, führte die Antisepsis in die Chirurgie ein. Robert Koch wies Anfang der 1880er Jahre ein stäbchenförmiges Bakterium als Choleraerreger nach. Wie bereits auch andere Forscher erkannte Koch den Zusammenhang zwischen bakterienverseuchten Fäkalien und der Trinkwasserversorgung. Abwässer wurden in Gewässer eingeleitet, aus denen unmittelbar die Entnahme von Trinkwasser erfolgte – ein Kreislauf mit tödlichen Folgen. Auch heute noch tritt Cholera vor allem in Regionen ohne geregelte Abwasserentsorgung auf. In England hatte der Armenarzt John Snow bereits 1854 die Übertragung von Cholera durch Trinkwasser nachgewiesen. Snow stellte die Häufigkeitsverteilung von Cholerafällen in 48 Stadtgebieten von London kartographisch dar, indem er für jeden Krankheitsfall einen Punkt in der Karte verortete. Auf diese Weise konnte er, geostatistisch begründet, die Brunnen als Quelle für den Krankheitsherd identifizieren (**Bild 1.4**).

Der Bau von Kanalisationsanlagen in Europa begann im Wesentlichen erst im 18. und 19. Jahrhundert. Im Jahr 1739 war Wien die einzige Stadt, die innerhalb der Stadtmauern vollständig kanalisiert war. Andere Städte der gleichen Größenordnung begannen mit diesem Vorhaben erst Jahrzehnte später. In Deutschland wurde nach und nach die Schwemmkanalisationen nach dem Vorbild des Ableitungssystems in London (1830) etabliert. England war auch Vorbild im Bereich gesetzlicher Regelungen. Hier wurde bereits 1876 mit dem Rivers Pollution Prevention Act das erste zusammenhängende Gesetzeswerk zur Abwasserreinigung geschaffen. In Hamburg wurde 1842 mit dem Bau der ersten modernen Kanalisation in Deutschland begonnen. In **Tabelle 1.2** sind

Tabelle 1.2: Erste Maßnahmen zur Entwässerung urbaner Räume in unterschiedlichen Regionen Deutschlands

Stadt/Region und Jahr	Maßnahme
Hamburg (1842)	Baubeginn der ersten Kanalisation in Deutschland nachdem der Rat der Stadt nach einem verheerenden Großbrand den Bau eines zentralen Trink- und Abwassernetzes beschlossen hatte.
Frankfurt a. M. (1867)	Bau der zweiten Kanalisation in Deutschland. Unter verheerenden hygienischen Bedingungen kippten Taglöhner (Knechte des inzwischen unterbeschäftigten städtischen Henkers) die Inhalte der Fäkaliengruben in den Main. Nach dem Bau der Kanäle kam es aufgrund der Gewässerqualität zu Beschwerden der Unterlieger des Mains, so dass die Stadt 1887 das erste Großklärwerk auf dem europäischen Festland in Betrieb nahm.
Berlin (1873)	Baubeginn der Kanalisation nach einem Radialsystem, das die Stadt in 12 Entwässerungsgebiete einteilte. Die Abwässer werden auf Rieselfelder geleitet.
München (1880)	Baubeginn der Kanalisation und der Wasserversorgungsanlagen nachdem in München wiederholt Choleraepidemien und Typhus ausgebrochen waren. München war sogar in der ausländischen Presse als Seuchenherd in Verruf geraten (Münch, 1993).
Ruhrgebiet (1904)	Gründung der Emschergenossenschaft zur Abwasserableitung im Einzugsgebiet der Emscher. Die explosive industrielle Entwicklung durch Kohle und Stahl führt zu einem rasanten Bevölkerungswachstum. Die Emscher wurde zum offenen Abwasserkanal umfunktioniert und die Ruhr zur Trinkwassergewinnung genutzt.

exemplarisch erste Entwicklungen zur Einführung einer geordneten Stadtentwässerung zusammengestellt.

Details zur historischen Entwicklung der Wasserwirtschaft in Deutschland beschreibt Münch (1993). Abwasser und Unrat wurden in unterirdischen Anlagen auf schnellstem Wege ohne Behandlung in das nächste Gewässer eingeleitet. Nach Münch (1993) bildete sich für die als Verlängerung der Abwasserrohre degradierten Flüsse bezeichnenderweise der Ausdruck „Vorfluter". Ein unschöner Begriff für ein Gewässer, der leider auch heute noch verbreitet ist.

Somit wurde das Problem „Abwasser" damit aus den Städten in die Gewässer verlagert. Da aus den mit Abwasser belasteten Oberflächengewässern, auch Trinkwasser gewonnen wurde, folgte die Erkenntnis, dass neben der Ableitung auch eine Abwasserreinigung nötig ist. Bis zu Beginn des 20. Jahrhunderts erfolgte die Abwasserbeseitigung über Rieselfelder. In Berlin wurde 1870 mit dem Bau der Kanalisation zur Ableitung in Rieselfelder begonnen. Mit zunehmender Industrialisierung gelangten jedoch vermehrt auch nicht abbaubare Schadstoffe in das Abwasser und somit in den Wasserkreislauf, die letztlich zur Anreicherung in Nahrungsmitteln führten. Diese Problematik war ein Auslöser für die Entwicklung von Anlagen zur Abwasserreinigung. Der Bau der ersten (mechanischen) Kläranlage mit Absetzbecken, Sandfang und Rechen in Deutschland erfolgte von 1883 bis 1887 im Frankfurter Stadtteil Niederrad direkt am Main. Im Jahr 1925 wurde in Essen die erste Anlage zur weitergehenden biologischen Abwasserreinigung in Betrieb genommen.

Gegenwart

Die fortschreitende Urbanisierung stellt zunehmende Herausforderungen an die Wasserwirtschaft. Inzwischen sind weltweit Megastädte mit mehr als 10 Millionen Einwohnern entstanden. Das ist eine Größenordnung, die in Deutschland lediglich das gesamte Ruhrgebiet aufweist. Neben der Versorgung der Menschen mit einwandfreiem Trinkwasser ist die Entsorgung des Abwassers nötig. Dies erfordert enorme infrastrukturelle Investitionen. In den urbanen Räumen in Deutschland sind annähernd 100 % der Bevölkerung an das kommunale Entwässerungssystem angeschlossen. Das Schmutzwasser wird entweder in einer zentralen Kläranlage oder im ländlichen Raum in privat betriebenen Kleinkläranlagen behandelt.

Ein markantes Beispiel dafür, wie Bevölkerungsentwicklung und Industrialisierung die Gewässerlandschaften prägten, ist die Emscher (**Bild 1.5**). Durch den Abbau von Steinkohle kam es in der Emscherregion zu massiven Bergsenkungen. Überflutungen und Abwassereinleitungen führten zu der Entscheidung, die Emscher tiefer zu legen und den mäandrierenden Verlauf zu begradigen. Mehrfach wurde auch die Mündung in den Rhein zur Sicherstellung des notwendigen Gefälles nach Norden verlegt. Um das Abwasser möglichst rasch aus der bevölkerungsreichen Region zu entsorgen, wurde die Emscher letztlich zu einem offenen Abwasserkanal degradiert. Eine Kanalisierung der Emscher war aufgrund der Bergsenkungen von bis zu 20 m nicht möglich. Offene Ableitungssysteme konnten wesentlich schneller und einfacher an veränderte Topographien angepasst werden. Die Zwangsführung von Gewässern in unterirdischen Kanälen war in der Vergangenheit eine übliche städtebauliche Maßnahme, die auch aktuell die Gewässerlandschaft im urbanen Raum prägt. Zahlreiche vor allem kleinere Fließgewässer im urbanen Raum wurden

Bild 1.5: Die kanalisierte Emscher als offener Abwasserkanal im Ruhrgebiet

Bild 1.6: Ein Abschnitt der zwischenzeitlich wieder naturnah gestalteten Emscher

und werden in unterirdischen Kanälen abgeleitet. Hier ist die Entwicklung der Emscher beispielgebend. Mit enormen Aufwand zahlreicher Beteiligter wird das Abwasser nun in einem separaten Abwasserkanal neben der Emscher den Kläranlagen der Emschergenossenschaft zugeleitet. Die Emscher wird im Rahmen der Möglichkeiten im urbanen Raum wieder naturähnlich strukturiert (**Bild 1.6**).

Die Qualität der Gewässer in Deutschland nimmt zu. Dies ist ein Beleg für die erfolgreichen Bemühungen der Wasserwirtschaft in den vergangenen Jahrzehnten. Allerdings führen genauere Analyseverfahren zur Sensibilisierung der Bevölkerung und andererseits technische Entwicklungen immer wieder zu neuen Herausforderungen. Anthropogene Spurenstoffe, insbesondere Rückstände von Arzneimitteln und Industriechemikalien gehören zu den kritischen wasserwirtschaftlichen Problemstoffen. Dazu zählen Schadstoffe wie Xenobiotika (z. B. Pflanzenschutzmittel oder halogenierte Kohlenwasserstoffe). Diese sind glücklicherweise nicht polar und damit nur in wesentlich geringeren Anteilen im Wasser löslich. Allerdings stellt die Vermeidung des Eintrags anthropogener Spurenstoffe in den Wasserkreislauf eine Aufgabe der Gegenwart und Zukunft dar. Besorgniserregend ist auch die zunehmende Vermüllung der Meere. Kunststoffabfälle, Reifenabbrieb oder Mikrokunststoffpartikel in Kosmetikprodukten mit Abbauzeiten von bis zu 500 Jahren reichern sich in den Meeren an, werden von Meerestieren und Vögeln aufgenommen, die daran verenden. Letztlich finden sich diese persistenten Stoffe beispielsweise im Speisefisch am Ende der Nahrungskette wieder.

Da Wasser auch Krankheitskeime transportieren kann, sind u. a. vor dem Hintergrund der angestrebten Badewasserqualität von Gewässern weitergehende Maßnahmen erforderlich. Zudem sind die Anforderungen an die Behandlung von Oberflächenabflüssen in den vergangenen Jahren gestiegen, so dass auch in Regenwasserkanalisationen immer häufiger Reinigungsanlagen implementiert werden müssen. Eine notwendige Herausforderung stellt die Abkopplung befestigter Flächen dar, um Niederschlagsabflüsse möglichst umgehend wieder in den natürlichen Wasserkreislauf zu integrieren.

2 Systeme und Verfahren zur Siedlungsentwässerung

2.1 Wasserwirtschaftliche Infrastruktur als Bestandteil des Wasserkreislaufes

2.1.1 Urbane Strukturen und urbaner Wasserkreislauf

An der Entwässerung von Siedlungsgebieten sind unterschiedliche Systeme beteiligt. Dazu zählen natürliche und technische Systeme, die folgendermaßen klassifiziert werden können:

- Atmosphäre (beschrieben durch den Niederschlag als Eingangs- und Belastungsgröße zur Niederschlag-Abfluss-Berechnung)
- Oberfläche und Kanalnetz (Entwässerungssystem mit befestigten und unbefestigten Flächen, Gebäuden, Einläufen, dem Leitungsnetz zur Abwasserableitung und den Regenbecken zur Behandlung sowie Rückhaltung von Misch- und Regenwasser)
- Kläranlage (zur Behandlung des Schmutzwasserabflusses und eines Anteils am Niederschlagswasserabfluss)
- Gewässer (als Schnittstelle zum Kanalnetz und zur Kläranlage, die – inklusive des Grundwasserkörpers – letztlich sämtliche Abflüsse wieder aufnehmen)

Der zeitliche Verlauf des Wassers entspricht dabei einem Kreislauf, der in **Bild 2.1** als urbaner Wasserkreislauf veranschaulicht wird. Maßgeblicher Bestandteil des urbanen Wasserkreislaufs sind Fließgewässer und das Grundwasser. Hier werden mehr oder weniger behandeltes Abwasser eingeleitet und Trinkwasser entnommen. Dass allerdings ein Wassertropfen mehrmals von einem Menschen getrunken wird, ist eine reine Phantasievorstellung, selbst wenn dies technisch möglich wäre.

Üblich ist die Ableitung des Schmutzwassers und der Oberflächenabflüsse durch die Kanalisation. Hier erfolgt die Übergabe des Niederschlags an das Kanalnetz durch Straßenabläufe (umgangssprachlich auch „Gullys" genannt) und Hausanschlüsse (Gebäude- und Grundstücksentwässerung). Bei Mischsystemen leitet das Kanalnetz das aus Oberflächen- und Schmutzwasserabflüssen bestehende Abwasser zur Kläranlage. Diese nimmt aber nur einen Teil des bei Regen zufließenden Gemisches aus Schmutz- und Niederschlagswasser auf. Abwasser, das bei Regenwetter nicht gespeichert und zeitverzögert von der Kläranlage aufgenommen wird, gelangt verdünnt bzw. eingeschränkt

Bild 2.1: Der urbane Wasserkreislauf veranschaulicht den Zusammenhang zwischen der Wasserversorgung und der Abwasserentsorgung

behandelt in das Gewässer. Der Abfluss aus der Kläranlage (Klarwasser) wird direkt in ein Gewässer eingeleitet. Im Trennsystem mit separater Ableitung von Schmutzwasser und Oberflächenabflüssen gelangen die Oberflächenabflüsse großteils ohne Vorbehandlung und die Schmutzwasserabflüsse über die Kläranlage ins Gewässer. Die Wassergewinnung zur Trinkwasseraufbereitung erfolgt wiederum aus Grund- und Oberflächengewässern die somit ggf. Anteile von mehr oder weniger gereinigtem Abwasser aufgenommen haben. Die Siedlungswasserwirtschaft umfasst die Beschreibung, Modellierung und Bewirtschaftung dieser Systeme im urbanen Raum. Ziele sind dabei vor allem die Entsorgung von Abwasser zur Sicherstellung der Siedlungshygiene, die Gewährleistung des Gewässerschutzes durch weitreichende Rückhaltung und Behandlung der Abflüsse sowie die Ableitung niederschlagsbedingter Oberflächenabflüsse zur Vermeidung oder zumindest Reduktion von Personen- und Sachschäden durch Überflutungen. Eine absolute Überflutungsvermeidung ist nicht möglich. Lediglich eine (ausreichende) Risikominimierung kann das Ziel der Dimensionierung von Entwässerungssystemen sein. In Anlehnung an Gujer (1999) lassen sich die Aufgaben der Entwässerungstechnik im Rahmen der Stadthydrologie und Abwasserreinigung durch folgende Schutzfunktionen beschreiben:

- Schutz des Menschen vor der Natur (Hochwasser und Überflutung) und vor sich selbst (Hygiene)
- Schutz der Natur vor dem Menschen (Gewässerschutz)

Die Gewährleistung einer unbedenklichen Wasser- bzw. Gewässernutzung ist neben der sicheren Ableitung von Schmutz- und Regenwasser aus den Siedlungsgebieten die wesentliche Aufgabe der im Bereich der Stadtentwässerung tätigen Fachleute. Die Siedlungswasserwirtschaft umfasst neben diesen Aufgaben zusätzlich die Trinkwasserversorgung der Bevölkerung und der Industrie.

Die Systembetrachtung der Siedlungswasserwirtschaft reicht vom zentralen bis zum dezentralen Maßstab in der Reihenfolge: Stadt – Quartier – Block – Grundstück (**Bild 2.2**). Ein Beispiel für zentrale Systemelemente ist die Kläranlage, die das Schmutzwasser eines kompletten Stadtgebietes reinigt. Dezentral angeordnete Systeme sind beispielsweise Regenwasserversickerungsanlagen oder kompakte Filteranlagen in Schachtsystemen zur Regenwasserbehandlung auf einem Grundstück mitten im Stadtgebiet.

Bild 2.2: Urbane Struktur eines Blocks innerhalb eines Stadtgebietes mit farblicher Darstellung unterschiedlich abflusswirksamer Flächen auf den Grundstücken und dem Verlauf der Kanalisation

2.1.2 Bestand und Zustand der Kanalisation

Aufgabe der Kanalisation ist die Sammlung und Ableitung der Abwässer in urbanen Räumen. In der Regel ist die Kanalisation als verästeltes Netz ausgebildet. In den unterirdisch mit durchgehendem Gefälle verlegten Rohren fließt das Abwasser zumeist mit freiem Wasserspiegel (drucklos) ab.

Heute ist in Deutschland die Bevölkerung fast vollständig an öffentliche Entwässerungssysteme angeschlossen. Ausnahmen bilden entlegene Grundstücke mit größerer Entfernung zum bestehenden Kanalnetz. Das Abwasser der nicht angeschlossenen Einwohner wird in Kleinkläranlagen behandelt. Das Kanalnetz besteht aus öffentlichen und privaten Leitungen. Die öffentlichen Leitungen liegen größtenteils in Verkehrsräumen. Die privaten Leitungen liegen innerhalb der privaten Grundstücke und sind an die öffentlichen Leitungen angeschlossen. Die Kanalnetzlänge in Deutschland beträgt etwa

- 600.000 km (öffentliches Kanalnetz)
- 1.100.000 km (private Leitungen zur Grundstücksentwässerung)

Dabei ist die Länge der privat betriebenen Leitungen nicht genau bekannt, da diese nicht in einem Kataster verwaltet werden, wie die öffentliche Kanalisation.

Die öffentlichen Kanäle in Deutschland weisen eine inhomogene Altersstruktur auf. Etwa 7 % der Kanäle sind älter als 100 Jahre und ein Drittel ist jünger als 25 Jahre. Im Durchschnitt sind die Kanäle ca. 40 Jahre alt. Im Mittel wird eine Lebensdauer von 60 bis 80 Jahren angenommen. Allerdings weisen etwa 20 % der Kanäle starke Mängel auf und sind kurz- bis mittelfristig zu sanieren (Berger et al., 2016).

In Deutschland wird an mehr als 70.000 Stellen mehr oder weniger effektiv gereinigtes Abwasser aus der Kanalisation in ein Gewässer eingeleitet. Es handelt sich hierbei um verdünnte bzw. in Regenbecken mechanisch behandelte Oberflächenabflüsse, die häufig mit Schmutzwasser vermischt werden. Bereits bei Regenereignissen, die längst keinem Starkregen entsprechen, können die Entwässerungssysteme das Abwasser nicht mehr komplett ableiten bzw. speichern und behandeln. Es kommt zur „Entlastung" des Kanalnetzes. Dettmar und Brombach (2019) geben einen Überblick über die Art und Anzahl von Systembestandteilen der Entwässerungssysteme in Deutschland. Neben den Einleitungen aus den kommunal betriebenen Kanalnetzen erfolgen zusätzliche Einleitungen aus Abwasserbehandlungsanlagen und Regenüberläufen an Landes- und Bundesstraßen sowie an Bundesautobahnen. Aus diesen von den Straßenverwaltungen betriebenen Systemen erfolgt an etwa 100.000 Stellen eine Einleitung in ein Gewässer. Außerdem erfolgen zahlreiche Einleitungen durch die Entwässerung von Gleisanlagen. Neben den Einleitungen aus der Kanalisation gelangen auch die Einleitungen behandelter Abwässer aus mehr als 9.000 öffentlichen Kläranlagen zzgl. der Einleitungen aus industriellen Kläranlagen und privaten Anlagen zur Abwasserbehandlung in die Gewässer.

2.2 Systemelemente der Stadtentwässerung

2.2.1 Haltung: Basiselement der Kanalisation

Systemelemente der Kanalisation übernehmen die Sammlung, Ableitung, Speicherung und Behandlung von Schmutz-, Misch- und Regenwasser. Das Basiselement der Kanalisation ist die Kanalhaltung. Dabei handelt es sich um den Kanalabschnitt zwischen zwei Schächten (**Bild 2.3**). Zum erweiterten System der Kanalhaltung gehören:

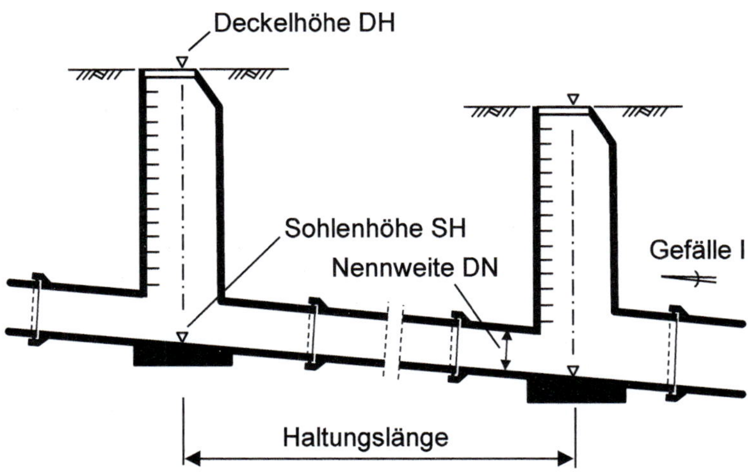

Bild 2.3: Kanalhaltung mit geometrischen Haltungsinformationen

- Straßenabläufe und Rinnen: Die Sammlung der Oberflächenabflüsse beginnt auf der Oberfläche. Ein Großteil wird in Rinnen am Straßenrand gesammelt. Weiterhin werden befestigte Plätze durch Rinnen entwässert. Im Bereich von Straßen und Plätzen sind Straßenabläufe angeordnet, die eine Fläche von rund 400 m^2 entwässern sollen.
- Grundstücksanschlüsse: Oberflächenabflüsse von befestigten Grundstücksflächen (z. B. Dächer oder Zufahrten) und das Schmutzwasser werden über private Leitungen an die öffentliche Kanalisation angeschlossen.
- Kanalleitung: Der Abflusstransport und die Aufnahme der Oberflächenabflüsse und des Schmutzwassers erfolgt in den Rohrleitungen, die vorzugsweise im Fahrbahnbereich angeordnet sind.
- Einstiegs- und Betriebsschacht: Die Schachtbauwerke werden zur Be- und Entlüftung sowie als Einstiegsöffnung für Kontroll- und Betriebszwecke angeordnet.

Der Abstand zwischen zwei Betriebsschächten kann wenige Meter bis etwa 100 m betragen. Die durchschnittliche Haltungslänge in Deutschland beträgt etwa 40 m. Abstände bis etwa 100 m berücksichtigen die Anforderungen aus Wartung und Betrieb. In Abhängigkeit vom Kanaldurchmesser und den betriebs-

Bild 2.4: Entwässerung außerörtlicher Verkehrswege durch Wegeseitengräben

technischen Möglichkeiten sind auch größere Schachtabstände möglich. Gegebenenfalls können für begehbare Kanäle (ab DN 800) größere Schachtabstände gewählt werden als bei nicht begehbaren Querschnitten. Darüber hinaus erfolgt die Anordnung eines Schachtes bei

- Richtungswechseln,
- Gefälle- und Profilwechseln,
- seitlichen Zuflüssen,
- Wechsel des Werkstoffes und
- Vereinigungen und Verzweigungen.

Die Betriebsschächte stellen den Anfangs- und Endpunkt einer Haltung dar. Sie werden in der Regel mit runden Schachtdeckeln verschlossen. Die Öffnungsgrößen für den Einstieg betragen 625 oder vorzugsweise 800 mm.

Zur Aufnahme und Ableitung von Oberflächenabflüssen dienen ebenfalls offene Gräben. Straßen außerhalb urbaner Räume werden bevorzugt durch Wegeseitengräben entwässert (**Bild 2.4**). Diese Form der Ableitung wird auch als „Entwässerung über die Schulter“ bezeichnet.

Im Zuge städtebaulicher Entwicklungen erfolgt zunehmend eine erlebbare Entwässerung in offenen Rinnen und naturnah gestalteten Systemen. Ein Beispiel der Integration von Entwässerungssystemen in das Stadtbild sind die sogenannten „Freiburger Bächle“ (**Bild 2.5**). Die mit dem Wasser der Dreisam gespeisten Wasserläufe sind in vielen Gassen der Freiburger Altstadt zu finden. Wasser wird durch solche gelungenen Maßnahmen zum gestalterischen Element der Stadtplanung und damit in das Bewusstsein der Bevölkerung gerückt.

2.2.2 Sonderbauwerke: Überblick und Definition

Neben den klassischen Schächten der Kanalhaltung gibt es zahlreiche weitere Bauwerke zur Siedlungsentwässerung, die als Sonderbauwerke bezeichnet werden. Sonderbauwerke übernehmen hydraulische und betriebliche Funktionen innerhalb des Entwässerungssystems. Dazu zählen in erster Linie:

Bild 2.5: Erlebbare Entwässerungstechnik durch offene Wasserführung in Freiburg (Freiburger „Bächle“)

- Abflusslenkung
- Abflussbegrenzung
- Abflussaufspaltung
- Speicherung
- Reinigung (zumindest teilweise)
- Anhebung des Energieniveaus

Ein Großteil dieser Bauwerke werden als Ortbetonbauwerke ausgebildet, teilweise gemauert bzw. mit Kanalklinkern ausgemauert oder als Fertigteilbauwerke hergestellt. Vereinzelt gibt es auch Sonderbauwerke aus Kunststoff. Einige Sonderbauwerke werden als spezielle Schachtbauwerke ausgebildet. Dazu zählen beispielsweise:

- Absturzbauwerke
- Verzweigungs- und Vereinigungsbauwerke
- Kurven- und Kreuzungsbauwerke

Die geometrische Ausbildung dieser Schachtbauwerke wird individuell festgelegt. Sie hängt von den örtlichen Platzverhältnissen, der Tiefenlage und den hydraulischen Bedingungen ab.

Zu den Sonderbauwerken zählen außerdem:

- Pump- und Hebewerke
- Düker als Sonderform der Kreuzungsbauwerke
- Trennbauwerke und Überläufe (z. B. Regenüberlauf)
- Auslaufbauwerke (Schnittstelle zwischen Kanalisation und Gewässer)

Für die Ausführung zahlreicher Sonderbauwerke enthalten diverse Richtlinien entsprechende Bemessungs- und Konstruktionshinweise (z. B. die Arbeitsblätter DWA-A 111, A 112, A 157, A 166 und das Merkblatt DWA-M 176). Doch nicht sämtliche Bedingungen lassen eine Berechnung mit verfügbaren hydraulischen Übertragungsfunktionen zu. Das ist beispielsweise der Fall, wenn ein Bauwerk außergewöhnlich geometrisch geformt ist oder mehrere Funktionen übernehmen soll. Das in **Bild 2.6** dargestellt Bauwerk übernimmt beispielsweise die Funktionen: Absturz, seitliche Einleitung und Umlenkung. Liegen komplizierte Randbedingungen vor, müssen im Rahmen der Planung komplexe Simulationen oder Modellversuche erfolgen, um eine gesicherte Funktion sicher stellen zu können.

Bild 2.6: Multifunktionales Bauwerk zur Überwindung von Niveauunterschieden und zum Anschluss seitlicher Zuläufe an den Mischwasserentlastungssammler Dahl-Hamern-Neuwerk in Mönchengladbach

Eine weitere maßgebliche Aufgabe der Siedlungsentwässerung sind Bauwerke zur Speicherung und Behandlung von Misch- und Niederschlagswasser. Dabei handelt es sich um folgende Bauwerke:

- Regenbecken (Regenüberlaufbecken, Regenklärbecken und Regenrückhaltebecken)
- Filteranlagen wie Retentionsbodenfilter (RBF) und Technische Regenwasserfilter (TRF)
- Dezentral angeordnete Behandlungsanlagen in Kompaktbauweise (Rinnen- und Schachtsysteme sowie Straßenablaufeinsätze)
- Abscheideeinrichtungen (z. B. Leichtflüssigkeitsabscheider, Sandfänge) für gewerbliche Netze
- Versickerungssysteme: Gräben, Versickerungsmulden, Rigolen-Systeme, Sickerschächte oder Versickerungsbecken

Bei Regenrückhalteanlagen und Versickerungsanlagen handelt es sich häufig um offene Systeme in Erdbauweise. **Bild 2.7** zeigt ein offen gestaltetes Regenrückhaltebecken. Das Becken nimmt den Beckenüberlauf eines vorgeschalteten Mischwasserbehandlungsbauwerkes auf. Der Einlauf ist als massives Bauwerk gestaltet. In den Arbeitsblättern DWA-A 157 (DWA, 2018) und A 166 (DWA, 2013d) werden unterschiedliche Bauwerke der Ortsentwässerung beschrieben.

Bei der Planung sämtlicher Sonderbauwerke sind die betrieblichen Anforderungen zu berücksichtigen. Dazu zählen u. a. die Erreichbarkeit, Begehbarkeit und die Ausrüstung mit Mess-, Steuerungs- und Regelungstechnik. Die planenden Ingenieure müssen sich bewusstmachen, dass Bauwerke, die möglicherweise in wenigen Wochen geplant, später über Jahrzehnte betrieben werden müssen. Empfehlenswert ist eine frühzeitige Abstimmung zwischen den Verantwortlichen für die Planung und für den späteren Betrieb.

Die grundsätzliche Funktion der speziellen Schachtbauwerke zum Ausgleich von Niveauunterschieden und Kreuzungsbauwerke werden in diesem Band erläutert (Kapitel 9). Die Beschreibung der Bauwerke zur Aufteilung, Behandlung und Speicherung von Regen- und Mischwasser erfolgt im Buch „Regenwasserbewirtschaftung und Gewässerschutz“ (Vulkan-Verlag GmbH).

Bild 2.7: Regenrückhaltebecken in Erdbauweise nach einer vorgeschalteten Mischwasserbehandlung

2.3 Werkstoffe und Profile

2.3.1 Werkstoffe

Rohrleitungen werden aus unterschiedlichen Werkstoffen hergestellt, die alle spezifische Vor- oder Nachteile aufweisen. Für Abwasserleitungen sind die nachfolgend erläuterten Rohrwerkstoffe üblich. In **Bild 2.8** sind die Anteile der wesentlichen Werkstoffe qualitativ dargestellt.

Beton und Stahlbeton ist wohl der anpassungsfähigste und mit am häufigsten verwendete Werkstoff bei der Herstellung von Entwässerungssystemen. Hauptsächliche Anwendungsgebiete sind Stahlbetonkanäle mit größerem Durchmesser und Sonderbauwerke. In vielen Bereichen ist der Einsatz von Betonfertigteilen aus Stahlbeton üblich. Für die Verwendung von Beton im Abwasserbereich ist eine hohe Dichte und Wasserundurchlässigkeit durch einen hohen Wasser-Zementwert maßgeblich. Bei starkem chemischem Angriff ist ein Oberflächenschutz erforderlich oder alternative Bindemittel, die beispielsweise bei Polymerbeton

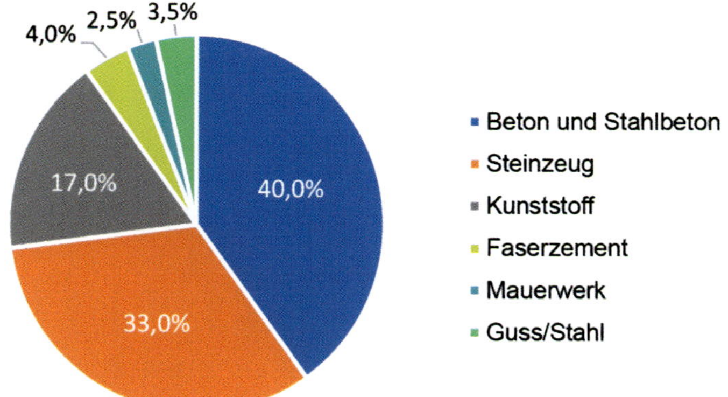

Bild 2.8: Verteilung der wesentlichen Rohrwerkstoffe auf der Basis einer Auswertung von Berger et al. (2016)

verwendet werden. Stahlbetonrohre sind fast in beliebigen Formen und Größen herstellbar. Sie eignen sich besonders bei hohen Belastungen für dynamische Beanspruchungen aus starkem Verkehr bei geringen Scheitelüberdeckungen.

Steinzeug ist ein weit verbreiteter Werkstoff in der Abwassertechnik. Steinzeugrohrsysteme bestehen aus den natürlichen Rohstoffen Ton, Schamotte und Wasser. Durch Brennen bei rd. 1200 °C entsteht ein Werkstoff mit hoher Festigkeit und hoher biologischer und chemischer Widerstandfähigkeit. Durch eine Glasur erhalten Steinzeugrohre eine besonders glatte Oberfläche. Inzwischen ist auch ohne Glasur nach dem Sinterungsprozess möglich, eine glatte Oberfläche mit geringen Reibungswiderständen herzustellen. Der Regelquerschnitt für Steinzeugrohre ist der Kreis. Die häufigsten Nennweiten liegen zwischen DN 100 bis DN 800. Es können aber auch größere Nennweiten hergestellt werden. Neben der offenen Verlegung ist auch der Vortrieb von Steinzeugrohren möglich.

Faserzementrohre werden für erdverlegte Freispiegelkanäle und Schächte, für Abwasserdruckleitungen sowie für Haus- und Grundstücksentwässerungen verwendet. Die Kombination aus dem druckfesten und hoch verdichteten Zementstein sowie der hohen Zugfestigkeit der Faser gewährleistet eine hohe spezifische Festigkeit. Das geringe Gewicht, lange Formstücke, einfache Rohrverbindungen und die glatte Oberfläche sind maßgebliche Vorteile von Faserzementrohren. Als zementgebundener Werkstoff gelten ähnliche Einschränkungen wie für Stahlbeton. Beschichtungen steigern den Korrosionswiderstand. Die üblichen Nennweiten liegen zwischen DN 100 bis DN 1500.

Kunststoffe wie **PVC (Polyvinylchlorid)** und **PE-HD (Polyethylen)** sowie **PP (Polypropylen)** werden seit den 1960er Jahren zunehmend eingesetzt. Ihr besonderer Vorteil ist das geringe Gewicht, das auf der Baustelle eine einfache Verlegung ohne großes technisches Gerät ermöglicht. Die üblichen Nennenweitenbereiche von Kunststoffrohren liegen zwischen DN 100 bis DN 1200. Es sind Baulängen bis zu 12 m lieferbar. Als Kunststoffrohr mit profilierter Wandung (Spiral- oder Wickelrohre) mit glatter Innenfläche sind auch Durchmesser größer als DN 3000 möglich. Kunststoffe werden auch zur Innenauskleidung anderer Rohre verwendet, da diesen Werkstoff eine hohe chemische Resistenz auszeichnet.

Glasfaserverstärkte Kunststoffe (GFK) bestehen aus den Komponenten Harz und Glasfaser sowie Füllstoffen zur Steigerung der Rohrsteifigkeit. GFK-Rohre werden als Freispiegel- und Druckleitungen mit Durchmessern von DN 200 bis DN 3000 verwendet. Sie eignen sich auch als Vortriebsrohre. Punktförmige Lasten können zu Mikrorissen und Delaminierungen (ablösen von Schichten) führen.

Stahlrohre unterliegen aufgrund der korrosionsanfälligen Werkstoffeigenschaften besonderen Verwendungsbeschränkungen und Schutzmaßnahmen. Im Abwasserleitungsbau wird Stahl lediglich bei besonderen Bauwerken, wie beispielsweise Dükern, Rohrbrücken, Druckrohren oder Schutzrohren verwendet. Stahl selbst wird als Verbundwerkstoff im Stahlbeton oder aufgrund seiner Anpassungsfähigkeit bei der Gebäudeentwässerung eingesetzt. Rostbeständige Edelstahlrohre finden bei Rohrleitungen und Apparaturen innerhalb von Sonderbauwerken und Kläranlagen Verwendung.

Duktiles Gusseisen weist eine hohe Lebensdauer auf. Es ist ein Werkstoff mit hoher Festigkeit und Widerstandsfähigkeit gegen mechanische Beanspruchung. Im Gegensatz zu früher verwendetem Grauguss ist duktiles Gusseisen nicht spröde und sehr stabil gegen äußere Krafteinwirkungen. Als Korrosionsschutz werden die Rohre häufig mit einer innenliegenden Zementauskleidung versehen. Die Rohre sind in Nennweiten bis DN 2000 lieferbar. Als Abflussrohr für Freispiegel- und Druckleitungen ist der Werkstoff selten zu finden. Im Bereich der Trinkwasserverteilung kommen Gussleitungen dagegen häufig zum Einsatz.

Kanalklinker/Mauerwerk werden häufig zur Herstellung und Auskleidung von Bauwerken verwendet. Ihre Vorteile liegen in der hohen Druckfestigkeit, ihrer geringen Wasseraufnahme (frostbeständig) und ihrem hohen Verschleißwiderstand. Bei der Verwendung von Kanalklinkern ist widerstandsfähiger Mörtel zur Fugenausbildung zu verarbeiten. Um die Wandrauheit zu minimieren sind glatte

Fugen wichtig. Mauerwerkskanäle weisen eine lange Tradition und eine hohe Haltbarkeit auf (**Bild 2.9**). Großformatige Sammler mit einer Lebensdauer von mehr als 100 Jahren sind heute noch anzutreffen. Mauerwerkskanäle selbst werden heute aber nicht mehr gebaut. Der handwerkliche Aufwand ist zu hoch.

Rohrleitungen erfüllen ihre Funktion im Zusammenwirken mit dem umgebenden Boden. Neben dem Rohr sind die Ausführung der Rohrverbindungen, das Rohrauflager, die Einbettung und die Überschüttung maßgeblich für die dauerhafte Stand- und Betriebssicherheit. Dabei wird in Abhängigkeit von der kombinierten Wirkung zwischen Rohrsteifigkeit und Bodenverformbarkeit zwischen biegesteifen, biegeweichen und halbsteifen Rohren unterschieden. Bei biegesteifen Rohren führen Belastungen nicht zu nennenswerten Verformungen. Übliche Werkstoffe sind hier Beton und Steinzeugrohre. Wird bei diesen Rohren die aufnehmbare Höchstlast bzw. die zulässigen Spannungen überschritten, bilden sich Risse. Biegeweiche Rohre weisen ein anderes Tragverhalten auf. Sie verformen sich unter der Belastung und versagen bei Überschreitung der Höchstlast durch unzulässig große Verformungen. Biegeweich

Bild 2.9: Mehrere Jahrzehnte alter freigelegter Mauerwerkskanal

sind Kunststoffrohre, beispielsweise aus PVC oder PE-HD. Halbsteife Rohre besitzen sowohl biegesteife als auch biegeweiche Eigenschaften, so dass entsprechend beide Versagensmechanismen auftreten können.

2.3.2 Nennweiten und Formate

Kanalnetze bestehen zum größten Teil aus unterirdisch verlegten geschlossenen Profilen. Diese werden üblicherweise als Freispiegelsysteme entworfen. Drucksysteme bilden im Bereich der Siedlungsentwässerung die Ausnahme. Bei Freispiegelsystemen ist der Leitungsquerschnitt unter üblichen Betriebsbedingungen nicht vollständig gefüllt und der Abflusstransport erfolgt durch Schwerkraftwirkung. Voraussetzung dafür ist eine Leitungsverlegung mit einem ausreichenden Gefälle.

Vor allem in Mischkanalisationen, ist der beträchtliche Unterschied zwischen dem Trockenwetterabfluss und dem Mischwasserabfluss bei Niederschlägen zu berücksichtigen. Kreisprofile dominieren die Kanalsysteme, wirken jedoch nur im Vollfüllungszustand hydraulisch günstig. Bei Trockenwetterabflüssen weisen Kreisprofile geringe Füllhöhen und Fließgeschwindigkeiten auf, die dadurch die Bildung von Ablagerungen begünstigen. Die Querschnittsform der Leitungen orientiert sich an den hydraulischen sowie den statischen Eigenschaften. Im Wesentlichen sind folgende drei Profilformen üblich:

- Das Kreisprofil ist die gebräuchlichste Profilform. Das Profil ist leicht herstellbar. Bei fast vollem Kreisprofil erreicht der hydraulische Radius (das Verhältnis des Wasserquerschnitts zum benetzten Umfang) einen Maximalwert.
- Die Eiform ist der Kreisform bei geringen Abflüssen im Hinblick auf die Ablagerungsproblematik überlegen, da bei gleichem Fließquerschnitt ein größerer Wasserstand und so auch eine größere Schleppspannung erreicht wird. Allerdings erfordert das Profil eine größere Baugrubentiefe.
- Maulprofile eignen sich bei größeren Abflüssen und gleichzeitig geringer Bauhöhe. Bei Teilfüllung ist dieser Querschnitt im Hinblick auf die Wandschubspannung ungünstig.

Darüber hinaus sind eine Vielzahl von Sonderprofilen und gegliederten Querschnitten möglich. Bei ungünstigem Verhältnis zwischen Minimal- und Maximalabfluss wird teilweise eine sog. Trockenwetterrinne ausgebildet, die eine entsprechende Mindestfließgeschwindigkeit gewährleistet (**Bild 2.10**). In großen Profilen stellt

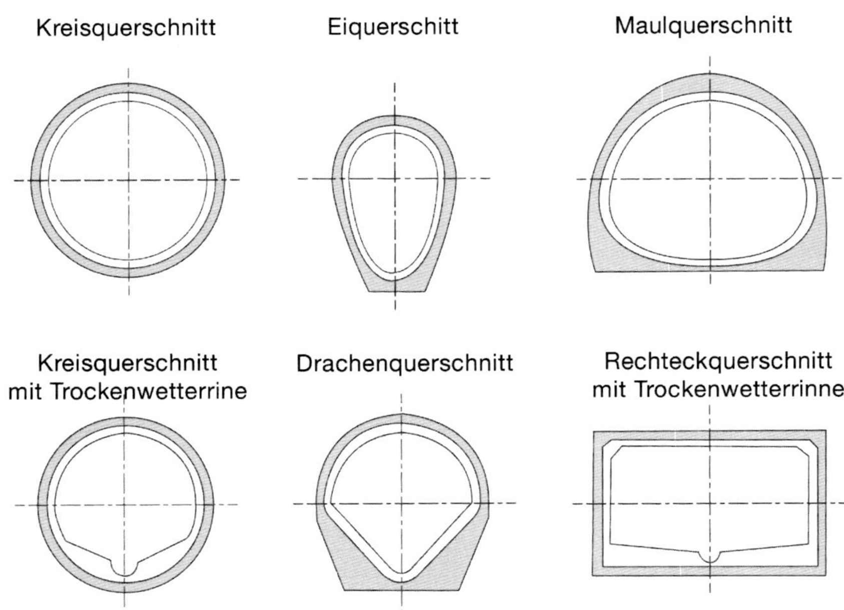

Bild 2.10: Genormte Querschnittsformen (oben) und Beispiele für Sonderprofile (unten)

die begehbare Berme neben der Trockenwetterrinne zusätzlich einen hohen Sicherheitskomfort für das Betriebspersonal dar, die eine „trockene" Begehung des Kanals ermöglicht.

Im Arbeitsblatt DWA-A 118 (DWA, 2006a) wird aus betrieblichen Gründen (u. a. Verstopfungsgefahr, Spülung, TV-Befahrung, nachträgliche Herstellung von Anschlüssen) empfohlen, unabhängig vom rechnerischen Gesamtabfluss in öffentlichen Kanälen mit Freispiegelabfluss, folgende Mindestnennweiten nicht zu unterschreiten:

- Schmutzwasserkanal: DN 250
- Regen- und Mischwasserkanal: DN 300

In begründeten Ausnahmefällen kann die Nennweite auf 200 mm herabgesetzt werden (z. B. geringer Abfluss in ländlich strukturierten Gebieten). Maximale Nennweiten erreichen durchaus Größenordnungen von DN 3000 bis DN 4000 und mehr. Die Begrenzung der maximalen Nennweiten hat keine hydraulischen Gründe, sondern ist durch Einschränkungen der Transportmöglichkeiten bedingt (Sondertransporte). Bei größeren Nennweiten kommen Bauverfahren wie beim Tunnelbau zum Einsatz (z. B. Tübbinge) oder die Rohrabschnitte werden vor Ort gefertigt.

Eine wichtige Nennweitenbegrenzung für den unterirdischen Rohrvortrieb und den Betrieb stellt die Begehbarkeit des Querschnitts dar. Für begehbare Rohrleitungen werden in Anlehnung an die Sicherheitsregeln der Tiefbau-Berufsgenossenschaft (TBG) für Bauarbeiten unter Tage folgende Mindestlichtmaße definiert:

Bei Längen unter 50 m:

- 800 mm Durchmesser bei Kreisquerschnitten
- 800 mm Höhe und 600 mm Breite bei Rechteckquerschnitten

Bei Längen von 50 m bis unter 100 m:

- 1000 mm Durchmesser bei Kreisquerschnitten
- 1000 mm Höhe und 600 mm Breite bei Rechteckquerschnitten

Bei Längen von 100 m und mehr:

- 1200 mm Durchmesser bei Kreisquerschnitten
- 1200 mm Höhe und 600 mm Breite bei Rechteckquerschnitten

Angaben zu Mindestnennweiten bei Arbeiten im Rohrstrang finden sich im Arbeitsblatt DWA-A 125 (2008). Hier wird zwischen ständigem und vorübergehendem Personaleinsatz unterschieden. Ab einem Mindestlichtmaß von 600 mm (entspricht i.d.R DN 800) sind vorübergehende Tätigkeiten möglich. Bei ständigem Personaleinsatz wird ein Innendurchmesser von mindestens 1600 mm gefordert.

2.3.3 Rohrelemente und Rohrverbindungen

Üblich ist die Lieferung vorgefertigter Rohre auf die Baustelle. Mauerwerkskanäle bilden hier systembedingt eine Ausnahme. Allerdings werden gemauerte

Kanäle heute nicht mehr gebaut, machen aufgrund ihrer Dauerhaftigkeit aber noch einen nennenswerten Anteil des Kanalbestandes aus. Die vorgefertigten Rohre aus den unterschiedlichen Baustoffen, bestehen aus dem Rohrelement und der Rohrverbindung. In **Bild 2.11** ist ein Rohr mit Steckmuffenverbindung dargestellt. Beim Einbau wird das Spitzende in die mit einem Dichtring versehene Muffe geschoben. Die jeweiligen Bereiche eines Rohres werden als Scheitel (oben), Sohle (unten) und Kämpfer (seitlich) bezeichnet.

Die Baulängen sind unterschiedlich. Sie liegen für Beton- und Steinzeugrohre im Bereich zwischen 1000 bis zu 2500 mm. Die Begrenzung der Abmessungen wird u. a. durch die Praktikabilität beim Einbau und durch Transportbeschränkungen beeinflusst. Die Baulängen von leichten Kunststoffrohren können bis zu 12000 mm betragen.

Bei den Rohrverbindungen erfolgt eine Unterscheidung in bewegliche und starre Rohrverbindungen. Folgende Verbindungsarten werden üblicherweise verwendet:

- **Steckverbindungen:** Die Verbindung entsteht durch Zusammenstecken von Spitzende und Muffe oder durch eine Kupplung oder Falzverbindung. Die Dichtung erfolgt durch ein elastisches Dichtmittel im Verbindungsraum (Elastomere). Die Verbindung ist (in Grenzen) beweglich, so dass geringe Lage-und Achsfehler des Leitungsstranges ebenso wie eine ungleiche Setzung des Baugrundes nicht zu Zwängungen führen.
- **Schweiß- und Klebeverbindung:** Der Zusammenhalt und die Dichtung erfolgt im der Regel durch Verkleben oder Verschweißen der Rohrenden. Diese Form von Rohrverbindungen wird vorzugsweise für Kunststoffrohre und teilweise auch für GFK-Rohre verwendet. Lagefehler und Setzungsunterschiede werden hier durch die Elastizität der Rohre aufgefangen.
- **Flanschverbindungen:** Hier erfolgt eine Verschraubung der einzelnen Rohre. Diese Verbindung kommt vor allem bei Stahlrohren zum Einsatz, meist innerhalb von Bauwerken und nur selten erdverlegt.
- **Übergeschobene Muffen- bzw. Schellenverbindungen** (mit oder ohne Längskraftschluss) bei stumpf aneinanderstoßenden Stahl- und Kunststoffrohren, ebenso zumeist innerhalb von Bauwerken. Muffen kommen auch zum Einsatz, wenn eine Verbindung zwischen verschiedenen Rohrmaterialien hergestellt werden sollen. Dabei können – je nach Produkt – auch gewisse Differenzen beim Außendurchmesser der Rohre ausgeglichen werden

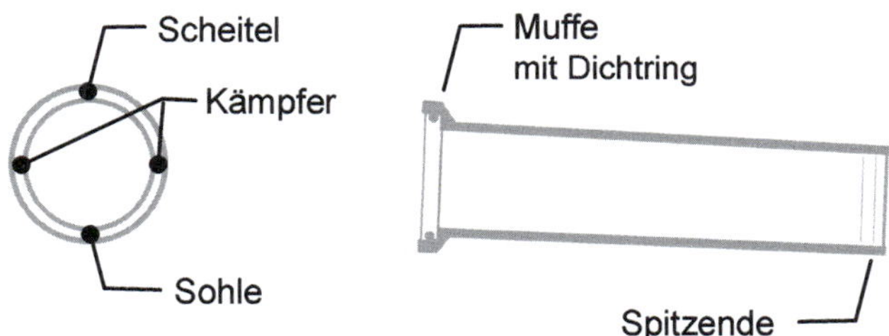

Bild 2.11: Bezeichnung der Teile eines Rohres (hier mit Steckmuffenverbindung)

Bild 2.12 Verlegung von Rohren mit Muffenverbindung in offener Bauweise (Foto: Gebr. Fasel Betonwerk GmbH)

Bei Steckverbindungen werden die Rohre in der Regel so verlegt, dass die Strömung von der Muffe zum Spitzende hin erfolgt. Beim Bau wird das Spitzende des zu verlegenden Rohres in die Muffe des bereits verlegten Rohres eingeführt (**Bild 2.12**). Allerdings ist auch eine Ausrichtung der Rohre in umgekehrter Richtung möglich. Die Verlegung orientiert sich dann am praktischen Bauablauf. Es werden auch Rohre mit Doppelmuffen und Doppelspitzenden hergestellt.

Die Dichtung der Steckmuffenverbindung erfolgt durch ein Kautschuk-Elastomer, das werkseitig mit der Muffe fest verbunden wird, oder durch einen auf das Spitzende vormontierten Kautschuk-Elastomer-Dichtring. In der Vergangenheit erfolgte die Dichtung durch einen geteerten Hanfstrick und Ton- oder Mörtel, der in den Ringraum eingedrückt wurde. Die ersten Betonrohre wurden stumpf voreinander gestoßen und durch eine Mörtelschicht mit eingelegtem Drahtgewebe abgedichtet. Bei Betonrohren dominieren heute Falz- oder Muffenverbindungen. Üblich sind Gleitringdichtungen oder Lippendichtungen. Gleitringe werden auf das Spitzende aufgelegt und beim Zusammenschieben ohne Lageänderung verpresst. Lippendichtungen werden bereits bei der Herstellung des Rohres mit in die Muffe einbetoniert. Aufwändiger sind Verbindungen von Vortriebsrohren, die neben einem Druckübertragungs- und Führungsring über äußere und ggf. innere Dichtungen verfügen. Stein und Stein (2014) beschreiben ausführlich Entwicklungen und derzeitige Rohrverbindungstechniken. Die **Bilder 2.13** und **2.14** zeigen exemplarisch die Rohrverbindungen und Dichtungen unterschiedlicher Rohre.

An Rohrverbindungen werden hohe Anforderungen gestellt. Entsprechend dem Begriff der „Dichtung“ ist eine grundlegende Forderung die dauerhafte Dichtheit gegen inneren und äußeren Überdruck. Dies gilt auch bei Abwinkelungen in einem vorgegebenen Maß. Mögliche Achsverschiebungen durch Setzungen und Scherkräfte müssen kompensiert werden. Neben den mechanischen Beanspruchungen treten chemische und thermische Beanspruchungen auf, die in Kapitel 2.3.4 näher erläutert werden. Besondere Anforderungen werden an die Verbindungen von Vortriebsrohre gestellt. **Bild 2.15** zeigte den prinzipiellen Aufbau einer Rohrverbindung (Steckverbindung), die aus mehreren Elementen besteht.

Neben den werkstoffspezifischen Eigenschaften und der Konstruktion der Rohrverbindung ist der fachgerechte Einbau eine entscheidende Voraussetzung für qualitativ hochwertige und dauerhafte Kanalisationssysteme, die durch qualifizierte Fachkräfte während der Planung und bei der Bauausführung garantieren werden.

Bild 2.13: Muffenverbindung mit Lippendichtung und Spitzende eines Betonrohres

Bild 2.14: Vortriebsrohre (rechts mit Stahlführungsring und Druckübertragungsring aus Holz)

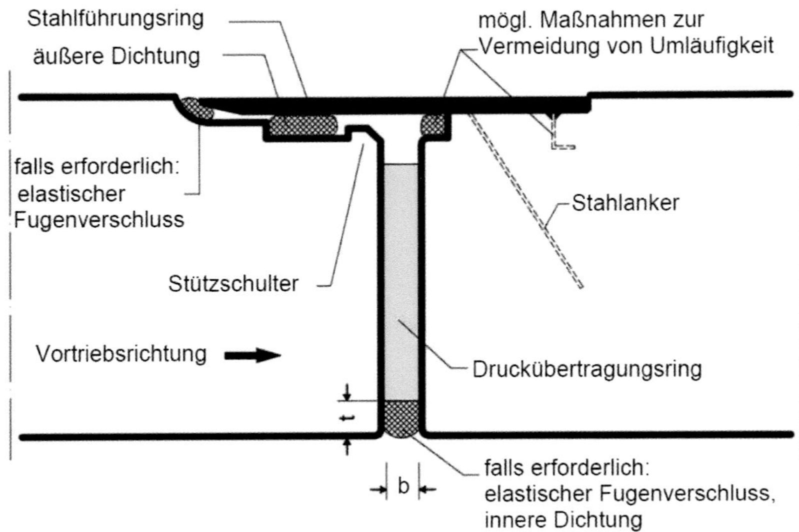

Bild 2.15: Prinzipskizze einer Rohrverbindung mit einseitig befestigtem Stahlführungsring bei Vortriebsrohren aus Beton- und Stahlfaserbeton sowie Stahlbeton (DWA, 2008)

2.3.4 Beanspruchungen und Dauerhaftigkeit

Die inneren Beanspruchungen von Rohrleitungen der Abwasserkanalisation sind vielfältig. Neben biologischen und chemischen Beanspruchungen, hervorgerufen durch eine Fülle unterschiedlicher Abwasserinhaltsstoffe, treten physikalische Beanspruchungen durch systembedingten Abrieb und möglicherweise hoch temperierte Abwassereinleitungen auf. Darüber hinaus sind die äußeren, mechanischen Beanspruchungen durch Erd- und Verkehrslasten oder Spannungen durch Temperaturwechsel und Innendruck zu berücksichtigen.

Schäden können altersbedingte Ursachen aufweisen oder durch Änderungen der Beanspruchungen während der Nutzungsdauer auftreten. Sogenannte Anfangsschäden treten bereits durch Belastungen beim Transport, bei der Lagerung und beim Bau von Rohrleitungen auf. Kommt es während der Verladung zu Berührungen bzw. Stößen, kann das Rohr bereits vor dem Einbau durch mechanische Einwirkungen beschädigt sein. Auf die Verwendung geeigneter Halte- und Greifvorrichtungen ist zu achten. Weitere Schadensursachen

Tabelle 2.1: Anforderungen an Abwasserableitungsrohre (verändert und ergänzt nach Stein, 1985)

Rohrauskleidung und Rohrverbindung	Hydraulische Leistungsfähigkeit
	Geringe Wandrauigkeit Geringe Verluste durch Rohrstöße Keine Zunahme der Widerstände im Laufe der Zeit
Rohroberfläche und Rohrkörper	Mechanische Beanspruchung
	Hohe Fließgeschwindigkeiten Transportierte Feststoffe (Abrasion) Reinigungsgeräte (z. B. Hochdruckspülung) Externe Beanspruchungen
Rohroberfläche und Rohrverbindungen	Biologische und Chemische Beanspruchung
	Anorganische Substanzen (Säuren, Laugen, Salze) Organische Substanzen (Lösungsmittel usw.) Biologisch/chemische Reaktionen (z. B. Biogene Schwefelsäurekorrosion)
Rohrkörper	Thermische Beanspruchung
	Wechselnde und extreme Temperaturen Formstabilität Konstante Materialeigenschaften

sind die fehlerhafte Auswahl der Werkstoffe bezogen auf den Anwendungsfall und möglicherweise auch Fehler bei der Rohrherstellung. Nach Günthert und Faltermaier (2018) sind ca. 75 % der Schäden im Kanal auf Einbaufehler zurückzuführen. Bei der offenen Bauweise treten vor allem während der Verdichtung der Leitungszone und des Rohrgrabens erhebliche Punktbelastungen auf. Die Möglichkeiten, hier Fehler zu machen, reichen von der unsachgemäßen Ausbildung der Bettung, über die mangelhafte Ausführung der Dichtung bis zur unsachgemäßen Verdichtung. Wird hier gespart, führt dies zu Schäden, deren Behebung letztlich deutlich teurer sein kann als der möglicherweise nicht so günstige sachgerechte Einbau. Ist das Rohr sachgemäß verlegt und ein sachgemäßer Betrieb gewährleistet, treten relativ gleichmäßige Belastungen auf, die eine Rohrleitung jahrzehntelang schadensfrei aushält. **Tabelle 2.1** gibt einen Überblick über die Anforderungen an die Transportelemente der Kanalisation. Hinweise zum sachgerechten Bau von Rohrleitungen enthält die DIN EN 1610 (DIN EN, 2015) und das Arbeitsblatt DWA-A 139 (2019).

Vortriebsrohre und die Rohrverbindungen bzw. Rohrstöße müssen neben den Beanspruchungen im Betriebszustand zusätzlich die Vorpresskräfte in Längsrichtung während der Bauphase aufnehmen. Die Rohrverbindung darf nicht über die Kontur des Rohrstranges hinausragen. Sie muss während des Vortriebs die Längs- und Querkräfte aus Steuerbewegungen übertragen. Bei Kurvenausbildungen können dabei erhebliche Punktkräfte entstehen. Weitere Ausführungen zu den jeweiligen Bauverfahren enthält Kapitel 7.4.

Mögliche Schäden an Abwasserleitungen und -kanälen weisen ein breites Spektrum auf. Dazu zählen beispielsweise:

- Verformungen (Abweichung von der Ursprungsform durch Belastung und Druckverteilung, überwiegend bei biegeweichen Rohren)
- Rissbildung (Längs- oder Querrisse, überwiegend bei biegesteifen Rohren)
- Rohrbruch oder Einsturz (fehlende Segmente der Rohrwandung bis zum vollständigen Verlust der Tragfähigkeit)
- Oberflächenschäden (beispielsweise durch Abrasion oder Korrosion)
- Schäden an Anschlüssen (einragender und/oder schadhafter Anschluss)
- Verbindungsschäden (beispielsweise Muffenversatz durch Lageabweichungen oder einragendes Dichtmaterial)
- Abflusshindernisse (Ablagerungen, Wurzeleinwuchs usw.)
- Undichtheiten (Infiltration oder Exfiltration, beispielsweise durch schadhafte Dichtungen)
- Ungeziefer (z.B. Rattenbefall)

Das Spektrum möglicher Schäden an der Kanalisation ist umfangreich. Regeln zur Klassifikation der Schäden enthält die Merkblattreihe DWA-M 149 (2015). Die DIN EN 13508-1 regelt die grundlegenden Aspekte für den Bereich der Zustandserfassung und -beurteilung auf europäischer Ebene. Zu den häufigsten Schäden zählen fehlerhaft ausgeführte Anschlüsse sowie Rissbildungen und Rohrbrüche (Berger et al., 2016). **Bild 2.16** stellt diese beiden Schadensarten exemplarisch dar.

Schadhafte Kanäle können eine Gefahr darstellen. Neben einem klassichen Einsturz kann bereits ein undichter Kanal zu erheblichen Schäden führen. Das aus beschädigten Kanälen austretende Abwasser (Exfiltration) oder eindringendes Grundwasser (Infiltration) können Feinanteile des umgebenden Bodens transportieren, so dass Hohlräume im Untergrund entstehen. Da Kanäle in der Regel im Straßenbereich

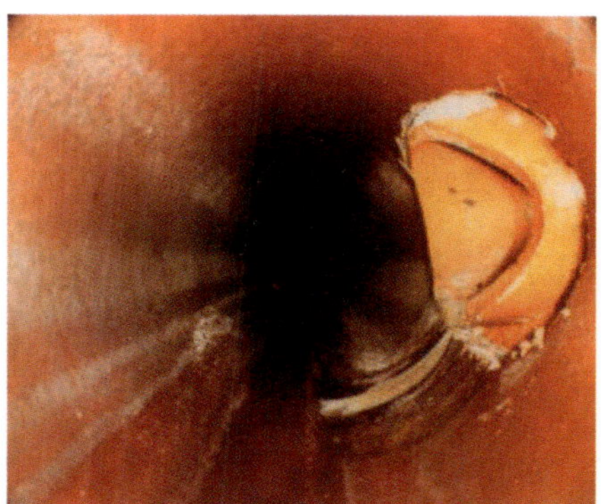

Bild 2.16: Einragender Hausanschluss und Rohrbruch (Bild: IKT - Institut für Unterirdische Infrastruktur)

Bild 2.17: Mögliche Folge eines beschädigten Abwasserkanals (Bild: iStock Michael Warren)

angeordnet sind, ist bei einem Einsturz erheblicher Sach- und Personenschaden möglich (**Bild 2.17**). Außerdem gefährden undichte Kanäle das Grundwasser.

Die regelmäßige Kontrolle des Kanalzustandes sind eine wichtige Unterhaltungsaufgabe (Zustandserfassung). Dies geschieht u.a. durch die planmäßige Inspektion im Rahmen der Selbstüberwachungsvorschriften der jeweiligen Bundesländer. Zur Inspektion zählen die direkte optische Inspektion begeh-

Bild 2.18: Kamera zur indirekten optischen Inspektion (Foto: iPEK International GmbH)

barer Leitungsabschnitte und die indirekte optische Inspektion (**Bild 2.18**). Bei der indirekten optischen Inspektion durchfährt eine Kamera den Kanal oder Leitungsabschnitt und filmt kontinuierlich den Zustand (TV-Inspektion). Das Ergebnis der Inspektion bildet die Grundlage für Sanierungspläne bzw. Sanierungsstrategien der Kanalnetzbetreiber. Dazu werden die Schäden klassifiziert und bewertet. Abhängig von den festgestellten baulichen und betrieblichen Mängeln, erfolgt eine Zuordnung in eine von fünf Zustandsklassen gemäß Merkblatt DWA-M 1433 (2015). Abhängig davon, wie gravierend der festgestellte Schaden ist, erfolgt eine Einordnung in die jeweilige Zustandsklasse (**Tabelle 2.2**). Hierbei klassifiziert die Zustandsklasse 0 Mängel für die „sofortiger Handlungsbedarf" besteht.

Generell wird vorausgesetzt, dass Kanäle eine vergleichsweise lange Lebensdauer aufweisen und sich eine Zustandsverschlechterung nur langsam einstellt. Die Lebensdauer eines Abwasserkanals ähnelt der Lebenserwartung eines Menschen. Sie beträgt etwa 80 bis 100 Jahre. Für Sonderbauwerke wird von einer geringeren Dauerhaftigkeit ausgegangen. Dabei ist grundsätzlich zwischen der Lebensdauer und der Nutzungsdauer der Systemelemente zu unterschieden. Die Lebensdauer entspricht keinem exakten Zeitraum, sondern ist abhängig von Bedingungen, denen ein Bauteil ausgesetzt ist und seinen

Tabelle 2.2: Festlegung der Zustandsklassen zur Klassifizierung von Mängeln nach Merkblatt DWA-M 143-3 (2015)

Klassifizierung	Erläuterung
Zustandsklasse 0	Sehr starker Mangel (Gefahr im Verzug)
Zustandsklasse 1	Starker Mangel
Zustandsklasse 2	Mittlerer Mangel
Zustandsklasse 3	Leichter Mangel
Zustandsklasse 4	Geringfügiger Mangel
Zustandsklasse 5	Aus rechentechnischen Gründen zusätzlich festgelegt für Feststellungen, die keine Mängel sind
Hinweis: Der Begriff „Mangel" im Sinne dieses Merkblattes ist nicht gleichbedeutend mit dem Begriff „Mangel" im Sinne des Bauvertragsrechts.	

spezifischen Eigenschaften. Maßgeblichen Einfluss auf die Lebensdauer haben Wartung und regelmäßige Instandsetzung. Die Nutzungsdauer hingegen ist der Zeitraum, über den ein Wirtschaftsgut betrieblich genutzt wird (wirtschaftliche Lebensdauer). Bei der Kanalisation entspricht diese dem Zeitraum der Abschreibung, die etwa zwischen 50 und 80 Jahren liegt. Neben der physischen Alterung eines Kanals, ist dabei auch eine funktionale Alterung (z. B. aufgrund veränderter hydraulischer Anforderungen) zu berücksichtigen. Die zugrunde gelegte Nutzungsdauer beeinflusst die Abwassergebühr. Im Kontext zu diesem Thema ist die Verantwortung der jeweiligen Generation im Umgang mit der Infrastruktur zur Entwässerung wichtig. Bei unzureichender Instandhaltung bestehender Systeme werden finanzielle Lasten auf nachfolgende Generationen übertragen. Verfahren und Konzepte zur Zustandsuntersuchung und -bewertung sowie zur Inspektion und Sanierung werden von Stein und Stein (2014) ausführlich beschrieben.

2.4 Entwässerungsverfahren

2.4.1 Mischverfahren

Im Mischsystem erfolgt die Ableitung des Schmutz- und Niederschlagswassers in einer Leitung (**Bild 2.19**. Die besondere Herausforderung des Mischsystems ist die Dimensionierung der Leitung für den vergleichsweise geringen Schmutzwasserabfluss und den im Extremfall um ein Vielfaches höheren Mischwasserabfluss durch Einleitung von Regenwasser (mehr als das 100-fache des Schmutzwasserabflusses ist möglich). Die erhebliche Differenz zwischen den Systemzuständen in der Mischkanalisation beschränkt sich nicht nur auf den Unterschied zwischen Minimal- und Maximalabfluss, sondern betrifft auch die Unterschiede zwischen Betriebsbedingungen und den zugrunde gelegten Bemessungsbedingungen. Mischwasserkanalnetze werden mehr als 90 % der Zeit mit weniger als 10 % ihrer Transportkapazität beaufschlagt.

Die Vermeidung der unangenehmen Folgen von Kanalablagerungen (z. B. Gerüche und Werkstoffkorrosion) ist durch Einhaltung eines Mindestgefälles möglich.

Da der Kanalquerschnitt sowie die Retentionsräume nicht für den Rückhalt des kompletten Abwasseranfalls dimensioniert werden können, erfolgt eine Systementlastung durch Regenüberläufe. Dabei wird der unbehandelte, aber verdünnte Mischwasserabfluss direkt in das Gewässer eingeleitet (abgeschlagen). Vorteile der Entwässerung durch Mischsysteme sind beispielsweise:

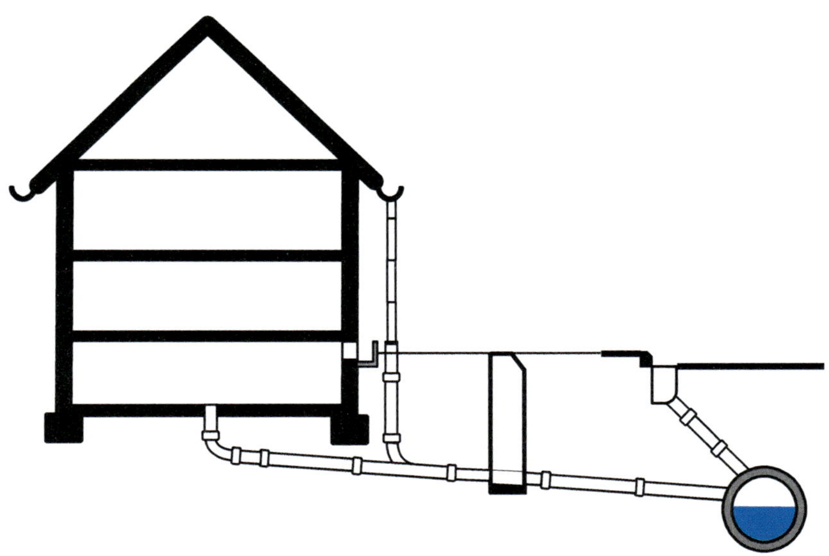

Bild 2.19: Darstellung der Mischkanalisation (Schmutz- und Niederschlagsabflüsse werden gemeinsam in einem Kanal abgeleitet)

- Nur ein Kanal ist zur Ableitung erforderlich und damit wird auch nur ein Anschlusskanal zur Gebäude- und Grundstücksentwässerung benötigt. Damit sind geringere Kosten im privaten als auch im öffentlichen Bereich verbunden.
- Der geringere Platzbedarf ist insbesondere in engen Straßen vorteilhaft.
- Es sind keine Fehlanschlüsse möglich.
- Die Kanalunterhaltung für einen Kanal ist einfacher. Durch den Niederschlagswasserabfluss erfolgt zudem eine regelmäßige Kanalspülung.
- Bei intensiveren Regen kann bei entsprechenden Behandlungsbauwerken zumindest der stärker verunreinigte Spülstoß zu Beginn des Abflussereignisses behandelt werden.
- Bei schwächeren Regen wird der Oberflächenabfluss komplett in der Kläranlage behandelt.

Zu den Nachteilen der Entwässerung durch Mischsysteme zählen beispielsweise:

- Systembedingt erfolgt im rein ableitungsorientierten Mischsystem eine Vermischung unterschiedlich verunreinigter Abflüsse.
- Das Kanalprofil ist vor allem bei niedrigen Schmutzwasserabflüssen (Trockenwetter) zu groß, so dass Ablagerungen entstehen können, die u. a. zu Geruchsbelästigungen führen. Ablagerungen entstehen insbesondere in Anfangssträngen mit geringen Abflüssen.
- Bei höheren Abflüssen durch einsetzende Niederschläge besteht die Gefahr, dass Ablagerungen im Kanalnetz remobilisiert werden und über Entlastungsbauwerke in die Gewässer gelangen.
- Aufgrund der Hausanschlüsse (Kellerentwässerung) muss ein Mischwasserkanal tiefer als ein ungefähr gleich großer Regenwasserkanal verlegt werden.
- Ohne Rückstausicherungen besteht die Gefahr, dass Abwasser in Kellerräume gelangt.
- Ein Großteil der Bauwerke (Pumpstationen, Düker) müssen trotz vorgeschalteter Regenentlastungen größer ausgelegt werden als für ein Schmutzwassersystem.
- Der Zufluss zur Abwasserreinigungsanlage unterliegt starken Schwankungen (Volumenstrom, Konzentration, Temperatur).

Bislang sind in Deutschland etwa zwei Drittel der Bevölkerung an ein Mischsystem angeschlossen. Das Wasserhaushaltsgesetz schreibt allerdings vor, dass Niederschlagswasser künftig nur ohne eine Vermischung mit

Schmutzwasser in ein Gewässer eingeleitet werden soll. Damit ist bei Neubaumaßnahmen implizit die Trennentwässerung vorgeschrieben, da eine Vermischung von Schmutz- und Niederschlagswasser unerwünscht ist.

2.4.2 Trennverfahren

Im Trennsystem erfolgt die Ableitung des Schmutz- und Regenwassers in separaten Leitungen (**Bild 2.20**). Der kleinere Schmutzwasserkanal liegt im Straßenquerschnitt meist tiefer als der Regenwasserkanal. In den vergangenen Jahrzehnten ist das Regenwasser auf kürzestem Weg in das nächstliegende Gewässer eingeleitet worden. In weiträumig bebauten Gebieten erfolgt die Regenwasserableitung in offenen Gräben. Das Trennsystem ist in seiner klassischen Ausprägung auch ableitungsorientiert, wie das Mischsystem. Die uneingeschränkte Einleitung aller Oberflächenabflüsse ohne Vorbehandlung in das Gewässer ist allerdings nicht überall mehr möglich, da die Verunreinigung von Oberflächenabflüssen immer sensibler bewertet wird. Auch in Regenwassernetzen sind vermehrt Behandlungsanlagen vorzusehen.

Während im Schmutzwasserkanal meist nur moderate Abflussschwankungen üblich sind (Tagesgang) reicht die hydraulische Belastung im Regenwasserkanal vom abflusslosen Zustand bis hin zu Abflüssen die deutlich über den Bemessungsabfluss hinausgehen. Wie beim Mischsystem stellt der Bemessungsabfluss einen in der Realität nur selten aufkommenden Lastfall dar.

Vorteile der Entwässerung durch Trennsysteme sind beispielsweise:

- Das Gewässer wird (bei ordnungsgemäßem Betrieb) nicht mit Schmutzwasseranteilen belastet.
- Der Zufluss zur Kläranlage ist gleichmäßiger (geringer ausgeprägte stoffliche und hydraulische Schwankungen).
- Pumpanlagen sind häufig nur für das Schmutzwasser notwendig, so dass geringere Kosten zur Abwasserhebung erforderlich sind.
- In den Anfangsabschnitten der Schmutzwasserkanäle bilden sich aufgrund der höheren Wasserstände und der damit entstehenden größeren Wandschubspannungen weniger Ablagerungen als in Mischwasserkanälen.

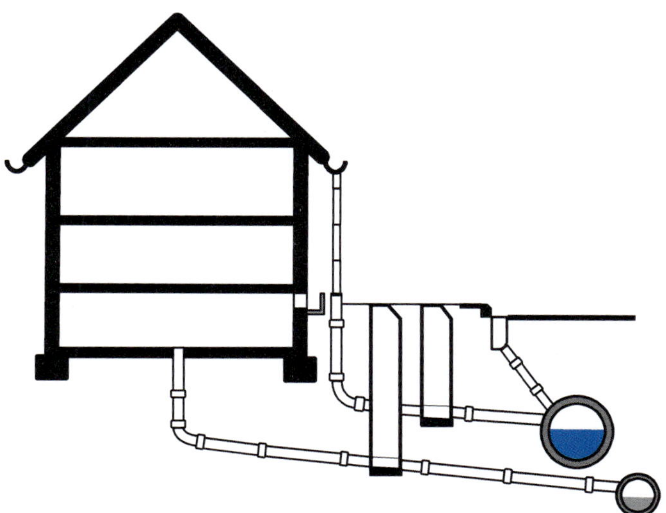

Bild 2.20: Darstellung der Trennkanalisation (Schmutz- und Niederschlagsabflüsse werden in separaten Kanälen abgeleitet)

- Die Rückstaugefahr in Gebäuden durch Regenwasser oder Gewässer ist vermindert, da nur eine Schmutzwasserleitung aus dem Gebäude herausgeführt wird. Durch Fehlanschlüsse oder Oberflächenabflusseinläufe in Schachtbauwerke sowie bei Anschluss des Schmutzwasserkanals an einen weiterführenden Mischwasserkanal ist Rückstau aber auch hier möglich.
- Regenwasserkanäle und Regenwasserausläufe können häufig höher angeordnet werden, so dass auch bei höherem Wasserstand im Gewässer noch ein freier Ausfluss möglich ist.
- Bei geringer Verunreinigung von Oberflächen können die Oberflächenabflüsse ohne Vorbehandlung in ein Gewässer eingeleitet werden.

Zu den Nachteilen der Entwässerung durch Trennsysteme zählen:

- Das System ist teurer (höhere Bau- und Wartungskosten). Das aus zumeist parallelen Schmutz- und Regenwasserkanälen bestehende Netz ist länger und die Bauwerke sind allein durch die doppelte Ausführung der Betriebsschächte aufwändiger.

- Es besteht die Gefahr von Fehlanschlüssen. Außerdem können Oberflächenabflüsse durch Schachtabdeckungen in den Schmutzwasserkanal gelangen. In diesen Fällen relativieren sich Vorteile des Trennsystems.
- Stark verunreinigte Oberflächenabflüsse können direkt in das Gewässer gelangen. Insbesondere in landwirtschaftlich geprägten Regionen oder durch Abflüsse stark befahrener Straßen sind dadurch Gewässerbelastungen möglich.
- Havarien, etwa infolge von Verkehrsunfällen, können leichter als beim Mischsystem zu einem Direkteintrag z. B. von Öl in das Gewässer führen.

2.4.3 Wahl und Modifizierung der Systeme

Die Trennentwässerung dominiert im ländlichen Raum sowie in Außenbezirken und in Neubaugebieten. Einen Überblick über die Anteile der Entwässerung um Misch- oder Trennverfahren stellen Dettmar und Brombach (2019) anschaulich dar. Die Anteile von Misch- oder Trennsystemen in den jeweiligen Bundesländern variiert deutlich. In den nördlichen Bundesländern überwiegt der Anteil an Trennsystemen im Vergleich zu den südlich gelegenen Bundesländern. Die historische Entwicklung dieser Verteilung ist nicht eindeutig nachzuvollziehen. Da die Verfahren systemspezifische Vor- und Nachteile aufweisen, dominierte wahrscheinlich der Einfluss der jeweiligen Befürworter für das eine oder das andere System in bestimmten Regionen.

Bei der Planung von Entwässerungssystemen stehen zunehmend Alternativen zur raschen und vollständigen Ableitung der Oberflächenabflüsse aus den bebauten Gebieten im Fokus. Zielvorgabe der integralen Siedlungsentwässerung gemäß Arbeitsblatt DWA-A 100 (2006c) ist eine möglichst geringe Veränderung des natürlichen Wasserhaushaltes durch Siedlungsaktivitäten. Somit soll nicht verunreinigtes Niederschlagswasser primär durch Versickerung dem Grundwasser zugeführt werden. Verdunstungsprozesse sind durch Begrünung im urbanen Raum zu fördern. Stark verunreinigte Oberflächenabflüsse sind vor der Einleitung in das Gewässer zu behandeln. Diese Vorgaben werden durch modifizierte Systeme berücksichtigt. Hierbei liegt keine starre Systemstruktur vor. So können beispielsweise in Trennsystemen besonders stark verschmutzte Oberflächenabflüsse direkt in die Schmutzwasserkanalisation eingeleitet werden, die dann natürlich für diese zusätzlichen Abflüsse dimensioniert sein muss. In Mischsystemen ist andererseits die separate Ableitung von unbedenklichen Oberflächen-

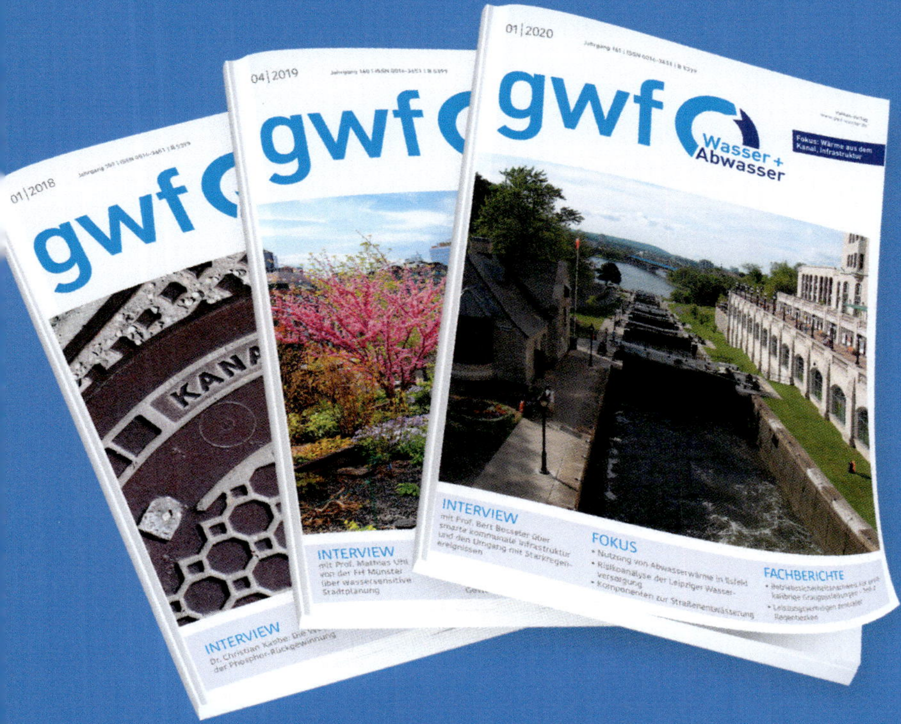

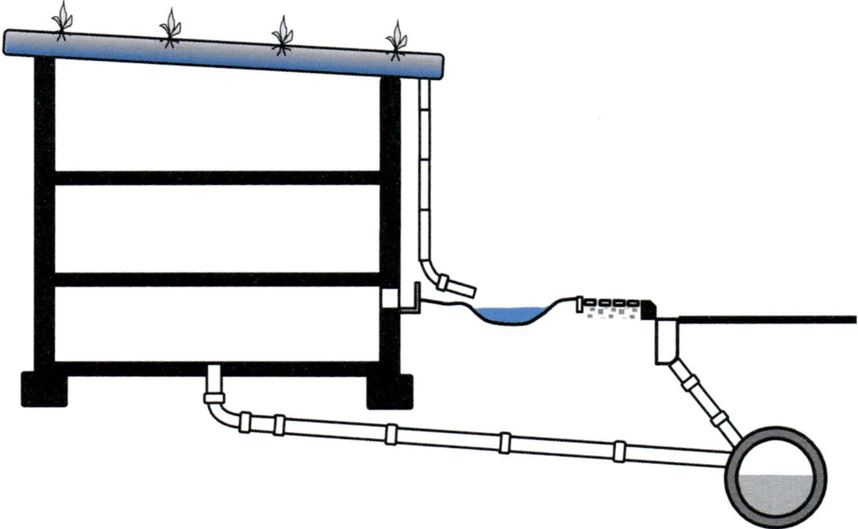

Bild 2.21: Darstellung einer modifizierten Mischkanalisation (Niederschlagsabflüsse von gering belasteten Flächen werden unmittelbar dem Wasserkreislauf zugeführt, solche von besonders stark verschmutzten Flächen dem Mischwasserkanal)

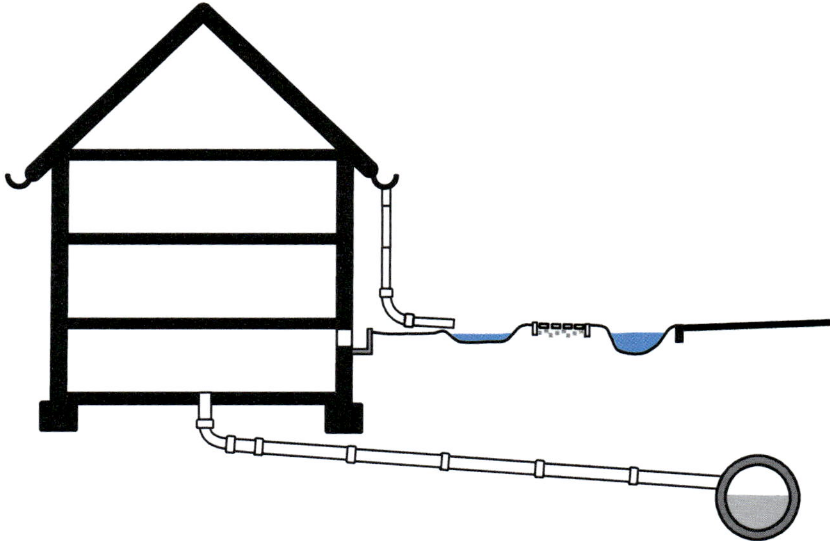

Bild 2.22: Darstellung einer modifizierten Trennkanalisation (unbelastete Niederschlagsabflüsse werden unmittelbar dem Wasserkreislauf zugeführt)

abflüssen in Versickerungsanlagen oder in das nächste Gewässer möglich. Modifizierte Systeme ermöglichen individuelle Bedingungen und Konzepte der Entwässerung.

- **Modifiziertes Mischverfahren** (**Bild 2.21**): Hierbei werden stark verschmutzte Oberflächenabflüsse gemeinsam mit dem Trockenwetterabfluss in einem Kanal zur Kläranlage geführt und dort gereinigt. Das nicht behandlungsbedürftige Regenwasser wird ortsnah versickert oder indirekt in ein Gewässer eingeleitet. Zur hydraulischen Entlastung des Gewässers sind ggf. Rückhalteanlagen vorzusehen. Auf diese Weise können bestehende Mischwasserkanäle und die Kläranlage hydraulisch entlastet und Mischwasserüberläufe reduziert werden.
- **Modifiziertes Trennverfahren** (**Bild 2.22**): Der Schmutzwasserabfluss wird separat abgeleitet. Der Oberflächenabfluss wird ortsnah, ggf. nach entsprechender lokaler Behandlung versickert oder indirekt in ein Gewässer eingeleitet.

Ziele und Vorteile von modifizierten Verfahren sind:

- Durch die gezielte Ein- und Ableitung der stark verunreinigten Oberflächenabflüsse wird die Entlastungsabflussspitze bei Mischsystemen reduziert und damit das Gewässer vor hydraulischen und stofflichen Belastungen geschont.
- Durch die gezielte Versickerung und Verdunstung in besiedelten Räumen wird die Störung des natürlichen Wasserhaushaltes reduziert.

2.4.4 Druck- und Unterdruckentwässerung

Druck- und Unterdruckentwässerungssysteme zur Abwassersammlung zählen zu den besonderen Entwässerungsverfahren. Die Anwendung ist in Deutschland vergleichsweise selten. In den Niederlanden ist aufgrund des geringen Gefälles häufiger eine Vakuumentwässerung zu finden (Lange und Otterpohl, 2000). Die Systeme leiten ausschließlich Schmutzwasser ab. Nach Jedlitschka und Orth (2006) bieten sich diese Verfahren vor allem bei folgenden Bedingungen an:

- Die Entwässerung erfolgt im Trennverfahren
- Es liegt eine geringe Siedlungsdichte vor
- Das Geländegefälle ist gering
- Der Grundwasserstand ist hoch und die Untergrundverhältnisse sind ungünstig

- Abwasser fällt nur zeitweise und in geringem Umfang an (z. B. Campingplätze oder Ferienhaussiedlungen)
- In Wasserschutzgebieten wird die Exfiltrationsgefahr vermindert (Unterdruckentwässerung)

Details zu Planung, Bau und Betrieb der Systeme enthalten die Arbeitsblätter DWA-A 116-1 (2005a) und DWA-A 116-2 (2007a).

Beim Unterdruckverfahren wird in geschlossenen Rohrsystemen durch Vakuumpumpen in zentral angeordneten Unterdruckstationen im Einzugsgebiet ein Unterdruck gegenüber der Atmosphäre von 0,6 bis 0,7 bar erzeugt. Auf den jeweiligen Grundstücken wird das Abwasser aus dem Gebäude in einem Hausanschlussschacht mit einem Absaugventil gesammelt. Staut sich das Abwasser im Hausanschlussschacht ein, öffnet ein Regelmechanismus das Absaugventil und der Schachtinhalt wird zur Vakuumstation transportiert. Von dort aus erfolgt der Transport durch Abwasserpumpen zur Kläranlage oder in das weiterführende Kanalnetz.

Beim Druckentwässerungsverfahren fließt das Abwasser wie bei der konventionellen Entwässerung einem Hausanschlussschacht zu. In diesem Schacht ist eine Tauchmotorpumpe angeordnet, die das Abwasser in das öffentliche Druckrohrnetz fördert. Durch Druckluftspülstationen im Druckrohrnetz werden die Abflussprozesse geregelt und unterstützt. Die Druckluftspülstationen geben mehrmals täglich über einige Minuten Spülluft ein, um lange Aufenthaltszeiten des Abwassers in den Druckleitungen und damit das Anfaulen des Abwassers sowie Ablagerungen in den Leitungen zu vermeiden.

Vorteil dieser Verfahren im Vergleich zu Freispiegelkanalisation ist der hohe Freiheitsgrad bei der Trassenführung. Die Leitungen können bei vergleichsweise geringer Tiefenlage (mind. Frostfreiheit) ohne Gefälle dem Geländeverlauf folgend verlegt werden. Die Verlegung ist grabenlos durch Einflügen oder Einfräsen möglich. Es können auch geringere Rohrquerschnitte gewählt werden (Mindestnennweiten ab DN 32 bis DN 65), da die Verstopfungsgefahr in den Rohrleitungen aufgrund der hohen Fließgeschwindigkeiten und Turbulenzen gering ist. Ein besonderer Vorteil der Unterdruckentwässerung ist die Gewähr, dass kein Abwasseraustritt erfolgt, so dass sich der Einsatz in Wasserschutzgebieten anbietet. Nachteilig ist der erforderliche Energieaufwand zur Erzeugung des Drucks- bzw. des Unterdrucks.

2.5 Neuartige Sanitärsysteme (NASS)

Neuartige Sanitärsysteme (NASS) werden seit einigen Jahren in der Siedlungswasserwirtschaft als Alternative zur bestehenden Schwemmkanalisation diskutiert. Bei konventionellen Sanitärsystemen werden sämtliche im Haushalt anfallenden Abwasserteilströme als Schmutzwasser in die Kanalisation eingeleitet und in der Kläranlage zentral behandelt. Bei neuartigen Sanitärsystemen werden die häuslichen Abwasserteilströme separat erfasst, behandelt und wiederverwertet. Stoff- und Wasserkreisläufe werden so geschlossen. Die Abwasserteilströme erhalten dabei farblich zugeordnete Bezeichnungen:

- Braunwasser: Fäzes mit Spülwasser
- Gelbwasser: Urin mit Spülwasser
- Grauwasser: Stoffstrom aus dem häuslichen Bereich ohne Fäkalien, teilweise unterschieden in stark belastet (Küchenbereich, Waschmaschine) und schwach belastet (Badewanne, Dusche, Handwaschbecken usw.)
- Schwarzwasser: Fäkalien mit Spülwasser bzw. Mischung aus Urin, Fäzes und Spülwasser
- Weißwasser, Pflegewasser: Wasser mit hohen Güteanforderungen für hohe Nutzungsansprüche, aber nicht zwingend den Anforderungen der Trinkwasserverordnung entsprechend

Hinweise zur Planung und Implementierung von NASS gibt das Arbeitsblatt DWA-A 272 (2014). Zentrales Systemelement der NASS-Konzepte sind die Toiletten. Bei Trenntoiletten werden beispielsweise Gelbwasser oder Urin getrennt von Braun- und Grauwasser erfasst und abgeleitet. Die Stoffstromtrennung von Gelbwasser kann auch durch konventionelle Urinale erfolgen. Werden Trockentoiletten verwendet, erfolgt eine Trennung zwischen Urin, Fäzes und Grauwasser. Durch den Verzicht von Spülwasser werden unverdünnte Fäkalien anstelle von Schwarzwasser erzeugt. Eine getrennte Abführung von Grau- und Schwarzwasser ist durch Unterdrucktoiletten möglich. Durch den geringen Spülwasserverbrauch liegt das Schwarzwasser konzentriert vor und kann anaerob behandelt werden. Neben der Behandlung ist so außerdem die Energiegewinnung aus dem entstehenden Gas und die Nährstoffnutzung möglich. Kompost-Toiletten (Trockenklos) ermöglichen die Umwandlung der Ausscheidungen in bodenverbessernden Kompost. Sowohl im Bereich der öffentlichen Netze und Anlagen als auch in den Gebäuden ist zur Umsetzung der NASS-Konzepte eine veränderte Ausstattung erforderlich. Für die Nutzenden bedeutet dies den Umstieg von konventionellen Toiletten beispielsweise auf Unterdrucktoiletten (auch als Vakuumtoiletten bezeichnet).

Bei allen Konzepten für NASS wird eine unvermischte Ableitung von Regenwasser bzw. dessen Bewirtschaftung vorausgesetzt. Dabei ist zu berücksichtigen, dass die Möglichkeiten der dezentralen Regenwasserbewirtschaftung begrenzt sind. Angestrebt wird die Integration einer naturnahen Regenwasserbewirtschaftung in die stoffstromorientierten Konzepte für das häusliche/kommunale Abwasser (z. B. Ableitung von Regenwasser mit dem Grauwasser). In Deutschland besteht derzeit kein quantitatives, sondern in erster Linie ein qualitatives Wasserproblem. Bislang gibt es bis auf Ausnahmesituationen genügend Wasser. Dadurch amortisiert sich eine Umstellung auf aufwändigere Sanitärsysteme zumeist nicht. Zu berücksichtigen ist außerdem, dass bei geringeren Trockenwetterabflüssen in der Schwemmkanalisation durch Wassersparmaßnahmen die Zunahme an Ablagerungen betriebliche Probleme hervorruft. Dabei ist der ökologische Nutzen der geschlossenen Stoff- und Wasserkreisläufe unbestritten. Nach DWA (2017c) liegt der Vorteil der NASS in der Flexibilität, die vor dem Hintergrund demografischer und klimatologischer Entwicklungen künftig an Bedeutung gewinnen könnte. Außerdem sind NASS in Wassermangelregionen zunehmend bedeutsam.

3 Hydraulische Grundlagen

3.1 Grundlagen zur Abflussberechnung

Der Abflusstransport in Abwasserleitungen erfolgt in den meisten Fällen durch Schwerkraftwirkung in Rohrleitungen mit freiem Wasserspiegel. Dabei handelt es sich um geschlossene, aber nicht vollgefüllte Rohrleitungen mit einem Abflussprozess, der als Gerinneströmung bezeichnet wird (**Bild 3.1**).

Für Schmutzwasserleitungen ist der Freispiegelabfluss die Regel. Bei Regenabfluss in Misch- und Regenwasserkanälen kann zeitweise durchaus Druckabfluss eintreten. Abfluss unter Vollfüllung findet unter normalen Betriebsbedingungen in folgenden Systemelementen der Kanalisation statt:

- Drosselstrecken, um einen definierten Abfluss aus Retentionsräumen abzuleiten
- Dükerleitungen zur Unterquerung von Hindernissen
- Leitungen im Bereich von Pumpwerken
- Sämtliche Leitungen in einem Druckentwässerungssystem

Auch wenn bei der Dimensionierung von Abwasserleitungen und -kanälen die Vollfüllungsleistung zugrunde gelegt wird, sollte ab einer Querschnittsausnutzung von mehr als 90 % der nächstgrößere Querschnitt gewählt werden.

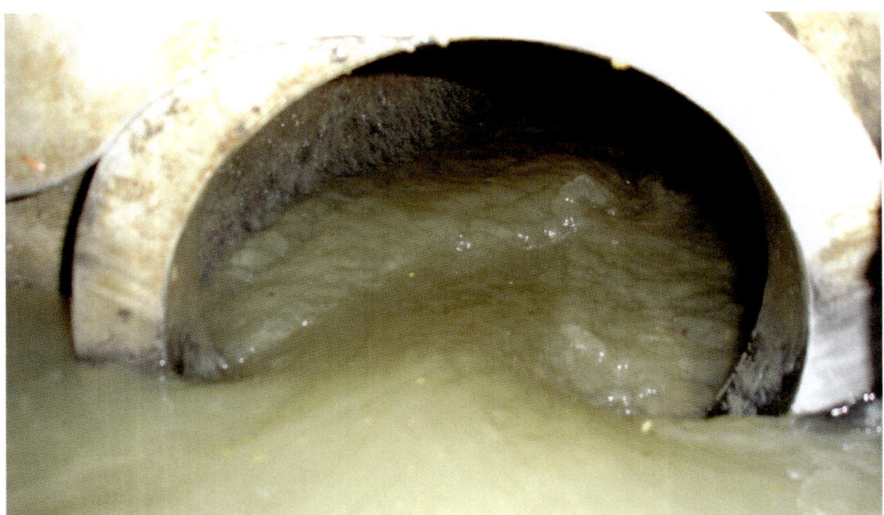

Bild 3.1: Abfluss mit freiem Wasserspiegel in einer Abwasserleitung (Gerinneströmung)

Bei der Neudimensionierung wird für einen ermittelten Bemessungsabfluss ein hinreichender Abflussquerschnitt bei entsprechendem Gefälle ermittelt. Bei der Nachrechnung bestehender Systeme wird für gegebene Bedingungen (Querschnitt, Gefälle, Rauheit) der mögliche Abfluss mit dem abzuleitenden Abfluss verglichen. In beiden Fällen ist die Berechnung einer repräsentativen mittleren Fließgeschwindigkeit maßgeblich. Diese ist jedoch abhängig von einer Fülle unterschiedlicher Randbedingungen. Diese Randbedingungen bzw. die damit im Zusammenhang stehenden hydraulischen Prozesse lassen sich nur eingeschränkt mathematisch beschreiben. In diesen Fällen sind empirische Ansätze und/oder pauschalierende Vereinfachungen erforderlich. Dies erfolgt beispielsweise bei der Berücksichtigung von Einflüssen der Materialbeschaffenheit von Rohrleitungen oder beim Einfluss von Turbulenzen durch unterschiedliche Systembestandteile wie Krümmungen, Schächte, Durchmesseränderungen usw. Während des Fließprozesses treten Energiedissipationen auf, die durch Wandreibung und lokale Verluste verursacht werden. Die Beschreibung und Quantifizierung dieser Verluste zählt zu den maßgeblichen Aufgaben der Rohr- und Gerinnehydraulik im Rahmen der Leitungsdimensionierung.

Die Abflussberechnung für Kanäle und Leitungen erfolgte bis in die 1960er Jahre fast ausschließlich mit empirischen Übertragungsfunktionen, beispielsweise nach BRAHMS und DE CHEZY, GANGUILLET und KUTTER oder MANNING-STRICKLER. Mit dem ersten Arbeitsblatt A 110 (Ausgabe 1965) wurde für die hydraulische Berechnung von Abwasserkanälen die Verwendung der theoretisch fundierten Gleichungen von WEISBACH und PRANDTL-COLEBROOK eingeführt. Durch die Richtlinie sollten in erster Linie die neuen Rechenansätze erläutert werden. Es ging darum, ein Instrument zur Bestimmung der Abflussleistung vollgefüllter, aber druckloser Kanäle (Abflussvermögen) mit der zugehörigen Fließgeschwindigkeit zur Verfügung zu stellen (Flick, 2011).

Sowohl für den Abfluss in geschlossenen Rohrleitungen (Druckabfluss) als auch für den Gerinneabfluss gelten die Grundgleichungen der Technischen Hydraulik:

- **Kontinuitätsgleichung** (Satz von der Erhaltung der Masse)
- **Bernoulli-Gleichung** (Satz von der Erhaltung der Energie)
- **Impulssatz** (Satz von der Erhaltung des Impulses)

Diese wesentlichen Grundlagen zur Beschreibung hydraulischer Prozesse werden in entsprechender Fachliteratur umfassend behandelt und hier nicht tiefgehend erläutert.

Einen Überblick über die Möglichkeiten der mathematischen Beschreibung von Fließprozessen findet sich im Arbeitsblatt DWA-A 110 (2006b). Das Spektrum reicht von komplexen Gleichungen zu Beschreibung instationärer ungleichförmiger und diskontinuierlicher stattfindenden Fließprozesse in Entwässerungssystemen bis zu stark vereinfachten stationär gleichförmigen Fließbedingungen. Letztere können die realen Bedingungen in Kanalisationsnetzen nicht abbilden, stellen aber dennoch für die Dimensionierung eine maßgebliche Berechnungsgrundlage dar.

Die komplexen simultan möglichen Abflussformen

- instationär
- ungleichförmig
- diskontinuierlich

werden durch das erstmals 1871 von BARRÉ DE SAINT-VENANT vorgestellte Gleichungssystem beschrieben:

Bewegungsgleichung

$$\frac{1}{g}\cdot\frac{\partial v}{\partial t}+\frac{v}{g}\cdot\frac{\partial v}{\partial x}+m\cdot\frac{v\cdot q}{g\cdot A}+\frac{\partial h}{\partial x}=I_{So}-I_R \tag{3.1}$$

Kontinuitätsgleichung

$$\frac{\partial Q}{\partial x}+\frac{\partial A}{\partial t}=q \tag{3.2}$$

Dabei ist v die Fließgeschwindigkeit, g die Erdbeschleunigung, h die Wassertiefe, I_{So} das Sohlengefälle und I_R das Reibungsgefälle. Die Glieder $1/g\cdot(\partial v/\partial t)$ und $v/g\cdot(\partial v/\partial x)$ beschreiben die lokale und die konvektive Beschleunigung (Trägheitsglieder), der Term $(\partial h/\partial x)$ repräsentiert die Druckänderung. Die konvektive Beschleunigung ist der Beschleunigungsanteil, der durch die Ortsänderung entsteht. Die lokale Beschleunigung ist durch die zeitliche Änderung der Geschwindigkeit charakterisiert. Diese Gleichungssysteme beschreiben die instationäre, ungleichförmige und diskontinuierliche Bewegungsweise. Sie sind analytisch nicht lösbar.

Das Gleichungssystem basiert unter anderem auf den vereinfachenden Annahmen, dass eine eindimensionale Strömung vorliegt (Querströmungen werden vernachlässigt), dass die Geschwindigkeitsverteilung über die Abflusshöhe gleichmäßig verteilt ist und nur geringfügig von der mittleren Geschwindigkeit abweicht und dass eine hydrostatische Druckverteilung über die gesamte Abflusstiefe vorliegt (Freispiegelabfluss).

Für die Berechnung zur Dimensionierung von Kanälen sind vereinfachte Berechnungsansätze üblich. Dabei werden einzelne Terme der komplexen Gleichungen schlicht vernachlässigt und vereinfachend „Normalabflussbedingungen" angenommen. Dann beschränkt sich das verwendete Gleichungssystem auf:

Bewegungsgleichung

$$\frac{\partial h}{\partial x} = 0 \tag{3.3}$$

Kontinuitätsgleichung

$$\frac{\partial Q}{\partial x} = 0 \tag{3.4}$$

Diese Gleichungen beschreiben ausschließlich die stationäre und gleichförmige Bewegungsweise. Sie sind analytisch lösbar. Entsprechende Ansätze werden im Kapitel 4.6 erläutert.

Die mittlere Geschwindigkeit wird aus dem Verhältnis zwischen dem Durchfluss und dem Fließquerschnitt ermittelt:

$$v = \frac{Q}{A} \tag{3.5}$$

Diese Beziehung ist nicht (wie oft fälschlicherweise behauptet) die Kontinuitätsgleichung. Die Kontinuitätsgleichung lautet:

$$\frac{V}{\Delta t} = Q = v_1 \cdot A_1 = v_2 \cdot A_2 = \cdots = v_n \cdot A_n \tag{3.6}$$

Dabei ist die Ermittlung des Fließquerschnittes vollgefüllter Leitungen, deren Querschnitt durch die Leitungsgeometrie bekannt ist, eindeutig. Das Hauptcharakteristikum von Gerinneströmungen ist der örtlich und zeitlich variable Strömungsquerschnitt. Dieser zusätzliche Freiheitsgrad erschwert die Analyse von Gerinneströmungen.

Die zu berücksichtigende Unterscheidung zwischen der rechnerischen Betrachtung beliebiger Profile erfolgt durch den Ansatz des hydraulischen Radius r_{hy} statt des Kreisdurchmessers d. Der hydraulische Radius beliebiger Gerinneformen wird aus dem Verhältnis zwischen der durchflossenen Fläche A und dem benetzten Umfang l_U eines Strömungsquerschnittes berechnet.

$$r_{hy} = \frac{A}{l_U} \tag{3.7}$$

r_{hy} *hydraulischer Radius in m*
l_U *benetzter Umfang in m*
A *Fläche in m²*

Für vollgefüllte Kreisquerschnitte entspricht der vierfache hydraulische Radius dem Durchmesser.

$$d = 4 \cdot r_{hy} = 4 \cdot \frac{A}{l_U} \tag{3.8}$$

Wie oben erläutert, setzt die analytische Lösung zur rechnerischen Bestimmung der Fließgeschwindigkeit die als Normalabfluss bezeichneten Bedingungen voraus. Dieser Abflusszustand repräsentiert eine gleichförmige Gerinneströmung. Die zugehörige Wassertiefe wird als Normalwassertiefe oder ungestörte Wassertiefe bezeichnet. Diese stellt sich bei gleichbleibenden Querschnitts- und Rauheitsbedingungen in einem genügend langen Gerinne ein. Notwendige Voraussetzung hierfür ist, dass auch der Gerinnequerschnitt sich nicht ändert (prismatisches Gerinne).

3.2 Hydraulische Verluste

3.2.1 Reibungsverluste und Einzelverluste

Eine Abflussbewegung entsteht, wenn durch das Gefälle potenzielle Energie in kinetische Energie umgewandelt wird. Durch Reibung wird gleichzeitig mechanische Energie irreversibel in andere Energieformen wie Wärme und Schall überführt. Dabei wird Energie dem Fließprozess entzogen und umgewandelt, so dass Energieanteile für den Fließprozess „verloren" sind. Dieser Energieanteil wird entsprechend als „Verlust" bezeichnet , auch wenn es aus physikalischer Sicht keine Energieverluste gibt. Eine wesentliche Aufgabe der Gerinnehydraulik ist die Quantifizierung dieser Verluste.

Die potenzielle Energie, die auf einem Streckenabschnitt frei- bzw. in kinetische Energie umgesetzt würde, wird durch die Schubspannung aufgezehrt. Es herrscht nach dem Impulssatz Kräftegleichgewicht am Kontrollvolumen (Valentin und Sorg, 2006). In diesem Fall entspricht die Neigung der Energielinie und der Wasserspiegellinie bei gleichem Abfluss dem Sohlengefälle I_{So}. Das Sohlengefälle wird dann direkt in die Fließformeln für offene Gerinne eingesetzt. Durch Bilanzierung der Energieverhältnisse ist es möglich, die zur Abflussermittlung erforderliche Fließgeschwindigkeit zu ermitteln. Durch Fließwiderstände verändert sich der Verlauf der Energielinie. Die Energielinie weist in Fließrichtung ein Gefälle auf. Dadurch kommt es zu einer Abnahme der Höhe der Energielinie (**Bild 3.2**). Diese Energieverlusthöhe wird beschrieben durch:

$$h_V = \lambda \cdot \frac{l}{4r_{hy}} \cdot \frac{v^2}{2g} \tag{3.9}$$

λ *Widerstandsbeiwert (-)*
l *Länge in m*
v *mittlere Geschwindigkeit in m/s*
r_{hy} *hydraulischer Radius in m*
g *Erdbeschleunigung in m/s²*

Die Quantifizierung der Verluste erfolgt auf der Basis der Widerstandsformel von D'AUBUISSON DE VOISIN (irrtümlich oft DARCY zugeschrieben). Die Verluste werden durch Bilanzierung der Energieanteile beschrieben und sind durch das Energieliniengefälle repräsentiert.

$$I_E = \frac{h_V}{l} = \lambda \cdot \frac{1}{4r_{hy}} \cdot \frac{v^2}{2g} \tag{3.10}$$

In dieser Gleichung ist die zu ermittelnde Fließgeschwindigkeit enthalten. Allerdings ist auch der dimensionslose Widerstandsbeiwert **λ** Bestandteil dieser Gleichung. Der Widerstandsbeiwert repräsentiert die Fließwiderstände durch Reibung.

Aus seiner Definition heraus hat der Normalabfluss hierbei eine besondere Bedeutung bei Freispiegelgerinnen: Zu jedem Abfluss stellt sich in Abhängigkeit von Gerinnequerschnitt, Sohlengefälle und Rauheit eine spezielle Wassertiefe (Normalabflusstiefe) ein. Sie ist charakteristisch für die hydraulische (natürliche) Leistungsfähigkeit (Abflusskapazität) des Gerinnes. In einem Gerinne strebt der Abfluss asymptotisch immer den Normalabfluss-Zustand an (Bild 3.2).

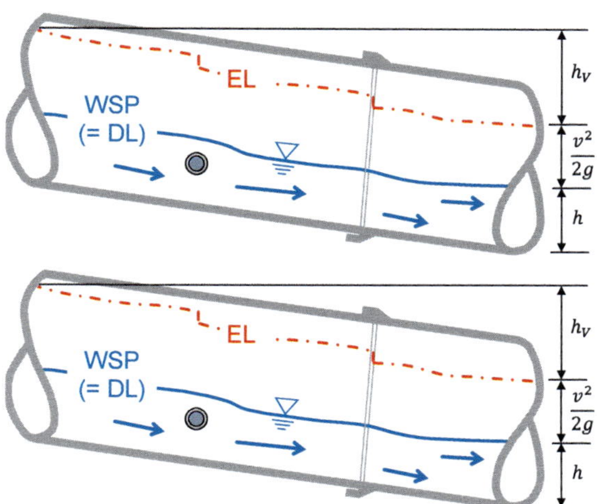

Bild 3.2: Qualitativer Verlauf der Energielinie bei unterschiedlichen Verlusten beispielsweise durch Hausanschluss und Rohrverbindung (oben) und unter Normalabflussbedingungen (unten)

Die vereinfachte Beschreibung von Abflussprozessen durch idealisierte Betrachtungen (mit „idealen" Flüssigkeiten) vernachlässigt die unterschiedlichen Reibungseinflüsse. Reibung entsteht durch die Bewegung der Moleküle. Unterschiedliche Bewegungsrichtung und Geschwindigkeiten zwischen den Flüssigkeitsteilchen selbst und zwischen der Gerinnewand und den Flüssigkeitsteilchen führen zu Verlusten. Die rechnerische Ermittlung erfolgt separat für die Verlustanteile „Wandreibung" und „Einzelverluste":

Kontinuierliche Verluste durch Wandreibung

$$\left(\lambda \cdot \frac{l}{4r_{hy}}\right) \cdot \frac{v^2}{2g} \tag{3.11}$$

Reibung zwischen der Berandung des Gerinnes und der Flüssigkeit sowie durch die Turbulenz des Fließvorgangs. Dadurch entsteht im Streckenverlauf eine kontinuierlich zunehmende Reibungsverlusthöhe (lineares Gefälle der Energielinie).

Einzelverluste

$$(\Sigma\ \zeta) \cdot \frac{v^2}{2g} \tag{3.12}$$

Einzelverluste oder örtliche Verluste entstehen überall dort, wo durch Strömungsführungen (Umlenkungen, Erweiterungen usw.) oder Einbauten (Absperrorgane, seitliche Einläufe usw.) eine Beeinflussung des Geschwindigkeitsprofiles erfolgt. Die dadurch auftretenden Turbulenzen führen zu einer Energieumwandlung in Schall und Wärme. Dem Fließprozess wird Energie entzogen. Diese Störungen werden als lokal wirkend betrachtet. Sie erzeugen einen Sprung in der Energielinie.

Die in Abschnitt 2.2 beschriebene Energieverlusthöhe muss demnach um die Verlustanteile durch Einzelverluste ergänzt werden. Damit erfolgt die Beschreibung des Fließprozesses durch den Verlauf respektive die Abnahme der Energielinie:

$$h_V = \left(\lambda \cdot \frac{l}{4r_{hy}} + \sum \zeta\right) \cdot \frac{v^2}{2g} \tag{3.13}$$

h_V *Energieverlusthöhe infolge Wandreibung und Einzelverlusten in m*
λ *Widerstandsbeiwert (-)*
ζ *Verlustbeiwert (-)*
l *Länge in m*
v *mittlere Geschwindigkeit in m/s*
r_{hy} *hydraulischer Radius in m*
g *Erdbeschleunigung in m/s²*

Die jeweiligen Einzelverluste sind ebenfalls nur eingeschränkt theoretisch beschreibbar bzw. quantifizierbar und werden daher mittels einzelner Verlustbeiwerte ζ berücksichtigt. Die Quantifizierung dieser Beiwerte ist das Ergebnis hydraulischer Versuche. Im Arbeitsblatt DWA-A 110 werden Beiwerte oder Rechenansätze für folgende Verlustarten angegeben:

- Lageungenauigkeiten und -änderungen: Der Beiwert gilt je Rohrverbindung.
- Rohrverbindungen: Der Beiwert gilt je Rohrverbindung.
- Zulauf-Formstücke: Beiwerte gelten für jede Stelle, an der ein Zulaufformstück vorgesehen ist. Sie berücksichtigen nur die Geometrie und nicht die hydraulischen Auswirkungen.

- Schachtbauwerke in Regel- und Sonderausführung (gerader Durchgang): Bei Regelschächten wird die Berme bis zum Rohrscheitel ausgebildet. Bei Sonderschächten liegt die Berme zumeist in Kämpferhöhe. Geringfügiger Einstau in den Schachtbereich führt bereits zu erheblichen Verlusten. Die ζ-Werte sind ggf. experimentell zu ermitteln.
- Strömungsumlenkung (Kurvenbauwerke): Bei Strömungsumlenkungen ist zwischen strömendem und schießendem Abfluss zu unterscheiden. Für den strömenden Abfluss können Verlustbeiwerte relativ einfach bestimmt werden. Bei schießendem Abfluss sind unterschiedliche Bedingungen zu berücksichtigen, die ggf. durch konstruktive Maßnahmen einzuhalten sind.
- Vereinigungsbauwerke: Beiwerte können für strömenden Abfluss ermittelt werden.

Die Verläufe der Wasserspiegellinie und der Energielinie in Bild 3.2 (oben) zeigen, dass sich der Wasserspiegel und die Energielinie unter realen Bedingungen ständig verändert. Dabei folgt die Energielinie aufgrund der Reibungsverluste stets einem Gefälle, denn durch den Widerstand an der Gerinnewand werden bei der vollausgebildeten turbulenten Rohrströmung kontinuierliche Energiehöhenverluste hervorgerufen. In Kanalnetzen ist dieses Gefälle aber nie konstant, da selbst bei reinen Transportkanälen mit gleichbleibendem Querschnitt die Stoßfugen und Richtungsänderungen diskontinuierliche Verluste auslösen. In Bild 3.2 (unten) sind der theoretische Fall des Normalabflusses und die realistischen Bedingungen vergleichend dargestellt.

Beispiel 1: Abflussberechnung mit Berücksichtigung hydraulischer Verluste

Eine Pumpstation fördert Abwasser in einen Transportkanal, der als Freispiegelkanal ausgelegt ist. Das Betriebspersonal stellt fest, dass der Kanal bei Betrieb des Pumpwerkes in den Schächten einstaut. Berechnen Sie den Pumpenförderstrom in l/s im Transportkanal unter der Annahme eines stationär-gleichförmigen Abflusses (Normalabfluss) für die angegebenen Wasserstände. Die jeweiligen Höhen können der Grafik entnommen werden. Folgende Informationen sind zur Haltung des Transportkanals bekannt:

- Kreisprofil DN 200
- Haltungslänge l = 200 m
- Einzelverluste innerhalb der Haltung: $\zeta = 3{,}0$
- Widerstandsbeiwert der Kanalstrecke A-B: $\lambda = 0{,}020$

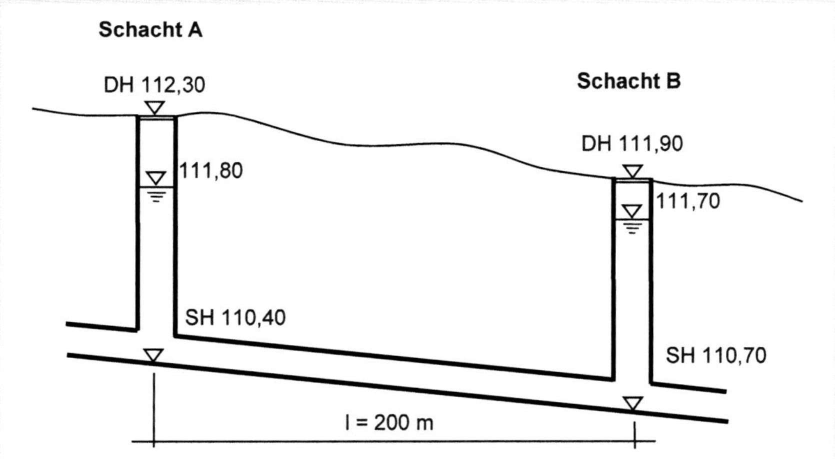

Verlusthöhe

$$h_V = \left(\lambda \cdot \frac{l}{d} + \sum \zeta\right) \cdot \frac{v^2}{2g}$$

Umstellung nach Fließgeschwindigkeit

$$v = \sqrt{\frac{h_V}{\lambda \cdot \frac{l}{d} + \Sigma \zeta} \cdot 2g}$$

$$v = \sqrt{\frac{0{,}1m \cdot 2 \cdot 9{,}81 \frac{m}{s^2}}{0{,}02 \cdot \frac{200m}{0{,}25m} + 3{,}0}} = 0{,}321 \frac{m}{s}$$

Berechnung des Abflusses

$$Q = v \cdot A = v \cdot \frac{d^2 \cdot \pi}{4} = 0{,}321 \frac{m}{s} \cdot \frac{(0{,}25m)^2}{4} = 0{,}0158 \frac{m^3}{s} = 15{,}8 \frac{l}{s}$$

3.2.2 Das pauschalierende Rauheitsmaß k_b

Die Bestimmung einer repräsentativen mittleren Fließgeschwindig-keit erfolgt auf der Basis von Gleichung 3.9, die als Widerstands-formel die Reibungsverluste entlang der Fließstrecke beschreibt. Wie in Kapitel 3.2.1 beschrieben, kann Gleichung 3.9 nach dem Energieliniengefälle umgeformt werden (Gleichung 3.10). Durch Umstellung ergibt sich für die Fließgeschwindigkeit:

$$v = \frac{1}{\sqrt{\lambda}} \cdot \sqrt{2g \cdot 4r_{hy} \cdot I_E} \tag{3.14}$$

λ *Widerstandsbeiwert (-)*
g *Erdbeschleunigung im m/s²*
r_{hy} *hydraulischer Radius in m*
I_E *Energieliniengefälle (-)*

Zur Quantifizierung der Gesamtverluste werden die jeweiligen Einzelverlustbeiwerte über die Länge des betrachteten Streckenabschnittes addiert und ergeben mit dem Reibungsverlust sämtliche Verluste (Gleichung 3.13). Gemäß Arbeitsblatt DWA-A 110 werden die verschiedenen Verlustbeiwerte zum Widerstandsbeiwert infolge betrieblicher Rauheit zusammengefasst:

$$\lambda_b = \lambda + \frac{4r_{hy}}{l} + \sum \zeta \tag{3.15}$$

λ_b *Widerstandsbeiwert infolge betrieblicher Rauheit (-)*
λ *Widerstandsbeiwert (-)*
l *Länge des betrachteten Leitungs- bzw. Kanalabschnitts*
r_{hy} *hydraulischer Radius in m*
ζ *Verlustbeiwert (-)*

Mit dem Widerstandsbeiwert infolge betrieblicher Rauheit errechnet sich die Fließgeschwindigkeit folgendermaßen

$$v = \frac{1}{\sqrt{\lambda_b}} \cdot \sqrt{2g \cdot 4r_{hy} \cdot I_E} \tag{3.16}$$

Damit kann der Volumenstrom bestimmt werden.

$$Q = A \cdot v \tag{3.17}$$

$$Q = A \cdot \sqrt{\frac{1}{\lambda_b}} \cdot \sqrt{2g \cdot 4r_{hy} \cdot I_E} \tag{3.18}$$

Der in der Fließformel verwendete Widerstandbeiwert **λ** wird nach PRANDTL-COLEBROOK ermittelt. Einfluss auf diesen Wert haben die Fließgeschwindigkeit und stoffspezifische Eigenschaften. Diese werden durch die kinematische Zähigkeit berücksichtigt (**Tabelle 3.1**). Das Verhältnis von Trägheits- zu Zähigkeitskräften beschreibt die Reynolds-Zahl:

Tabelle 3.1: Kinematische Zähigkeit von Reinwasser für verschiedene Temperaturen

T (in °C)	5	10	15	20	25	30
$\nu \cdot 10^{-6}$ (in m²/s)	1,52	1,31	1,15	1,01	0,90	0,80

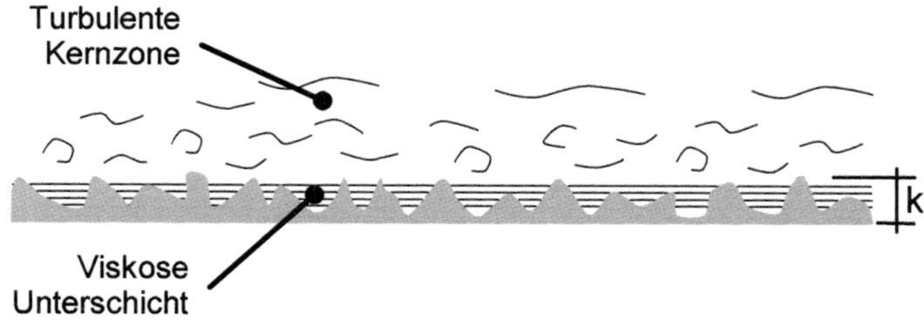

Bild 3.3: Hydraulisches Widerstandsverhalten im „Übergangsbereich" zwischen hydraulisch glattem und hydraulisch rauem Verhalten

$$Re = \frac{v \cdot 4r_{hy}}{\nu} \tag{3.19}$$

Re *Reynoldszahl (-)*

v *mittlere Geschwindigkeit in m/s*

r_{hy} *hydraulischer Radius in m*

ν *kinematische Zähigkeit in m²/s*

Die Reynoldszahl kennzeichnet die beiden Fließbereiche „laminar" und „turbulent". Den Übergangsbereich markiert die kritische Reynoldszahl ($Re_{krit} \approx 2320$).

Ausschlaggebend sind dabei die in technischen Bereichen üblicherweise vorliegenden turbulenten Strömungsbedingungen mit Werten für Re > 2320. Für Abwasserkanäle sind nach Hager (1995) Bereiche zwischen $3 \cdot 10^4$ und $3 \cdot 10^7$ üblich. Aufgrund der üblichen Rohrwerkstoffe ist das sogenannte technisch raue Verhalten im Übergangsbereich zwischen dem Fließmedium und der Rohrwand maßgeblich. Dabei ragen die Rauheiterhebungen teilweise in den turbulenten Kern und werden aber auch teilweise von der viskosen Unterschicht eingehüllt (**Bild 3.3**).

Nach PRANDTL-COLEBROOK besteht in diesem Fall folgende Beziehung, die für Abwasserleitungen praktische Bedeutung hat:

$$\frac{1}{\sqrt{\lambda}} = -2 \cdot lg\left[\frac{2{,}51}{Re \cdot \sqrt{\lambda}} + \frac{1}{3{,}71} \cdot \frac{k}{4r_{hy}}\right] \tag{3.20}$$

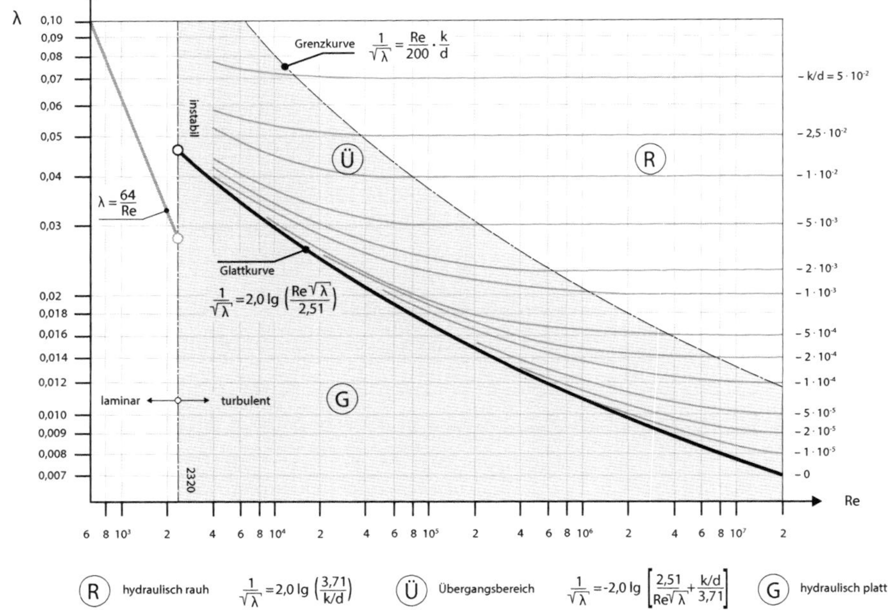

Bild 3.4: Moody-Diagramm zur Ermittlung des Reibungsbeiwertes λ

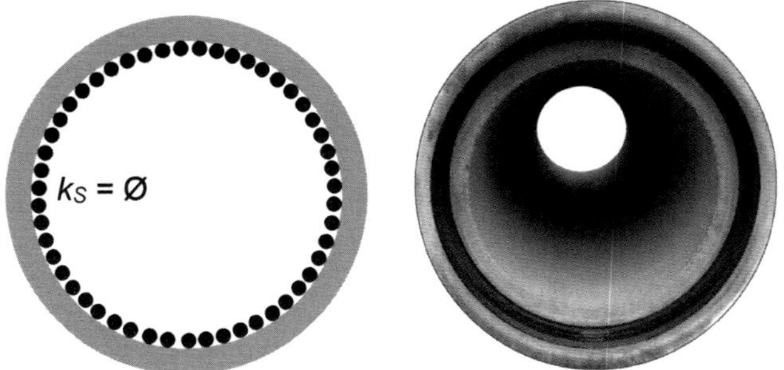

Bild 3.5: Gegenüberstellung der Sandrauheit bei definierter Oberfläche (links) mit der wirklichen Oberfläche eines Abwasserkanals (rechts)

Diese Gleichung kann nicht explizit nach dem gesuchten Widerstandsbeiwert **λ** aufgelöst werden. Die Lösung muss iterativ erfolgen. Mit Hilfe entsprechender Computerprogramme ist eine Lösung ohne großen Aufwand möglich. Eine manuelle Lösung erfolgt durch eine Ablesung aus dem Moody-Diagramm (**Bild 3.4**). Bei der Ablesung ist die geringe Genauigkeit und die Darstellung im doppelt-logarithmischen Maßstab zu berücksichtigen.

Für die kontinuierlichen Verluste ist die Oberflächenrauheit k der Gerinnewand einzusetzen. Dabei handelt es sich um Parameter zur Quantifizierung des Einflusses der Oberflächenbeschaffenheit. Der gemäß dem Widerstandsgesetz von PRANDTL-COLEBROOK von k abhängige Wert **λ** kann auf der Grundlage experimenteller Daten ermittelt werden. In Versuchen werden dabei die Innenfläche eines Rohres mit Sandkörnern gleichen Durchmessers beschichtet. In vergleichenden hydraulischen Versuchen zwischen dem zu testenden Rohr und dem mit Sandkörnern präparierten Vergleichsrohr, werden die Sandkorndurchmesser ermittelt, bei denen der hydraulische Widerstand zwischen Testrohr und Vergleichsrohr gleich ist. Dieser Durchmesser entspricht dann der äquivalenten Sandrauheit (**Bild 3.5**). Durch Division mit dem Rohrdurchmesser wird die dimensionslose relative Rauheit ermittelt:

$$r_S = \frac{k_S}{d} \qquad (3.21)$$

k_S *äquivalente Sandrauheit in m*
d *Rohrdurchmesser in m*

Die relative Rauheit ist auf der rechten Ordinate des Moody-Diagramms aufgetragen.

Für unterschiedliche Rohrwerkstoffe werden durch Vergleichsmessungen die äquivalenten Sandrauheiten k_S bestimmt (**Tabelle 3.2**). Veränderungen der Oberfläche während der Betriebsdauer gegenüber dem Neuzustand, sind bei der Dimensionierung zu berücksichtigen.

Bei der Berechnung von Abwasserleitungen werden folgende Rauheiten verwendet:

- Wandrauheit k (in mm)
- Sandrauheit k_S (in mm)
- Beiwert nach Manning-Strickler k_{St} (in $m^{1/3}/s$)
- Betriebliche Rauheit k_b (in mm)

Tabelle 3.2: Exemplarische Sandrauheiten für unterschiedliche Rohrwerkstoffe

Rohrwerkstoff	Zustand der Rohrwand	k_s in mm
Betonrohre	Stahlbeton, Schleuderbeton, glatter Putz (glatt)	0,1 bis 0,15
	neu, mit Glattstrich	0,3 bis 0,8
	unbearbeitet (rau)	1,0 bis 3,0
Steinzeugrohre	glasiert	0,02
Kunststoffrohre	neu, glatt	0,002 bis 0,01
Stahlrohre	geschweißt, handelsüblich	0,05 bis 0,2
	geschweißt, stark verkrustet	1,5 bis 4,0

Auffällig ist hier die Einheit des Beiwertes nach Manning-Srickler in $m^{1/3}/s$. Dieser wird in der weit verbreiteten Gleichung zur Gerinnebemessung nach GAUCKLER-MANNING-STRICKLER verwendet.

$$v = k_{St} \cdot r_{hy}^{2/3} \cdot I_E^{1/2} \tag{3.22}$$

k_{St} *Strickler-Beiwert in $m^{1/3}/s$*
r_{hy} *hydraulischer Radius in m*
I_E *Energieliniengefälle*

Die Dimension verdeutlicht den empirischen Ansatz dieser dimensionsanalytisch nicht homogenen Gleichung. Die Gleichung hat sich durch zahlreiche Messungen bewährt und ist zudem vergleichsweise einfach anzuwenden. Typische Strickler-Beiwerte k_{St} sind:

- Sehr glatte Gerinne (z.B: glatter Beton) $k_{St} \approx 100\ m^{1/3}/s$
- Erdgerinne, Flussbetten $k_{St} \approx 30$ bis $40\ m^{1/3}/s$
- Sehr raue Gerinne (z.B. Wildbäche) $k_{St} \approx 20\ m^{1/3}/s$

Die auf der Basis von Versuchen ermittelten k-Werte, sind für die unterschiedlichen Berechnungsansätze individuell. Für die Dimensionierung von Abwasserleitungen ist die betriebliche Rauheit k_b maßgeblich. Die individuelle Ermittlung der einzelnen Verluste kann mit einem hohen Aufwand verbunden sein. Für überschlägliche hydraulische Dimensionierungen wird die Fülle an Einzelverlusten deshalb pauschaliert. Die Verluste aus lokalen Strömungssituationen

Tabelle 3.3: Pauschalwerte für die betriebliche Rauheit gemäß Arbeitsblatt DWA-A 110

Kanalart	k_b in mm
Drosselstrecken, Druckrohrleitungen, Düker und Reliningstrecken ohne Schächte	0,25
Transportkanäle mit	
Regelschacht	0,50
Sonderschacht	0,75
Sammelkanäle mit Regelschächten oder angeformten Schächten	0,75
Sammelkanäle und -leitungen mit Sonderschächten sowie Mauerwerks- und Ortbetonkanäle sowie Kanäle ohne besonderen Nachweis	1,50

werden dann gemeinsam mit den Verlusten der werkstoffspezifischen Wandreibung des Rohres in einem erhöhten Rauheitsmaß zusammengefasst. Im Pauschalansatz von k_b sind in der Regel folgende Einflüsse enthalten:

- Wandrauheit
- Lageungenauigkeit und -änderung
- Rohrstöße
- Zulauf-Formstücke
- Schachtbauwerke

Die k_b-Werte sind in Abhängigkeit von der Kanalart und der Schachtausbildung angegeben. Die Werte liegen bei Leitungen mit vergleichsweise glatten Oberflächen und ohne Schächte bei 0,25 mm. Bei ungünstiger Schachtausbildung sind Werte bis 1,50 mm zu wählen (**Tabelle 3.3**). Werden sämtliche Einflüsse individuell berücksichtigt, sind auch deutlich höhere Werte möglich.

Die k_b-Werte verdeutlichen den großen Einfluss der Schächte auf die hydraulische Leistungsfähigkeit eines Kanalnetzes. Insgesamt machen die Energiehöhenverluste an Schächten einen großen Anteil an den Gesamtverlusten in Abwasserkanälen aus. Die strömungsgünstigen Regelschächte, mit einer Berme in Scheitelhöhe, führen zu einer deutlichen Reduktion der Energiehöhenverluste, da der Abfluss bis zur Vollfüllung zwangsgeführt wird. Bei Sonderschächten ist die Berme in Kämpferhöhe ausgebildet. Hier kommt es bereits bei halbgefülltem Rohrquerschnitt zu einem Übertritt auf die Berme und daraus resultierenden Turbulenzen im Schacht. **Bild 3.6** veranschaulicht die Unterschiede zwischen Regel- und Sonderschächten. Untersuchungen zum Einfluss und zur Optimierung der Schachtausbildung führte Merlein (2002) durch.

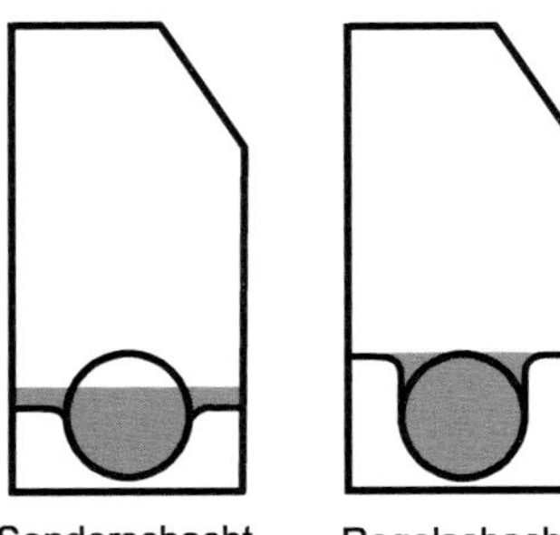

Bild 3.6: Darstellung eines Sonderschachtes mit Ausbildung der Berme in Kämpferhöhe (links) und eines strömungsgünstigen Regelschachtes mit Berme in Scheitelhöhe (rechts)

Durch Strömungsumlenkungen, die systembedingt im Schachtbauwerk erfolgen, kann die betriebliche Rauheit in Teilabschnitten des Kanalnetzes ein Vielfaches des pauschalen Wertes von k_b = 1,5 mm ausmachen. **Bild 3.7** visualisiert die erheblichen Turbulenzen, die zur Abflussbehinderung führen, wenn der Füllstand bei höheren Abflüssen die Berme erreicht und überstaut.

Die betriebliche Rauheit k_b berücksichtigt neben der Wandrauheit auch unterschiedliche Verluste aufgrund lokaler Strömungswiderstände durch geometrische Änderungen innerhalb der Kanalisation. Die Wandrauheit k und der Strickler-Beiwert k_{st} sind nur von der Rauheit und Struktur der Wandoberfläche abhängig. Zwischen der Wandrauheit k nach PRANDTL-COLEBROOK und dem Strickler-Beiwert k_{St} besteht ein Zusammenhang. Dieser wird im Arbeitsblatt DWA-A 110 und in Pecher et al. (1991) beschrieben. Demnach weichen die Ergebnisse der Abflussberechnung zwischen den Gleichungen nach PRANDTL-COLEBROOK und MANNING-STRICKLER in bestimmten Rauheitsbereichen nur geringfügig voneinander ab. Ein direkter Zusammenhang zwischen der hydraulischen Wandrauheit k und dem Beiwert k_{St} nach MANNING-STRICKLER kann für beliebige Querschnitte durch folgende Gleichung bestimmt werden.

$$k_{St} = \left[-2 \cdot lg\left(\frac{2{,}51 \cdot \nu}{4\, r_{hy} \cdot \sqrt{8g \cdot r_{hy} \cdot I_E}} + \frac{k}{14{,}84 \cdot r_{hy}}\right)\right] \cdot \sqrt{8g} \cdot r_{hy}^{\frac{1}{6}} \tag{3.23}$$

k *Wandrauheit in m*

k_{St} *Strickler-Beiwert für Gerinnerauheit in $m^{1/3}/s$*

ν *kinematische Zähigkeit in m^2/s*

r_{hy} *hydraulischer Radius in m*

I_E *Energieliniengefälle (-)*

g *Erdbeschleunigung im m/s^2*

Bild 3.7: Turbulenzbildung in einem Sonderschacht mit 90°-Umlenkung

Gemäß Arbeitsblatt DWA-A 110 kann der Zusammenhang näherungsweise durch folgende Gleichung berechnet werden.

$$\boldsymbol{k_{St}} = 4\sqrt{g} \cdot \left(\frac{32}{d}\right)^{\frac{1}{6}} \cdot \lg\left(\frac{3{,}71 \cdot d}{\boldsymbol{k}}\right) \qquad (3.24)$$

k *Wandrauheit in m*

k_{St} *Strickler-Beiwert für Gerinnerauheit in $m^{1/3}/s$*

d *Durchmesser in m*

g *Erdbeschleunigung im m/s^2*

Vereinfachend kann ebenfalls mit Hilfe der durch Versuche ermittelte Zusammenhang

$$\boldsymbol{k_{St}} = \frac{26}{\boldsymbol{k}^{\frac{1}{6}}}$$

zwischen der Wandrauheit und dem Strickler-Beiwert hergestellt werden.

Beispiel 2: Ermittlung der Fließbereiche in unterschiedlichen Querschnitten

Weisen Sie die Fließbereiche für das dargestellte Gerinne und einen vollgefüllten Kreisquerschnitt mit einem Durchmesser von 500 mm nach. In beiden Fällen liegt ein Volumenstrom von 120 l/s vor. Nehmen Sie an, dass die Wassertemperatur 10 °C beträgt.

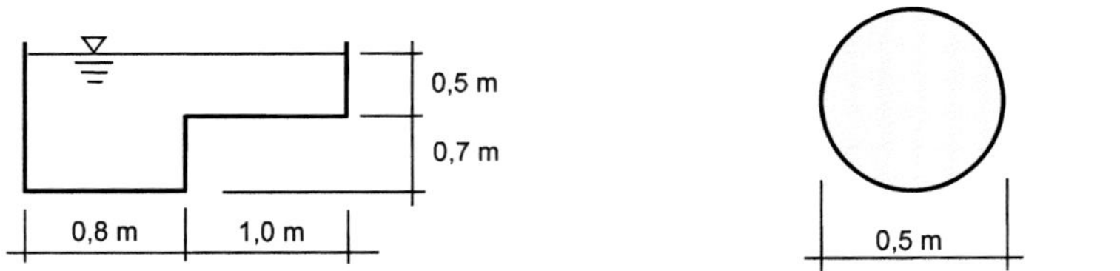

Gerinne:

$$r_{hy} = \frac{A}{l_U} = \frac{(0{,}8m \cdot 1{,}2m + 1{,}0m \cdot 0{,}5m)}{1{,}2m + 0{,}8m + 0{,}7m + 1{,}0m + 0{,}5m} = \frac{1{,}46m^2}{4{,}2m} = 0{,}35\ m$$

$$Re = \frac{v \cdot 4\, r_{hy}}{\nu}$$

$$\boldsymbol{v = \frac{Q}{A} = \frac{0,120\frac{m^3}{s}}{1,46\ m^2} = 0,082\frac{m}{s}}$$

$$Re = \frac{0{,}082\frac{m}{s} \cdot 4 \cdot 0{,}35\ m}{1{,}31 \cdot 10^{-6}\frac{m^2}{s}} = 87.634 > 2.320$$

→ Turbulente Strömungsbedingungen

Kreisquerschnitt:

$$Re = \frac{v \cdot d}{\nu}$$

$$v = \frac{Q}{A} = \frac{0,120 \frac{m^3}{s}}{(0,5m)^2 \frac{\pi}{4}} = 0,611 \frac{m}{s}$$

$$Re = \frac{0,611 \frac{m}{s} \cdot 0,5\, m}{1,31 \cdot 10^{-6} \frac{m^2}{s}} = 233.265 > 2.320$$

→ *Turbulente Strömungsbedingungen*

Beispiel 3: Fließgeschwindigkeit bei laminarem Fließen

Wie hoch ist die Fließgeschwindigkeit in einem eingestauten Kanal (DN 1200) bei der sich laminares Fließen einstellen würde? Nehmen Sie an, dass die Wassertemperatur 10 °C beträgt.

Laminares Fließen setzt voraus: Re ≤ 2320

$$v = \frac{Re \cdot \nu}{d} = \frac{2320 \cdot 1,31 \cdot 10^{-6} \frac{m^2}{s}}{0,120\, m} = 2,533 \cdot 10^{-3} \frac{m}{s}$$

Das Beispiel verdeutlicht, dass laminares Fließen innerhalb der Kanalisation nur bei sehr geringen Fließgeschwindigkeiten auftritt und somit eine seltene Ausnahme darstellt.

Beispiel 4: Wandrauheit nach PRANDTL-COLEBROOK und Beiwert nach MANNING-STRICKLER

Ermitteln Sie den Strickler-Beiwert k_{St} für einen Transportkanal mit folgenden Werten:

- Kreisquerschnitt DN 1500
- Wandrauheit k = 0,50 mm

$$\boldsymbol{k_{St}} = 4\sqrt{g} \cdot \left(\frac{32}{d}\right)^{\frac{1}{6}} \cdot \lg\left(\frac{3{,}71 \cdot d}{\boldsymbol{k}}\right)$$

$$\boldsymbol{k_{St}} = 4\sqrt{9{,}81\frac{m}{s^2}} \cdot \left(\frac{32}{1{,}50\,m}\right)^{\frac{1}{6}} \cdot \lg\left(\frac{3{,}71 \cdot 1{,}50\,m}{\boldsymbol{0{,}005\,m}}\right) = 63{,}56\frac{m^{\frac{1}{3}}}{s}$$

3.3 Vollfüllungsabfluss

Mit den oben beschriebenen Ansätzen zur Ermittlung der hydraulischen Verluste kann die Fließgeschwindigkeit nun berechnet werden. Dazu wird in die nach v umgestellte grundlegende Widerstandsformel mit dem Widerstandsbeiwert infolge betrieblicher Rauheit λ_b:

$$v = \sqrt{\frac{1}{\lambda_b}} \cdot \sqrt{2g \cdot 4r_{hy} \cdot I_E} \qquad (3.25)$$

die Beschreibung des Widerstandsbeiwertes nach COLEBROOK eingesetzt:

$$\frac{1}{\sqrt{\lambda}} = -2 \cdot lg\left[\frac{2{,}51}{Re \cdot \sqrt{\lambda}} + \frac{1}{3{,}71} \cdot \frac{k}{4r_{hy}}\right] \qquad (3.26)$$

Für die Fließgeschwindigkeit folgt dann:

$$v = -2 \cdot lg\left[\frac{2{,}51 \cdot \nu}{4r_{hy} \cdot \sqrt{2g \cdot 4r_{hy} \cdot I_E}} + \frac{k}{3{,}71 \cdot 4r_{hy}}\right] \cdot \sqrt{2g \cdot 4r_{hy} \cdot I_E} \quad (3.27)$$

Mit diesem Ansatz lautet die Allgemeine Abflussformel für vollgefüllte Kreisprofile:

$$Q = \frac{\pi \cdot d^2}{4} \cdot \left(-2 \cdot lg\left[\frac{2{,}51 \cdot \nu}{d \cdot \sqrt{2g \cdot d \cdot I_E}} + \frac{k}{3{,}71 \cdot d}\right] \cdot \sqrt{2g \cdot d \cdot I_E}\right) \quad (3.28)$$

und für vollgefüllte Nicht-Kreisprofile:

$$Q = A \cdot \left(-2 \cdot lg\left[\frac{2{,}51 \cdot \nu}{4r_{hy} \cdot \sqrt{2g \cdot 4r_{hy} \cdot I_E}} + \frac{k}{14{,}84 \cdot r_{hy}}\right] \cdot \sqrt{2g \cdot 4r_{hy} \cdot I_E}\right) \quad (3.29)$$

Für den Fall des stationär gleichförmigen Abflusses bei Scheitelfüllung wird das Energieliniengefälle I_E durch das Sohlengefälle I_{So} ersetzt. Die Rauheit k kann durch die betriebliche Rauheit k_b ersetzt werden. Für Rohrleitungen sind die Abflüsse unter Vollfüllung in Abhängigkeit vom Gefälle, dem Rohrdurchmesser und der betrieblichen Rauheit tabelliert (z. B. in Pecher et al., 1991). Erreicht der Bemessungsabfluss etwa 90 % des Abflussvermögens von Q_V, wird empfohlen, den nächstgrößeren Querschnitt zu wählen. Dabei werden pauschal berücksichtigt:

- Eine Abflussbehinderung durch temporäres Zuschlagen des Kanals aufgrund von Wellenbildungen („Schluckaufwirkung“)
- Querschnittsverringerung bis 3 % der Querschnittsfläche durch unvermeidliche Ablagerungen
- Gleichsetzung der wirklichen Kanallänge mit ihrer Projektionslänge Teilfüllungsberechnung

Beispiel 5: Abfluss bei Vollfüllung mit der Allgemeinen Abflussformel

Exemplarisch werden die Vollfüllungswerte (v, Q) eines Rohrquerschnitts mit der Allgemeinen Fließformel berechnet. Die berechneten Werte werden anschließend mit den Angaben aus einem Tabellenwerk verglichen. Gegeben sind:

- Vollgefüllter Kreisquerschnitt (d = 0,2 m)
- Sohlengefälle von 1,8 ‰
- Wandrauheit k_b = 1,5 mm

$$Q = v \cdot A = -2 \cdot lg\left[\frac{2{,}51 \cdot \nu}{4\,r_{hy} \cdot \sqrt{2g \cdot 4\,r_{hy} \cdot I_E}} + \frac{k}{14{,}84 \cdot r_{hy}}\right] \cdot \sqrt{2g \cdot 4\,r_{hy} \cdot I_E}$$

$$r_{hy} = \frac{A}{l_U} = \frac{d}{4} = \frac{0{,}2\,m}{4} = 0{,}05\,m$$

$$A = \frac{d^2 \cdot \pi}{4} = 0{,}0314\,m^2$$

$$Q = v \cdot A$$

$$Q = -2 \cdot lg\left[\frac{2{,}51 \cdot 1{,}31 \cdot 10^{-6}\frac{m^2}{s}}{4 \cdot 0{,}05m \cdot \sqrt{2g \cdot 4 \cdot 0{,}05m \cdot 0{,}0018}} + \frac{0{,}0015m}{14{,}84 \cdot 0{,}05m}\right] \cdot \sqrt{2g \cdot 4 \cdot 0{,}05m \cdot 0{,}0018} \cdot 0{,}0314m^2$$

$$Q = 0{,}446\frac{m}{s} \cdot 0{,}0314m^2 = 0{,}014\frac{m^3}{s} = \mathbf{14{,}0\frac{l}{s}}$$

Die oben berechneten Werte können mit einem Auszug aus einem Tabellenwerke (Pecher et. al, 1991) verglichen werden.

Betriebliche Rauheit k_b = 1,50 mm	Q_V in l/s				v_V in m/s					
Querschnitt in mm	1,60 ‰ 1:588		1,70 ‰ 1:588		1,80 ‰ 1:556		1,90 ‰ 1:526		2,00 ‰ 1:500	
	Q	v	Q	v	Q	v	Q	v	Q	v
100	2,1	0,26	2,1	0,27	2,2	0,28	2,2	0,28	2,3	0,29
150	6,1	0,35	6,3	0,36	6,5	0,37	6,7	0,38	6,8	0,39
200	13,2	0,42	13,6	0,44	14,0	0,45	14,4	0,46	14,8	0,47
250	23,9	0,49	24,7	0,50	25,4	0,52	26,1	0,53	26,8	0,55
300	38,9	0,55	40,1	0,57	41,3	0,58	42,4	0,60	43,5	0,62

Beispiel 6: Abfluss bei Vollfüllung nach GAUCKLER-MANNING-STRICKLER

$$Q = A \cdot k_{St} \cdot r_{hy}^{2/3} \cdot I_E^{1/2}$$

Die Berechnung aus Beispiel 1 wird nun mit der Gleichung nach GAUCKLER-MANNING-STRICKLER (GMS) durchgeführt. Wie in Beispiel 5 sind gegeben:

- Vollgefüllter Kreisquerschnitt (d = 0,2 m)
- Sohlengefälle von 1,8 ‰
- Strickler-Beiwert k_{St} beträgt 76 $m^{1/3}/s$ (vergleichbar zu k_b =1,5 mm)

$$Q = v \cdot A = k_{St} \cdot r_{hy}^{\frac{2}{3}} \cdot I_E^{\frac{1}{2}} \cdot A$$

$$Q = v \cdot A = 76\frac{m^{\frac{1}{3}}}{s} \cdot (0{,}05m)^{\frac{2}{3}} \cdot 0{,}0018^{\frac{1}{2}} \cdot 0{,}0314m^2 = 0{,}438\frac{m}{s} \cdot 0{,}0314\mathrm{m}^2 = 0{,}0137\frac{m^3}{s} = \mathbf{13{,}7}\frac{\boldsymbol{l}}{\boldsymbol{s}}$$

Damit wird deutlich, dass der empirische Ansatz nach GMS deutlich weniger Rechenaufwand erfordert und zu vergleichbaren Ergebnissen führt.

3.4 Teilfüllungsberechnung

Abwasserkanäle und -leitungen sind in den meisten Fällen teilgefüllt. Das Geschwindigkeitsprofil in teilgefüllten Rinnen entspricht keinem ringsymmetrischen Verlauf, wie beim vollgefüllten Kreisquerschnitt. Zudem stellen sich die Spiegellinien als Stau- oder Senkungskurve ein. Deren Verlauf kann mit Differenzialgleichungssystemen (sog. Bewegungsgleichungen) schrittweise ermittelt werden. Beispiele dafür werden in Kapitel 6 beschrieben. Das Arbeitsblatt DWA-A 110 enthält eine Übersicht über unterschiedliche Berechnungsansätze zur Ermittlung der Abflussvorgänge in Abwasserleitungen. Die dabei berücksichtige Bewegungsweise reicht vom stationär gleichförmigen Abfluss (Normalabfluss) bis zu der realitätsnahen Beschreibung von instationär ungleichförmigen und diskontinuierlichen Abflüssen (vergleiche Kapitel 3.1).

Nur in sehr langen, stationär gleichförmig durchströmten Strecken stellt sich der (äußerst seltene) Fall ein, dass der Wasserspiegel asymptotisch parallel zur Sohle verläuft. Dennoch ist dieser Fall zur „Orientierung" ein geeignetes Bemessungskriterium. Die Teilfüllungswerte können dann bei Normalabfluss vereinfachend über eine Beziehung zu den Werten bei Vollfüllung ermittelt werden. Basierend auf Untersuchungen von SAUERBREY und von TIEDT haben sich folgende Beziehungen zwischen Teil- und Vollfüllungsbedingungen herausgestellt:

$$\frac{v_t}{v_v} = \left(\frac{r_{hy,t}}{r_{hy,v}}\right)^{0,625} \tag{3.30}$$

$$\frac{Q_t}{Q_v} = \frac{A_t}{A_v} \cdot \left(\frac{r_{hy,t}}{r_{hy,v}}\right)^{0,625} \tag{3.31}$$

Die Teilfüllungskurven weisen bei steigender Füllung einen rückbiegenden Teil mit einem Abflussmaximum im Teilfüllungsbereich auf **Bild 3.8**. Diesem Maximalwert ist die höchstmögliche stabile Normalwassertiefe zuzuordnen.

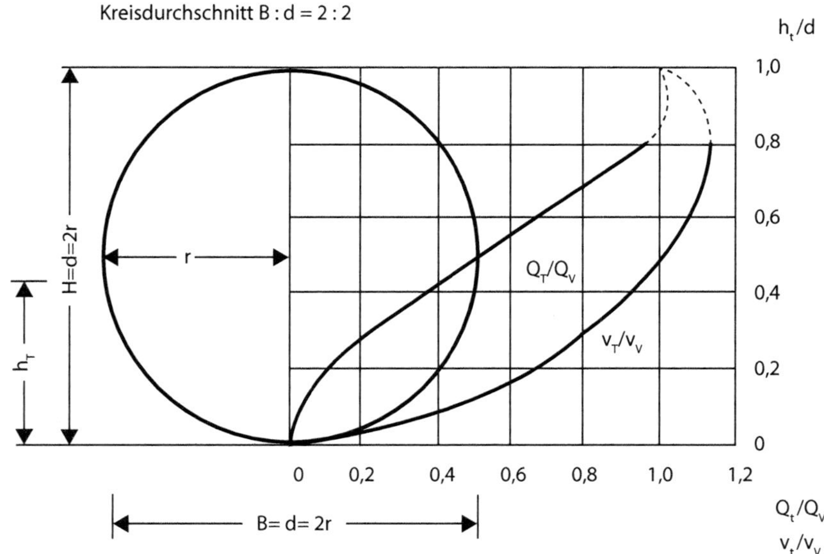

Bild 3.8: Teilfüllungskurve für Kreisquerschnitte (Arbeitsblatt DWA-A 110)

Q_t/Q_v	h_t/d	v_t/v_v	A_t/A_v
0,0002	0,01	0,1035	0,0017
0,0300	0,116	0,4640	0,0650
0,1401	0,25	0,7164	0,1955
0,5000	0,50	1,000	0,5000
0,7900	0,674	1,103	0,717
0,9048	0,75	1,1246	0,8045
0,9922	0,82	1,1306	0,8776
1,0000	1,00	1,000	1,000

Tabelle 3.4: Exemplarische Teilfüllungswerte für Kreisquerschnitte in Abhängigkeit von h_t/d

Wegen der Problematik der Belüftung bzw. des Lufteinschlusses bei Kanalisationsleitungen, verbunden mit der daraus resultierenden Gefahr des Zuschlagens der Leitungen, gelten die Teilfüllungskurven für die Abflüsse bis:

$$\frac{Q_t}{Q_v} = 1{,}0 \qquad (3.32)$$

Die entsprechenden Teilfüllungswerte sind abhängig vom Profil grafisch aus Teilfüllungskurven (siehe Bild 3.8) oder aus Tabellen zu entnehmen oder mit geeigneten Rechenprogrammen zu ermitteln. **Tabelle 3.4** enthält einige exemplarische Werte. Dadurch entfällt die aufwändige Ermittlung des hydraulischen Radius.

Für nicht tabellierte Querschnitte können die Teilfüllungswerte für die Fläche A und den hydraulischen Radius r_{hy} analytisch ausgewertet werden (planimetrieren).

Bei stark gegliederten Querschnitten, beispielsweise bei Profilen mit Trockenwetterrinnen, können die Berechnungen analog zur Berechnung bei offenen Gerinnen durchgeführt werden. Vereinfachend kann für den Normalabfluss die Berechnung von Abwasserkanälen in der Ausführung als offenes Gerinne auch mit der Formel von MANNING-STRICKLER erfolgen. Dabei wird zur Beschreibung der Gerinnerauheit der Strickler-Beiwert verwendet.

$$Q = A \cdot k_{St} \cdot r_{hy}^{2/3} \cdot I_E^{1/2} \tag{3.33}$$

A *Fließquerschnitt in m²*

k_{St} *Strickler-Beiwert für Gerinnerauheit in $m^{1/3}/s$*

r_{hy} *hydraulischer Radius in m*

I_E *Energieliniengefälle (-)*

Die Dimension des Strickler-Beiwertes zeigt den empirischen Hintergrund dieser Gleichung. Der Zusammenhang zwischen der Wandrauheit k nach PRANDTL-COLEBROOK und dem Strickler-Beiwert k_{St} wird im Arbeitsblatt DWA-A 110 beschrieben.

Beispiel 7: Abflussberechnung in voll- und teilgefüllten Leitungen

Für eine Entwässerungsleitung (Kreisprofil DN 1200) sind folgende Werte ermittelt worden:

- Trockenwetterabfluss: Q_T = 57 l/s (Minimaler Nachtabfluss bei Trockenwetter)
- Regenwetterabfluss: Q_R = 1.500 l/s (Maximalabfluss = Bemessungsabfluss)
- Sohlengefälle: I_S = 2,5 ‰
- Betriebliche Rauheit: k_b = 1,5 mm

Gesucht werden die Teilfüllungswerte h_t und v_t für die gegebenen Abflussbedingungen

Werte bei Vollfüllung: Ablesung aus Tabellenwerk oder Berechnung mit Allgemeiner Abflussformel
Q_V = 1897 l/s und v_V = 1,68 m/s
Werte für Teilfüllung: Entsprechen jeweils dem Trockenwetter- und dem Regenwetterabfluss

$$\frac{Q_t}{Q_v} = \frac{Q_T}{Q_v} = \frac{57\frac{l}{s}}{1897\frac{l}{s}} = 0{,}03$$

$$\frac{v_t}{v_v} = 0{,}464 \text{ (Ablesung aus Tabelle 3.4)} \rightarrow v_T = 0{,}464 \cdot 1{,}68\frac{m}{s} = \mathbf{0{,}78\frac{m}{s}}$$

$$\frac{h_t}{d} = 0{,}116 \text{ (Ablesung aus Tabelle 3.4)} \rightarrow h_t = 0{,}116 \cdot 1{,}20m = \mathbf{0{,}14m}$$

Werte für Teilfüllung bei Regenwetterabfluss

$$\frac{Q_t}{Q_v} = \frac{Q_R}{Q_v} = \frac{1500\frac{l}{s}}{1897\frac{l}{s}} = 0{,}79$$

$$\frac{v_T}{v_v} = 1{,}103 \text{ (Ablesung aus Tabelle 3.4)} \rightarrow v_T = 1{,}103 \cdot 1{,}68\frac{m}{s} = \mathbf{1{,}85\frac{m}{s}}$$

$$\frac{h_t}{d} = 0{,}674 \text{ (Ablesung aus Tabelle 3.4)} \rightarrow h_t = 0{,}674 \cdot 1{,}20m = \mathbf{0{,}81m}$$

Die Teilfüllungswerte können mit den Gleichungen 3.28 und 3.29 berechnet werden. Hier müsste jedoch erst einmal der hydraulische Radius bestimmt werden. Vergleichsweise einfach lassen sich die Werte aus Bild 3.8 abgreifen.

3.5 Strömen und Schießen

Das Abflussverhalten von Freispiegelströmungen wird maßgeblich vom Sohlengefälle und vom Abflussquerschnitt beeinflusst. Bei zunehmendem Gefälle stellt sich bei gleichbleibender Gerinnegeometrie eine höhere Fließgeschwindigkeit ein. Dabei ändern sich die Art der Strömung und die Wassertiefe. Zur Unterscheidung der jeweiligen Bedingungen, wird die tatsächliche Geschwindigkeit einer realen Strömung ins Verhältnis zur Ausbreitungsgeschwindigkeit gesetzt. Die Charakterisierung von Gerinneströmungen erfolgt dabei mit Hilfe der Froude-Zahl Fr, einer dimensionslosen Kennzahl, benannt nach WILLIAM FROUDE (1810 – 1879):

$$Fr = \frac{v}{c} \tag{3.34}$$

v *Strömungsgeschwindigkeit in m/s*
c *Ausbreitungsgeschwindigkeit in m/s*

Die Froude-Zahl stellt das Verhältnis der Trägheitskraft einer Strömung zur Gravitationskraft dar. Sie wird umso größer, je größer die Trägheitskraft gegenüber der vom Gefälle bestimmten Gravitationskraft ist. Folgende Fließzustände werden unterschieden:

- $Fr < 1$: Strömender Abfluss
- $Fr = 1$: Grenzzustand
- $Fr > 1$: Schießender Abfluss

Bei einem stehenden Gewässer ($v = 0$) ist die Froude-Zahl gleich Null. Die Wellen, die in diesem Fall auf der Oberfläche entstehen, wenn ein Gegenstand ins Wasser geworfen wird, breitet sich hier gleichmäßig in alle Richtungen, also kreisförmig aus.

Die Ermittlung der jeweiligen Fließzustände erfolgt für unterschiedliche Querschnitte durch Berechnung der Energieverhältnisse bei entsprechender Wassertiefe mit Hilfe der Bernoulli-Gleichung (Valentin und Sorg, 2006). Die vereinfachte Definition der Froude-Zahl lautet:

$$Fr = \frac{v}{\sqrt{g \cdot h}} \tag{3.35}$$

v *Strömungsgeschwindigkeit in m/s*
g *Erdbeschleunigung in m/s²*
h *Wasserstand in m*

In Arbeitsblatt DWA-A 110 (2006) wird vor der Verwendung dieser vereinfachten Formel gewarnt, da der Wasserstand h nur im Sonderfall des Rechteckquerschnittes die tatsächliche Fließtiefe bezeichnet. Stattdessen wird hier auf die grundlegende Formel für die Froude-Zahl mit Strömungsgegebenheiten im Grenzbereich bei gleichförmig angenommener Geschwindigkeitsverteilung verwiesen:

$$Fr^2 = \frac{Q^3 \cdot b_W}{g \cdot A^3} = 1 \quad (3.36)$$

Q *Zufluss in m³/s*
b_W *Wasserspiegelbreite in m*
g *Erdbeschleunigung in m/s²*
A *Fließquerschnitt in m²*

Für ein Rechteckgerinne berechnet sich die Froude-Zahl wie folgt:

$$Fr = \frac{Q}{\sqrt{g \cdot b^2 \cdot h^3}} \quad (3.37)$$

Q *Zufluss in m³/s*
g *Erdbeschleunigung in m/s²*
b *Wasserspiegelbreite in m*
h *Wasserstand in m*

Für teilgefüllte Kreisquerschnitte gilt näherungsweise:

$$Fr = \frac{Q}{\sqrt{g \cdot d \cdot h^4}} \quad (3.38)$$

Q *Zufluss in m³/s*
g *Erdbeschleunigung in m/s²*
d *Durchmesser in m*
h *Wasserstand in m*

Werden die Grenzverhältnisse durchlaufen, kommt es zu einem Fließwechsel. Der Übergang vom „Strömen“ zum „Schießen“ verläuft dabei durch allmähliche Anpassung des Wasserspiegelverlaufes. Der Wasserspiegel senkt sich relativ zur Sohle ab. Bei konstantem Abfluss nimmt die Fließgeschwindigkeit zu. Der Übergang vom „Schießen“ zum „Strömen“ verläuft dagegen wesentlich komplexer. Hier tritt eine nahezu sprunghafte Änderung der Wassertiefe ein, dem sogenannten Wechselsprung (**Bild 3.9**). Es entsteht eine Deckwalze mit einer starken Verwirbelung des Wasser-Luft-Gemisches. Die genaue Lage und Ausprägung des Wechselsprunges hängen von den Unterwasserverhältnissen im Vergleich zur ankommenden Strömung ab. Die unterschiedlichen Einflüsse und Bedingungen beschreiben Freimann (2009) oder Jirka und Lang (2009).

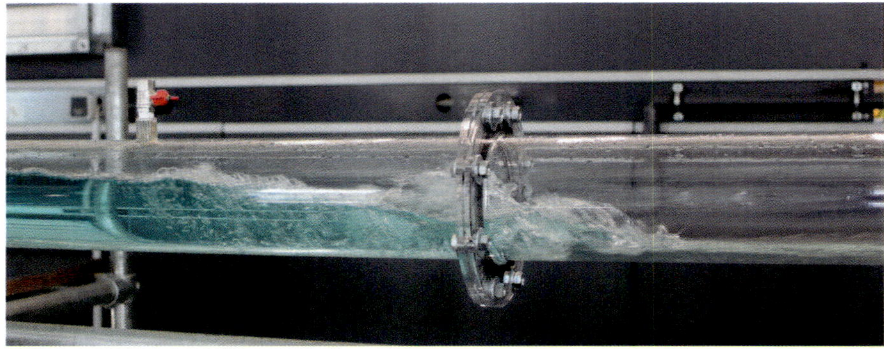

Bild 3.9: Wechselsprung in einer Rohrleitung nach einer Steilstrecke (Technikum für Hydraulik und Stadthydrologie der FH Münster)

4 Kanalnetzbemessung

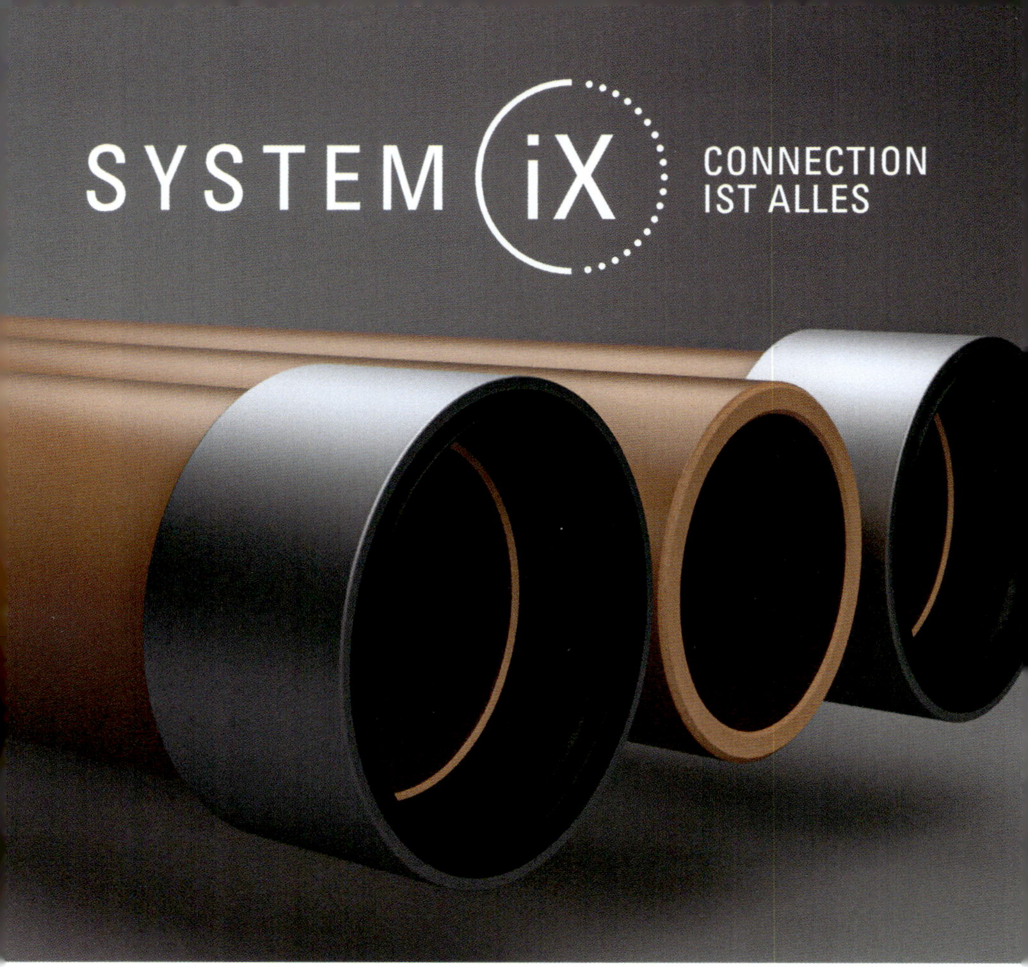

4.1 Abwasser: Definition und Komponenten

Im Wasserhaushaltsgesetz erfolgt im § 54 eine Definition des Abwasserbegriffes (WHG, 2009). Demnach ist Abwasser:

- das durch häuslichen, gewerblichen, landwirtschaftlichen oder sonstigen Gebrauch in seinen Eigenschaften veränderte Wasser und das bei Trockenwetter damit zusammen abfließende Wasser (Schmutzwasser) sowie
- das von Niederschlägen aus dem Bereich von bebauten oder befestigten Flächen gesammelt abfließende Wasser (Niederschlagswasser).

Die aus Anlagen zum Behandeln, Lagern und Ablagern von Abfällen austretenden und gesammelten Flüssigkeiten gelten ebenfalls als Schmutzwasser.

Abwasser setzt sich aus verschiedenen Fraktionen zusammen, die alle einer zeitlichen Veränderung unterworfen sind. Abwasserinhaltsstoffe werden im Wasser gelöst oder als Feststoffe in der Kanalisation transportiert.

Für die Berechnung der Abflussgrößen in Systemen der Siedlungsentwässerung ist eine Unterscheidung in folgende Abflusskomponenten üblich:

- Schmutzwasser (häuslich und betrieblich) Q_S
- Fremdwasser (nicht exakt bestimmbarer Abflussanteil) Q_F
- Niederschlags- oder Regenwasser (Oberflächenabfluss) Q_R
- Mischwasser (gemeinsam abgeleitetes Schmutz- und Niederschlagswasser) Q_M

Maßgeblich für die Bemessung von Kanalnetzen ist die Ermittlung von Spitzenabflüssen für einen vorgegebenen Bemessungslastfall, der ohne schädlichen Rückstau abgeleitet werden kann. Die Dimensionierung der Netze zur Ableitung des maximal möglichen Schmutz- und Trockenwetterabflusses stellt üblicherweise keine hydraulische Herausforderung dar. Die nur in einem engen Rahmen schwankenden Abflüsse korrespondieren gewöhnlich mit der Trinkwasserentnahme. Bei den dynamischen Niederschlagsabflüssen mit hohen Schwankungen beeinflussen wirtschaftliche und technische Grenzen die Bemessungskriterien. Im Vergleich zu den maximal abzuleitenden Oberflächenabflüssen sind die Schmutzwasseranteile üblicherweise gering.

Maßgeblich für die Quantifizierung des Schmutzwasseranfalls sind Verläufe über den Zeitraum eines Tages, die im kausalen Zusammenhang mit der Trinkwassernutzung stehen. Dabei handelt es sich um Tagesmittelwerte oder Spitzenabflusswerte. Gemäß Arbeitsblatt ATV-DVWK-A 198 (2003) gelten beispielsweise folgende Bezeichnungen:

$Q_{T,d}$	*Täglicher Trockenwetterabfluss*
$Q_{T,h,max}$	*Maximaler stündlicher Trockenwetterabfluss*
$Q_{T,d,aM}$	*mittlerer täglicher Trockenwetterabfluss als Jahresmittelwert, gebildet aus Tageswerten*
$Q_{H,h,max}$	*Maximaler stündlicher häuslicher Schmutzwasserabfluss*
Q_{dM}	*Tagesmittelwert (24h-Mittelwert)*
$Q_{S,x}$	*Schmutzwasserabfluss als Bruchteil x von $Q_{S,d}$ (z. B. Tagesspitze aus Stunden-Spitzenfaktor 24/x)*

Der Grad der Verunreinigung von Abwasser und entsprechende Parameter zur Bewertung der Abwasserverunreinigung werden im Buch „Regenwasserbehandlung und Gewässerschutz“ (Vulkan-Verlag) behandelt.

4.2 Schmutzwasserarten und -anfall

4.2.1 Häusliches Schmutzwasser

Der häusliche Schmutzwasserabfluss hängt maßgeblich vom Wasserverbrauch der Bevölkerung ab. Dieser liegt in Deutschland derzeit in einer Größenordnung von 120 bis 130 l/(E · d). In ländlich geprägten Regionen kann er auch deutlich niedriger sein. Der zeitliche Verlauf des Schmutzwasserabflusses wird durch die Siedlungsdichte sowie die Siedlungsstruktur und den damit verbundenen Lebensgewohnheiten beeinflusst. Für ländliche Strukturen sind ausgeprägte Schwankungen im Tagesverlauf üblich. Das Spektrum der zugehörigen Siedlungsdichten liegt im Normalfall etwa zwischen 20 E/ha (ländliche Gebiete, lockere Bebauung) und 300 E/ha (Stadtzentrum). Genauere Werte zum aktuellen und lokalen Wasserbedarf und dem damit korrespondierenden Schmutzwasseranfall können aus den aktuellen Trinkwasserabgaben der Wasserversorgungsunternehmen abgeleitet werden. Zur Abschätzung künftiger Entwicklungen sind die Werte einer gesicherten Wasserbedarfsprognose des örtlichen Wasserversorgungsunternehmens und Flächenentwicklungsplanungen zugrunde zu legen. Die Berechnung des häuslichen Schmutzwasserabflusses erfolgt aus folgenden Werten:

$$Q_H = \frac{q_{H,1000E} \cdot ED \cdot A_{E,k}}{1000} \quad (4.1)$$

Q_H *häuslicher Schmutzwasserabfluss in l/s*
$q_{H,1000E}$ *spezifischer häuslicher Schmutzwasseranfall (z. B. 4 l/(s · 1000 E))*
ED *Einwohnerdichte bezogen auf $A_{E,k}$ in E/ha*
$A_{E,k}$ *Einzugsfläche des durch die Kanalisation erfassten Wohngebietes in ha*

Fehlen ortsspezifische Angaben, kann eine spezifische Schmutzwasserabflussspitze (Tagesspitze) von q_H = 4 l/(s · 1.000 E) zugrunde gelegt werden. Gemäß Arbeitsblatt ATV-DVWK-A 198 (2003) kann der Jahresschmutzwasserabfluss auf der Basis des täglichen Wasserbedarfes w_d von 100 bis 150 l/ (E·d) ermittelt werden, der näherungsweise dem einwohnerspezifischen täglichen Schmutzwasseranfall entspricht.

$$Q_{S,aM} = \frac{EZ \cdot w_{S,d}}{86400} \quad (4.2)$$

$Q_{S,aM}$ *Jahresschmutzwasserabfluss in l/s*
EZ *Einwohnerzahl*
$w_{S,d}$ *einwohnerspezifischer täglicher Schmutzwasseranfall in l/(E·d)*

Der Trockenwetterabfluss macht nur einen Bruchteil des Regenwetterabflusses aus. Die Größenordnungen verdeutlicht **Bild 4.1**. Bei entsprechender Regenintensität ist der dargestellte Kanal vollgefüllt.

Bild 4.1: Zuleitung des Trockenwetterabflusses in einem Mischwasserkanal zu einer Pumpstation

4.2.2 Betriebliches Schmutzwasser

Betriebliches Schmutzwasser bezeichnet das von Gewerbe- und Industriebetrieben stammende Schmutzwasser. Der Begriff fasst die früher üblichen Bezeichnungen „gewerbliches" und „industrielles" Schmutzwasser zusammen. Da bei geplanten Gewerbe- und Industriebetrieben zumeist keine genauen Angaben über die Art und die Größe der Betriebe vorliegen, wird üblicherweise eine auf die Fläche bezogene Schmutzwasserabflussspende q_G für die Kanaldimensionierung verwendet.

$$Q_G = q_G \cdot A_{E,k} \tag{4.3}$$

Q_G *betrieblicher Schmutzwasserabfluss in l/s*

q_G *spezifischer betrieblicher Schmutzwasseranfall gemäß Arbeitsblatt DWA-A 118 in l/(s · ha)*

$A_{E,k}$ *Einzugsfläche des durch die Kanalisation erfassten Einzugsgebietes in ha*

Das Arbeitsblatt DWA-A 118 (2006a) empfiehlt Schmutzwasserabflussspenden für Betriebe mit

- geringem Wasserverbrauch (z. B. Handel, Büro): q_G = 0,2 bis 0,5 l/(s · ha)
- hohem Wasserverbrauch (z. B. Nahrungsmittelverarbeitung): q_G = 0,5 bis 1,0 l/(s · ha)

Die auf dieser Basis ermittelten stündlichen Spitzenwerte reichen für die Kanaldimensionierung zumeist aus.

Der Abflussanteil ist in hohem Maß branchen- und betriebsabhängig, so dass bei der Ermittlung individuelle Erhebungen erforderlich sind. Beispielsweise bei der Bemessung von Kleinkläranlagen oder Abscheideranlagen sind genauere Betrachtungen vorzunehmen. **Tabelle 4.1** liefert eine Übersicht und belegt damit mögliche hohe nutzungs- und produktionsspezifische Schwankungen. Inzwischen werden Prozess- und Produktionsabwässer in gewerblich/industriellen Betrieben allerdings zunehmend im Rahmen von Kreislaufführungsprozessen aufbereitet. Der Schmutzwasseranfall ist deshalb rückläufig.

Tabelle 4.1: Gewerbespezifischer Wasserverbrauch und daraus resultierender Abwasseranfall (u.a. nach DVGW-Arbeitsblatt W 410)

Verbraucher	Mittlerer Bedarf in Liter
Schule/Hochschule	Täglich 6 bis 50 pro Schüler/Student und Lehrerende am Tag
Krankenhaus	Täglich 120 bis 830 pro Patient und Personal
Hotel	Täglich 100 bis 1400 pro Gast
Verwaltungs- und Bürogebäude	Täglich 13 bis 111 pro Beschäftigten
Landwirtschaftliche Anwesen	Täglich 52 pro Großviehvergleichswert
Schlachthof	Täglich 2000 pro Großviehvergleichswert
Brauerei	5 bis 6 pro Liter Bier
Zucker	30 pro Kilogramm
Stahlindustrie	50 pro Kilogramm
Zellstoff	200 pro Kilogramm

4.2.3 Fremdwasser

Die Kanalisation kann nennenswerte Abflussanteile enthalten, die gar nicht behandelt werden müssen. Hierbei handelt es sich um Einleitungen durch fehlangeschlossene Dränageanschlüsse (unzulässig) oder durch eindringendes Grundwasser als Folge undichter Kanalnetzelemente (Schächte und Leitungen) sowie um eingeleitete Bäche und um Sickerwasser. Einleitungen von Oberflächenabflüssen in Schmutzwasserkanäle sind durch Schachtabdeckungen möglich.

Fremdwasserabflüsse sind in Entwässerungssystemen unerwünscht. Gemäß Merkblatt DWA-M 182 (2012) erfordert Fremdwasser aufgrund seiner Qualität keine Abwasserbehandlung, erschwert diese bzw. belastet aufgrund seiner Quantität die Abwasseranlagen unnötig und ist unter dem Aspekt des Gewässerschutzes zu vermeiden.

Der Fremdwasseranfall unterliegt starken jahreszeitlichen Schwankungen. Im Winterhalbjahr ist der Fremdwasseranteil meist deutlich höher als im Sommerhalbjahr. Darüber hinaus können zwischen einzelnen Jahren erhebliche Unterschiede vorhanden sein. Die Ermittlung erfordert daher langfristige Messungen. Im Merkblatt DWA-M 182 sind unterschiedliche Ansätze beschrieben, die auf der Basis von Messdaten die Bestimmung von Fremdwasserabflüssen ermöglichen. Grundsätzlich sollte der Fremdwasseranfall mit Hilfe geeigneter Verfahren bestimmt und nicht vereinfachend geschätzt werden. Die Charakteristik des Fremdwasseraufkommens unterliegt zahlreichen Einflüssen. Dazu zählen vor

Bild 4.2: Variabilität des Fremdwassereintrags innerhalb eines Tages

allem die hydrologischen und hydrogeologischen Standortbedingungen sowie der bauliche Zustand des Kanalnetzes. **Bild 4.2** zeigt beispielgebend, wie kurzfristig sich die Verhältnisse ändern können. Zwischen den beiden Aufnahmen liegt ein Zeitraum von ca. 24 Stunden. Der Fremdwassereintrag erfolgt hier in erster Linie durch die Zwischenräume der Schachtringe.

Für Neuplanungen bei tiefliegendem Grundwasserstand wird vereinfachend eine Fremdwasserspende von 0,05 bis 0,15 l/(s · ha) angenommen. Im praktischen Betrieb können diese Werte um ein Vielfaches überschritten werden. Die Berechnung erfolgt mit der ortsspezifischen Abflussspende und der Größe des kanalisierten Einzugsgebietes.

$$Q_F = q_F \cdot A_{E,k} \tag{4.4}$$

Q_F *Fremdwasserabfluss in l/s*

q_F *ortsspezifische Fremdwasserspende in l/(s · ha)*

$A_{E,k}$ *Einzugsfläche des durch die Kanalisation erfassten Wohngebietes in ha*

Mögliche Fremdwasserkomponenten in Abhängigkeit von der jeweiligen Art des Kanals sind in **Tabelle 4.2** aufgeführt.

Tabelle 4.2: Fremdwasserkomponenten in Entwässerungssystemen (DWA, 2012)

Fremdwasser-komponente	Herkunft	Mischsystem	Trennsystem	
		Misch-wasser-kanalnetz	Schmutz-wasser-kanalnetz	Regen-wasser-kanalnetz
Eindringendes Grundwasser (über Undichtheiten)	Grund-wasser-bedingt	X	X	X
Zufließendes Dränwasser		X	X	X*)
Zufließendes Bach- und Quellwasser und übertretendes Hochwasser		X	X	X*)
Zufließende Oberflächenabflüsse von Außengebieten, die nicht planmäßig durch die Kanalisation entwässert werden sollen	Nieder-schlags-bedingt	X	X	X
Zufließendes Niederschlagswasser über Schachtabdeckungen oder Fehleinleitungen, Überläufe von Versickerungsanlagen			X	

ANMERKUNGEN: X Die Fremdwasserkomponente gilt als Fremdwasser in dieser Kanalart.
*) Die Zulässigkeit der Einleitung von Dränage-, Quell- und Bachwasser in Regenwasserkanäle ist im Einzelfall zu prüfen.

4.2.4 Ermittlung des Trockenwetterabflusses

Der Trockenwetterabfluss berechnet sich aus der Summe seiner Einzelkomponenten:

- häuslicher Schmutzwasserabfluss Q_H
- betrieblicher Schmutzwasserabfluss Q_G
- Fremdwasserabfluss Q_F

Damit entspricht der Trockenwetterabfluss:

$$Q_T = Q_H + Q_G + Q_F \tag{4.5}$$

Im Zuge der Bemessung von Schmutzwasserkanälen sind bei der Auslegung entsprechende Reserven bzw. Unsicherheiten zu berücksichtigen. Bei der Ermittlung des Trockenwetterabflusses ist eine Unterscheidung zwischen Tagesmittelwerten und der Abflussspitze nötig. Für den Fremdwasserabfluss werden keine stündlichen Schwankungen angenommen.

Tagesmittelwert:

$$Q_{T,dM} = Q_{S,dM} + Q_F \tag{4.6}$$

$Q_{T,dM}$ *Tagesmittelwert des Trockenwetterabflusses in l/s*
$Q_{S,dM}$ *Tagesmittelwert des Schmutzwasserabflusses in l/s*
Q_F *Fremdwasserabfluss in l/s*

Abflussspitze:

$$Q_{T,x} = Q_{S,x} + Q_F \tag{4.7}$$

$Q_{T,x}$ *stündlicher Spitzenwert des Trockenwetterabflusses in l/s*
$Q_{S,x}$ *stündlicher Spitzenwert des Schmutzwasserabflusses in l/s*
Q_F *Fremdwasserabfluss in l/s*

Die Summe des Schmutzwasserabflusses wird dabei aus den Anteilen des häuslichen und betrieblichen Abflusses bestimmt.

$$Q_S = Q_H + Q_G \tag{4.8}$$

Q_S *Schmutzwasserabfluss in l/s*
Q_H *häuslicher Schmutzwasserabfluss in l/s*
Q_G *betrieblicher Schmutzwasserabfluss in l/s*

Für die Bemessung der Schmutzwasserleitung ist, sofern kein Regenwasser zufließt, der höchste Stundenabfluss maßgebend. Dieser wird normalerweise im Sommer am Tag während der höchsten Entnahme aus dem Wasserversorgungsnetz um die Mittagszeit auftreten. Zur Ermittlung der Spitzenwerte des Schmutzwasserabflusses erfolgt eine Multiplikation mit dem Stunden-Spitzenfaktor 24/x.

$$Q_{S,x} = \frac{24}{x} Q_{S,aM} \tag{4.9}$$

$Q_{S,x}$ *stündlicher Spitzenwert des Schmutzwasserabflusses in l/s*
x *Stundenwert zwischen 1/16 bis 1/8; z. B. x = 14 bei* $Q_{S,x} = Q_{S,14}$
$Q_{S,aM}$ *Jahresmittelwert des Schmutzwasserabflusses in l/s*

Als größter Stundenabfluss wird zumeist 1/16 bis 1/8 des durchschnittlichen Abflusses in 24 Stunden angenommen. Der Verlauf der Trockenwetterabflussganglinie entspricht dabei näherungsweise dem Wasserabnahmeverhalten. In ländlich geprägten Gebieten sind größere Schwankungen üblich. Hier kann beispielsweise der Faktor 24/8 = 3 gewählt werden. In Großstädten ist der Unterschied zwischen dem Nachtminimum und der Tagesspitze nicht so ausgeprägt, so dass beispielsweise der Faktor 24/20 = 1,2 beträgt. Der mittlere Schmutzwasserabfluss wird aus den täglichen Verbrauchsangaben über den Verlauf eines Jahres gemittelt. Für die Bemessung von Kanälen und Pumpwerken wird 1/14 des mittleren täglichen Abflusses als Spitzenwert angenommen. Einen Verlauf der Trockenwetterabflussganglinie mit exemplarischen Werten für den minimalen und maximalen Abfluss bei einem 24-Stunden-Mittelwert von 200 l/s zeigt **Bild 4.3**.

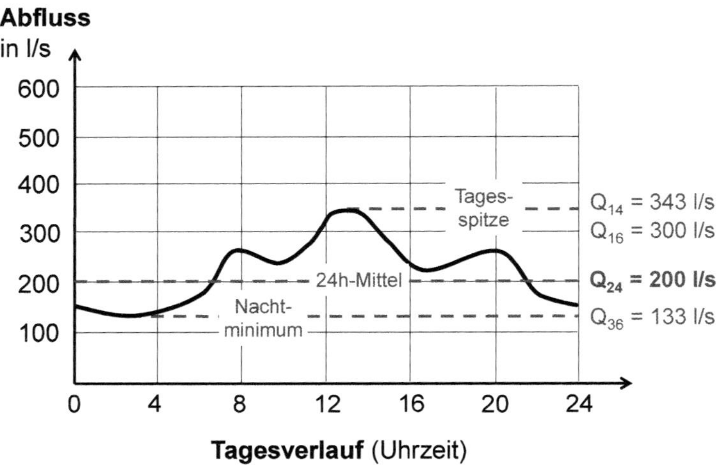

Bild 4.3: Exemplarischer Verlauf des Trockenwetterabflusses

Bei betrieblichem Schmutzwasser sind insbesondere bei Erhebungen des jährlichen Wasserverbrauchs in bestehenden Gebieten ggf. produktionsspezifische Einflüsse und Schichtbetrieb einzurechnen. Eine überschlägliche Berechnung erfolgt mit der folgenden Gleichung:

$$Q_{S,x} = \frac{24}{x} Q_{H,aM} + \frac{24}{a_G} \cdot \frac{365}{b_G} \cdot Q_{G,aM} \tag{4.10}$$

$Q_{S,x}$	*stündlicher Spitzenwert des Schmutzwasserabflusses in l/s*
x	*Stundenwert zwischen 1/16 bis 1/8; z. B. x = 14 bei $Q_{S,x} = Q_{S,14}$*
a_G	*Dauer des Schichtbetriebes (Arbeitszeit pro Tag) in h/d*
b_G	*Produktions-/Arbeitstage pro Jahr in d/a*
$Q_{H,aM}$	*Jahresmittelwert des häuslichen Schmutzwasserabflusses in l/s*
Q_{GaM}	*Jahresmittelwert des betrieblichen Schmutzwasserabflusses in l/s*

Beispiel 8: Berechnung der Tagesspitze bei Trockenwetterabfluss

Ein Siedlungsgebiet mit weitläufiger Bebauung (80 E/ha) umfasst eine kanalisierte Fläche von 65 ha. Der einwohnerspezifische tägliche Schmutzwasseranfall wird auf der Basis des täglichen Wasserbedarfes mit $w_{S,d}$ = 150 l/(E · d) angenommen. Der Fremdwasseranteil wird vereinfachend mit einer Fremdwasserspende von q_F = 0,05 l/(s · ha) berechnet. Da kaum Gewerbe/Industrie im Einzugsgebiet vorhanden sind, wird für den betrieblichen Schmutzwasseranfall folgende betriebliche Schmutzwasserabflussspende angenommen: q_G = 0,2 l/(s · ha).

Berechnet wird die Tagesspitze des Trockenwetterabflusses (beispielsweise zur Bemessung eines Pumpwerkes). Dazu wird der Stunden-Spitzenfaktor von x = 14) zugrunde gelegt.

$$Q_{T,x} = Q_{S,x} + Q_F$$

$$Q_{S,x} = Q_{H,x} + Q_G$$

$$Q_{H,x} = w_{S,d} \cdot EZ \cdot \frac{24}{x} = 150 \frac{l}{E \cdot d} \cdot 80 \frac{E}{ha} \cdot 65ha \cdot \frac{24}{14} = 15{,}5 \frac{l}{s}$$

$$Q_G = q_G \cdot A_{E,k} = 0{,}2 \frac{l}{(s \cdot ha)} \cdot 65ha = 13{,}0 \frac{l}{s}$$

$$Q_{S,x} = 15{,}5 \frac{l}{s} + 13{,}0 \frac{l}{s} = 28{,}5 \frac{l}{s}$$

$$Q_F = q_F \cdot A_{E,k} = 0{,}05 \frac{l}{(s \cdot ha)} \cdot 65ha = 3{,}3 \frac{l}{s}$$

$$Q_{T,x} = 28{,}5 \frac{l}{s} + 3{,}3 \frac{l}{s} = \mathbf{31{,}8 \frac{l}{s}}$$

4.3 Oberflächenabfluss durch Niederschlag

4.3.1 Größenordnungen der Abflussanteile

Der Schmutzwasseranfall unterliegt zeitabhängigen Schwankungen, die dem nutzerspezifischen Verhalten entsprechen. Für die Dimensionierung von Entwässerungssystemen stellen diese Schwankungen keine besonderen Herausforderungen an die hydraulische Dimensionierung. Bei der Dimensionierung der Kanäle zur Ableitung von Oberflächenabflüssen muss im Gegensatz dazu ein immenses Spektrum möglicher Abflüsse berücksichtigt werden. Das diskontinuierlich anfallende Regenwasser kann den Schmutzwasserabfluss um mehr als das Hundertfache übersteigen. Da es nur an wenigen Stunden im Jahr so stark regnet, dass die Misch- und Regenwasserkanäle vollständig gefüllt sind, wird bei der Dimensionierung somit ein Lastfall zugrunde gelegt, der vergleichsweise selten auftritt. Vor allem bei der Bemessung von Mischwasserkanälen ist ein Kompromiss zu finden, der minimale Nachtabflüsse und gleichzeitig hohe Volumenströme aufgrund intensiver Regen berücksichtigt.

Niederschlag im hydrologischen Kontext ist gemäß DIN 4049 (1994) Wasser der Atmosphäre, das nach Kondensation oder Sublimation (= Phasenübergang: fest-gasförmig) von Wasserdampf in der Lufthülle ausgeschieden wurde und sich infolge der Schwerkraft entweder zur Erdoberfläche bewegt (fallender Niederschlag) oder auf die Erdoberfläche gelangt ist (gefallener Niederschlag). Der fallende flüssige Niederschlag wird als Regen bezeichnet. Regen ist in Deutschland die häufigste Form des Niederschlages. Das langjährige Gebietsmittel der gefallenen Niederschläge beträgt etwa 800 mm pro Jahr (Jahresniederschlagshöhe). Die Niederschlagshöhe von 1 mm entspricht einem Volumen von 1 l/m².

$$(h_N)\ 1mm = 1\frac{l}{m^2}(V) \qquad (4.11)$$

Jahreszeitliche Schwankungen und geografische Bedingungen führen in Deutschland zu großen Unterschieden in der regionalen Niederschlagsverteilung, von unter 500 mm/a bis hin zu über 1.500 mm/a (**Bild 4.4**).

Bild 4.4: Niederschlagsverteilung in Deutschland (Die Daten beziehen sich auf den offiziellen neuen Referenzzeitraum der WMO 1991-2020; Quelle: Deutscher Wetterdienst 2021)

Der größte Teil des gefallenen Niederschlags (etwa Zweidrittel) wird über die Verdunstung als Transpiration von Pflanzen oder Evaporation von benetzten Oberflächen wieder an die Atmosphäre zurückgegeben. Etwa ein Drittel des gefallenen Niederschlags fließt oberirdisch als Direktabfluss ab oder nimmt seinen Weg über das Grundwasser zum Oberflächengewässer. Ein Teil dieses Niederschlags fällt auf befestigte Flächen und gelangt von dort in die Kanalisation. Damit wird dieser Niederschlag zum Oberflächenabfluss und per Definition auch zu Abwasser sobald er in die Kanalisation gelangt ist. Niederschlag in fester Form (Hagel oder Schnee) hat für die Bemessung von Abwasserableitungssystemen keine maßgebliche Bedeutung. Zum einen sind intensive Niederschlagsereignisse typisch für die Sommermonate und zum anderen tritt der Abfluss von Schnee zeitlich stark verzögert ein, so dass hier keine nennenswerten Abflussspitzen auftreten. Allerdings kann eine Schneeschmelze zu relevanten Fremdwasserabflüssen führen.

4.3.2 Begriffe „Niederschlag“ und „Regen“

Für die Dimensionierung und den Betrieb von Entwässerungssystemen ist der Regen die maßgebliche Niederschlagsform. Leider erfolgt im siedlungswasserwirtschaftlichen Kontext keine konsequente Unterscheidung zwischen den Begriffen „Niederschlag“ und „Regen“. Diese begriffliche Mehrdeutigkeit resultiert vermutlich durch die gleichermaßen nicht einheitlich voneinander abgegrenzten Begriffe „Regenwasser und Regenwasserabfluss“ sowie „Niederschlagswasser und Niederschlagswasserabfluss“ sowohl in einschlägiger Fachliteratur als auch in Regelwerken und Normen (Schmitt, 2002). In der DIN 4049 (1994) sind die Begriffe folgendermaßen definiert:

- Niederschlag: Aus der Lufthülle ausgeschiedenes Wasser (z. B. Regen, Nebel, Tau), das zur Erde fällt oder zur Erdoberfläche gelangt ist.
- Regen: Flüssiger fallender Niederschlag in Form von Tropfen mit Durchmessern von über etwa 0,5 mm.

Insofern führt der Regen zum maßgeblichen Anteil des Abflusses in der Kanalisation. Er ist zudem der Parameter, der messtechnisch adäquat erfasst wird. Eine Spezifikation erfolgt durch den Begriff „Oberflächenabfluss“, der diese begriffliche Unterscheidung vermeidet und zudem eine exaktere Definition des abgeleiteten Wassers gewährleistet. Das begriffliche Dilemma wird weiter gesteigert, wenn die jeweilige Art der Entwässerung zusätzlich betrachtet wird.

Hier erfolgt eine Unterscheidung in:

- Trennsysteme (separate Ableitung von Schmutz- und Regenwasser), ggf. mit spezieller Behandlung von Regenwasser
- Mischsysteme mit gemeinsamer Ableitung von Schmutz- und Niederschlagswasser und spezieller Behandlung von Mischwasser

Dabei wird bei Mischsystemen ebenfalls der Begriff der Regenwasserbehandlung verwendet, obwohl hier streng genommen eine Mischwasserbehandlung vorliegt. Eine sinnvolle begriffliche Spezifikation bezüglich der systemabhängigen Maßnahmen zur Abflussbehandlung schlägt Schmitt (2002) vor:

- Regenwasserbehandlung: Oberbegriff für Maßnahmen im Misch- und Trennsystem
- Niederschlagswasserbehandlung: Maßnahmen zur Behandlung von (verschmutzten) Niederschlagsabflüssen
- Mischwasserbehandlung: Maßnahmen im Mischsystem

Die begriffliche Definition der jeweiligen Arten des Wassers und Abflusses gemäß EN 16323 (2014) sieht folgende Abgrenzungen vor (**Bild 4.5**):

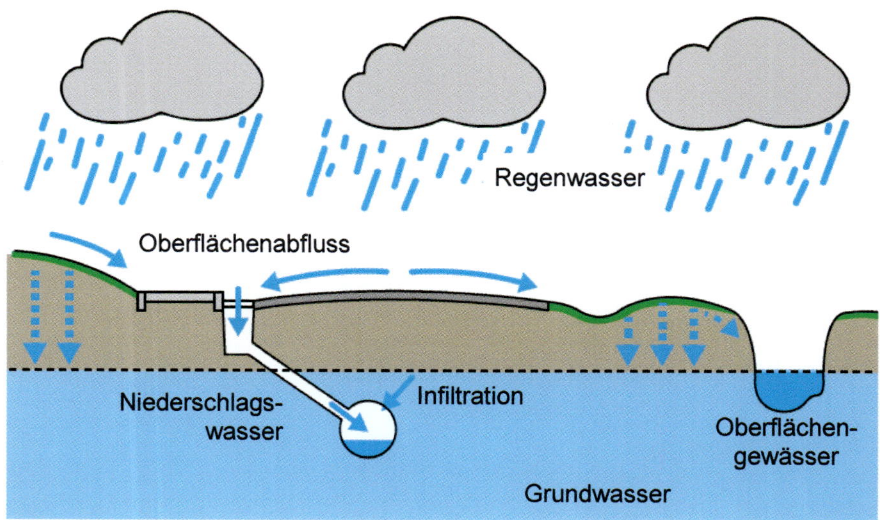

Bild 4.5: Arten und Abflüsse sowie Terminologie für Abläufe abgeleitet aus Regenwasser gemäß DIN EN 16323 (DIN EN, 2014)

- Regenwasser: Wasser aus atmosphärischem Niederschlag, dass noch keine Stoffe von Oberflächen aufgenommen hat.
- Oberflächenabfluss: Niederschlagswasser, das von einer Oberfläche in eine Abwasserleitung, in einen Entwässerungskanal oder ein aufnehmendes Gewässer abfließt.
- Niederschlagswasser: Niederschlag, der nicht im Boden versickert ist und von Bodenoberflächen oder von Gebäudeaußenflächen in das Entwässerungssystem eingeleitet ist. Dabei kann Niederschlagswasser auf Flächen abgelagerte Verunreinigungen enthalten.

Die begriffliche Vielfalt zeigt die Verwendung des Begriffes „Mischwasserüberlauf". In der DIN EN 752 hat der Begriff „Mischwasserüberlauf" weitgehend die gleiche Bedeutung wie der häufig verwendete Begriff „Regenüberlauf". In beiden Fällen ist die Einrichtung zur hydraulischen Entlastung des Kanalnetzes gemeint.

In der DIN 4045 (2016b) ist dieses Problem aufgriffen worden. Die DIN gibt eine konsequente Verwendung der Begrifflichkeiten vor. So gelten beispielsweise die bisherigen Begriffe „Regenüberlaufbecken" und „Regenklärbecken" als nicht korrekt und wurden angepasst in „Mischwasserüberlaufbecken" und „Niederschlagswasserklärbecken". Diese Begriffe weichen von der etablierten Nomenklatur im Arbeitsblatt DWA-A 166 (2013d) ab und sind bisher in der Fachwelt nicht gebräuchlich.

4.3.3 Niederschlagsmessung am Boden

Die Bemessung von Entwässerungssystemen erfolgt auf der Grundlage von Annahmen über die künftige Charakteristik des Niederschlags. Da die künftige Niederschlagsentwicklung nicht vorhersehbar ist, werden die erforderlichen Bemessungsansätze durch Auswertung der Niederschlagshistorie gewonnen. Diese Niederschlagsauswertungen bilden die Grundlage für die Niederschlag-Abflussberechnungen zur Dimensionierung von Entwässerungssystemen. Die Betrachtung des Niederschlags (Regen, Schnee, Hagel) wird dabei im Wesentlichen durch den Regen repräsentiert.

Bereits Forscher wie Galileo Galilei haben Messinstrumente zur Registrierung von Wetterdaten erfunden. Den Beginn der deutschlandweiten Wetteraufzeichnungen markiert das Jahr 1881. In den folgenden Jahrzehnten entstand ein Messnetz lokaler Niederschlagsmessstationen. In der Bundesrepublik Deutschland verfügt der Deutsche Wetterdienst (DWD) über ein flächendeckendes Netz mit Wetterstationen, die mit Niederschlagsmessgeräten ausgestattet sind. Außerdem betreiben private Unternehmen, Länder, Gemeinden, Wasserwirtschaftsunternehmen usw. ebenfalls zahlreiche Niederschlagsmessstationen.

Im Wesentlichen werden die punktuellen Regendaten durch zwei Arten von Messgeräten erfasst:

- Konventionelle Niederschlagsmessgeräte (i.d.R. Hellmann-Niederschlags-Messer)
- Automatische Niederschlagsmessgeräte (z. B. Pluviometer)

Die Auswertung der Regendaten erfolgt durch Digitalisierung analoger Aufzeichnungen oder durch Aufbereitung der Daten von elektronisch registrierenden Messsystemen.

Niederschlagsmessgeräte bestehen im Wesentlichen aus Gefäßen mit einer Auffangfläche von 200 cm², die in einer Höhe von 1 m über dem Boden aufgestellt werden (auch 1,5 m und 2 m sind möglich). Bei der Standortwahl sind starke Geländeneigungen, hohe Windgeschwindigkeiten oder Störeinflüsse durch nahe gelegene Gebäude oder Bäume zu vermeiden. **Bild 4.6** zeigt die Wetterstation am Standort des Technologiecampus der FH Münster.

Bild 4.6: Wetterstation mit Niederschlagsmesser am Steinfurter Technologiecampus der FH Münster

Die Spezifikationen der Niederschlagsaufzeichnung mit dem Niederschlagsschreiber nach Hellmann beschreiben das Arbeitsblatt ATV-A 136 (1985) sowie die Arbeitsblätter DWA-A 530 (2011b) und A 531 (2017b). Demnach handelt es sich bei analogen Aufzeichnungen in der Regel um Schreibstreifen auf einer Schreibtrommel mit Tagesumlauf oder einen Bandschreiber mit längeren Aufzeichnungsdauern. Der in den Auffangtrichter gefallene Niederschlag fließt in ein Schwimmergefäß. Der Anstieg des Wasserspiegels in diesem Gefäß wird über einen Schwimmer mit einem Schreibarm auf einen Schreibstreifen übertragen. Die Aufzeichnung erfolgt mit einer Schreibfeder. Die Breite des Registrierstreifens erlaubt – bei den am häufigsten eingesetzten Geräten – eine kontinuierliche Aufzeichnung von 10 mm Niederschlagshöhe. Fallen mehr als 10 mm Niederschlagshöhe, wird das Schwimmergefäß über einen Heber in eine Sammelkanne entleert. Dieser Vorgang wird als Abheberung bezeichnet. Gleichzeitig läuft die Schreibfeder senkrecht nach unten in die Nulllage und beginnt erneut zu registrieren. Der Papiervorschub liegt zwischen 10 mm und 30 mm je Stunde. Unter Berücksichtigung von Strichstärke, Verzögerungen durch mechanische Widerstände und Ganggenauigkeit des Uhrwerks sind zeitliche Auflösungen von weniger als 5 min nicht sinnvoll.

Die automatisierte Niederschlagserfassung erfolgt häufig mit einem Pluviometer. Das Gerät entspricht im Wesentlichen der Bauform eines Hellmann-Niederschlagsmessers. Die Registrierung der Niederschlagshöhe erfolgt nach dem Wägeprinzip. Dabei füllt sich der Auffangbehälter. Der Inhalt wird gewogen und nach Erreichen eines bestimmten Gewichtes zur Entleerung gekippt. Jeder Kippvorgang wird elektrisch gezählt und registriert.

Das Messprinzip bei der Niederschlagserfassung ist vergleichsweise einfach. Die Berücksichtigung der Messfehler und die Auswertung der Messdaten ist dagegen komplex. Unsicherheiten treten beispielsweise durch Benetzungs-, Verdunstungs- und Spritzwasserverluste sowie durch Windeinfluss auf. Darüber hinaus können Beobachter- und Gerätefehler auftreten. Für die Aufbereitung vorhandener Registrierungen (Prüfung, Korrektur, Ergänzung) und der anschließenden Digitalisierung und Weitergabe der Daten, sind diverse Regelungen zu berücksichtigen. Weitergehende Informationen dazu beschreibt Verworn (1999).

Lange Reihen registrierter Niederschlagsverläufe liegen nur in Form von Schreibstreifen und -rollen vor. Zunehmend kommen automatisierte Geräte zum Einsatz. Die Messdaten der Niederschlagsmessstationen bilden punktuelle Niederschläge ab. Für hydrologische Fragestellungen werden aber Gebietsniederschläge benötigt. Die Punktniederschlagswerte müssen durch Wichtung und Extrapolation auf die Fläche in Gebietsniederschläge übertragen werden. Hierfür werden Verfahren verwendet, die eher eine Schätzung als eine Berechnung darstellen (Verworn, 1999). Zu den Methoden zählen u.a. das Isohyetenverfahren oder die Thiessen-Methode. Weitergehende Informationen dazu enthält beispielsweise Dyck und Peschke (1989). Zur genauen Ermittlung von Flächenniederschlägen erfolgen Messungen mit Radargeräten.

4.3.4 Niederschlagsmessung und Vorhersage mit Radargeräten

Zunehmend erfolgen Niederschlagserfassungen, neben den Bodenmessungen, durch Radar (**Ra**dio **D**etector **A**nd **R**ange finder). Dabei wird mit Radargeräten gepulste Hochfrequenzenergie von einer Antenne abgestrahlt (elektromagnetische Welle) und an den Regentropfen (Hydrometeoren) reflektiert (**Bild 4.7**). Über die zurückgestrahlte Leistung, die sogenannte Reflektivität des Niederschlags, kann die Niederschlagsintensität bestimmt werden. Im Gegensatz zu konventionellen Niederschlagsessgeräten, die den Niederschlag punktuell und direkt messen, erfolgt die Niederschlagserfassung mit dem Wetterradar indirekt und durch kreisförmiges Überstreichen einer Fläche.

Das Radar misst das Echo in Form des Reflektivitätsfaktors Z. Für die Ermittlung der Niederschlagshöhe ist eine Umrechnung von Z in die Niederschlagsintensität R notwendig, die mit Hilfe einer sogenannten Z-R-Beziehung erfolgt. Das Verhältnis von Reflektivität zu Niederschlagsintensität ist weder linear noch einheitlich, sodass gleiche Reflektivitäten nicht auch unbedingt gleiche Intensitäten

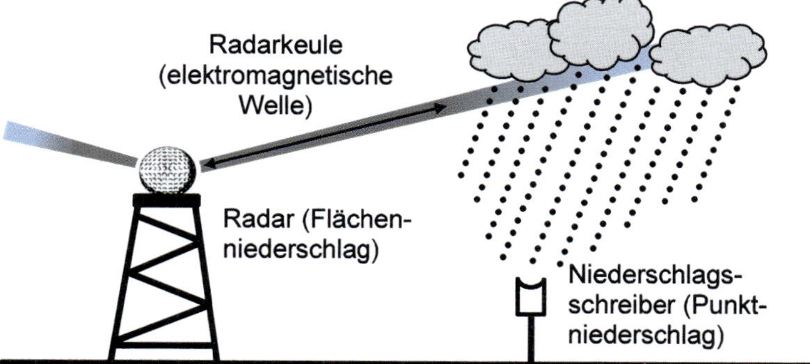

Bild 4.7: Vergleichende Darstellung der Niederschlagserfassung mit Radargeräten und der bodennahen Niederschlagsmessung mit einem Niederschlagsschreiber

bedeuten müssen (Verworn, 1999). Dies resultiert aus den unterschiedlichen Tropfenverteilungen, abhängig vom jeweiligen Niederschlagsereignis (z. B. Niesel-, Land- oder Gewitterregen). Zur Bestimmung des aktuellen Reflektivitäts-Intensitäts-Verhältnisses (Z-R-Beziehung) werden Tropfenspektrographen eingesetzt, um die Unterschiede der Tropfenverteilung während eines Niederschlagsereignisses bestimmen zu können. Eine direkte Messung des bodennahen Niederschlags ist mit Radar somit nicht möglich. Gemessen werden die von den verschiedenen Objekten in der Atmosphäre reflektierten Signale. Neben den reflektierten Signalen von Hydrometeoren sind das beispielsweise auch Signale von Vögeln, Insekten oder Gebirgen. Dies erfordert eine Kalibrierung der Messdaten mit Niederschlagsdaten, die am Erdboden gewonnen werden. Diese Anpassung bezeichnet der DWD als Aneichung zur quantitativ korrekten radargestützten Niederschlagsanalyse. Die theoretischen Grundlagen der Radarhydrometrie und Einzelheiten der dazu erforderlichen Gerätetechnik sind in DWD (1997) und DWA (2017a) beschrieben.

Quirmbach und Schultz (2000) empfehlen für Gebiete, die weiter als 4 km vom Regenschreiber entfernt liegen, die Verwendung von Radardaten. Ihren Untersuchungen zufolge sind die Ergebnisse der Radardaten ab dieser Entfernung den Aufzeichnungen von Niederschlagsschreibern qualitativ gleichwertig und mit zunehmender Größe des Einzugsgebietes sogar überlegen. **Bild 4.8** zeigt die radargemessenen Niederschläge in einem Raster von 1 km/1 km über einem 360 ha großen Einzugsgebiet im Südosten der Stadt Bochum. Die Daten belegen die hohe Gebietsvariabilität der Niederschläge. Maßgebliche Vorteile der Radarmessung sind:

- Flächenhafte Informationen zum Niederschlagsgeschehen für Rasterfelder, beispielsweise in einer Größe von 1 km^2.
- Unwetter- und Hochwasserwarnungen durch die Vorhersage der Zugrichtungen von Niederschlagszellen.
- Einsatzmöglichkeiten im Rahmen der Abflusssteuerung durch Präventivmaßnahmen.

Vorteil der Niederschlagsdaten von Bodenmessstationen sind exakt gemessene Daten. Allerdings handelt es sich dabei um lokal begrenzte Punktmessungen. Besonders Starkregen treten aber mit hoher räumlicher Variabilität und lokal begrenzt auf. Wenn im Bereich des intensiven Niederschlages keine Bodenmessstation angeordnet ist, werden diese gar nicht registriert. Für die Erfassung

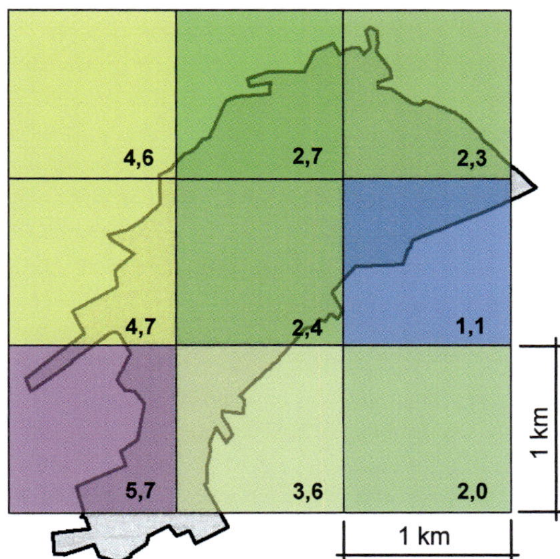

Bild 4.8: Radargemessene Niederschläge (mm/5 Minuten) in einem Raster von 1 km/1 km

von Niederschlägen im Rahmen von Nachweisen der Siedlungsentwässerung sind Niederschlagsaufzeichnungen in einem Raster von 3 bis 5 km² zu empfehlen. In dieser Dichte sind in der Regel keine Bodenmessstationen vorhanden. Das Regenschreiber-Messnetz des Deutschen Wetterdienstes (DWD) mit hochauflösenden Regenmessungen umfasst ca. 1300 Stationen. Das bedeutet, dass auf einer Fläche von ca. 275 km² ein Regenschreiber angeordnet ist (Krämer et al., 2018). Insofern machen Radardaten eine Analyse lokal begrenzter Starkregenereignisse erst möglich.

Nach Angaben des DWD (2018a) liegen durch den Zusammenschluss der deutschlandweit angeordneten 17 Radarstandorte Niederschlagsverteilungen in einer Auflösung von 1 km² als 5-Minutenwerte und Stundenwerte der Niederschlagshöhe in mm vor. Die Radarreflektivitäten werden in Niederschlagshöhen umgerechnet. Darüber hinaus werden die Radardaten mit den Messdaten der Bodenstationen angeeicht, so dass eine repräsentative Aussage über die Niederschlagsverteilung an Standorten möglich ist, an denen sich keine Niederschlagsmessstationen befinden. Radardaten können bedingt durch das Messverfahren allerdings Unsicherheiten aufweisen und sind daher keinesfalls mit den am Boden gemessenen Werten gleichzusetzen.

Neben den detaillierten Flächeninformationen ist ein weiterer Vorteil der Radarmessung, dass durch Messung heranziehender Regen eine Vorhersage für das betrachtete Entwässerungsgebiet möglich ist. Diese Vorhersage kann beispielsweise für präventive Steuermaßnahmen vor und während eines Niederschlagsereignisses genutzt werden. Der Vorhersagehorizont einer Radarmessung hängt, neben der Reichweite des Radars, auch von der Zuggeschwindigkeit der Niederschlagszelle und der Niederschlagsform ab. Die Geschwindigkeit von Regenwolken liegt meistens im Bereich von 1 bis 5 m/s (Šifalda, 1998). Niederschlagsvorhersagen über einen Zeitraum von mehr als 30 min sind ausschließlich bei gleichförmigen, langlebigen Niederschlagsfronten möglich (Schultz und Quirmbach, 2000). Bei größeren, isolierten Gewittern mit kleinräumigen, kurzlebigen Niederschlagszellen ist eine Vorhersage aufgrund der hohen Dynamik und der daraus resultierenden Unsicherheiten nur für kurze Zeiträume im Bereich weniger Minuten sinnvoll. Nach Fuchs et al. (2018) liegt die Vorhersagezeit für konvektive, sich schnell entwickelnde Niederschlagsereignisse im Bereich von Minuten bis maximal 2 Stunden. Die Vorhersagequalität wird somit nicht nur durch technische Aspekte, sondern maßgeblich durch die Dynamik der Niederschlagszellen limitiert. Dabei weisen sommerliche Starkregenereignisse im Allgemeinen eine hohe Dynamik auf, während Niederschlagsereignisse im Winter wesentlich stabiler und somit auch besser vorherzusagen sind (Schultz und Quirmbach, 2000). Die Möglichkeiten und Grenzen der präventiven Steuerung von Kanalnetz und Kläranlage auf der Basis radarvorhergesagter Niederschläge beschreiben Grüning und Orth (2001).

4.3.5 Kenngrößen zur Beschreibung von Niederschlagscharakteristiken

Die mittlere Jahresniederschlagshöhe in Deutschland beträgt im Mittel 800 mm, die etwa an 130 Regenwettertagen fallen. Gebietsabhängig liegt die mittlere Regendauer pro Jahr bei etwa 800 bis 1.000 Stunden pro Jahr. Für die Angabe der Niederschlagshöhe sind folgende Parameter üblich:

- Niederschlagshöhe h_N pro Regenereignis (in mm) oder Niederschlagsvolumen (in l/m²)
- Tageswert der Niederschlagshöhe h_N (in mm/24 h)
- Jahresniederschlagshöhe $h_{N,a}$ (in mm/a)

Die Regendauer bezeichnet den Zeitraum vom Beginn bis zum Ende des Niederschlagsereignisses. Die Abtrennung von einzelnen Ereignissen erfolgt nach verschiedenen Kriterien. Die Regenintensität i eines Regenereignisses ist:

$$i = \frac{h_N}{D} \tag{4.12}$$

i *Regenintensität in mm/min*

h_N *Regenhöhe in mm*

D *Regendauer in min*

Zur Beschreibung von Regen bzw. Regenabflüssen wird die Regenhöhe auf die Zeit (1 s) und Fläche (1 ha) normiert. Die Regenspende r (in l/s · ha) folgt aus der Umrechnung:

$$i = 1\frac{mm}{min} = \frac{1\frac{l}{m^2}}{60\,s} = \frac{1l}{60\,s\cdot m^2\cdot\frac{1\,ha}{10.000\,m^2}} = \frac{10.000\,l}{60\,s\cdot ha} = 166{,}7\frac{l}{(s\cdot ha)} \tag{4.13}$$

$$166{,}7\cdot i\left(in\ \frac{mm}{min}\right) = r\left(in\ \frac{l}{(s\cdot ha)}\right) \tag{4.14}$$

Die Umrechnung ergibt folgende Beziehungen:

- 1 mm/min = 166,7 l/(s · ha)
- 100 l/(s · ha) = 0,6 mm/min

Maßgeblich für die Bemessung ist dabei die Häufigkeit, mit der ein Regen bzw. eine Regenspende auftritt. Diese aus der Historie ausgewertete Aussage der statistischen Wahrscheinlichkeit des Auftretens ist der maßgebliche Wert zur Bewertung von Regenereignissen und deren möglichen Folgen (Systemüberlastungen). In **Bild 4.9** ist die kumulierte Höhe einer mehrstündigen Niederschlagsaufzeichnung und die zugehörige Niederschlagshöhe pro 15 Minuten dargestellt.

Die Regenhäufigkeit n (in 1/a) gibt als statistische Größe die Wahrscheinlichkeit an, mit der ein Regen bestimmter Intensität (bzw. Regenspende) und Dauer im langjährigen Mittel pro Jahr auftritt oder überschritten wird.

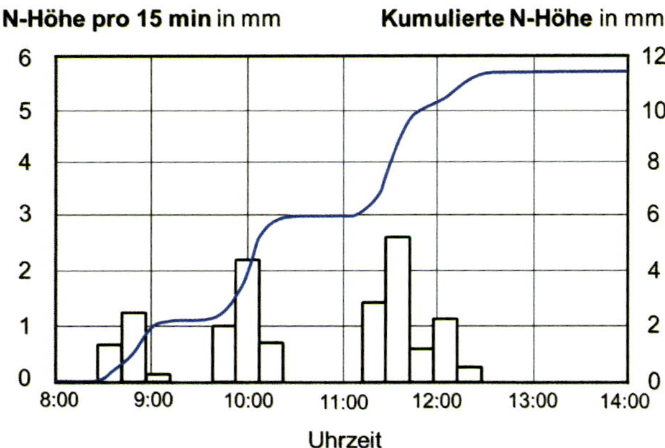

Bild 4.9: Ergebnis einer Niederschlagsmessung mit Niederschlagshöhe pro Zeitintervall (Intensität) auf der linken Ordinate und der kumulierten Höhe auf der rechten Ordinate

Die Wiederkehrzeit T_n (in a) stellt den Kehrwert der Regenhäufigkeit dar und beschreibt den Zeitraum, in dem ein bestimmtes Ereignis (im langjährigen Mittel) genau einmal auftritt oder überschritten wird. Sie wird auch als Jährlichkeit oder Wiederholungszeitspanne bezeichnet.

$$n = \frac{1}{T} \tag{4.15}$$

n *Regenhäufigkeit in* a^{-1}

T *Wiederkehrzeit in a*

Jedes Regenereignis weist einen individuellen Verlauf auf. Zur Einschätzung von Regenereignissen dienen folgende Charakteristika von Regenereignissen mit einer zugehörigen Regenspende als Orientierung:

- Sprühregen: mittlere Regenspende von 0,3 l/(s · ha)
- Häufig vorkommende, lang andauernde Landregen: Regenspenden etwa 3 bis 6 l/(s · ha)
- Starke Schauer: Regenspenden von 15 bis 30 l/(s · ha)
- Gewitterschauer: bis zu 60 l/(s · ha)

Regenspenden bis zu 30 l/(s · ha) treten in Deutschland im Mittel ungefähr 30-mal im Jahr auf. Stärkere Regenereignisse mit Regenspenden von mehr als 80 l/(s · ha) sind bereits relativ selten. Regenspenden in der Größenordnung von 100 l/(s · ha) bei einer Dauerstufe von 15 Minuten stellen eine Orientierung zur Beurteilung der hydraulischen Leistungsfähigkeit eines Kanalnetzes dar und kommen etwa einmal im Jahr vor.

4.3.6 Regenauswertungen und Modellregen

Jeder Regen ist einzigartig. Mithilfe statistischer Auswertungen werden Charakterisierungen vorgenommen, um eine Vergleichbarkeit beispielsweise hinsichtlich der Regendauer, der Regenspende oder der Häufigkeit zu ermöglichen. Nach Verworn (1999) wird bei den statistischen Analysen unterschieden in

- Auswertungen von Starkregen nach Wiederkehrzeit und Dauer und der anschließenden Bestimmung von Regenhöhen- und Regenspendelinien
- Konstruktion von Modellregen
- Ermittlung von Regenspektren
- Ereignisabhängige Statistiken

Zur Bemessung oder zum Nachweis von Entwässerungssystemen werden entweder künstliche Regen (Modellregen) konstruiert oder gemessene natürliche Regen verwendet. Voraussetzung für die Anwendung gemessener Niederschlagsdaten ist die Verfügbarkeit ausreichend langer Messdaten, mit einer ausreichenden Anzahl bemessungsrelevanter Niederschläge. Ein gesetzmäßiger Zusammenhang zwischen mittlerer Regenspende r, Regendauer D und Häufigkeit n (in a^{-1}) wird durch statistische Auswertung von örtlichen Niederschlagsregistrierungen gemäß Arbeitsblatt DWA-A 531 (2017b) gewonnen.

***Hinweis:** Abweichend von DIN 4049-1 wird hier für die Regendauer nicht das Symbol T, sondern D verwendet, um Verwechslungen mit dem Wiederkehrintervall T_n zu vermeiden.*

In der Vergangenheit fehlten häufig entsprechende Messdaten und somit wurden künstliche Regen als Eingangsgröße für vereinfachte Bemessungsmethoden verwendet. Die Bewertung der Regen erfolgte in Abhängigkeit der drei zentralen Größen zur Charakterisierung eines Regenereignisses:

- Regenspende r
- Regendauer D
- Regenhäufigkeit n

REINHOLD untersuchte Mitte des 20. Jahrhunderts erstmalig systematisch den Zusammenhang dieser drei beschreibenden Größen. Dabei stellt sich der in **Bild 4.10** veranschaulichte Zusammenhang heraus. Demnach

- nimmt die (mittlere) Regenspende mit zunehmender Regendauer ab und
- treten „schwache" Regen häufiger auf als „starke" Regen.

Anhand umfangreicher Messungen und Auswertungen von Regenereignissen konnte REINHOLD durch den Zeitbeiwert φ die drei zentralen Größen „Regenspende, Regendauer und Regenhäufigkeit" zur Charakterisierung eines Regenereignisses quantitativ beschreiben. So war es möglich, einen entsprechenden zeitlichen Funktionsverlauf der Regenspendelinien allgemein durch den Zeitbeiwert zu bestimmen. Dieser wird dabei in Abhängigkeit von der Regendauer und der Regenhäufigkeit gemäß folgender Gleichung berechnet:

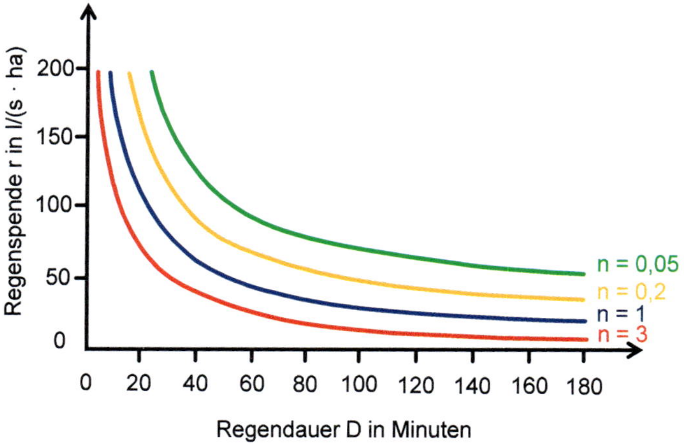

Bild 4.10: Intensität-Dauer-Charakteristik von Regenereignissen unterschiedlicher Häufigkeiten (qualitative Darstellung)

$$\varphi_{D,n} = \frac{38}{D+9} \cdot \left(\frac{1}{\sqrt[4]{n}} - 0{,}369\right) \tag{4.16}$$

φ *Zeitbeiwert (-)*

D *Regendauer in min (< 150 min)*

n *Häufigkeit des Regens in a^{-1} (0,05 < n < 4)*

Diese Formel basiert aus einer älteren Auswertung in der ersten Hälfte des 20. Jahrhunderts und differenziert keine regionalen Unterschieden im Niederschlagsgeschehen. Für die Dauerstufe D = 15 min und die Häufigkeit n = 1 a^{-1} hat der Zeitbeiwert den Betrag $\varphi = 1$. Für unterschiedliche Orte waren in der Vergangenheit die Bezugsregenspenden eines 15 Minuten dauernden Regens mit der Häufigkeit n = 1 a^{-1} ($r_{15,1}$) tabelliert. Mit der Bezugsregenspende lässt sich dann die jeweils zu ermittelnde Regenspende berechnen:

$$r_{D,n} = \frac{38}{D+9} \cdot \left(\frac{1}{\sqrt[4]{n}} - 0{,}369\right) \cdot r_{15,n=1} \tag{4.17}$$

D *Regendauer in min*

n *Häufigkeit des Regens in a^{-1}*

$r_{15,1}$ *die für den jeweiligen Ort geltende Regenspende r eines 15 Minuten dauernden Regens der Häufigkeit n = 1 a^{-1} in l/(s·ha)*

Mit Hilfe des Zeitbeiwertes ist auch aus einer bekannten Regenspende innerhalb des Gültigkeitsbereiches jede beliebige Regenspende anzugeben:

$$r_{D2(n2)} = r_{D1(n1)} \cdot \frac{\varphi_{D2(n2)}}{\varphi_{D1(n1)}} \tag{4.18}$$

Im Bereich zwischen n = 0,05 a^{-1} bis n = 4 a^{-1} und Regendauern von nicht mehr als 150 Minuten war so die jeweilige Bemessungsregenspende zu ermitteln.

Die Auswertungen von REINHOLD zeigen die Charakteristik bemessungsrelevanter Niederschläge. Heute werden für die Bemessung von Kanalisationsnetzen neuere Niederschlagsauswertungen des Deutschen Wetterdienstes (DWD) oder örtlich verfügbare Regenaufzeichnungen verwendet. Der Deutsche Wetterdienst DWD stellt mit der Auswertung KOSTRA (= Koordinierte Starkregen-Regionalisierungs-Auswertung) flächendeckend für Deutschland statistische Regenwerte für die Dauer D = 5 min bis 72 h und Wiederkehrzeiten von T_n = 1 a bis 100 a zur Verfügung. Die in KOSTRA angegebenen Werte sind Punktwerte. Die angegebenen Zusammenhänge zwischen der Regenhöhe h_N, der Wiederkehrzeit T_n und der Regendauer D, ersetzen nun die Zeitbeiwertfunktion. Nähere Hinweise zur Niederschlagsaufzeichnungen nach KOSTRA enthält Kapitel 4.3.7.

Mit dem Zeitbeiwert wird ein normierter ortsbezogener Regen der Dauer von 15 Minuten und der Häufigkeit $n = 1\ a^{-1}$ in einen Regen mit beliebiger Dauer und Häufigkeit umgerechnet. Auch bei der Ablesung eines Berechnungsregens aus den KOSTRA-Auswertungen wird eine konstante Regenspende zugrunde gelegt. Dabei handelt es sich um Blockregen (**Bild 4.11**). Dieser stellt die einfachste Form der Abstrahierung eines Niederschlagsereignisses dar. Hier wird vereinfachend angenommen, dass sich innerhalb einer vorgegebenen Regendauer die Regenspende nicht ändert.

Modellregen sind künstliche Regen mit variabler Intensität. Sie bilden die stark zeitvariante Niederschlagscharakteristik von Starkregenereignissen realistischer ab als Blockregen. Modellregen enthalten kürzere Abschnitte mit hoher Intensität für Anfangsstrecken und eine über die Gesamtdauer des Regens geringere Intensität mit insgesamt größerem Abflussvolumen mit entsprechender Bemessungsrelevanz für ausgedehnte Netze. Die Gesamtregendauer orientiert sich an der Gesamtfließzeit im Netz. Üblich sind Modellregendauern von 30, 60 und 120 Minuten. Die Festlegung der Einzelintensitäten, ihre jeweilige Dauer und ihre zeitliche Abfolge orientieren sich an unterschiedlichen Modellvorstellungen. Aus Regenauswertungen lässt sich ableiten, dass bemessungsrelevante

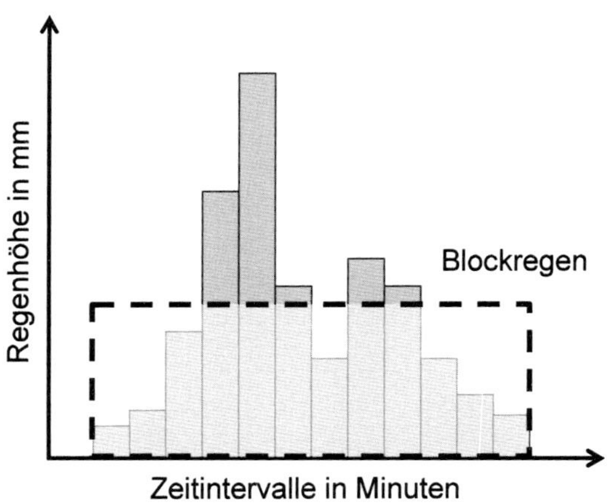

Bild 4.11: Abstrahierung realer Niederschläge durch Blockregen

Starkregen die maximale Intensität häufig zum Ende des ersten Drittels aufweisen. Die Einzelintensitäten können Regenstatistiken entnommen werden.

Vielfach sind die Modellregen nach EULER Grundlage einer Kanalnetzdimensionierung. Hinweise zur Konstruktion von EULER-Regen geben DWA (2006a) und Verworn (1999). EULER schlägt drei modellierte Intensitätsverteilungen vor:

- Typ I: Die größte Intensität tritt zu Regenbeginn auf. Mit zunehmender Regendauer nehmen die Regenintensitäten ab.
- Typ II: Die größte Regenintensität tritt bei rund 30 % der Regendauer auf. Der ansteigende Ast im ersten Drittel der Regendauer verläuft steiler, als der abfallende Ast.
- Typ III: Der Verlauf des Regens entspricht dem Regentyp II. Die größte Intensität tritt hier bei rund 40 % der Regendauer auf.

Die prinzipielle Verteilung der Modellregen Typ I und Typ II veranschaulicht **Bild 4.12**. In der Anwendungspraxis ist der EULER-Modellregen Typ II weit verbreitet. Der Intensitätsverlauf wird dabei aus statistischen Regenhöhen konstruiert. Bei diesem Modellregen wird der Zeitpunkt für den Beginn des höchsten Regenintervalls beim 0,3-fachen der Modellregendauer festgelegt und auf ein Vielfaches von 5 Minuten abgerundet. Die Intervalle im linken Bereich der Zeitachse werden absteigend mit den höchsten verbleibenden Intervallen bis

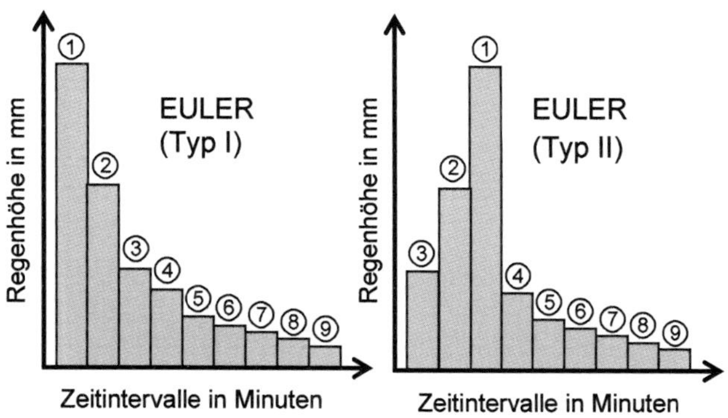

Bild 4.12: Prinzip der Konstruktion eines EULER-Regens (Typ I und Typ II)

zum Zeitpunkt t = 0 ausgefüllt. Den rechten Intervallbereich füllen die verbleibenden Intervalle in absteigender Reihenfolge bis zum Modellregenende auf. Die Häufigkeit für alle Dauerstufen entspricht dabei der Gesamthäufigkeit. Ziel dieses Intensitätsverlaufes ist die Belastung gleicher Häufigkeit für alle Punkte des Kanalnetzes.

Bei der Auswertung natürlicher Regen, beispielsweise für eine Langzeitsimulation, bestehen u. a. folgende Möglichkeiten:

- **Kontinuumssimulation:** Verwendung der Gesamtheit der Niederschläge und der Abflüsse über einen mehrjährigen Zeitraum, also die Verwendung der vollständigen Zeitreihe, z. B. bei Schmutzfrachtberechnungen.
- **Seriensimulation:** Auswahl maßgeblicher Niederschlagsereignisse aus einer langjährigen Regenreihe (Auswahlkriterien: Spitzenabflüsse, Volumina). Nach DWA (2017b) wird unter einer „jährlichen Serie“ das Datenkollektiv der jährlichen Größtwerte verstanden, bei dem die Anzahl n der Einzelwerte der Länge der Messreihe in Jahren entspricht. Eine „partielle Serie“ ist das Ergebnis der Zusammenstellung aller Höchstwerte über einem festzulegenden Schwellenwert. Während bei der jährlichen Serie zu jedem Jahr genau ein Einzelwert gehört, ist die zeitliche Zuordnung bei der partiellen Serie nicht maßgeblich. Bestandteil der partiellen Serie sind die n größten Ereignisse des Beobachtungszeitraumes. Auf ausreichende Längen der Messreihen, ist zu achten.

Zur Aufstellung von Starkregenserien ist ein Zeitraum von mindestens 30 Jahren anzustreben. Derartig langfristige Regenaufzeichnungen liegen jedoch nicht bei jedem Kanalnetzbetreiber vor. Hier kann dann auf Daten des Deutschen Wetterdienst (DWD) zurückgegriffen werden. **Bild 4.13** zeigt die Niederschläge von 2016 bis 2018, aufgezeichnet durch die Wetterstation der FH Münster. Insbesondere in 2016 werden die intensiven Niederschläge in den Sommermonaten deutlich. Der Jahresniederschlag lag mit 796 mm im deutschlandweiten Mittel. Der Sommer 2018 war durch eine ausgeprägte Trockenperiode gekennzeichnet. Hier lag der Jahresniederschlag mit lediglich 516 mm deutlich unter dem mittleren Jahresniederschlag für diese Region.

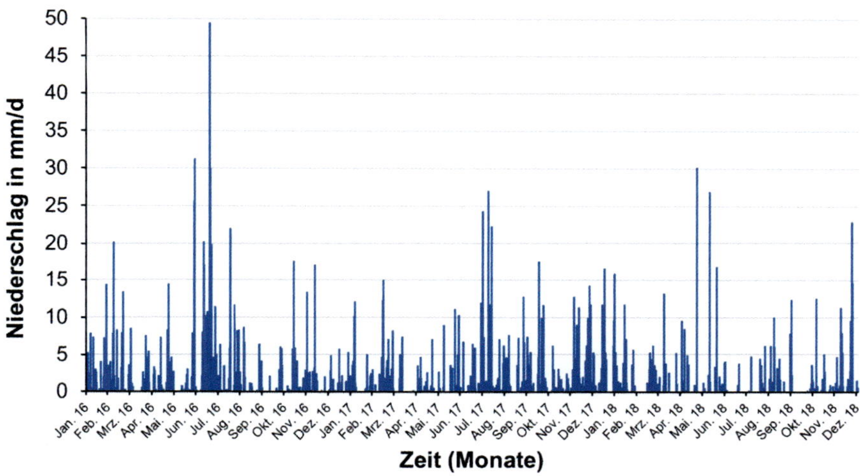

Bild 4.13: Niederschlagskontinuum (Tageswerte) über den Zeitraum von Januar 2016 bis Dezember 2018 (Wetterstation am Steinfurter Technologiecampus der FH Münster)

4.3.7 Bemessungs- und Starkregen

Da eine verbindliche Aussage zur künftigen Niederschlagsentwicklung nicht möglich ist, erfolgt eine statistische Niederschlagsanalyse vergangener Ereignisse zur Entwicklung von Bemessungsregen. Für die hydraulische Kanalnetzbetrachtung sind dazu Regen mit hohen Intensitäten in der Größenordnung sogenannter „Starkregen“ relevant. Die Bezeichnung „Starkregen“ ist jedoch nicht einheitlich definiert. Häufig erfolgt die Abgrenzung über einen Schwellenwert der Tagesniederschlagshöhe von beispielsweise 20 mm. Der DWD (2018b) warnt vor Starkregen in zwei Stufen (wenn voraussichtlich folgende Schwellenwerte überschritten werden):

- Regenmengen 15 bis 25 l/m² in 1 Stunde oder 20 bis 35 l/m² in 6 Stunden (markante Wetterwarnung)
- Regenmengen > 25 l/m² in 1 Stunde oder > 35 l/m² in 6 Stunden (Unwetterwarnung)

Die Charakterisierung von Starkregen ist das Ergebnis einer extremwertstatistischen Analyse. Die Auswertung und Klassifizierung erfolgt durch die drei Parameter Regendauer D, Wiederkehrzeit T_n und Regenhöhe h_N. Eine verbindliche Definition des Starkregens im Kontext der kommunalen Überflutungsvorsorge erfolgt im Merkblatt DWA-M 119 (2016b):

- Starkregen: Regenereignisse, die in einzelnen Dauerstufen Regenhöhen mit Wiederkehrzeiten $T_n \geq 1$ a aufweisen (entsprechend den KOSTRA-Werten oder örtlichen Starkregenstatistiken nach Arbeitsblatt DWA-A 531);
- Bemessungsregen: Regenereignisse mit Wiederkehrzeiten im Bereich der Bemessungs- und Überstau-Wiederkehrzeiten eines Entwässerungssystems nach Arbeitsblatt DWA-A 118 (z. B. $T_n = 1$ a bis 5 a);
- seltene Starkregen: Regenereignisse mit Wiederkehrzeiten oberhalb maßgebender Überstau-Wiederkehrzeiten, aber innerhalb maßgebender Überflutungs-Wiederkehrzeiten (z. B. für Stadtzentren $T_n > 5$ a bis 30 a);
- außergewöhnliche Starkregen: Regenereignisse mit Wiederkehrzeiten oberhalb der maßgebenden Überflutungs-Wiederkehrzeiten.

Starkregen sind somit Regen mit einer im Verhältnis zur Dauer hohen Niederschlagsintensität und daher seltenem Eintritt. Entsprechend definiert die DIN 4049-3 einen Starkregen als „Regen, der im Verhältnis zu seiner Dauer eine hohe Niederschlagsintensität hat und daher selten auftritt“ (DIN, 1994). Gemäß Arbeitsblatt DWA-A 531 (2017b) handelt es sich bei Starkregen um Regenabschnitte bestimmter Dauerstufen, die ein Wiederkehrintervall von 1 a $\leq T_n \leq$ 100 a aufweisen.

Für die Bemessung von Kanalnetzen werden entweder künstlich erzeugte „Modellregen“ oder ausgewählte Ereignisse aus Regenmessungen verwendet. Voraussetzung dabei ist die Auswertung entsprechend langer Zeitreihen, damit auch eine ausreichende Anzahl seltener bzw. bemessungsrelevanter Regenereignisse enthalten ist.

Der DWD wertet flächendeckend für das gesamte Bundesgebiet regionale Starkregen aus. Die Daten werden im sogenannten KOSTRA-Atlas veröffentlicht. Malitz und Ertel (2015) beschreiben die Erfassung und Auswertung der Daten. Für ein deutschlandweites Rasterfeld mit Zellengrößen von 66,83 km² werden in Abhängigkeit von verschiedenen Dauerstufen (5 min bis 72 h) und Jährlichkeiten von 1 bis 100 a die Höhen und Spenden der Niederschläge angegeben. **Bild 4.14** zeigt exemplarisch die Kartendarstellung für die Fläche

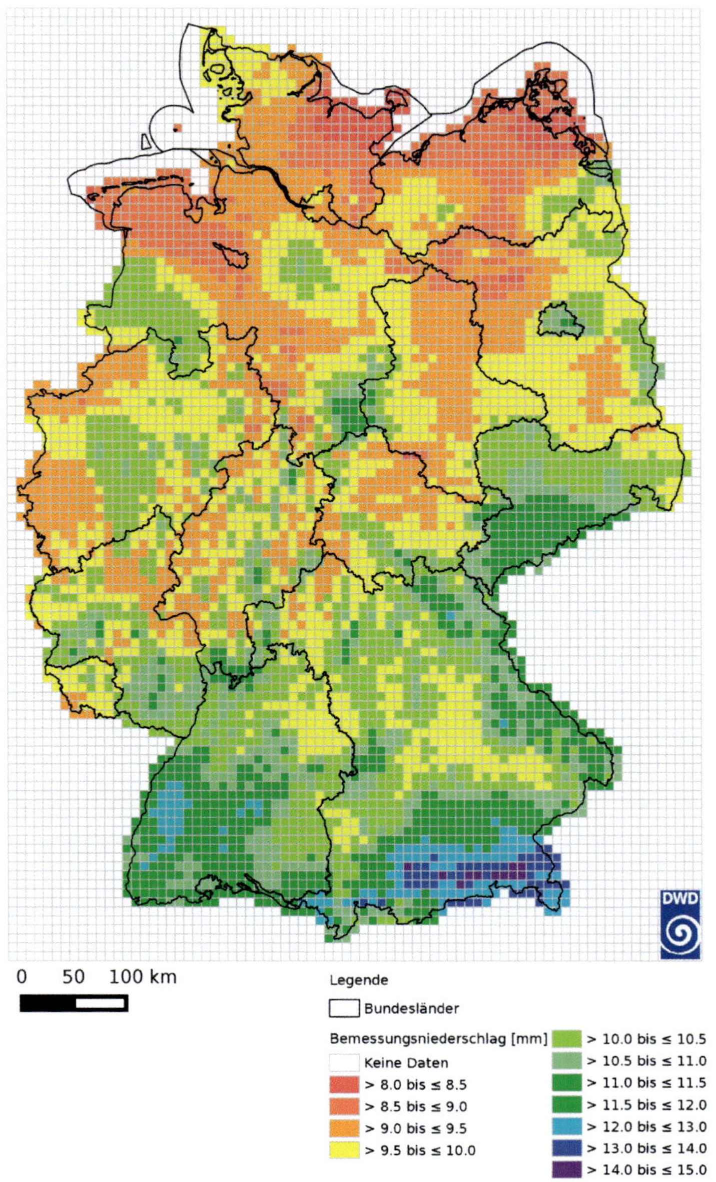

Bild 4.14: Bemessungsniederschlag in mm der Dauerstufe D = 15 min und dem Wiederkehrintervall T = 1 a nach KOSTRA-DWD-2010R

Tabelle 4.3: Ausgewertete Regenspenden in l/(s·ha) aus einem Auszug aus KOSTRA-DWD für Münster (Rasterfeld: Spalte 16, Zeile 42)

Dauer-stufe D	Wiederkehrzeit T (in a)					
	1	2	5	10	30	100
5 min	*164,9*	*221,5*	*296,2*	*352,8*	*442,4*	*540,6*
10 min	*131,2*	*168,4*	*217,5*	*254,7*	*313,6*	*378,2*
15 min	*108,9*	*138,0*	*176,5*	*205,6*	*251,7*	*302,2*
30 min	*72,1*	*91,3*	*116,6*	*135,7*	*166,0*	*199,3*
60 min	*43,1*	*55,6*	*72,3*	*84,9*	*104,8*	*126,7*
2 h	*24,8*	*32,0*	*41,6*	*48,9*	*60,5*	*73,1*
12 h	*5,9*	*7,7*	*10,0*	*11,8*	*14,6*	*17,6*
72 h	*1,6*	*2,0*	*2,5*	*2,9*	*3,6*	*4,3*

der Bundesrepublik Deutschland mit 5404 Rasterfeldern. Jedes Rasterfeld wird durch die entsprechende Nummer der Rasterfeldspalte und die Nummer der Rasterfeldzeile identifiziert. Die Farbgebung umfasst ein Spektrum über maximal 16 Nuancen. Regionen mit geringen Werten repräsentieren rötliche Farbtöne. Grüntöne stehen für moderate Starkniederschlagshöhen. Die größten Werte sind durch dunkle Blau- bis Violettfärbungen erkennbar. **Tabelle 4.3** zeigt einen Auszug für Münster. Die Daten werden regelmäßig fortgeschrieben. Nach Malitz und Ertel (2015) liegen derzeit Werte aus digitalisierten Analogregistrierungen (und seit ca. 1993 auch aus automatischen Niederschlagsmessungen mittels Ombrometern) stationsbezogene extremwertstatistische Auswertungen von Niederschlagshöhen für den Zeitraum 1951 bis 2010 vor.

Zur Anwendung der KOSTRA-Daten für wasserwirtschaftliche Planungsaufgaben bieten die DWA (MDMS-Datentool) und das itwh (KOSTRA-DWD 2010R) Softwareprodukte an. Die Basisdaten des DWD können damit u. a. für regionale Anwendungen ausgewertet werden. Dazu zählen die Ermittlung der Jährlichkeit für beliebige Niederschlagshöhen und -dauern oder die Auswertungen für Euler-Regen und Modellregengruppen.

Starkregenangaben (h_N, D, T_n) gelten genau genommen nur für den Ortspunkt, an dem die zugrundeliegende Datenreihe durch Messungen erfasst worden ist. Mit zunehmendem Abstand zum Kern eines Regengebietes nimmt die Regenintensität ab. Einen maßgeblichen Einfluss auf die Variabilität des Niederschla-

Tabelle 4.4: Beispiele von Regenspenden r der Regendauer 15 Minuten für unterschiedliche Häufigkeiten n (DWD, 2010)

Ort	Häufigkeit ($n = a^{-1}$) 1,0	0,5	0,2	0,1
	Regenspende r in l/(s · ha)			
Kiel	94,4	118,5	150,4	174,4
Münster	108,9	138,0	176,5	205,6
Berlin	120,0	152,6	195,7	228,3
Freiburg	131,1	166,6	213,4	248,9

ges haben topografische Gegebenheiten, wie Gebirge oder Wasserflächen. Bei der wasserwirtschaftlichen Anwendung ist ein Bezug zur Flächengröße erforderlich. Empfehlungen zur Berücksichtigung gebietsvariabler Einflüsse bei der Verwendung von Punktmessungen geben das Arbeitsblatt DWA-A 531 (2017b) und Verworn (2008). Demnach ist bei Gebietsgrößen über 25 km² eine Abminderung der punktuell ermittelten Starkregendaten ratsam, um die Übertragbarkeit auf Gebietsniederschläge zu gewährleisten. Außerdem ist der Zusammenhang zwischen der Regendauer und der Gebietsgröße zu berücksichtigen. Für kleinere Einzugsgebiete sind kürzere Fließzeiten und damit kürzere Niederschläge bemessungsrelevant. Bei größeren Einzugsgebieten sind dagegen großräumige Niederschlagsstrukturen mit relativ homogener Niederschlagsverteilung von Bedeutung.

Die regionalen Unterschiede der Niederschlagsverteilung verdeutlichen die Werte in **Tabelle 4.4**. Zusammengestellt sind mittlere Regenspende r für eine Niederschlagsdauer D von 15 Minuten und mehreren Häufigkeiten beispielhaft für vier Städte in den unterschiedlichen Regionen der Bundesrepublik Deutschland. Beeinflusst durch Wetterlage und Orografie ist die Intensität der Starkregen in der südlichen Region deutlich stärker ausgeprägt als im Norden. Anfällig für Starkregen sind die Nordränder der Mittelgebirge und das Alpenvorland. Durch häufige Westwinde sind zudem die Westhänge der Mittelgebirge besonders gefährdet. Die Werte in Tabelle 4.4 lassen nicht die Interpretation zu, dass im Norden keine ausgeprägten Starkregen zu erwarten sind. Grundsätzlich ist für ganz Deutschland von einer prinzipiellen Starkregengefahr auszugehen.

Als grobe Orientierung für die Bemessungsregenspende von Kanalisationssystemen dient eine Regenspende in einer Größenordnung um 100 l/(s · ha).

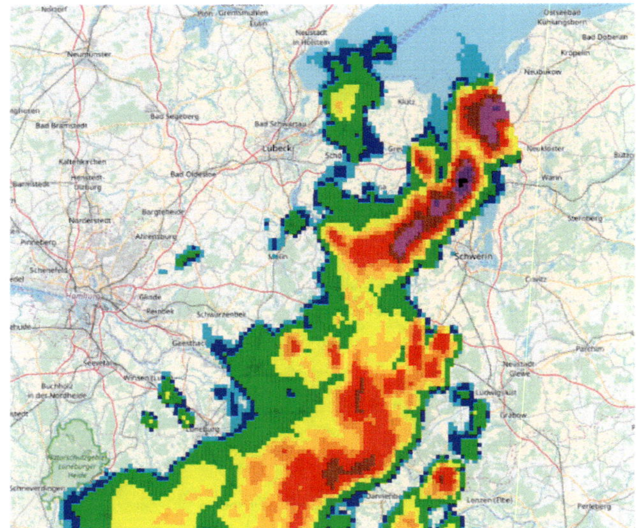

Bild 4.15: Hochaufgelöste Starkregenzelle über Norddeutschland (Quelle: Markus v. Brevern, toposoft – Gesellschaft für Datenbanken und Applikationen mbH)

4.4 Flächen und Oberflächenabfluss

4.4.1 Flächenermittlung

Die Flächendaten stellen eine maßgebliche Größe zur Berechnung von Entwässerungssystemen dar. Dabei werden die unterschiedlichen Flächen durch Auswertung verschiedener Plandokumente (u. a. Katasterpläne, Deutsche Grundkarte) und Überfliegungsdaten ermittelt. In erster Linie geht es um die Ermittlung der abflusswirksamen Flächenanteile. Dazu sind die Fließwege auf der Oberfläche und die befestigten Flächenanteile festzulegen. Anschließend erfolgt die Zuordnung der Flächen an die jeweilige Kanalhaltung. Neben der Modellierung der Abflussprozesse ist die Flächenerfassung auch eine wesentliche Grundlage bei der Gebührenermittlung (Niederschlagswassergebühr). Häufig erfolgt die Bearbeitung und Verwaltung dieser Daten mit geografischen Informationssystemen (GIS). Folgende Verfahren zur Ermittlung der Einzugsgebietsflächen in urbanen Räumen kommen in der Praxis zur Anwendung:

- Flächenermittlung aus analogen und digitalen Planunterlagen
- Luftbildauswertungen
- Terrestrische Geländeaufnahmen
- Schätzverfahren (Musterflächenauswertung, empirische Schätzverfahren)
- Satellitenfernerkundungen

Maßgeblichen Einfluss auf die Qualität der Ergebnisse haben die Unsicherheiten und Fehler der Verfahren zur Ermittlung der Einzugsgebietsflächen (z. B. durch Luftbildauswertung) und deren Aufteilung in befestigte und nicht befestigte Flächenanteile sowie die Unsicherheiten und Fehler bei der Bestimmung der Abflusswirksamkeit dieser Flächen (Hoppe und Grüning, 2005 sowie Hoppe, 2006).

Die zur Ermittlung der Einzugsgebietsflächen erforderlichen amtlichen Planunterlagen werden durch die Landesvermessungsämter sowie die Katasterämter der Kreise und kreisfreien Städte erstellt und verwaltet. Sie liegen überwiegend digital vor.

- Für die Deutsche Grundkarte (DGK) im Maßstab 1:5.000 wird eine Lagegenauigkeit von ±3 m angegeben (Landesvermessungsamt NRW, 2004). In Verbindung mit Luftbildern ist auch eine Angabe der Flächentypen möglich.
- Aktuelle Kanalnetzpläne ermöglichen zusammen mit den amtlichen Kartenwerken eine haltungsscharfe Zuordnung der Flächen. Detaillierte Informationen über Gebäude, Nutzungsarten und Verkehrsflächen sind in der automatisierten Liegenschaftskarte (ALK) verfügbar.
- Auswertungen von aktuellen Luftbildern (Orthofotos) ermöglichen sowohl eine Bestimmung der Flächengröße als auch eine Bestimmung der Nutzungsart (z. B. befestigt, nicht befestigt, Dachflächen usw.) und liegen für NRW im Maßstab 1:5.000 flächendeckend vor. Orthofotos ermöglichen eine hochauflösende, verzerrungsfreie, maßstabsgetreue Abbildung der Erdoberfläche.
- Auswertungen von Luftbildern im Bearbeitungsmaßstab der Deutschen Grundkarte (DGK 5) zur Ermittlung der befestigten Flächen im Einzugsgebiet der Emscher zeigten, dass die Abweichungen zu terrestrisch aufgemessenen Flächen im Mittel unter 4 % liegen.
- Die terrestrische Aufnahme der Flächen im Einzugsgebiet ist die Methode mit den geringsten Unsicherheiten. Aufgrund des hohen erforderlichen Zeitaufwands ist diese Vorgehensweise sehr teuer und daher nur für kleine Einzugsgebiete oder der Prüfung von Einzelfällen von Luftbildauswertungen von Bedeutung (Becker et al., 1998). Die Daten lassen sich ohne zusätzlichen Aufwand direkt digital verwalten.

- Deutlich höhere Unsicherheiten weisen Schätzverfahren auf der Basis von Musterflächenauswertungen auf. Hierbei werden die Flächenermittlungen (aus Planunterlagen oder Ortsbegehungen) für repräsentative Gebiete auf das Gesamteinzugsgebiet übertragen.
- Daten aus Satellitenfernerkundungen weisen inzwischen mit einer Auflösung bis zu 1 m eine Detailschärfe auf, die sich für wasserwirtschaftliche Modellierungsaufgaben eignet.

In der Praxis werden den ermittelten Einzugsgebietsflächen in Abhängigkeit von der Nutzungsart entsprechende Abflussbeiwerte aus der Literatur zugeordnet oder durch Niederschlag-Abfluss-Messungen im Einzugsgebiet fallspezifisch ermittelt. Neben der Unsicherheit aus der Bestimmung der Größe befestigter und unbefestigter Flächenanteile ergeben sich somit weitere Unsicherheiten aus der Bestimmung der Abflusswirksamkeit durch pauschalierte Abflussbeiwerte. Die Abweichungen des mittleren Abflussbeiwerts eines Gebietes aufgrund der Verwendung unterschiedlicher Literaturquellen hängen von der Zusammensetzung der Einzugsgebiete ab. Da sich die Abflussbeiwerte der (teil-)durchlässigen Flächen stärker unterscheiden als z. B. die für Dachflächen, nehmen die Abweichungen mit zunehmendem Anteil von Straßen- und Dachflächen ab. Das Ergebnis einer Flächenklassifizierung auf der Grundlage eines Luftbildes zeigt **Bild 4.16**.

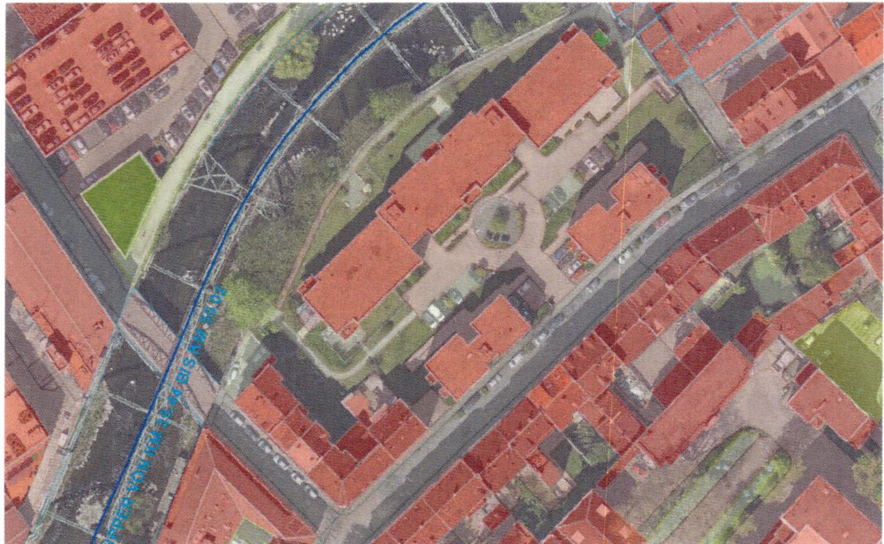

Bild 4.16: Darstellung eines Luftbildes (Orthophoto) mit Flächenklassifizierung (Quelle: Laschet, WSW AG)

4.4.2 Pauschalierende Kennwerte zur Oberflächenabflussberechnung

Die Ermittlung des Niederschlagsanteils, der für die Bemessung relevant ist, hängt maßgeblich von der Struktur der Oberfläche und witterungsspezifischen Bedingungen ab. Da in erster Linie der Abfluss von befestigten Flächen abflusswirksam wird, ist zu Beginn der Niederschlag-Abflussberechnung die Oberflächenstruktur zu analysieren. Allerdings können bei intensiveren Niederschlägen nach einer Sättigungsphase auch unbefestigte Flächen abflusswirksam werden. Dieser veränderliche Flächenanteil ist jedoch nur mit hohem Aufwand abzuschätzen. Die jeweiligen Flächenarten sind im Arbeitsblatt ATV-DVWK-A 198 (2003) festgelegt (**Bild 4.17**).

Die in Bild 4.17 dargestellten Flächen bedeuten:

- A_E und $A_{E,k}$ sowie $A_{E,nk}$: Gesamtfläche des Einzugsgebietes mit Anteilen der an die Kanalisation angeschlossenen (k = kanalisiert) und der nicht angeschlossenen Teilflächen (nk = nicht kanalisiert).

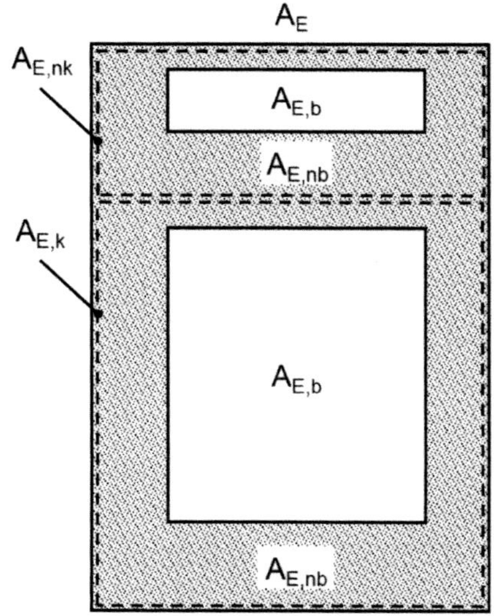

Bild 4.17: Schematisierung unterschiedlicher Flächenarten nach Arbeitsblatt ATV-DVWK-A 198 (DWA, 2003)

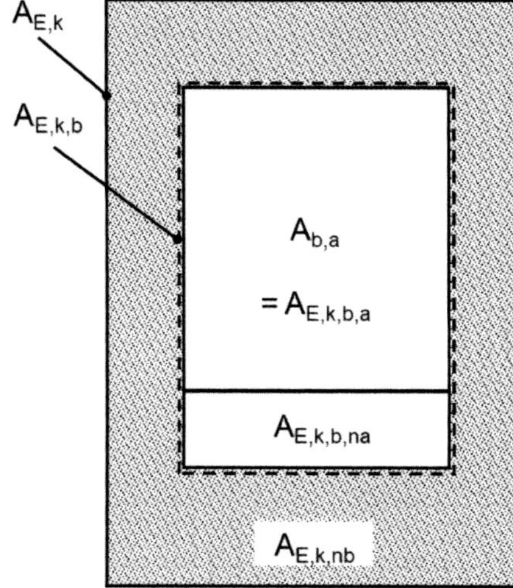

Bild 4.18: Schematisierung unterschiedlicher Flächenarten nach Arbeitsblatt DWA-A 102 (DWA/BWK, 2020a)

- $A_{E,b}$: Befestigte Flächen, auch ohne Anschluss an das Entwässerungssystem. Befestigte Flächen können undurchlässige (Ziegel-, Metall-, Glasdächer, Asphaltstraßen) oder unterschiedlich durchlässige (Kieswege, Rasenschotter) Oberflächen aufweisen.
- $A_{E,nb}$: Nicht befestigte Flächen eines Einzugsgebietes als Differenz aus der Gesamtfläche und befestigter Fläche

$$A_{E,nb} = A_E - A_{E,b} \tag{4.19}$$

Eine weitere Differenzierung der Flächen erfolgt im Arbeitsblatt DWA-A 102 (2016a). Hier wird die kanalisierte Einzugsgebietsfläche unterteilt in befestigte ($A_{E,k,b}$) und unbefestigte ($A_{E,k,nb}$) Flächen. Bei den befestigten Flächen wird wiederum unterschieden in Flächen, die an die Kanalisation angeschlossen ($A_{E,k,b,a}$) oder nicht angeschlossen ($A_{E,k,b,na}$) sind. Die jeweiligen Flächenaufteilungen veranschaulicht **Bild 4.18**.

Die Abflusswirksamkeit von Flächen wird durch anwendungsbezogene Abflussbeiwerte Ψ beschrieben. Der Abflussbeiwert ist der Quotient aus Abflussvolumen und dem zugehörigen Niederschlagsvolumen und somit dimensionslos.

$$\psi = \frac{Abflussvolumen}{Niederschlagsvolumen} \quad [\psi] = - \tag{4.20}$$

Dabei wird abhängig von der Fragestellung bzw. Aufgabenstellung unterschieden in:

- Spitzenabflussbeiwert Ψ_S
- Mittlerer Abflussbeiwert Ψ_m

Die Bedeutung und die Berücksichtigung der jeweiligen Verluste bei der Anwendung der Abflussbeiwerte beschreiben Schmitt und Illgen (2001). Der mittlere Abflussbeiwert Ψ_m ist definiert als Quotient aus Abflussvolumen und Niederschlagsvolumen über einen definierten Zeitraum.

$$\psi_m = \frac{V_{NA}}{h_N \cdot A_{E,k} \cdot 10} \tag{4.21}$$

V_{NA} Niederschlagsvolumen in m³
h_N Niederschlagshöhe in mm
$A_{E,k}$ kanalisiertes Einzugsgebiet in ha (hier: überregnete Fläche)

Der mittlere Abflussbeiwert kann als ereignisbezogener Wert oder auch zur Abschätzung des abflusswirksamen Jahresniederschlags ermittelt werden. Je nach Betrachtungsweise resultieren dabei für die gleiche Fläche unterschiedliche Abflussbeiwerte. Daher ist bei der Verwendung von Abflussbeiwerten die Ermittlungsgrundlage immer die konkrete Aufgabenstellung abzustellen.

In **Tabelle 4.5** sind flächenspezifische mittlere Abflussbeiwerte aufgelistet. Sie beziehen sich auf bemessungsrelevante Regenereignisse in Übereinstimmung mit den DWA-Richtlinien zur Bemessung von Versickerungsanlagen und Regenrückhalteräumen. Als Ereignisspektrum wurden Regenhöhen zwischen ca. 10 mm und 25 mm und Regendauern von1 bis 2 Stunden zugrunde gelegt.

Tabelle 4.5: Zusammenstellung oberflächenspezifischer mittlerer Abflussbeiwerte (Schmitt und Illgen, 2001)

Flächentyp	Art der Befestigung	Ψ_m
Schrägdach	Metall, Glas, Schiefer, Faserzement	0,9 - 1,0
	Ziegel, Dachpappe	0,8 - 1,0
Flachdach 3° bis 5° geneigt)	Metall, Glas, Faserzement	0,9 - 1,0
	Dachpappe	0,9
	Kies	0,7
Gründach bis 15° oder 25° geneigt	humusiert < 10 cm Aufbau	0,5
	humusiert ≥ 10 cm Aufbau	0,3
Straßen, Wege und Plätze	Asphalt, fugenloser Beton	0,9
	Pflaster mit dichten Fugen	0,75
	fester Kiesbelag	0,6
	Pflaster mit offenen Fugen	0,5
	lockerer Kiesbelag, Schotterrasen	0,3
	Verbundsteine mit Fugen, Sickersteine	0,25
	Rasengittersteine	0,15
Böschungen, Bankette und Gräben mit Regenabfluss in das Entwässerungssystem	toniger Boden	0,5
	lehmiger Sandboden	0,4
	Kies- und Sandboden	0,3
Gärten, Wiesen und Kulturland mit möglichem Regenabfluss in das Entwässerungssystem	flaches Gelände	0,0 - 0,1
	steiles Gelände	0,1 - 0,3

Im Gegensatz zum mittleren Abflussbeiwert bezieht sich der Spitzenabflussbeiwert Ψ_s auf ein einzelnes Regenereignis (z. B. den Bemessungsregen) und wird bei der Kanalnetzberechnung verwendet.

$$\psi_S = \frac{max.\,Abflussspende}{max.\,Regenspende} = \frac{max.\,q}{max.\,r} = \frac{\int_{t_a}^{t_e} q_r dt}{r\,dt}\,(-) \tag{4.22}$$

Der Abflussbeiwert ist kein starrer Wert, sondern von zahlreichen Randbedingungen abhängig:

- Geländeneigung (siehe Arbeitsblatt DWA-A 118)
- Art der Oberflächenbefestigung
- Beschaffenheit der Oberfläche (glatt, rau, Mulden)
- Bodenart
- Vorbefeuchtung
- Temperatur (Jahreszeit)
- Regenstärke und Regendauer

Somit ist der Abflussbeiwert das Ergebnis einer individuellen Ermittlung der Abflusswirksamkeit einzelner Flächen. Vereinfachend werden für die Bemessung von Entwässerungssystemen meist konstante Abflussbeiwerte für Teileinzugsgebiete mit homogener Flächennutzung angenommen. Folgende Werte geben eine Orientierung über Größenordnungen befestigter Anteile:

- 0,7 bis 0,9: sehr dichte Bebauung
- 0,5 bis 0,7: geschlossene Bebauung
- 0,3 bis 0,5: offene Bebauung
- 0,2 bis 0,3: gartenreiche Außenviertel
- 0,1 bis 0,2: unbebautes Gelände (Sportplätze)
- 0,0 bis 0,1: Parkanlagen

Wenn die Überdeckung der Gesamtfläche durch Dächer, Straßen und Gärten (Teilflächen A_1, A_2, …) bekannt ist, kann aus den spezifischen Abflussbeiwerten der Teilflächen ein gewichteter Mittelwert für die Gesamtfläche berechnet werden.

$$\psi = \frac{A_1 \cdot \psi_1 + A_2 \cdot \psi_2 + \cdots}{A_1 + A_2 + \cdots} \tag{4.23}$$

Die Ermittlung des Abflussbeiwertes beeinflusst das Ergebnis einer Abflussberechnung und damit die Dimensionierung der Kanalisation in einem erheblichen Ausmaß. Auf eine möglichst genaue Ermittlung ist daher besonderer Wert zu legen.

Anders als der veränderliche Abflussbeiwert ist der Befestigungsgrad γ ein fester Wert, der vom Anteil bzw. der Größe der befestigten Fläche abhängt. Er entspricht dem Anteil der befestigten Fläche an der Gesamtfläche eines Einzugsgebietes.

$$\gamma = \frac{A_{E,b}}{A_E} (-) \tag{4.24}$$

Der Befestigungsgrad ist damit kein direktes Maß für die Abflusswirksamkeit, da nicht berücksichtigt wird, ob die jeweiligen befestigten Flächen an das Entwässerungssystem angeschlossen sind oder nicht.

Eine weitere anwendungsbezogene Rechengröße ist die undurchlässige Fläche A_u. Hierbei handelt es sich um eine nicht physikalisch messbare Rechengröße zur Quantifizierung des Regenabflusses nach Abzug von Verlusten. Dabei wird die angeschlossene befestigte Fläche über den Abflussbeiwert Ψ_m vermindert.

$$A_u = A_{E,b,a} \cdot \psi_m \tag{4.25}$$

A_u *undurchlässige Fläche*
$A_{E,b,a}$ *angeschlossene befestigte Fläche*
Ψ_m *mittlerer Abflussbeiwert*

Zu berücksichtigen ist, dass es sich bei Ψ_m um einen oberflächen- und ereignisabhängig veränderlichen Wert handelt, der grundsätzlich nur durch Messungen ermittelt werden kann. Sofern im Einzugsgebiet keine differenzierte Betrachtung der Einzelflächen erfolgt, kann A_u vereinfachend der befestigten angeschlossenen Fläche $A_{E,b,a}$ gleichgesetzt werden.

Gemäß Arbeitsblatt DWA-A 118 (2006a) wird der maßgebliche Regenabfluss zur Kanalnetzberechnung mittels Fließzeitverfahren mit der kanalisierten Fläche und dem Spitzenabflussbeiwert berechnet:

$$Q_R = r_{D,n} \cdot \psi_S \cdot A_{E,k} \tag{4.26}$$

Q_R *Regenwetterabfluss*
$r_{D,n}$ *Regenspende der Dauer D und der Häufigkeit n*
Ψ_s *Spitzenabflussbeiwert; Quotient aus maximaler Niederschlagsabflussspende q_{max} und zugehöriger maximaler Regenspende r_{max}*
$A_{E,k}$ *Fläche des durch die Kanalisation erfassten Einzugsgebietes*

Es wird empfohlen, die Ermittlung des Spitzenabflussbeiwertes in Abhängigkeit von den befestigten Flächen, der Geländeneigungsgruppe und der maßgeblichen Bezugsregenspende r_{15} vorzunehmen.

Die Flächen werden in Abhängigkeit von ihrer Abflusswirksamkeit unterschieden in:

- Undurchlässig befestigte Flächen (Dächer, Straßen)
- Nicht befestigte Flächen (Hausgärten, Straßenböschungen, Grünflächen u. ä.)
- Durchlässig befestigte Flächen (unterschiedliche Pflasterbeläge, Schotterwege)

Der Abflussbeitrag durchlässig befestigter und unbefestigter Flächen ist schwer quantifizierbar. Für den Abfluss in das Kanalnetz sind in erster Linie die Flächen maßgeblich, deren Abfluss aufgrund der Neigung und der Anschlüsse an das Kanalnetz (Straßenabläufe, Hausanschlüsse) abflusswirksam werden. Bei undurchlässig befestigten Fläche ist es möglich, den Anteil nicht direkt angeschlossener Teilflächen, die nicht zum Abfluss in das Entwässerungssystem beitragen, pauschal durch einen Abschlag der aus den Katasterplänen oder Überfliegungsdaten ermittelten Flächen abzuschätzen. Dieser Anteil ist in dicht bebauten innerstädtischen Gebieten nahezu gleich Null. In Gebieten mit lockerer Bebauung sind Abschläge bis zu 25 % realistisch. Alternativ besteht die Möglichkeit den Anteil der nicht abflusswirksamen Flächen indirekt durch Anpassung der Abflussbeiwerte zu berücksichtigen. Ein Beispiel für unterschiedliche Flächenbefestigungen zeigt **Bild 4.19**. Dabei wird deutlich, dass eine eindeutige Abgrenzung der Abflusswirksamkeit nicht möglich ist. Bei nicht befestigten Flächen ist davon auszugehen, dass flach geneigte Bereiche keinen nennenswerten Beitrag zum Abfluss im Kanal hervorrufen. Bei steilen zur Kanalisation geneigten Flächen ist nach entsprechender Sättigung und kurzen Fließwegen zum Einlauf ein nennenswerter Abfluss möglich. Eine Quantifizierung dieser Vorgänge findet im Rahmen einer Ortsbesichtigung statt. Die Abflussprozesse auf der Oberfläche werden bei der Simulation von Niederschlag- und Abfluss durch Modelle detaillierter betrachtet. Ausführungen dazu enthält Kapitel 5.3.

Bild 4.19: Beispiel für undurchlässig befestigte Flächen (Pflaster) und durchlässig befestigte Flächen (Rasengitterstein und wassergebundener Belag) sowie eine unmittelbar daran angrenzende unbefestigte Fläche (Wiese)

Beispiel 9: Berechnung des Oberflächenabflusses

Ermitteln Sie den Oberflächenabfluss für folgende Regen und Flächen.

Regen 1	Regen 2	Regen 3
Regenhöhe: 38 l/m² Regendauer: 25 Minuten	Regenspende: 120 $\frac{l}{(s \cdot ha)}$	Intensität: i = 1,5 mm/min
Fläche $A_{E,k}$: 0,8 ha Asphaltierter Parkplatz	Fläche $A_{E,k}$: 8 ha mit $\gamma = 0{,}6$	Fläche $A_{E,k}$: 25 ha (offene Bebauung)

$$Q_{R,n} = r_{x,n=y} \cdot A_{E,k} \cdot \psi$$

Regen 1

$$r = i\left(\frac{mm}{min}\right) \cdot \frac{10.000\frac{m^2}{ha}}{60\frac{s}{min}} = \frac{38\frac{l}{m^2}(= mm) \cdot 10.000\frac{m^2}{ha}}{25\,min \cdot 60\frac{s}{min}} = 166,7 \cdot \frac{38mm}{25min} = 253,3\ \frac{l}{(s \cdot ha)}$$

Asphaltierter Parkplatz (Tab. 4.5): $\psi = 0,9$ (mittlerer Abflussbeiwert)

$$Q_R = 253,33\frac{l}{(s \cdot ha)} \cdot 0,8ha \cdot 0,9 = 182,4\frac{l}{s}$$

Regen 2 (vereinfachend wird der gesamte befestigte Anteil als abflusswirksam angenommen)

$$Q_R = 120\frac{l}{(s \cdot ha)} \cdot 8ha \cdot 0,6 = 576,0\frac{l}{s}$$

Regen 3 (für offene Bebauung wird vereinfachend ein befestigter Anteil von 0,4 angenommen)

$$r = i \cdot 166,67 = 1,5\frac{mm}{min} \cdot 166,67 = 250\frac{l}{(s \cdot ha)}$$

$$Q_R = 250\frac{l}{(s \cdot ha)} \cdot 25ha \cdot 0,4 = 2500,0\frac{l}{s}$$

4.5 Abfluss zur Kläranlage

Bei der Bemessung von Entwässerungssystemen, sind das Kanalnetz und die Kläranlage als Einheit zu betrachten. Das Kanalnetz leitet das klärpflichtige Abwasser zur Kläranlage, die im Idealfall im tiefsten Punkt des Entwässerungssystems angeordnet ist. Endet das Kanalnetz aufgrund der Gefälleverhältnisse tiefer, wird das Abwasser mit einem Pumpwerk auf das Niveau der Kläranlage angehoben. Maßgeblichen Einfluss auf die Gefälleverhältnisse und die Tiefenlagen der Kanäle und Bauwerke haben die topografischen Bedingungen.

Die hydraulische Aufnahmekapazität der Kläranlage ist begrenzt. Der Trockenwetterabfluss wird von der Kläranlage komplett aufgenommen. Zusätzliche Oberflächenabflüsse werden bis zum Bemessungszufluss aufgenommen und behandelt. Darüberhinausgehende Abflussanteile werden entweder gespeichert und zeitverzögert aufgenommen oder durch ein Trennbauwerk vor der Kläranlage in ein Gewässer abgeschlagen. In der Vergangenheit wurden Kläranlagen mit mischkanalisierten Einzugsgebieten etwa auf den doppelten Trockenwetterabfluss in der Tagesspitze ausgelegt. Damit betrug der Abfluss bei Regenwetter

$$Q_M \approx 2Q_{TX} \quad \text{bzw. oft auch} \quad Q_M = 2Q_{SX} + Q_F \tag{4.27}$$

Q_M *Mischwasserabfluss*
Q_{SX} *Schmutzwasserabfluss in der Tagesspitze*
Q_F *Fremdwasserabfluss*
Q_{TX} *Trockenwetterabfluss in der Tagesspitze*

Anstelle dieser starren Regelung kann der Faktor für den Schmutzwasserabflussanteil gemäß Arbeitsblatt ATV-DVWK-A 198 (2003), je nach Größe der Kläranlage, für ein Spektrum im Bereich des 3- bis 9-fachen mittleren Schmutzwasserabflusses angepasst werden. Der Mischwasserabfluss beträgt dann

$$Q_M = f_{S,QM} \cdot Q_{S,aM} + Q_{F,aM} \tag{4.28}$$

Q_M *Mischwasserabfluss*
$f_{S,QM}$ *Faktor für den Schmutzwasserabfluss*
$Q_{S,aM}$ *Jahresmittelwert des Schmutzwasserabflusses*
$Q_{F,aM}$ *Jahresmittelwert des Fremdwasserabflusses*

Diese flexible Regelung ermöglicht eine Optimierung des erforderlichen Behandlungsvolumens im Einzugsgebiet und der Aufnahmekapazität der Kläranlage. Der bei der Bemessung zugrunde gelegte Mischwasserabfluss zur Kläranlage wird in der Regel nicht überschritten. Inzwischen bestehen Möglichkeiten, diesen Wert zu variieren. Durch Mess-, Steuer- und Regelmechanismen können sowohl die Bedingungen im Kanalnetz, als auch auf der Kläranlage dauerhaft messtechnisch erfasst werden. Abhängig vom aktuellen Systemzustand besteht so die Möglichkeit, den Mischwasserabfluss zur Kläranlage anzupassen. Damit lassen sich der Frachtaustrag in das Gewässer und in gewissem Umfang auch hydraulische Entlastungen vor der Kläranlage reduzieren. Untersuchungen zu flexiblen Steuerung von Kanalnetz und Kläranlage in Abhängigkeit vom Niederschlagsgeschehen führten bereits Grüning (2002) und Niemann (2002) durch. **Bild 4.20** illustriert die jeweiligen Abflussanteile des Mischwasserzuflusses zur Kläranlage.

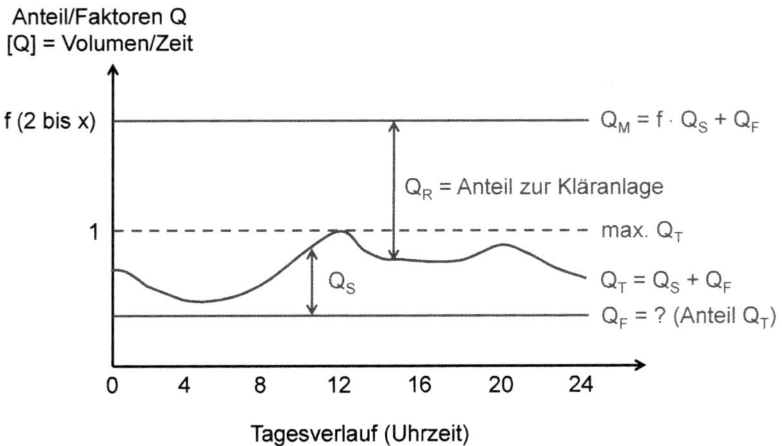

Bild 4.20: Exemplarischer Verlauf des Trockenwetterabflusses inklusive des möglichen Niederschlagswasserabflusses zur Kläranlage

4.6 Dimensionierung und Leistungsnachweis

4.6.1 Dimensionierung - Pauschalkonzept

Die Dimensionierung von Abwasserleitungen erfolgt häufig unter der Prämisse, dass auch die maximale rechnerische Belastung (Bemessungslastfall) nicht zu einer vollgefüllten Leitung führt, sondern auch dann noch eine Ableitung im Freispiegelabfluss ohne Rückstau möglich ist. Der Gesamtabfluss ist daher auf 90 % des Abflussvermögens eines Kanalquerschnitts (abhängig vom Gefälle) zu begrenzen ($Q_{max} = 0{,}9 \cdot Q_v$). Damit ist rechnerisch durchweg ein Teilabfluss (Gerinneabfluss) gewährleistet. Nur in diesem Fall ist die Anwendung des Pauschalkonzeptes mit einer pauschalierten Berücksichtigung der Verluste durch den k_b-Wert (gemäß Arbeitsblatt DWA-A 110, Tabelle 4) zulässig. Die Tabellenwerte berücksichtigen auch nur den Einfluss der Schachtbauwerke bis einschließlich zur Scheitelfüllung ($h/d \leq 1{,}0$).

Im Rahmen der Ermittlung der Pauschalwerte für die Verlustansätze bei der Dimensionierung wird die effektive Wandrauheit für derzeit durch den DIN-Normenausschuss Wasserwesen genormte Rohre einheitlich mit der Wandrauheit $k = 0{,}1$ mm und die Fließgeschwindigkeit mit $v = 0{,}8$ m/s angesetzt. Für nicht genormte Rohre ohne besonderen Nachweis der effektiven Wandrauheit sowie für Mauerwerks- und Ortbetonkanäle ist grundsätzlich $k_b = 1{,}5$ mm zu setzen. Der Pauschal-Ansatz für k_b-Werte berücksichtigt die oben genannten Einflüsse auf den Abflussprozess.

4.6.2 Leistungsnachweis - Individualkonzept

Für den Leistungsnachweis von bestehenden oder geplanten Entwässerungssystemen ist das Individualkonzept anzuwenden. Dabei erfolgt die Berücksichtigung aller Verluste im Einzelfall. Eine Pauschalierung ist hierbei nicht zulässig. Diese Forderung ist mit einem zusätzlichen Aufwand verbunden. Die örtlichen Gegebenheiten sind detailliert aufzunehmen. Neben einer genauen Auswertung von Bestandsplänen sind einzelne Daten ggf. durch Ortsbesichtigungen und Vermessungen zu ergänzen. Die daraufhin individuell ermittelten k_b-Werte können haltungs- oder auch bereichsweise angewandt werden (synthetisiertes Individualkonzept).

Eine weitere Herausforderung bei der hydrodynamischen Berechnung des Kanalabflusses besteht bei der Berücksichtigung der unterschiedlichen hydraulischen Verluste, die sich zwischen den Übergängen der Abflusszustände „Teilfüllung" und „Einstau" einstellen. Grundsätzlich sind bei Ein- und Überstau (Teilfüllungshöhe $h/d > 1{,}0$) gesonderte Verlustwerte anzusetzen. Damit verbietet sich die Auflistung von pauschalen k_b-Werten für den Ein- und Überstau sowie für Überflutungen.

Beispiel 10: Individualkonzept nach Arbeitsblatt DWA-A110

Gemäß Arbeitsblatt DWA-A 110 unterscheiden sich beim Individual-, synthetisierten Individual- und Pauschalkonzept die verschiedenen Detailierungsgrade nur bei der Ermittlung der jeweiligen k_b-Werte. Für die beiden dargestellten Haltungen wird auf der Grundlage des synthetisierten Individualkonzeptes der k_b-Wert berechnet. Die k_b-Werte werden haltungsweise ermittelt.

Folgende Systemdaten beschreiben die beiden Haltungen.

Haltung 1:

- Schacht 1 und Schacht 2: Regelschacht mit einem Durchmesser von 1 m
- Eingestauter Regenwasserkanal: DN 300 ($h/d > 1{,}0$)
- Haltungslänge: 76 m (Rohrabschnitt: 75 m)
- Einzelrohrlänge: 2,5 m
- Zulauf-Formstücke: DN 150, n = 3 (1 Straßeneinlauf und 2 Hausanschlüsse)

Haltung 2:

- Schacht 2: Regelschacht mit einem Durchmesser von 1 m
- Schacht 3: Sonderschacht mit einem Durchmesser von 1 m
- Eingestauter Regenwasserkanal: DN 500 ($h/d > 1{,}0$)

- Haltungslänge: 101 m (Rohrabschnitt: 100 m)
- Einzelrohrlänge: 2,5 m
- Zulauf-Formstücke: DN 150, n = 8 (2 Straßeneinläufe und 6 Hausanschlüsse)

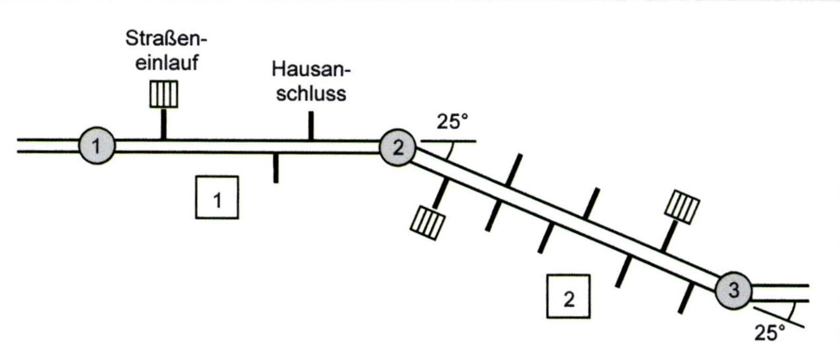

Ermittlung der Einzelverluste. Die jeweiligen Verlustbeiwerte können aus Tabellen des Arbeitsblattes DWA-A 110 entnommen werden.

Verlustursache	Haltung 1 (DN 300)	Haltung 2 (DN 500)
Lageungenauigkeiten $\zeta_{\Delta L}$	0,014	0,010
Rohrverbindungen ζ_{RV}	0,006	0,003
Zulauf-Formstücke ζ_{Z}	0,011 (dz/H = 0,5)	0,004 (dz/H = 0,3)
Regelschacht (h/d > 1,0)	0,25 (ohne Umlenkung)	0,8 (Umlenkung 25°)
Sonderschacht (h/d > 1,0)	Kein Sonderschacht	1,30 (Umlenkung 25°)

Haltung 1

$$\sum \zeta = \left(\frac{75m}{2{,}5m} + 1\right)\zeta_{\Delta L} + \left(\frac{75m}{2{,}5m} + 1\right)\zeta_{RV} + 3 \cdot \zeta_Z + \frac{\zeta_{RSch1} + \zeta_{RSch2}}{2}$$

$$\sum \zeta = \left(\frac{75m}{2{,}5m} + 1\right)0{,}014 + \left(\frac{75m}{2{,}5m} + 1\right)0{,}006 + 3 \cdot 0{,}011 + \frac{0{,}25 + 0{,}7}{2} = 1{,}128$$

Ermittlung der Rohrreibungsverluste. Hier werden das Rauheitsmaß k = 0,1 mm und eine Fließgeschwindigkeit von v = 0,8 m/s angenommen. Für die Berechnung wird das Widerstandsgesetz von Prandtl-Colebrook für technisch raues Verhalten (Übergangsbereich) zugrunde gelegt.

$$\frac{1}{\sqrt{\lambda}} = -2 \cdot lg\left[\frac{2{,}51}{Re \cdot \sqrt{\lambda}} + \frac{1}{3{,}71} \cdot \frac{k}{4\,r_{hy}}\right]$$

$$Re = \frac{v \cdot 4\,r_{hy}}{\nu}$$

$$Re = \frac{0{,}8\frac{m}{s} \cdot 0{,}3m}{1{,}31 \cdot 10^{-6}\frac{m^2}{s}} = 183.206$$

Durch Iteration oder Ablesung aus dem Moody-Diagramm folgt: **λ** = 0,0181

Mit den bekannten Verlustbeiwerten der Störquellen **ζ** und mit dem berechneten Widerstandsbeiwert **λ** wird der betriebliche Widerstandsbeiwert ermittelt.

$$\lambda_b = \lambda + \frac{4\,r_{hy}}{l} \cdot \sum \zeta$$

$$\lambda_b = 0{,}0181 + \frac{0{,}3m}{75m} \cdot 1{,}128 = 0{,}0226$$

Nun wird der individuelle k_b-Wert berechnet

$$k_b = 14{,}84 \cdot r_{hy}\left(10^{-\frac{1}{2\sqrt{\lambda}}} - \frac{2{,}51}{Re \cdot \sqrt{\lambda}}\right)$$

$$k_b = 14{,}84 \cdot \frac{0{,}3m}{4}\left(10^{-\frac{1}{2\sqrt{0{,}0226}}} - \frac{2{,}51}{183.206 \cdot \sqrt{0{,}0226}}\right) = 0{,}00052\,m$$

$$\boldsymbol{k_b = 0{,}52\ mm}$$

Haltung 2

Durch Iteration oder Ablesung aus dem Moody-Diagramm folgt: **λ** = 0,0162

$$\sum \zeta = \left(\frac{100m}{2{,}5m} + 1\right)\zeta_{\Delta L} + \left(\frac{100m}{2{,}5m} + 1\right)\zeta_{RV} + 8 \cdot \zeta_Z + \frac{\zeta_{RSch2} + \zeta_{SSch3}}{2}$$

$$\sum \zeta = \left(\frac{100m}{2{,}5m} + 1\right)0{,}010 + \left(\frac{100m}{2{,}5m} + 1\right)0{,}003 + 8 \cdot 0{,}004 + \frac{0{,}70 + 1{,}30}{2} = 1{,}565$$

$$Re = \frac{0{,}8\frac{m}{s} \cdot 0{,}5m}{1{,}31 \cdot 10^{-6}\frac{m^2}{s}} = 305.344$$

$$\lambda_b = \lambda + \frac{4\,r_{hy}}{l} \cdot \sum \zeta$$

$$\lambda_b = 0{,}0162 + \frac{0{,}5m}{100m} \cdot 1{,}565 = 0{,}0240$$

$$k_b = 14{,}84 \cdot r_{hy}\left(10^{-\frac{1}{2\sqrt{\lambda}}} - \frac{2{,}51}{Re \cdot \sqrt{\lambda}}\right)$$

$$k_b = 14{,}84 \cdot \frac{0{,}5m}{4}\left(10^{-\frac{1}{2\sqrt{0{,}0240}}} - \frac{2{,}51}{305.344 \cdot \sqrt{0{,}0240}}\right) = 0{,}00100m$$

$$\boldsymbol{k_b = 1{,}00\ mm}$$

Für Haltung 1 mit Regelschächten liegt ein k_b-Wert von nur 0,52 mm vor. Das Beispiel verdeutlicht, dass der k_b-Wert bei Haltungen mit Regelschächten deutlich geringer ist, als der für Sammelkanäle ≤ DN 1000 mit Sonderschächten pauschal anzusetzende Wert von k_b = 1,5 mm.

In Haltung 2 mit einem Regelschacht und einem Sonderschacht sowie mehreren Anschlüssen liegt mit k_b = 1,00 mm ein entsprechend höherer Wert vor als in Haltung 1.

Bei der Annahme eines pauschalen k_b-Wertes von bis zu 1,5 mm für Sammel- und Transportkanäle gemäß Arbeitsblatt DWA-A 110, werden u. a. Kurven- und Vereinigungsbauwerke berücksichtigt. Bei Umlenkungen bis zu 90° treten zunehmend Umlenkverluste auf.

4.7 Methoden der Kanalnetzberechnung

4.7.1 Verfahren und Modelle

Gemäß Arbeitsblatt DWA-A 118 (2006a) ermöglichen Kanalnetzberechnungsmethoden die Ermittlung von Abflüssen und Wasserständen aus vorgegebenen Trockenwetterabflüssen und ermittelten Oberflächenabflüssen. Das Ergebnis kann je nach Berechnungsmethode ein Maximalwert oder eine Ganglinie sein.

Die Dimensionierung von Kanalnetzen erfolgte in der Vergangenheit mit vereinfachten Berechnungsansätzen. Dabei wurde durch einfache Übertragungsfunktionen ein analytisch lösbarer Zusammenhang zwischen dem Niederschlag und der Abflussspitze im Kanalnetz formuliert. Die Möglichkeiten der EDV haben dazu geführt, dass die komplexen Abflussprozesse auf der Oberfläche und im Kanalnetz nun mit Gleichungssystemen berechnet werden können, die numerische Lösungsansätze erfordern. Vor diesem Hintergrund werden die Berechnungsmethoden allgemein unterschieden in:

- **Verfahren:** Berechnungsmethoden, mit denen der (maximale) Abfluss nur für zeitlich konstante Niederschläge (Blockregen) berechnet werden kann. Dabei sind analytische Berechnungen (von Hand) möglich (und früher üblich). Die Berechnungsalgorithmen werden auch als Bestandteil von Computerprogrammen zur Kanalnetzdimensionierung angewendet.
- **Modelle:** Berechnungsmethoden zur Abflussberechnung mit zeitinvarianten Niederschlägen. Üblicherweise sind die Berechnungsalgorithmen Bestandteil kommerzieller Computerprogramme. Bei Verwendung gemessener Naturregen sind auch Simulationen beobachteter bzw. gemessener Niederschlag-Abfluss-Ereignisse möglich.

4.7.2 Fließzeitverfahren

Herkömmliche Verfahren zur Kanalnetzberechnung bieten seit Jahrzehnten die Möglichkeit der Dimensionierung von Kanalnetzen. Der weitaus größte Teil vorhandener Kanalnetze wurde so bemessen. Auch aktuell werden diese Methoden zur Vordimensionierung neuer Entwässerungssysteme eingesetzt.

Kennzeichnend für Fließzeitverfahren ist, dass für den Abflusstransport im Kanal lediglich reine Translation (Fließzeitverschiebung) angesetzt wird. Daraus leitet sich die Bezeichnung „Fließzeitverfahren" ab. Die im Kanalnetz wirksame Retention wird nicht berücksichtigt. Dadurch erfolgt eine systematische Überdimensionierung der Querschnitte, so dass heute in alten Netzen durchaus noch Reserven für den Anschluss von Erweiterungsgebieten vorhanden sein können.

Zu den wesentlichen Fließzeitverfahren, die von Lautrich (1980) detailliert beschrieben werden, zählen:

- Zeitbeiwertverfahren (nach IMHOFF) und einfache Listenrechnung (nach KEHR)
- Zeitabflussfaktorverfahren (nach PECHER)
- Summenlinienverfahren (nach KEHR)
- Flutplanverfahren

Diese Verfahren weisen folgende einschränkende Merkmale auf:

- Als Belastung werden ausschließlich Blockregen angesetzt. Die Verwendung intensitätsvariabler Modellregen ist nicht möglich. Dabei erfolgt die Abflussbildung pauschal über einen konstanten Abflussbeiwert.

- Eine entkoppelte Betrachtung der Oberfläche und des Kanalnetzes wird nicht vorgenommen. Fließzeiten und Retentionseffekte auf der Oberfläche bleiben unberücksichtigt. Stattdessen wird die Oberflächenlaufzeit und der Oberflächenrückhalt (Verlustbildung) durch eine pauschale Flächenabminderung (Abflussbeiwert) quantifiziert und das gesamte Kanalnetz inklusive der Sonderbauwerke integral erfasst.
- Die Einzelabflüsse werden im Kanal um die jeweilige (angenommene) Fließzeit verschoben und an den Zusammenflüssen fließzeitgerecht überlagert (reine Translation). Die Speicherwirkung des Kanalnetzes wird vernachlässigt. Die Berechnung rückgestauter oder vermaschter Netze ist nicht möglich.
- Üblicherweise wird nur der Maximalabfluss an einem Punkt des Netzes betrachtet. Informationen über den zeitlichen Verlauf der Abflussganglinie $Q_{(t)}$ sind nicht verfügbar.
- Eine wirklichkeitsnahe Bestimmung der Wasserspiegellagen durch Rückrechnung des Füllstandes aus dem Abfluss ist nicht möglich, da die ermittelten Abflussmaxima innerhalb der betrachteten Abschnitte zu unterschiedlichen Zeitpunkten auftreten. Ein Überstau-Nachweises kann nicht durchgeführt werden.

Infolge der angenommenen linearen Zunahme der Fläche längs des Fließweges und aufgrund der Annahme, dass für jeden Punkt des Netzes genau ein bestimmter Regen mit entsprechender Häufigkeit zu einem Maximalabfluss führt, dessen Regendauer exakt der Fließzeit bis zu diesem Punkt entspricht, werden entsprechend dem Verhältnis zwischen Regendauer und Fließzeit jeweils dreiecks- oder trapezförmige „Flutkurven" ermittelt. Diese Flutkurven veranschaulichen den Zusammenhang, dass bei ganzflächiger Überregnung eines kurzen und deshalb intensiven Regens der maximale Abfluss entsteht.

Das Flutplan- und Summenlinienverfahren findet heute kaum noch praktische Anwendung. Das Prinzip des Zeitbeiwertverfahrens in Form der einfachen Listenrechnung wird zur Dimensionierung von Neuerschließungsgebieten nach wie vor eingesetzt und deshalb hier vorgestellt.

4.7.3 Einfache Listenrechnung und Zeitbeiwertverfahren

Bei der Kanalnetzbemessung auf der Basis eines Blockregens reicht es nicht aus, nur eine Regenspende für eine Regendauer von beispielsweise 15 Minuten zu betrachten, sondern es sind auch kürzere oder längere Dauern entsprechend den jeweiligen Fließzeiten auf der Oberfläche (i. a. 3 bis 6 Minuten) und im Kanalnetz zu berücksichtigen. Dazu wird die Regenspende in Abhängigkeit von der Dauer umgeformt bzw. umgerechnet. Zuerst einmal muss die maßgebende Regenspendedauer in Abhängigkeit von den örtlichen Gegebenheiten (Geländeneigung, Befestigungsgrad und Fließzeiten) ermittelt werden. Im Arbeitsblatt DWA-A 118 (2006a) wird die kürzeste zu betrachtende Regendauer in Abhängigkeit von der Geländeneigung und dem Befestigungsgrad gewählt (**Tabelle 4.6**). Noch kürzere Regendauern würden aufgrund der verfahrensbedingten Vereinfachungen zu einer zu großen Überschätzung der Maximalabflüsse in den Anfangshaltungen führen.

Pecher (1994) und Imhoff et al. (2018) beschreiben das Zeitbeiwertverfahren ausführlich und veranschaulichen den Rechengang mit Berechnungsbeispielen.

Die **einfache Listenrechnung** wird bei kleinen Entwässerungsnetzen, bei denen die rechnerische Fließzeit t_f unter der maßgeblichen Regendauer D bleibt, angewendet. Dabei handelt es sich um kleinere Neubaugebiete mit Fließzeiten deutlich unterhalb von 15 Minuten. Vor der Ermittlung des Regenabflusses ist dann die größte Fließzeit t_f entlang des längsten Fließweges l mit Hilfe einer geschätzten Fließgeschwindigkeit v zu bestimmen.

$$t_f(min) = \frac{l(m)}{60 \cdot v\left(\frac{m}{s}\right)} \tag{4.29}$$

Die geschätzte Fließgeschwindigkeit kann näherungsweise mit v = 0,8 m/s bis 1 m/s angenommen werden. Ist das Sohlengefälle bereits bekannt (durch Topografie vorgegeben), ist eine genauere Abschätzung der möglichen Fließgeschwindigkeit sinnvoll. Eine Orientierung liefern die in Abhängigkeit vom Gefälle und Nennweite tabellierten Vollfüllungswerte. Ist die Fließzeit kürzer als die gebietsabhängige kürzeste Regendauer, wird für alle Haltungen dann die

Tabelle 4.6: Maßgebende kürzeste Regendauer in Abhängigkeit von der mittleren Geländeneigung und dem Befestigungsgrad nach Arbeitsblatt DWA-A 118 (2006a)

Mittlere Geländeneigung	Befestigung	Kürzeste Regendauer
< 1 %	≤ 50 %	15 min
	> 50 %	10 min
1 % bis 4 %		10 min
>4 %	≤ 50 %	10 min
	> 50 %	5 min

gleiche konstante Bemessungsregenspende r für die ermittelte Mindestregendauer angesetzt. Der Regenabfluss berechnet sich nach folgender Formel:

$$Q_{R,n} = r_{D,n} \cdot A_{E,k} \cdot \psi_S \tag{4.30}$$

$Q_{R,n}$ *Niederschlagsabfluss in l/s*
$r_{D,n}$ *Regenspende der Dauer D und der Häufigkeit in l/(s·ha)*
Ψ_S *Spitzenabflussbeiwert*
$A_{E,k}$ *Fläche des gesamten kanalisierten Einzugsgebietes in ha*

Für kurze Starkregen wird die Belastung der Anfangshaltung ermittelt. Bei länger dauernden Ereignissen werden die haltungsweise ermittelten Spitzenabflüsse ohne Abminderung in Fließrichtung aufaddiert und so die Belastung der Endhaltung bestimmt.

Für die Durchführung der Berechnung eignet sich eine entsprechende Liste mit der haltungsweise jeweils die gleichen Rechenschritte übersichtlich nacheinander durchgeführt werden können. In ähnlicher Form können entsprechende Listen auch zur Berechnung der Schmutzwasserkanäle verwendet werden.

Der Bemessungsablauf bei der einfachen Listenrechnung gliedert sich in folgende Teilschritte:

1. Ermittlung der **längsten** Fließzeit entlang des **längsten** Fließweges mit der wie oben beschriebenen geschätzten Fließgeschwindigkeit. Die maßgebende Gesamtfließzeit ergibt sich für den Berechnungspunkt aus der Summer der Fließzeiten vor und in der Berechnungsstrecke.
2. Wahl der Bemessungshäufigkeit ***n*** und der gebietsspezifischen Mindestregendauer $\boldsymbol{D}_{min}$.
3. Wahl des Bemessungsregens in Abhängigkeit von den Gebietsspezifikationen.
4. Berechnung der Summe bis (einschließlich) zum betrachteten Bemessungsquerschnitt.
5. Im Mischsystem: Ermittlung und Addition des Schmutzwasserabflusses sowie des Fremdwasserabflusses.
6. Wahl eines Kanalquerschnitts durch Ablesung aus Abflusstabellen für $Q_{teil}/Q_{voll} \leq 0{,}9$ für ein vorgegebenes oder gewähltes Sohlgefälle.
7. Berechnung der vorhandenen Fließgeschwindigkeit für den Bemessungsabfluss mit Teilfüllungskurven und der Geschwindigkeit für die Vollfüllung oder

aus Abflusstabellen. Daraus berechnet sich die für den Bemessungsabfluss tatsächlich vorhandene Fließzeit aus der Fließgeschwindigkeit bei Teilfüllung und der Kanallänge.

8. Die ermittelte Fließgeschwindigkeit wird mit der ursprünglich angenommenen Fließgeschwindigkeit verglichen. Bei maßgeblicher Abweichung ist ggf. eine Korrektur erforderlich (Iteration).
9. Weiterhin sollten im Rahmen des Berechnungsgangs auch die hydraulischen Verhältnisse bei Trockenwetterabfluss überprüft werden. Zur Vermeidung von Ablagerungen sollte die kritische Wandschubspannung möglichst überschritten werden (in Anfangshaltungen aufgrund der geringen Anzahl angeschlossener Einwohner zumeist nicht möglich).

Das Prinzip der Bemessung auf der Basis des Fließzeitverfahrens basiert auf der Annahme, dass der Regen zum maximalen Abfluss führt, dessen Dauer der Fließzeit im Kanalabschnitt entspricht (Fließzeit = Regendauer). In **Bild 4.21** wird dieses Prinzip veranschaulicht.

Für die Wahl des Kanalquerschnittes stehen Abflusstabellen zur Verfügung. Diese Tabellen enthalten die Vollfüllungsabflüsse und die Fließgeschwindigkeiten bei Vollfüllung in Abhängigkeit vom Sohlengefälle. Die Ermittlung der Tabellenwerte erfolgt mit den in Kapitel 3 beschriebenen Berechnungsansätzen. Dabei wird unter der vereinfachenden Annahme des Normalabflusses (Sohlengefälle = Energieliniengefälle) die geometrie- und medienabhängigen Werte in die Allgemeine Abflussformel (Kapitel 3.3) eingesetzt. Durch Ablesung aus den Tabellenwerken ist die von Hand etwas aufwändigere Berechnung nicht erforderlich. Exemplarisch sind die Tabellenwerte für eine betriebliche Rauheit von k_b = 1,5 mm und einem Gefälle von 2,00 bis 3,00 ‰ in **Tabelle 4.7** dargestellt. Die Teil-

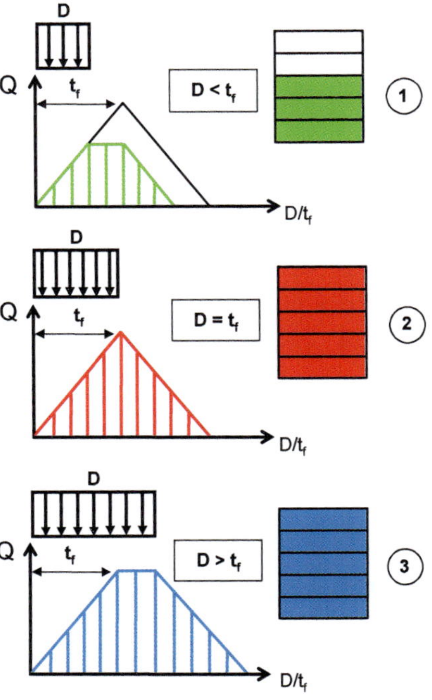

Bild 4.21: Prinzip des Fließzeitverfahrens

Tabelle 4.7: Abflussvermögen Q_V und Fließgeschwindigkeiten v_V für Kreisrohre mit unterschiedlichen Nennweiten bei einer betrieblichen Rauheit von k_b = 1,5 mm und unterschiedlichem Sohlengefälle

Querschnitt (DN) in mm	k_b = 1,5 mm					
	2,00 ‰		3,00 ‰		10,00 ‰	
	Q (l/s)	v (m/s)	Q (l/s)	v (m/s)	Q (l/s)	v (m/s)
200	14,8	0,47	18,2	0,58	33,3	1,06
250	26,8	0,55	32,9	0,67	60,3	1,23
500	169	0,86	207	1,05	379	1,93
1000	1050	1,34	1287	1,64	2355	3,00
2000	6480	2,06	7941	2,53	14516	4,62

füllungswerte können dann aus Tabellenwerken oder aus Teilfüllungskurven abgelesen werden (z. B. Arbeitsblatt DWA-A 110).

Die drei in Bild 4.21 dargestellten Fälle beschreiben das Systemverhalten zwischen der angeschlossenen Fläche und der Fließzeit im betrachteten Kanalabschnitt:

Fall 1: Der Regen hört auf, bevor alle Flächen gleichzeitig abflusswirksam werden. Der maximal mögliche Abfluss wird nicht erreicht.

Fall 2: Der Regen dauert genau so lange, bis alle Flächen überregnet werden. In dem Moment, in dem der Abfluss aller Flächen bis zum Endpunkt des Kanalnetzes gelangt ist, kommt es zum maximalen Gesamtabfluss. Das ist erfahrungsgemäß bei $D = t_f$ der Fall.

Fall 3: Der Regen hält an. Alle Flächen werden überregnet und tragen zum Abfluss bei. Das Abflussvolumen und Q nehmen nicht weiter zu, nachdem alle Flächen abflusswirksam sind.

Dem Bemessungsansatz liegt zudem die Überlegung zugrunde, dass kürzere Regen in der Regel eine höhere Intensität aufweisen als länger andauernde Regen. Somit führt der kürzere Regen bei $D = t_f$ zum Maximalabfluss.

Das **Zeitbeiwertverfahren** eignet sich für die Bemessung von Kanalnetzen mit größeren Fließzeiten. Hier kann dann die Fließzeit über der gebietsspezifischen Regendauer liegen. Dann muss die Regenspende für einen Regen ermittelt werden, dessen Dauer der Fließzeit entspricht. Die Gleichung zur Ermittlung des haltungs- bzw. einzugsgebietsspezifischen Materialabfluss wird ermittelt durch:

$$Q_{R,n} = \varphi_{D,n} \cdot r_{15,n=1} \cdot A_{E,k} \cdot \psi_S \tag{4.31}$$

$Q_{R,n}$ *Niederschlagsabfluss in l/s*

φ *Zeitbeiwert*

$r_{15,n}$ *Regenspende der Dauer T = 15 min und der Häufigkeit n = 1 in l/(s · ha)*

Ψ_S *Spitzenabflussbeiwert (Tabellenwert aus Arbeitsblatt A 118)*

A_E *Fläche des Einzugsgebietes in ha*

Wie in Kapitel 4.3.6 beschrieben, wurde in Vergangenheit der Zeitbeiwert aus den Regenspendelinien nach REINHOLD abgelesen, um den fließzeitabhängigen Bemessungsregen aus den ortsspezifisch tabellierte 15-Minuten-Regenspende $r_{15,1}$ durch Multiplikation mit dem Zeitbeiwert zu bestimmen.

$$r_{D,n} = \frac{38}{D+9} \cdot \left(\frac{1}{\sqrt[4]{n}} - 0{,}369\right) \cdot r_{15,n=1} \tag{4.32}$$

D *Regendauer in min*

n *Häufigkeit des Regens in* a^{-1}

$r_{15,1}$ *die für den jeweiligen Ort geltende Regenspende r eines 15 Minuten dauernden Regens der Häufigkeit n = 1* a^{-1} *in l/(s·ha)*

Für die Regenhäufigkeit n = 1 a^{-1} vereinfacht sich die Gleichung zu:

$$r_{D,n} = \frac{24}{D+9} \cdot r_{15,n=1} \tag{4.33}$$

Heute sollte daher die fließzeitabhängige Regenspende $r_{D,n}$ sowohl bei der einfachen Listenrechnung als auch für das Zeitbeiwertverfahren direkt dem KOSTRA-Atlas des DWD oder aus örtlichen Regenauswertungen entnommen werden. Alternativ kann die Ermittlung der fließzeitabhängigen Zwischenwerte mit einem statistischen Auswerteverfahren erfolgen (Verworn, 2005).

Der Bemessungsablauf beim Zeitbeiwertverfahren gliedert sich in folgende Teilschritte:

1. Wahl der Bemessungshäufigkeit ***n*** und der gebietsspezifischen Mindestregendauer D_{min}.
2. Berechnung der Summe $Q = r_{15,1} \cdot A_{E,k} \cdot \psi_S$ bis (einschließlich) zum betrachteten Bemessungsquerschnitt.

3. Schätzen der Fließzeit t_f (mit v = 0,8 bis 1,0 m/s oder durch genauere Abschätzung in Abhängigkeit vom Kanalgefälle) bis zum Bemessungsquerschnitt. Die maßgebende Gesamtfließzeit ergibt sich für den Berechnungspunkt aus der Summe der Fließzeit vor und in der Berechnungsstrecke.
4. Ist die Fließzeit kleiner als die Mindestregendauer D_{min} wird mit dem Zeitbeiwert für D_{min} der Bemessungszufluss berechnet. Ist die Fließzeit größer als die Mindestregendauer, wird der Bemessungszufluss mit dem Zeitbeiwert für t_f berechnet.
5. Berechnung des maximalen Regenabflusses $Q_{r,max} = \sum(r_{15,1}\ A_{E,k} \cdot \psi_S) \cdot \varphi$.
6. Im Mischsystem: Ermittlung und Addition des Schmutzwasserabflusses sowie des Fremdwasserabflusses.
7. Wahl eines Kanalquerschnitts durch Ablesung aus Abflusstabellen für $Q_{teil}/Q_{voll} \leq 0{,}9$.
8. Berechnung der vorhandenen Fließgeschwindigkeit für den Bemessungsabfluss $(Q_{R,max} + Q_{Tx})$ mit Teilfüllungskurven und der Geschwindigkeit für die Vollfüllung oder aus Abflusstabellen. Daraus berechnet sich die für den Bemessungsabfluss tatsächlich vorhandene Fließzeit aus der Fließgeschwindigkeit bei Teilfüllung und der Kanallänge.
9. Abgleich der geschätzten Fließzeit und der berechneten Fließzeit. Ist die Differenz kleiner als 10 %, dann gilt die Dimensionierung als abgeschlossen. Andernfalls sind eine Neuberechnung des Zeitbeiwertes und eine Neudimensionierung erforderlich, falls die Fließzeit die Mindestregendauer überschreitet (Iteration).
10. Weiterhin sollten im Rahmen des Berechnungsgangs auch die hydraulischen Verhältnisse bei Trockenwetterabfluss überprüft werden. Zur Vermeidung von Ablagerungen sollte die kritische Wandschubspannung möglichst überschritten werden (in Anfangshaltungen aufgrund der geringen Anzahl angeschlossener Einwohner zumeist nicht möglich).

Die Dimensionierung von Kanalabschnitten erfolgt auch beim Zeitbeiwertverfahren durch eine Listenrechnung. Für praktische Anwendungen sind Computerprogramme verfügbar. Das Zeitbeiwertverfahren ist das in der praktischen Kanalnetzberechnung am häufigsten angewandte Fließzeitverfahren und damit noch ein wichtiges Instrument zur (Neu-)Bemessung von Kanalnetzen (Schmitt, 2006).

Die für Fließzeitverfahren übliche Annahme, dass stets der Regen mit der Regendauer D gleich der Fließzeit im Kanal t_f den größten Abfluss liefert, trifft allerdings nur bei homogenen Einzugsgebieten (gleichförmige Einzugsgebietsform, geringe Schwankungen der Befestigungsanteile und Gefälle) zu. Bei sehr ungleichförmigen Einzugsgebietsformen oder stark variierenden Gefälleverhältnissen bzw. Befestigungsgraden können zunehmende Unsicherheiten auftreten. Ggf. ergibt sich der maßgebende Bemessungsabfluss dann aus einer Teilnetzbetrachtung. Als Grundregel gilt, dass der Bemessungsabfluss in Fließrichtung nicht kleiner werden darf.

In der Realität sind die vorhandenen Einzugsgebiete von Sammlern selten homogen. Dann können von der längsten Fließzeit im Kanalnetz abweichende Regendauern für die Dimensionierung maßgebend sein. In diesen Fällen ist die Regel „Fließzeit = Regendauer" nicht mehr uneingeschränkt gültig. Dann sind unterschiedliche Szenarien zu untersuchen, um herauszufinden, wie die größte Abflussbelastung am betrachteten Punkt entsteht. Klassisch wird dieser Fall durch ein Beispielgebiet aus einem breiten Teilgebiet (1) mit anschließendem schmalem Gebiet (2) repräsentiert. In diesem Fall entsteht der größere Abfluss, wenn das schmalere Gebiet vernachlässigt wird. Dadurch wird die Gesamtfläche zwar kleiner aber der Abfluss größer. Dieser Zusammenhang wird an Beispiel 10 und Bild 4.22 verdeutlicht.

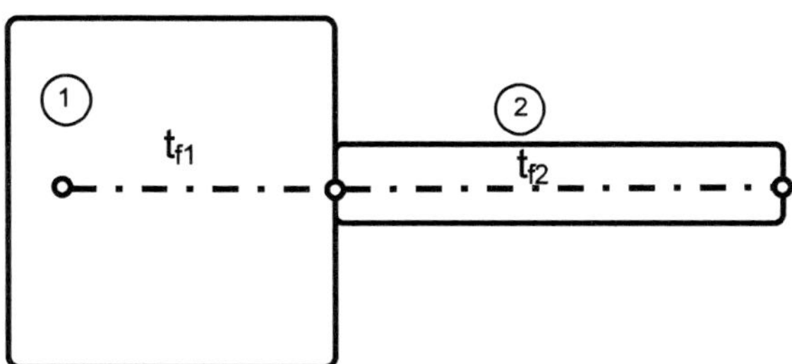

Bild 4.22: Sogenanntes „Keulengebiet" zur Darstellung der erforderlichen Fallunterscheidung bei der Anwendung von Fließzeitverfahren

Beispiel 11: Fallunterscheidung bei inhomogenem Einzugsgebiet

Für das in **Bild 4.22** dargestellte inhomogene Einzugsgebiet ist der maximale Regenabfluss durch Fallunterscheidung zu ermitteln. Der 15-Minuten-Regen ($n = 1\ a^{-1}$) hat eine Regenspende von 100 l/(s · ha). Für das Gebiet liegen folgende Kenndaten vor:

Gebiet	Fläche (in ha)	Kanallänge (in m)	Befestigungsgrad (in %)	Geländegefälle (in %)
1	8	400	30	2
2	0,6	350	30	3

Der Regenabfluss wird für beide Gebiete und für den theoretischen Fall der Beregnung ausschließlich von Gebiet 1 ermittelt.

$$Q_{r1} = A_{E1} \cdot \psi_{E1} \cdot r_{tf(1),n}$$

$$Q_{r(1+2)} = (A_{E1} \cdot \psi_{E1} + A_{E2} \cdot \psi_{E2}) \cdot r_{tf(1+2),n}$$

Für eine angenommene Fließgeschwindigkeit von v = 1 m/s wird die jeweilige Fließzeit bestimmt:

Gebiet 1: $$t_{f(1)} = \frac{400\ m}{1\frac{m}{s}} = 400\ s = 6{,}67\ min$$

Gebiet 2: $$t_{f(2)} = \frac{350\ m}{1\frac{m}{s}} = 350\ s = 5{,}83\ min$$

Maßgeblich ist in diesem Fall die Mindestregedauer: D = 10 Min. Aus der Regenspende von $r_{15,1}$ = 100 l/(s · ha) wird die Bemessungsregenspende $r_{10,1}$ für Gebiet 1 bestimmt:

$$r_{10,1} = \frac{24}{D+9} \cdot r_{15,n=1} = \frac{24}{10+9} \cdot 100 \frac{l}{(s \cdot ha)} = 126{,}3 \frac{l}{(s \cdot ha)}$$

Für die Beregnung beider Gebiete beträgt die Regendauer

$$D = (6{,}67 + 5{,}83)\ min = 12{,}5\ min\ (13\ min)$$

Die Bemessungsregenspende beträgt dann:

$$r_{13,1} = \frac{24}{D+9} \cdot r_{15,n=1} = \frac{24}{13+9} \cdot 100 \frac{l}{(s \cdot ha)} = 109{,}1 \frac{l}{(s \cdot ha)})$$

Mit den angegebenen Werten zum Geländegefälle, zum Befestigungsgrad und mit der Bemessungsregenspende r_{15} kann aus Tabelle 6 des Arbeitsblattes DWA-A 118 (2006) ein Spitzenabflussbeiwert von $\psi = 0{,}35$ abgelesen werden. Der Abfluss infolge der jeweiligen Bemessungsregen beträgt dann:

$$Q_{r(1)} = A_{E1} \cdot \psi_{E1} \cdot r_{tf(1),n} = 8\ ha \cdot 0{,}35 \cdot 126{,}3 \frac{l}{(s \cdot ha)} = 353{,}6 \frac{l}{s}$$

$$Q_{r(1+2)} = (A_{E1} \cdot \psi_{E1} + A_{E2} \cdot \psi_{E2}) \cdot r_{tf(1+2),n}$$

$$= (8\ ha \cdot 0{,}35 + 0{,}6\ ha \cdot 0{,}35) \cdot 109{,}1 \frac{l}{(s \cdot ha)} = 328{,}4 \frac{l}{s}$$

Der Regenabfluss ist somit höher, wenn ausschließlich eine Beregnung von Gebiet 1 berücksichtigt wird. In nicht zusammenhängenden Einzugsgebieten und bei ungleichmäßigen Gebietsstrukturen (Form, Gefälle, befestigte Anteile) sollte eine Berechnung auf der Basis von Simulationen mit entsprechenden Computerprogrammen erfolgen (Kapitel 5).

Beispiel 12: Kanalbemessung mit einfacher Listenrechng

Für das dargestellte Kanalnetz eines Neubaugebietes (Trennsystem) sollen die Regenwasserkanäle bemessen werden. Die mittlere Geländeneigung beträgt 2 %. Für die Bemessung wird eine Wiederkehrzeit von $T_n = 2{,}0$ a festgelegt. Fremdwasser liegt nicht vor. Für die betriebliche Rauheit wird ein Wert von $k_b = 1{,}5$ mm angenommen.

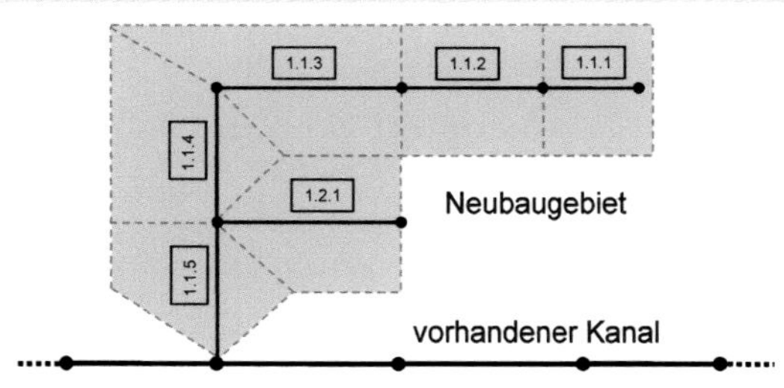

Angaben zu Haltung und Fläche						Dimensionierung							
1	2	3	4	5	6	7	8	9	10	11	12	13	14
Haltung-Nr.	Länge l	Σl	I_S	$A_{E,k}$	ψ_S	Q_R	ΣQ_R	DN	Q_V	v_V	$\frac{Q_t}{Q_V}$	$\frac{V_t}{V_V}$	V_t
1.2.1	100	100	12,0	0,85	0,50	71,6	71,6	**300**	107	1,52	0,67	1,066	1,62
1.1.1	50	50	12,5	0,30	0,40	20,2	20,2	**200**	37,3	1,19	0,51	0,998	1,19
1.1.2	75	125	12,5	0,50	0,35	29,5	49,7	**250**	67,5	1,38	0,74	1,089	1,50
1.1.3	100	225	13,0	1,20	0,20	40,4	90,1	**300**	112	1,58	0,80	1,106	1,75
1.1.4	70	300	12,0	1,00	0,45	75,8	165,9	**400**	230	1,83	0,72	1,083	1,98
1.1.5	80	380	5,0	0,50	0,70	58,9	224,8	**500**	268	1,36	0,84	1,115	1,52

Erläuterungen zur Bemessung

Spalte 1: Die Lage der Kanäle orientiert sich am Straßenverlauf. Jeder Kanal und jede Haltung (Schacht bis Schacht) wird im Rahmen der Trassierung mit einer Nummer versehen.

Spalte 2: Die Kriterien zur Festlegung der Haltungslängen werden wie in Kapitel 2.2.1 beschrieben.

Spalte 3: Die Haltungslängen werden in Fließrichtung aufsummiert, um die längste Fließzeit im System zu ermitteln.

Spalte 4: Das Sohlengefälle wurde vorab bereits im Rahmen der Trassierung festgelegt und orientiert sich am Geländegefälle. Dabei wird die Tiefenlage so gewählt, dass aus den ggf. unterkellerten Gebäuden das Abwasser im freien Gefälle dem öffentlichen Kanal zufließen kann (Orientierungswert: etwa 2,0 m unter GOK). Das Gefälle der anzuschließenden Grundstücksentwässerungsleitungen ist häufig deutlich höher als das Gefälle der öffentlichen Kanalisation (siehe Kapitel 8).

Spalte 5: Für jede Haltung wird die an das Kanalnetz angeschlossene bzw. über das Kanalnetz zu entwässernde Fläche ermittelt.

Spalte 6: Ermittlung des Spitzenabflussbeiwertes wie in Kapitel 4.4.2 beschrieben. Die Ermittlung des Spitzenabflussbeiwertes aus dem Anteil der befestigten Fläche wird im Arbeitsblatt DWA-A 118 beschrieben.

Spalte 7: Zunächst wird die längste Fließzeit entlang des längsten Fließweges ermittelt. Dazu wird die Fließgeschwindigkeit geschätzt. Vereinfachend kann eine mittlere Fließgeschwindigkeit von 1 m/s angenommen werden. Eine genauere Schätzung der Fließgeschwindigkeiten ist möglich, wenn für das bereits vorgegebene Sohlengefälle unter der Annahme realistischer Nennweiten die mögliche Fließgeschwindigkeit zugrunde gelegt wird. Bei einem Gefälle von 10,0 bis 12,5 ‰ wird hier eine Fließgeschwindigkeit von 1,5 m/s angenommen.

Maximaler Fließweg: 380 m

Maximale Fließzeit für **v = 1,5 m/s**: $t_f = \frac{380m}{1{,}5\frac{m}{s}} = 253{,}3\ s = 4{,}2\ min$

Damit liegt die Fließzeit unter der maßgebenden kürzesten Regendauer von 10 min (Tab. 4.6). Somit ist für den Bemessungsregen eine Regendauer von 10 min für alle Haltungen maßgeblich. Dieser Wert kann einer gebietsspezifischen Auswertung aus dem KOSTRA-Atlas des DWD entnommen werden. Für das Beispiel wird die Auswertung aus Tabelle 4.3 zugrunde gelegt. Die Ablesung ergibt:

Dauerstufe D = 10 min	$r_{10;\,0,5}$ = 168,4 l/(s · ha)
T = 2 a (n = 0,5 a^{-1})	

Der Niederschlagsabfluss (in das Kanalnetz eingeleiteter Oberflächenabfluss) wird berechnet mit:

$$Q_R = r_{T,n} \cdot A_{E,k} \cdot \psi_S$$

Spalte 8: Hier werden die Abflüsse in Fließrichtung fortlaufend addiert. Bei Haltung 1.1.5 ist außerdem der seitliche Zufluss aus Haltung 1.2.1 zu berücksichtigen.

Spalte 9: Die Vollfüllungsabflüsse werden berechnet (Gleichung 3.28) oder einfacher aus einem Tabellenwerk (vgl. Tabelle 4.7) entnommen. Die Nennweite ist so zu wählen, dass nicht mehr als 90 % des Fließquerschnittes genutzt werden. Auch bei steilerem Gefälle darf der Querschnitt in Fließrichtung nicht abnehmen.

Spalte 10 + 11: Ablesung des Volumenstroms und der Fließgeschwindigkeit bei vollgefülltem Querschnitt (Tabellenwerke).

Querschnitt in mm	k_b = 1,5 mm							
	5,00 ‰ 1:200		12,00 ‰ 1:83,3		12,50 ‰ 1:80,0		13,00 ‰ 1:76,9	
	Q (l/s)	v (m/s)	Q (l/s)	v (m/s)	Q (l/s)	v (m/s)	Q (l/s)	v (m/s)
200	23,5	0,75	36,5	1,16	37,3	1,19	38,0	1,21
250	42,6	0,87	66,1	1,35	67,5	1,38	68,8	1,40
300	69,1	0,98	107	1,52	110	1,55	112	1,58
350	104	1,08	162	1,68	165	1,71	168	1,71
400	148	1,18	230	1,83	235	1,87	240	1,91
500	268	1,36	415	2,11	424	2,16	327	2,20

Spalte 12: Der Abfluss bei Regenwetter Q_R entspricht dem Teilfüllungsabfluss Q_t (Kapitel 3.4).

Spalte 13: Durch Ablesung aus Tabellenwerken (vgl. Tabelle 3.4) oder Teilfüllungskurven (Bild 3.8) werden die Teilfüllungswerte ermittelt (Kapitel 3.4).

Spalte 14: Aus dem Verhältnis v_t/v_v wird die Fließgeschwindigkeit bei teilgefülltem Querschnitt ermittelt. Es erfolgt der Vergleich der ermittelten Fließgeschwindigkeiten mit der ursprünglich angenommenen Fließgeschwindigkeit. Bei maßgeblicher Abweichung ist ggf. eine Korrektur und Neuberechnung erforderlich (Iteration), sofern die Fließzeit Einfluss auf die Ermittlung der maßgebenden Regendauer hatte (nicht bei Mindestregendauern gemäß Tabelle 4.6). Bei einer Mischkanalisation können die Teilfüllungswerte bei Trockenwetterabfluss mit geringen Fließgeschwindigkeiten vor allem in Anfangshaltungen zu Ablagerungsproblemen führen. Deshalb sind hierfür zusätzlich die Abflussverhältnisse bei Trockenwetter zu betrachten.

5 Simulation von Niederschlag- und Abflussprozessen

5.1 Modellierung wasserwirtschaftlicher Systeme

Für die Simulation der Prozesse innerhalb der siedlungswasserwirtschaftlichen Systeme „Kanalnetz – Kläranlage – Gewässer" stehen unterschiedliche kommerzielle EDV-Programme zur Verfügung. Die eigentliche Ingenieurarbeit kann durch das EDV-Programm aber lediglich unterstützt werden. Die Entwicklung von intelligenten Lösungskonzepten und die Umsetzung in konkrete Planungen bleiben bisher eine klassische Ingenieuraufgabe.

Grundsätzlich ist zwischen dem Berechnungsprogramm (Software) und dem Modell für eine konkrete Aufgabenstellung zu unterscheiden. Berechnungsprogramme werden von unterschiedlichen Systementwicklern angeboten. Der Modellbegriff umfasst unterschiedliche Definitionen.

- Generelle Theorie: Gleichungen (nichtlineare gewöhnliche oder partielle Differentialgleichungen) zur (mehr oder weniger vereinfachten) mathematischen Beschreibung der Prozesse als Grundlage der numerischen Simulation.
- Spezielle Beschreibung eines Objektes oder Systems, beispielsweise durch topografische Daten und geometrische Größen.

Die Programme enthalten mathematische Modelle zur Beschreibung der jeweiligen Prozesse. Dazu zählen beispielsweise die in die Programme integrierten Übertragungsfunktionen zur mathematischen Beschreibung von Abflussprozessen auf der Oberfläche oder im Kanalnetz. Der Anwender selbst erstellt das systembeschreibende Modell. Hierbei handelt es sich beispielsweise um das Kanalnetzmodell, bestehend aus Haltungen und Sonderbauwerken, die in das Programm zu übertragen sind. Grundlage dieses Modells sind die systembeschreibenden Daten (Sohl- und Deckelhöhen, Schwellenhöhe und -länge, Ortskoordinaten usw.). Die Aufstellung des systembeschreibenden Modells selbst zählt zum praktischen Ingenieuralltag. Hierbei geht es um die notwendige Verknüpfung zwischen den Informationen einer Kanaldatenbank mit den relevanten Grundlagendaten sowie ggf. weiterer Informationsquellen und dem Berechnungsprogramm mit den jeweiligen Übertragungsfunktionen zur Modellierung der für die Aufgabenstellung relevanten Prozesse. Die erforderliche Kompatibilität zwischen den Grundlagendaten aus den Datenbanken respektive Informationssystemen und den erforderlichen Modelldaten des Berechnungsprogramms, ist dabei durch entsprechende Schnittstellen herzustellen. Ggf. ist auch eine Aggregierung, Verfeinerung oder Ergänzung vorhandener Grundlagendaten erforderlich. Dies ist abhängig von den Datenmodellen der unterschiedlichen Systeme.

Modelle zur Simulation von Prozessen in der Stadtentwässerung lassen sich in Bezug auf das Anwendungsspektrum in fünf Hauptkategorien einteilen:

- Niederschlag-Abfluss-Modelle
- Schmutzfrachtmodelle (kombiniert mit Niederschlag-Abfluss-Modellen)
- Kläranlagenmodelle
- Gewässergütemodelle
- Detailmodelle auf Grundlage der numerischen Strömungsmechanik

Unabhängig davon kann eine generelle Unterscheidung von Modellkonzepten in Anlehnung an Butler and Davis (2011) wie folgt vorgenommen werden:

- Deterministische Modelle: Ein spezifisches Eingangssignal erzeugt immer ein spezifisches Ausgangssignal. Es gibt immer einen eindeutigen Zusammenhang zwischen Ursache und Wirkung. Zufällige Einflüsse bleiben unberücksichtigt. Die Wirkung verschiedener Einflussgrößen wird bei komplexeren Modellen beispielsweise durch Differentialgleichungen beschrieben.
- Konzept- oder Black-Box-Modelle: Beschreibung der wesentlichen Zusammenhänge, die ein Phänomen ausmachen. Die Ursache-Wirkungs-Beziehung kann dabei durch empirische Ansätze, beispielsweise als Ergebnis von Messdaten durch eine in der Regel vereinfachte Übertragungsfunktion formuliert werden.
- Stochastische Modelle: Eine Systemantwort auf sich verändernde Randbedingungen wird aufgrund von Wahrscheinlichkeiten beschrieben. Die Ausgabe eines stochastischen Modells ist nicht eine einzige Systemantwort, sondern besteht aus einem Spektrum von Ergebnissen, möglicherweise mit Angabe eines Mittelwertes und einer Standardabweichung.

Bei der mathematischen Aufgabenstellung kann es sich beispielsweise um eine Gleichung oder um Gleichungssysteme, um gewöhnliche oder partielle Differenzialgleichungen, um Optimierungsprobleme oder, bei komplizierten Fällen, um Kombinationen der jeweiligen Probleme handeln. In der Regel sind die zu beschreibenden Phänomene bei ingenieurtechnischen Aufgabenstellungen sehr komplex, und es ist häufig nicht möglich und auch nicht sinnvoll alle Aspekte bei der Modellierung zu berücksichtigen. Deswegen ist fast jedes Modell durch Vereinfachungen und Modellannahmen gekennzeichnet. Typischerweise werden Einflüsse unbekannter Daten vernachlässigt oder nur näherungsweise berücksichtigt. Weiterhin werden komplizierte Effekte mit kleiner Auswirkung häufig weggelassen oder stark vereinfacht. Maßgeblich für die Anwendung von Modellen ist die sorgfältige Abwägung der Möglichkeiten, einzelne Phänomene zu vernachlässigen oder zu vereinfachen. Eine kritische Interpretation der Modellergebnisse ist unentbehrlich. Gerade Letzteres ist eine wichtige Aufgabe im Rahmen der Planung und erfordert ein Mindestmaß an Erfahrung. Keinesfalls dürfen Modellergebnisse ohne Prüfung der Plausibilität und Abschätzung der Ergebnisse verwendet werden.

Niederschlag-Abfluss-Modelle stellen eine Ursache-Wirkungs-Beziehung zwischen dem gefallenen Niederschlag und den Abflussprozessen auf der Oberfläche sowie im Kanalnetz dar. Die jeweiligen Prozesse sind mathematisch beschrieben und über Algorithmen in einen ausführbaren Programmcode umgesetzt. Mit diesen Niederschlag-Abfluss-Modellen werden aus Niederschlagsdaten zuerst Oberflächenabflüsse und im darauffolgenden Schritt die Abflusstransportprozesse in der Kanalisation ermittelt. Schmutzfrachtmodelle berücksichtigen darüber hinaus die Verschmutzung von Abflüssen einschließlich der Transportprozesse und der Rückhaltewirkung der Stoffe innerhalb der Kanalisation sowie den Niederschlagswasserbehandlungsanlagen.

Kläranlagenmodelle beschreiben neben den hydraulischen Abflüssen in einer Kläranlage die biologischen und physikalischen Prozesse zur Stoffumsetzung und Phasentrennung innerhalb der einzelnen Reaktoren.

Mit Gewässergütemodellen wird versucht, die Reaktion des Gewässers auf Einleitungen aus dem Kanalnetz und der Kläranlage zu beschreiben. Aufgrund der sehr komplexen Zusammenhänge erfolgt hierbei meist eine Beschränkung auf mehr oder weniger gut durch mathematische Algorithmen beschreibbare Reaktionen.

Detailmodelle auf Grundlage der numerischen Strömungsmechanik (Computational Fluid Dynamics – CFD) werden eingesetzt um Strömungsfragen auf der konstruktiven Detailebene von Anlagen respektive Bauwerken zu simulieren und ggf. zu optimieren. Sie können eine Alternative zu wasserbaulichen Versuchen sein. Dabei werden strömungsmechanische Probleme approximativ mit numerischen Methoden gelöst. Die Basis bilden meist die Navier-Stokes-Gleichungen, mit denen auch die Effekte der Turbulenz und der hydrodynamischen Grenzschicht beschrieben werden können. Die zu modellierenden Strömungsvolumina müssen dazu relativ engmaschig diskretisiert werden, um realitätsnahe Ergebnisse zu erhalten. Mögliche Anwendungsfälle in der Stadthydrologie sind

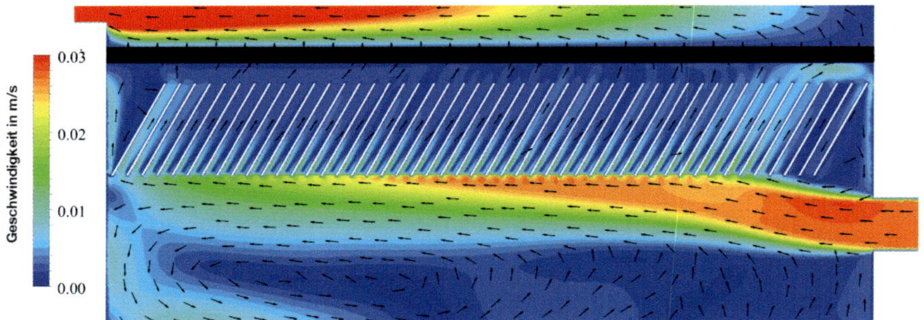

Bild 5.1: Beispiel für eine CFD-Berechnung zur Darstellung der lokalen Geschwindigkeitsvektoren und Geschwindgkeitsbereiche in einem komplexen Niederschlagswasserbehandlungsbauwerk mit Schrägklärer und horizontaler Filtereinheit (Bild: Max Stricker)

z. B. die Ermittlung von konkreten Strömungszuständen und hydraulischen Verlusten in Bauwerken, der Stofftransport und die Sedimentationswirkung in Regenbecken, oder die Berechnung von Spülwellen. Insbesondere bei Mehrphasenproblemen, z. B. Wasser-Luft oder Wasser-Feststoffe resultieren dabei allerdings höchste Ansprüche an die erforderliche Rechenleistung. **Bild 5.1** stellt beispielhaft die berechneten lokalen Geschwindigkeitsvektoren und Geschwindigkeitsbereiche in einem aufwändig gestalteten Bauwerk zur Niederschlagswasserbehandlung dar.

Das Hauptplanungswerkzeug in der Urbanhydrologie sind die Niederschlag-Abfluss-Modelle, auf die nachfolgend näher eingegangen wird. Sie basieren zumeist auf deterministischen Modellansätzen oder Black-Box-Modellen. Dabei können Modellkonzepte zur Abflussberechnung unterteilt werden in:

- **Hydraulische Modelle** (auch hydrodynamische Modelle genannt): Hier wird eine mehr oder weniger detaillierte Beschreibung der physikalischen Vorgänge vorgenommen (deterministischer Ansatz).
- **Hydrologische Modelle**: Hier können die prozess- bzw. systembeschreibenden Funktionen nicht unmittelbar auf physikalische Vorgänge zurückgeführt werden. Hydrologische Modelle beschreiben meist eine Systemantwort auf einen definierten Eingangszustand, die dann auf andere Eingangszustände übertragen wird. Bekannte Verfahren sind z. B. die Einheitsganglinie oder die Speicherkaskade.

Die Modelle der Urbanhydrologie bzw. der Siedlungsentwässerung basieren oft auf den Modellen der technischen Hydrologie. Allerdings sind hier die Flächen zumeist deutlich kleiner (ha bis km²), die Flächenstrukturen durch Besiedlung kleinräumig geprägt (bebaut) und die Abflussprozesse wesentlich schneller (im Bereich von Minuten).

Die technische Hydrologie berücksichtigt dagegen eher große, naturnahe Einzugsgebiete mit Zeitkonstanten von Stunden und Tagen.

Die notwendigen Modelldaten für siedlungswasserwirtschaftliche Teilsysteme lassen sich in die zwei Kategorien der systembeschreibenden Daten und der prozessbeschreibenden Daten unterteilen (**Tabelle 5.1**). Die systembeschreibenden Daten werden für Planungsaufgaben und zur Modellierung der Systeme (z. B. Niederschlag- und Abflusssimulation) benötigt. Die Daten werden in Dateninformationssystemen verwaltet. Die Art der Datenerhebung ist hierbei unterschied-

Tabelle 5.1: Systematisierung der Daten zur Beschreibung siedlungswasserwirtschaftlich relevanter Teilsysteme

Einzugsgebiet	Kanalnetz	Kläranlage	Gewässer
systembeschreibende Daten (Planung und Modellaufbau)			
Geodätische Daten (Fläche, Neigung) Flächennutzung, Bodenart, Altlasten, Leitungen und Kabel Befestigung Einwohner bzw. Einwohnerdichte Abflussspenden	Stammdaten (Material, Geometrie) Zustands-/ Schadensdaten angeschlossene Einwohner, Wasserverbrauch Abfluss (Q_T, Q_F, Q_R, Q_M, Q_{Dr} usw.), Fließzeit Niederschlag EMSR-Technik	Geometrie (Bauwerke) Abfluss (Q_T, Q_F, Q_M usw.) Abwasserinhaltsstoffe (z. B. C, N, P) Temp. und pH-Wert EMSR-Technik	Geometrie Abfluss (z. B. NQ, MQ, HQ) Temperatur und pH-Wert Sauerstoffgehalt Stoffkonzentrationen
prozessbeschreibende Daten (Messdaten)			
Niederschlag Versickerungsfähigkeit Grundwasserstand	Niederschlag Abfluss (Füllstand und Fließgeschwindigkeit) Abwasserinhaltsstoffe	Abfluss (h und v) Abwasserinhaltsstoffe und Feststoffgehalt Temp., pH-Wert, Leitfähigkeit	Abfluss (h und v) Temp. und pH-Wert Sauerstoffgehalt Stoffkonzentrationen

lich. Es handelt sich beispielsweise um Daten aus Planwerken, Ergebnisse einer Überfliegung, Informationen aus einer Besichtigung oder um Messdaten. Die prozessbeschreibenden Daten werden ausschließlich durch Messungen und ggf. Probenahmen in bestehenden Systemen erhoben. Sie bilden die Grundlage zur Überprüfung von Simulationsergebnissen und zur Bewertung der Funktion der Systeme respektive Bauwerke. Die Darstellung in Tabelle 5.1 erhebt nicht den Anspruch auf Vollständigkeit, zeigt aber, wie umfangreich die Erhebung und Verwaltung von Daten für die Planung und den Betrieb siedlungswasserwirtschaftlicher Systeme ist.

5.2 Systemelemente und Systemdaten

5.2.1 Daten zur Modellierung der Oberflächen

Die Flächendaten stellen eine maßgebliche Größe innerhalb der Systemmodellierung dar. Dabei werden die unterschiedlichen Flächen durch Auswertung verschiedener Plandokumente und Kartenwerke (u. a. Liegenschaftspläne, Deutsche Grundkarte) und die Auswertung von Überfliegungsdaten ermittelt. Weitergehende Ausführungen enthält Kap. 4.4.1.

In erster Linie ist die Ermittlung der abflusswirksamen Flächenanteile von Bedeutung. Dazu sind die Fließwege auf der Oberfläche und die befestigten Flächenanteile festzulegen. Anschließend erfolgt die Zuordnung der Flächen an die jeweilige Haltung. In **Bild 5.2** sind die befestigten und unbefestigten Flächen auf der Basis einer Überfliegung dargestellt (unbefestigte Flächen: grün, Verkehrsflächen: grau, Dächer: rot, sonstige grundstücksintern befestigte Flächen: gelb). Die haltungsbezogenen Teileinzugsgebietesflächen sind ebenfalls zu erkennen (graue Linien). Außerdem sind die Nummern der Betriebsschächte mit den jeweiligen Sohl- und Deckelhöhen visualisiert.

Grundsätzlich ist bei der Niederschlag-Abflussberechnung zu beachten, dass bei stärkeren Niederschlagsereignissen auch zunehmend nicht befestigte Flächen zum Abfluss beitragen. Abhängig von der Aufgabenstellung, sind mögliche Abflüsse von unbefestigten Flächen bei der Modellierung zu berücksichtigen.

Bild 5.2: Darstellung der befestigten und unbefestigten Flächenanteile und der haltungsbezogenen Teileinzugsgebiete mit den Kanalhaltungen als Grundlage für eine Niederschlag Abflussberechnung

5.2.2 Daten zur Modellierung des Kanalnetzes

Über Kanalstammdaten erfolgt die technische Beschreibung des Kanalsystems. Bei dem Rechenmodell „Kanalnetz“ ist aus den geometrischen und ggf. material- und zustandsspezifischen Informationen ein lauffähiges Rechenmodell zu entwickeln.

Das Basiselement eines Kanalnetzmodelles ist die Haltung einschließlich des zugeordneten Einzugsgebietes. Die ersten Schritte des Modellaufbaus bestehen aus der Modellierung der einzelnen Kanalhaltungen. Wesentliche Haltungsinformationen sind:

- Kanalsystem: Sohl- und Deckelhöhen sowie Haltungslänge (damit Gefälle), Nennweite, Werkstoff, Profil, Art der Schachtausbildung (Regel- oder Sonderschacht), Koordinaten zur Lagebeschreibung (Rechts- und Hochwert), evtl. Knickpunkte in der Haltung.
- Flächeninformationen: Flächengröße, befestigter Anteil, Neigung, Flächenstruktur, Schmutzwasser- und Fremdwasseranfall.

Weitergehende Informationen sind beispielsweise: Zuleitungen, Geometrie von Schachtbauwerken, Anzahl Rohrstöße und Zuläufe, Zustandsinformationen usw.

Komplexere Beschreibungen sind für die Modellierung von Sonderbauwerken erforderlich. Sonderbauwerke sind in erster Linie durch ihre Geometrie beschrieben (z. B. Schwellenlängen und Höhen, Überfallbeiwerte, Nennweiten, Drosselorgane, Höhe und Breite). Die Bestandsaufnahme dieser Systemdaten erfolgt i.d.R. durch eine Vermessung. Ein Großteil der Informationen sollte bereits in den Planungsunterlagen dokumentiert sein. Hier ist allerdings die Kongruenz zwischen ursprünglicher Planung und tatsächlicher Ausführung zu überprüfen. Von besonderer Bedeutung ist dabei auch die tatsächliche Einstellung von Drosselorganen sowie die vorhandene Förderleistung von Pumpen. Eine messtechnische Überprüfung ist im Zuge der Modellierung sinnvoll und in regelmäßigen Abständen grundsätzlich erforderlich.

Sonderbauwerke werden in den einzelnen Rechenmodellen unterschiedlich abgebildet bzw. abstrahiert. Je nach Ausgestaltung und Komplexität eines Sonderbauwerkes ist daher im Einzelfall zu prüfen, wie ein solches Sonderbauwerk im Modell dargestellt werden kann, um seine Funktionsweise für die Aufgabenstellung ausreichend genau abzubilden. Dabei kann sich auch ergeben, dass ein Sonderbauwerk in einem Niederschlag-Abfluss-Modell durch mehrere Modellbausteine abgebildet werden muss. Die notwendigen Eingangsparameter ergeben sich aus dem verwendeten Modellansatz. Bei Detailmodellen auf Grundlage der numerischen Strömungsmechanik ist dagegen die Geometrie so exakt wie möglich zu erfassen und abzubilden. Selbst relativ kleine Abweichungen können große Auswirkungen auf die berechneten Strömungsvorgänge haben. Abstraktionen zur Modellvereinfachung respektive der Reduzierung von Rechenzeiten müssen versierten Fachleuten überlassen bleiben.

Je nach Zielsetzung und örtlichen Erfordernissen sind neben den Straßenkanälen auch Hausanschlüsse entsprechend zu erfassen.

Die vorhandenen Kanalstammdaten sind vor der Übernahme auf Vollständigkeit und Plausibilität zu prüfen und, sofern notwendig, zu ergänzen bzw. zu korrigieren. Fragen zur Plausibilitätsprüfung sind z. B.:

- Gibt es Haltungen mit Gegengefälle?
- Gibt es Schächte mit negativen Sohlsprüngen?
- Verringert sich der Kanalquerschnitt in Fließrichtung?

- Sind das vorhandene Rohrmaterial und die Profilgröße stimmig zueinander?
- Ist die Tiefenlage der Haltung plausibel und hat der Kanal eine ausreichende Überdeckung?
- Ist die Haltungslänge plausibel?

Als Ordnungsbegriffe bieten sich Schacht-, Kanal- und Haltungsnummern an, die entweder vorhanden sind oder im Vorlauf bei der Sichtung der Bestandsunterlagen in Form eines Kanalstrukturplanes vergeben werden. Sie ermöglichen die Zuordnung von Kanaldaten, die Kommunikation zwischen allen Beteiligten und eine eindeutige Verknüpfung unterschiedlicher Datenquellen. Die Kanalstammdaten mit eindeutigen Ordnungsbegriffen bilden das Grundgerüst für die gesamte weitere Bearbeitung. Sie müssen vollständig und geprüft vorliegen.

5.3 Niederschlag-Abfluss-Modellierung

5.3.1 Modellaufbau und Modellkomponenten

Die Daten für den Aufbau der Modelle sind entweder manuell einzugeben, oder die Systeminformationen werden aus vorhandenen Kanaldatenbanken über entsprechende Schnittstellen übernommen. Letzteres ist vollständig nur bei aufeinander abgestimmten Softwaresystemen möglich. Sofern dies nicht der Fall ist, können die wesentlichen Kanalstammdaten meist über standardisierte Schnittstellen in die Modelle übertragen werden. Speziell für die modelltechnische Abbildung von Sonderbauwerken sind jedoch in der Regel individuelle Modellanpassungen erforderlich.

Fehlende Angaben sind aus Plandokumentationen zu ermitteln oder durch örtliche Vermessungen aufzunehmen. Die Daten, die das Kanalnetzmodell (Transportberechnung) beschreiben, sind die Stammdaten. Das Oberflächenmodell (Oberflächenabflussberechnung) wird durch Informationen zur Flächenstruktur repräsentiert. Zur Beschreibung des Bestandes zählen üblicherweise folgende Arbeitsschritte:

1. Erfassung des Kanalnetzbestandes (Plan- und Katasterdaten, ggf. Vermessung)

2. Erfassung der Einzugsgebietsflächen (Art und Nutzung, Größe, befestigte Anteile, Flächenneigung, Oberflächenbeschaffenheit, Fließwege, unbefestigte Außengebiete mit Zufluss zum Kanalnetz)
3. Ermittlung der Trockenwetterabflüsse (Einwohner, Industrie und Gewerbe, Wasserverbrauch, Abwasseranfall aus Kläranlagenmessdaten, Fremdwasserabflüsse)
4. Erfassung der Sonderbauwerke (Bestandspläne, ggf. Neuvermessung, Anlagenbücher bzw. Betriebsanweisungen) und Aufbau hydraulischer Ersatzsysteme in Abhängigkeit von Aufgabenstellung und Modellansätzen
5. Systemmodellierung (Aufbau einer Netzstruktur mit Verknüpfung von Haltungen, Schächten und Sonderbauwerken, haltungsspezifische Flächenzuordnung)

Für die Modellerweiterung bzw. Veränderungen zur Abbildung einer prognostizierten Situation (z. B. aufgrund von zukünftigen Netzerweiterungen oder Sanierungskonzepten) sind entsprechende Arbeitsschritte erforderlich. Die prognostizierte Flächen- und Systementwicklung ist dann ggf. durch Ersatzsysteme (hypothetische Kanalsysteme oder Ganglinien) im „Prognose-Modell" zu berücksichtigen.

Die mathematischen Modelle zur Beschreibung urbanhydrologischer Prozesse (Niederschlag-Abfluss-Simulation) untergliedern sich zumeist in vier nacheinander ablaufende Teilprozesse:

1. **Niederschlagsbelastung:** Der Niederschlag fällt maßgeblich als Regen auf das betrachtete Einzugsgebiet. Er wird durch seine zeitliche und räumliche Verteilung charakterisiert (Niederschlagsintensität). Je nach Aufgabenstellung kommen synthetische Modellregen, real gemessene Einzelereignisse, eine Niederschlagsserie mit ausgewählten Einzelereignissen einer langjährigen Niederschlagszeitreihe oder ein gemessenes Niederschlagskontinuum über einen längeren Zeitraum als Modelleingangsgröße in Frage.
2. **Abflussbildung:** Die anfangs trockene Oberfläche wird benetzt, Mulden werden gefüllt und es entsteht ein Wasserfilm auf der Oberfläche. Erst danach entsteht eine Abflussbewegung. Im Verlauf dieses Prozesses wird der Oberflächenabfluss durch Verdunstung, Verwehungen und Versickerung reduziert. Der Teil des Niederschlages der tatsächlich abfließt, entspricht dem beobachteten Resultat der Abflussbildung und wird als abflusswirksamer Niederschlag bezeichnet.

3. **Abflusskonzentration:** Die Abflussbewegung vom höchsten zum tiefsten Punkt auf der Oberfläche findet in Abhängigkeit von der Oberflächenstruktur durch Schwerkraftwirkung statt. Die Einleitung in das Kanalnetz erfolgt über Dachrinnen und Fallrohre sowie über (Straßen-)Einläufe. Der zeitliche Ablauf dieser verzögerten Abflussbewegung wird als Abflusskonzentration bezeichnet und berücksichtigt Abflussverzögerungen (Translation) sowie Rückhalteeffekte (Retention).
4. **Abflusstransport:** Nach Eintritt des Oberflächenabflusses in die Kanalisation, erfolgt die Ableitung und ggf. Speicherung in den einzelnen Systemelementen des Kanalnetzes (Haltungen, Becken usw.). Auch hier sind wieder Translations- und Retentionseffekte für die Verformung der Abflusswelle maßgebend. Die Abflussbewegung in der Kanalisation wird als Abflusstransport bezeichnet.

Zur Beschreibung der jeweiligen Teilprozesse werden unterschiedliche Modellansätze verwendet. Die zeitabhängigen Bewegungsprozesse auf der Oberfläche (Abflussbildung) und innerhalb der Kanalisation (Abflusstransport) veranschaulicht **Bild 5.3**.

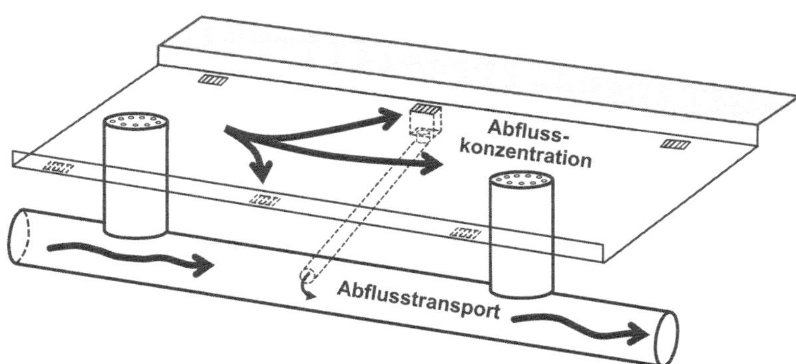

Bild 5.3: Systemelemente und Abflussprozesse auf der Oberfläche (Abflusskonzentration) und in der Kanalstrecke (Abflusstransport)

5.3.2 Abflussbildung

Der gemessene (vom Himmel fallende) Niederschlag wird nach dem Auftreffen auf die Oberfläche in den abflusswirksamen Niederschlag umgewandelt. Damit ist der erste Schritt der Niederschlag-Abfluss-Simulation die Beschreibung der Abflussbildung (Belastungsaufteilung), zur Bestimmung des effektiven Niederschlags. Bei diesem Prozess wird der zeitlich veränderliche Niederschlagsanteil bestimmt, der auf der Oberfläche abflusswirksam wird (effektiver Niederschlag). Dabei werden die Effekte der Oberflächenbenetzung, der Versickerung in den Untergrund, der Muldenauffüllung und der Verdunstung berücksichtigt. Den Prozess zur Bildung des effektiven Niederschlages durch Abzug der Verluste vom gefallenen Niederschlag illustriert **Bild 5.4**.

Statt einer bei den herkömmlichen Fließzeitverfahren üblichen vereinfachten Reduktion der Fläche um einen pauschalen Abflussbeiwert werden bei der Modellierung die Verluste differenziert mit ihren zeitlichen Veränderungen berücksichtigt, um den abflusswirksamen Niederschlag zu bestimmen. Maßgeblichen Einfluss üben die Witterungsbedingungen aus. So können die Anfangsbedingungen eines Niederschlagsereignisses völlig unterschiedlich sein, wenn entweder ein Regen nach längerer Trockenperiode einsetzt oder als Folgeregen auf eine benetzte Oberfläche fällt. Zudem fällt kein Niederschlag großflächig mit gleichmäßiger Intensität. Für die Berechnung von Oberflächenabflüssen sind somit entsprechende Anfangsbedingungen zu definieren bzw. Vereinfachungen erforderlich:

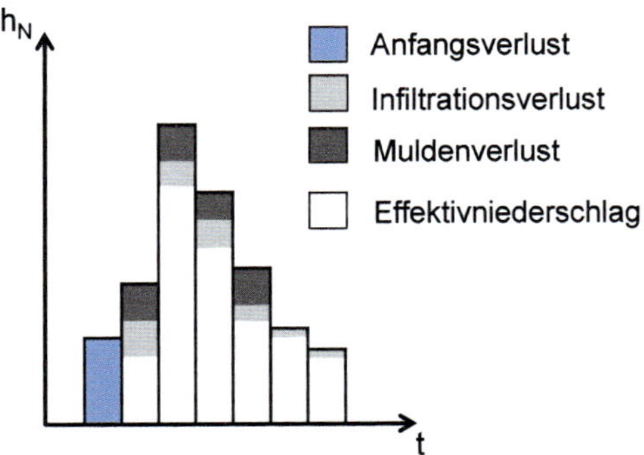

Bild 5.4: Bildung des Effektivniederschlags durch Abzug der Verluste vom gefallenen Regen

- Die Gebietseigenschaften sind für einzelne Teilflächen als gleichmäßig anzunehmen.
- Die Anfangsbedingungen sind festzulegen.
- Es sind Annahmen über die Verluste als Summe während eines Ereignisses und über die zeitliche Verteilung zu treffen.

Die bei der Abflussbildung bedeutsamen Einzelprozesse werden hier kurz beschrieben.

Benetzung der Oberfläche: Der Benetzungsverlust ist ein reiner Anfangsverlust. Erst nach Benetzung der Oberfläche ist ein ausreichender Wasserfilm vorhanden, so dass es überhaupt zu einem Abfluss kommen kann. Die erforderliche Benetzung der Oberfläche wird daher in den Modellen gewöhnlich als Anfangsverlust mit vorgegebener Verlusthöhe berücksichtigt, die zu Beginn eines Niederschlagsereignisses als nicht abflusswirksam von der Niederschlagshöhe abgezogen wird. Die Benetzungsverluste sind maßgeblich abhängig von der Oberflächenbeschaffenheit und können bei durchlässigen Flächen aufgrund der Rauigkeit der Oberfläche und der Vegetationsdecke wesentlich höhere Werte annehmen als bei undurchlässigen Flächen. Aufgrund des Vegetationseinflusses bei undurchlässigen Flächen hat die Jahreszeit einen Einfluss auf die Größe des Benetzungsverlustes. Der Benetzungsverlust zu Beginn eines Niederschlagsereignisses ist, wie oben bereits erwähnt, von der Vorgeschichte abhängig. Sind aufgrund vorhergegangener Niederschlagsereignisse die Oberflächen feucht, ist der Abfluss höher als bei trockenen Oberflächen. Dabei bestimmt die jahreszeitlich und im Tagesverlauf veränderliche Verdunstung die Abtrocknung der Oberflächen und damit den anzusetzenden Benetzungsverlust.

Füllung der Mulden: Ein Teil des Niederschlages wird in Unebenheiten der Oberfläche zurückgehalten und somit am weiteren Abfluss gehindert. In der Realität erschöpft sich die Rückhaltefähigkeit der Mulden bei fortdauerndem Niederschlag entsprechend der heterogenen Zusammensetzung und Verteilung der unterschiedlich großen Unebenheiten und der daraus resultierenden unterschiedlichen Speicherkapazität, bis schließlich alle Mulden gefüllt sind. **Bild 5.5** veranschaulicht diesen Prozess. Damit ist der Muldenverlust eine zeitlich veränderliche Funktion mit einer asymptotischen Annäherung an einen Dauerverlust aufgrund von Versickerung und Verdunstung. Damit wird berücksichtigt, dass während und nach einem Niederschlagsereignis durch diese beiden Prozesse auch wieder eine Muldenentleerung erfolgt.

Bild 5.5: Muldenverluste durch unregelmäßig gestaltete Oberflächen

Teilweise werden in Niederschlag-Abfluss-Modellen auch Benetzungs- und Muldenverluste zusammengefasst und die zeitliche Veränderung vernachlässigt. Dies ist insbesondere für die Berechnung von Einzelereignissen mit höherer Intensität (z. B. zum Nachweis von Überstauungen im Kanalnetz) eine vertretbare Vereinfachung. Bei der Berechnung von Niederschlagskontinua oder Niederschlägen mit geringeren Intensitäten können dadurch aber auch größere Fehler entstehen. Die übliche Spannweite von Benetzungs- und Muldenverlusten bewegt sich zwischen 0,6 mm für ein sehr steiles undurchlässig versiegeltes Gelände und 5 mm für ein flaches unbefestigtes Gelände.

Verdunstung: Verdunstungsverluste von der Oberfläche sind stark abhängig von der jahreszeitlichen Temperatur, der Sonneneinstrahlung, der Luftfeuchtigkeit sowie der Oberflächenbeschaffenheit. Bei der Modellierung von Einzelereignissen wird zur Vereinfachung daher häufig eine konstante Verdunstungsrate angesetzt. Übliche Standardwerte für die Kanalnetzberechnung liegen hierbei zwischen 1,0 und 1,5 l/(s·ha) bzw. 0,36 und 0,54 mm/h. Bei der Betrachtung von Niederschlagskontinua ist die Regeneration der Oberflächenbenetzung sowie der Muldenauffüllung von relevanter Bedeutung. Hierzu werden teilweise Ansätze mit einem jahreszeitlichen Verlauf der Verdunstungsverluste verwendet. Darüber hinaus besteht natürlich auch die Möglichkeit der Verwendung von gemessenen Verdunstungsraten in Analogie zu den gemessenen Niederschlagsintensitäten.

Versickerung: Bei durchlässig befestigten und nicht befestigten Flächen sind zusätzliche Versickerungsverluste zu berücksichtigen. Dazu wird die bodenspezifische Infiltrationsrate f bestimmt. Ein seit langem bekannter und häufig verwendeter Ansatz zur Berechnung der Infiltration ist der Ansatz von Horton gemäß folgender Gleichung:

$$f_{(t)} = f_e + (f_0 - f_e) \cdot e^{-k \cdot t} \qquad (5.1)$$

$f_{(t)}$ *mögliche Versickerung zum Zeitpunkt t in mm/min*
f_0 *Anfangswert der Versickerung (t = 0) in mm/min*
f_e *Endwert der Versickerung in mm/min*
k *Rückgangsfaktor in 1/min*

Die Parameter f_0, f_e und k sind abhängig von der Anfangsfeuchte, den Bodeneigenschaften und der Bodenbedeckung. Hintergrund des Ansatzes von Horton ist, dass der Versickerungsprozess von den Oberflächen in den Untergrund über einem fiktiven Bodenspeicher erfolgt, der mit der Endversickerungsrate entleert. Dabei wird eine lineare Abhängigkeit zwischen dem leeren Bodenspeichervolumen und der Versickerungsrate angenommen. Entsprechend ist bei diesem Ansatz die Versickerungsrate umso größer, je leerer der Bodenspeicher ist. Sie hängt damit stets von der Vorgeschichte ab.

Die Parameter der Abflussbildung liegen nach Schmitt (2006) üblicherweise innerhalb folgender Grenzwerte:

- Benetzungsverluste: 0,2 bis 0,5 mm für undurchlässige Flächen und 0,2 bis 1,0 mm für durchlässige Flächen
- Muldenverluste: < 0,5 mm für eine Geländeneigung über 10 % und 0,5 bis 2,5 mm für eine Geländeneigung unter 10 %, für teildurchlässige Flächen zwischen 1,0 und 5,0 mm
- Verdunstungsverluste: 0,5 bis 1,5 l/(s · ha), bei Starkregen vernachlässigbar
- Versickerungsverluste: abhängig von der Bodenbeschaffenheit und vom Bewuchs

5.3.3 Abflusskonzentration

Die Abflusskonzentration (Belastungsverformung) beschreibt die Verzögerung und Verformung des abflusswirksamen Niederschlages auf der Oberfläche. Hierbei erfolgt die Berechnung der Zuflussganglinien zum Entwässerungssystem. Den zeitabhängigen Bewegungsprozess auf der Oberfläche veranschaulicht **Bild 5.6**.

Für die Berechnung der Abflusskonzentration werden meist empirische Modellansätze in Form von Speichermodellen verwendet. Übliche Modellkonzepte entsprechen der Übertragungsfunktion für einen linearen Einzelspeicher oder einer Speicherkaskade. Dabei werden die komplexen Abflussprozesse auf der Oberfläche bis zum Straßenablauf oder bis zum Hausanschluss an den Ableitungskanal vereinfacht beschrieben. Die Komplexität des Abflussverhaltens entsteht, weil die Oberfläche gewöhnlich keine einfache Geometrie aufweist und für eine detaillierte Abbildung ein deutlich größerer Erfassungsaufwand und Modellierungsaufwand entstehen würde. Im Rahmen von Niederschlag-Abfluss-Modellen wird darauf häufig verzichtet, sofern die genauen Abflussvorgänge auf der Oberfläche selbst von untergeordneter Bedeutung sind. Anders ist dies bei Aufgabenstellungen zur Überflutungsbetrachtung. Hier müssen die Abflussvorgänge auf der Oberfläche zwangsläufig detailliert berechnet werden. Dafür kommen dann deterministische Modellansätze, ähnlich wie beim Abflusstransport im Kanalnetz, zum Einsatz.

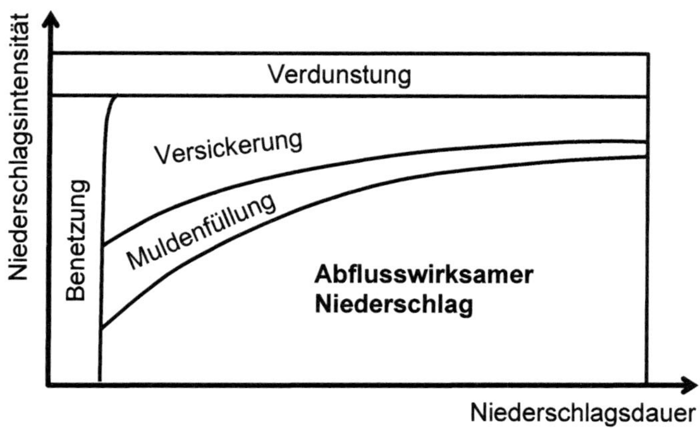

Bild 5.6: Qualitative Darstellung der Verlustanteile im Rahmen der Abflussbildung während eines Niederschlagsereignisses

Die empirischen Modellansätze „Linearer Einzelspeicher“ oder „Speicherkaskade“ abstrahieren das Einzugsgebiet zu einem Speicher, der sich füllt und in Abhängigkeit seiner Füllung entleert. Bei einem alternativen Modellansatz „Standardeinheitsganglinie“ wird eine empirisch gewonnene dimensionslose Übertragungsfunktion zugrunde gelegt. Beispielsweise lautet die Systemfunktion für den linearen Einzelspeicher:

$$h_{(t)} = \frac{1}{k} \cdot e^{-\frac{t}{k}} \tag{5.2}$$

$h_{(t)}$ *Systemfunktion in 1/min*
k *Speicherkonstante in min*
t *Zeit in min*

Die Bestimmung des gebietsspezifischen Parameters k erfolgt üblicherweise mit empirisch ermittelten Bestimmungsgleichungen, die sowohl gebiets- als auch ereignisabhängige Größen enthalten können. Typische Einflussgrößen sind z. B. die Fließlänge im Einzugsgebiet bis zum Kanal, das Gefälle der Einzugsgebietsfläche, die Rauheit der Oberfläche sowie die abflusswirksame Niederschlagsintensität. Verworn (1999) beschreibt ausführlich unter-

Bild 5.7: Neigungsabhängiger Bewegungsablauf des Abflusses auf der Oberfläche (Abflusskonzentration)

Bild 5.8: Eintritt des Oberflächenabflusses durch den Straßeneinlauf in die Kanalisation zum Ende des Abflusstransportprozesses

schiedliche Möglichkeiten zur mathematischen Beschreibung von Abflussprozessen auf der Oberfläche.

Der Prozess der Abflussbildung und der Abflusskonzentration endet, wenn der Oberflächenabfluss in das Entwässerungssystem eintritt. Das kann durch den Straßeneinlauf erfolgen (**Bild 5.8**) oder über Hausanschlüsse die den Dachabfluss und den Abfluss befestigter Flächen auf den Grundstücken der öffentlichen Kanalisation zuführen. Häufig ist das Entwässerungssystem im Modell nicht in allen Einzelheiten erfasst. Insbesondere sind aufgrund unzureichender Bestandsinformationen meist private Grundstücksentwässerungsleitungen sowie Straßenanschlüsse nicht im Modell abgebildet. Die Abflusskonzentration umfasst dann auch die Translations- und Retentionseffekte dieser Netzteile.

5.3.4 Abflusstransport

Der Abfluss innerhalb einer Haltung ist in den meisten Fällen nicht konstant. Durch seitliche Zuläufe (Hausanschlüsse, Straßeneinläufe) entsteht ein diskontinuierlicher Abfluss. Es treten Energiehöhenverluste auf. In den gebräuchlichen

Bild 5.9: Abflusstransport innerhalb der Kanalisation, dargestellt in einem transparenten Kanalnetzmodell (Technikum für Hydraulik und Stadthydrologie der FH Münster)

Modellen wird vereinfachend der gesamte Durchfluss am Haltungsende angesetzt. Sofern bei größeren Nennweiten ab DN 600 der Zuwachs entlang einer Haltung nicht mehr vernachlässigbar ist (z. B. über 30 %), kann der diskontinuierliche Abfluss in der Haltung für die Modellierung durch eine Abschnittsbildung berücksichtigt werden. **Bild 5.9** illustriert den Abflussprozess in einer Modellanlage aus Acrylglas. Hier staut die Haltung ein und der Wasserspiegel im Schacht steigt über den Scheitelbereich an.

Die hydraulischen Grundlagen zur Beschreibung des Abflusstransportes sind in Kapitel 3.1 beschrieben. Wie dort erläutert, wird der instationäre und ungleichförmige eindimensionale Gerinneabfluss durch das Saint-Venant'sche Gleichungssystem beschrieben. Dabei handelt es sich um ein Differenzialgleichungssystem, das sich aus der Kontinuitäts- und der Bewegungsgleichung zusammensetzt.

Kontinuitätsgleichung:

$$\frac{\partial Q}{\partial x} + \frac{\partial A}{\partial t} = q \qquad (5.3)$$

Bewegungsgleichung:

$$\frac{1}{g} \cdot \frac{\partial v}{\partial t} + \frac{v}{g} \cdot \frac{\partial v}{\partial x} + m \cdot \frac{v \cdot q}{g \cdot A} + \frac{\partial h}{\partial x} = I_{So} - I_R \tag{5.4}$$

Q *Durchfluss in m^3/s*
A *Fließquerschnitt normal zur Sohle in m^2*
v *mittlere Fließgeschwindigkeit im Querschnitt in m/s*
h *Wassertiefe bzw. Druckhöhe normal zur Sohle in m*
I_{So} *Sohlengefälle*
I_R *Reibungsgefälle*
g *Erdbeschleunigung in m/s^2*
x *Wegkoordinate in m*
m *Faktor unter Einschluss der Zusatzverluste (siehe Arbeitsblatt DWA-A 110)*
t *Zeitkoordinate in s*
q *seitlicher Zufluss in $m^3/(s \cdot m)$*

Numerische Verfahren und der Einsatz leistungsstarker Rechner ermöglichen inzwischen die Lösung dieses Differenzialgleichungssystems. Da die Grundgleichungen der Hydraulik zugrunde liegen, werden diese Programmsysteme als hydrodynamische Modelle bezeichnet. Konzepte zur Lösung des Differenzialgleichungssystems in verschiedenen Programmsystemen zur Kanalnetzberechnung beschreiben u. a. Schmitt und Hahn (1983), Verworn (1999) und Tandler (1994).

Bei der Verwendung der Grundgleichungen in reduzierter Form erfolgte in der Vergangenheit u. a. die Vernachlässigung der Beschleunigungsterme oder sogar die Reduzierung auf die stationär-gleichförmige Bewegung mit $I_E = I_{So}$ bei den sogenannten kinematischen Modellen (Valentin und Sorg, 2006). Inzwischen ermöglichen kommerzielle Computerprogramme und die aktuellen Rechenkapazitäten der Computer die Berechnung ohne rechentechnische Vereinfachungen.

Bei der Diskussion der komplexen Algorithmen zur Lösung des Saint-Venant'schen Gleichungssystems darf nicht außer Acht gelassen werden, dass damit nur ein Teil der Abflusstransportberechnung in realen Kanalnetzen berücksichtigt wird. Die Differenzialgleichung beschreibt lediglich den eindimensionalen Freispiegelabfluss in prismatischen Gerinne- bzw. Kanalabschnitten. Nach Verworn (1999) ist die Qualität der Modelle von Programmsystemen zur Niederschlag-Abfluss-Simulation daher zusätzlich maßgeblich abhängig von der realistischen Darstellung von

- Druckabfluss und Rückstau
- Kritischen Wassertiefen
- Anfangs- und Randbedingungen sowie trockenen Rohren
- Einstau und Überstau
- Hydraulik von Sonderbauwerken
- Gesteuerten Elementen

Diese Systembedingungen werden in kommerziellen Programmpaketen durch Zusatzkomponenten abgebildet. Diese berücksichtigen u. a. folgende Bedingungen und Systembestandteile (nach Verworn, 1999):

Anfangsbedingungen beschreiben den Zustand des Entwässerungssystems zu Beginn der eigentlichen Niederschlag-Abfluss-Simulation. Zu den Anfangsbedingungen zählen der dauerhaft und dennoch instationäre Trockenwetterabfluss im System (Schmutzwasser und Fremdwasser) sowie Füllungszustände in Senken (Kanäle mit Gegengefälle oder negativen Sohlsprüngen, Dükern und Becken).

Randbedingungen beschreiben den Zustand des Entwässerungssystems an den Schnittstellen nach außen. Das können Auslaufpunkte in ein Gewässer sein, die als freier Auslauf oder mit einem definierten Wasserstand beschrieben werden. Auch Zuflussganglinien aus anderen Einzugsgebieten stellen eine Randbedingung dar. Ebenso können die Niederschlagsdaten über den Zwischenschritt des Oberflächenabflusses als Randbedingung des Transportmodells betrachtet werden.

Sonderbauwerke können direkt in die Berechnung hydrodynamischer Modelle integriert werden. Sie werden durch Funktionen abgebildet, die einen direkten Zusammenhang zwischen den Größen „Wasserstand und Volumen" bzw. „Wasserstand und Durchfluss" herstellen. Dabei werden Rückstauphänomene einbezogen. Das Saint-Venant'sche Gleichungssystem hat seine Bedeutung ausschließlich bei der Herleitung der Eingangsgrößen (z. B. Wasserstand und Anströmgeschwindigkeit bei einem Wehr). Die Funktion des Sonderbauwerks selbst muss dagegen durch Gleichungen beschrieben werden, die u. a. auf dem Energieerhaltungssatz (Bernoulli) basieren. Dazu zählt beispielsweise die Poleni-Formel, mit der Überlaufabflüsse bei Wehren beschrieben werden.

Druckabfluss wird durch die Saint-Venant'schen Differenzialgleichungen nicht beschrieben. Um die Verhältnisse bei Druckabfluss zu berücksichtigen, wird programmintern das Konzept des Preissmann-Schlitzes verwendet. Dabei wird der Rohrscheitel in Längsrichtung mit einem nicht realen schmalen Schlitz versehen, der bis zur Geländeoberkante reicht und damit den Druckabfluss in einen Freispiegelabfluss verwandelt. Der damit verbundene Volumenfehler ist in der Regel vernachlässigbar. Eine andere Variante verzichtet auf den Preissmann-Schlitz und es erfolgt eine iterative Berechnung von Wasserstand und Durchfluss. Zur Abbildung von ständig gefüllten Leitungen hinter Pumpen oder bei Dükern werden häufig spezielle Modellelemente implementiert.

Überstau tritt auf, wenn Wasser aus der Kanalisation austritt und sich auf der Geländeoberfläche ausbreitet. In diesem Fall liegen keine klar definierten Geometrien aus Rohrabschnitten und Schächten mehr vor. Die Abflussprozesse werden dann sehr komplex, so dass folgende vereinfachte Ansätze bei der hydrodynamischen Kanalnetzberechnung verwendet werden:

- Abzug des ausgetretenen Austrittsvolumens ohne Rückführung ins Netz
- Aufsetzen fiktiver Speicher und Rückführung des Abflusses über den Austrittsschacht oder andere Schächte
- Annahme druckdichter Deckel zur Vermeidung des Wasseraustritts
- Modellierungsansätze zur Beschreibung der Abflüsse auf der Oberfläche

Neben diesen hydrodynamischen Berechnungsansätzen für den Abflusstransport existieren auch Modelle, die auf rein hydrologischen Verfahren basieren. Dabei erfolgt keine umfassende Beschreibung der physikalischen Bedingungen zur Berechnung der Abflussprozesse. Die Berechnungsbausteine der hydrologischen Verfahren sind Übertragungsfunktionen zur Beschreibung der Wellenverschiebung innerhalb einer Haltung. Die Wellendämpfung wird nur vereinfacht berücksichtigt. An Vereinigungen werden die ankommenden Wellen überlagert.

Für die Beurteilung der hydraulischen Leistungsfähigkeit eines Kanalnetzes eignen sich hydrologische Verfahren nur bedingt, weil sie zwar Abflüsse berechnen, die Wasserspiegellagen aber nur anhand von einfachen Übertragungsfunktionen abschätzen. Rückstaueffekte und die daraus resultierenden Einflüsse auf die Abflussdämpfung sowie Fließumkehrungen können mit einfachen hydrologischen Ansätzen nicht abgebildet werden. Dies führt gewöhnlich zu größeren Abflussspitzen als bei einer hydrodynamischen Berechnung und unter realen

Bedingungen. Ein solches Ergebnis kann sinnvoll sein, wenn Abflüsse an einem Punkt ermittelt werden sollen, aber das Kanalnetz oberhalb hydraulische Engpässe aufweist, die zukünftig noch saniert werden sollen. Außerdem kann mit hydrologischen Verfahren die Füllung von Beckenvolumina hinreichend genau abgebildet werden. Daher finden kommerzielle Programme mit hydrologischen Verfahren bevorzugt im Bereich der Beurteilung von Mischwasserbehandlungssystemen Verwendung (Schmutzfrachtberechnung). Für die Beurteilung sind hier häufig langjährige Niederschlagskontinua zu betrachten. Aufgrund des deutlich reduzierten Rechenaufwandes von hydrologischen Modellen im Vergleich zu einer hydrodynamischen Berechnung, ergeben sich hierbei aktuell noch Vorteile.

5.4 Programmsysteme

Bei den verfügbaren Programmsystemen handelt es sich in der Regel um kommerziell vertriebene Produkte. Eine Ausnahme davon bildet das Storm Water Management Model (SWMM) der United States Environmental Protection Agency (EPA). Die Leistungsfähigkeit der Programme repräsentiert häufig die Erfahrungen und Kenntnisse der Softwarehersteller sowie die spezifischen Anforderungen der Programmanwender und hängt auch von regionalen Anforderungen ab. Diese sind in einzelnen Ländern und Staaten durchaus unterschiedlich, so dass es aktuell kein weltweit dominierendes System gibt, wie z.B. in anderen Softwarebereichen. Der Versuch einer Aufzählung aller Systeme an dieser Stelle, würde zu weit führen. Exemplarisch werden in **Tabelle 5.2** einige Produkte exemplarisch aufgelistet. Die Liste stellt dabei keine Wertung dar. In erster Linie handelt es sich um Programme die vergleichsweise häufig angewendet werden. Grundsätzlich bieten die verfügbaren Programmsysteme Instrumente zur Bemessung (Dimensionierung) oder zur Nachweisführung. Bei der Nachweisführung wird das Verhalten bestehender Entwässrungssysteme überprüft.

Die Programmsysteme bestehen häufig aus einzelnen Modulen oder Softwarebausteinen, mit denen die praktischen Aufgabenstellungen im Rahmen einer Niederschlag-Abfluss-Simulation bearbeitet werden. Konkret sind dies vor allem

- Kanalnetzberechnungen
- Überflutungsmodellierungen
- Schmutzfrachtberechnungen

Tabelle 5.2: Übersicht über häufiger eingesetzte Programmsysteme in der Niederschlag-Abfluss-Modellierung und ihre Anwendungsfälle

Softwaresystem (ggf. Module)	Entwicklung/ Vertrieb	Anwendungsfälle		
		Kanalnetzberechnung	Überflutungsmodellierung	Schmutzfrachtberechnung
SWMM	United States Environmental Protection Agency (EPA)	X		X
++SYSTEMS FLUT DYNA GeoCPM FLOW++	tandler.com GmbH und Pecher Software GmbH	X	X	X
HYSTEM-EXTRAN HYSTEM-EXTRAN 2D KOSIM	Institut für technisch-wissenschaftliche Hydrologie GmbH (itwh)	X	X	X
MOMENT	Brand-Gerdes-Sitzmann Wasserwirtschaft GmbH			X
MIKE URBAN	Danish Hydraulic Institute (DHI)	X	X	X
STORM	Ingenieurgesellschaft Prof. Dr. Sieker mbH und InnoAqua GmbH &. Co. KG			X
InfoWorks ICM	Innovyze und InnoAqua GmbH &. Co. KG	X	X	X

Je nach Aufgabenstellung wird dabei auch eine Modellkopplung unterstützt, wie es z.B. bei der gemeinsamen Berechnung der Abflüsse im Kanalnetz und auf der Oberfläche einschließlich dem bi-direktionalen Ausstauch zwischen den Systemen.

Neben den genannten Aufgabenstellungen kann mit einzelnen Programmsystemen teilweise noch ein wesentlich größeres Spektrum abgedeckt werden. So gibt es beispielsweise auch spezielle Module für die Schadensbewertung und die bauliche Sanierungsplanung von Abwasserkanälen oder für die Erfassung, Verwaltung und Auswertung von Messdaten. Messdaten sind ein wesentlicher Bestandteil betrieblicher Aufgaben wie beispielsweise der Systemüberwachung.

Die Messung von Niederschlägen und korrespondierenden Abflüssen sind eine wesentliche Grundlage für die Kalibrierung und Validierung von Modellen.

In der Regel werden die Programme von Firmen entwickelt und vertrieben, die im Bereich der wasserwirtschaftlichen Planung und Beratung tätig sind oder mit entsprechenden Unternehmen kooperieren. Dadurch fließen die Erfahrungen aus dem Planungsalltag in die Softwareentwicklung ein. Neben reinen Eigenentwicklungen wurden dabei zum Teil auch frei verfügbare Source-Codes implementiert.

Bei der Auswahl eines geeigneten Softwaresystems ist immer die konkrete Aufgabenstellung maßgebend. Für eine effiziente Bearbeitung sind dabei neben den vorhandenen Grundlagendaten inkl. der notwendigen Schnittstellen zum Import in die Programmsysteme (in Deutschland ist z.B. ISYBAU weit verbreitet), auch die Möglichkeiten zum Daten- und Ergebnisexport für eine Weiterverarbeitung von besonderer Bedeutung.

Gegenüber kommerziellen Programmsystemen muss bei Open-Source-Software häufig auf einen entsprechenden Komfort verzichten werden. Darüber hinaus können in der Anwendung solcher Programmsysteme – trotz jahrzehntelanger Entwicklungs- und Testphase – bei besonderen Konstellationen und Randbedingungen immer noch unplausible Ergebnisse auftreten. Wirklich fehlerfreie Programme wird es wahrscheinlich nicht geben. Hier ist der Support des Softwareherstellers mit Fehleranalyse und Fehlerbeseitigung sinnvoll.

5.5 Informationssysteme zur Erfassung und Verwaltung von Systemdaten

5.5.1 Definition von Geografischen Informationssystemen

Mit Informationssystemen werden Teilsysteme unserer Umwelt (Realwelt) beschrieben. Dabei besteht das System aus einer Menge untereinander in Beziehung stehende Objekte. Bestandteil eines Geografischen Informationssystems (GIS) sind vornehmlich Objekte, die einen räumlichen Bezug aufweisen. Ein GIS dient der Erfassung, Speicherung, Analyse und Darstellung aller Daten, die einen Teil der Erdoberfläche und die darauf befindlichen technischen und administrativen Einrichtungen sowie geowissenschaftliche, ökonomische und ökologische Gegebenheiten beschreiben (Bartelme, 2005). GIS sind rechnergestütze Systeme, die sich aus Hardware, Software und Daten zusammensetzen. Mit ihnen können raumbezogene Daten alphanumerisch und grafisch digital erfasst und redigiert, gespeichert und reorganisiert, modelliert und analysiert werden (Bill, 2010).

So können mit Hilfe geografischer Informationssysteme unterschiedlichste Geometrien (z. B. Länder, Städte, Flüsse, Grundstücke, Leitungsnetze, Lebewesen) in Form von Flächen, Linien und Punkten lagegenau dargestellt und mit Sachinformationen (z. B. Name des Landes, Anzahl der Einwohner pro Stadt, Fließgeschwindigkeit des Gewässerabschnitts, Besitzverhältnisse des Grundstückes) verknüpft werden, um anschließend vielfältige Analysen durchzuführen. Kommunen verwalten durch ein GIS beispielsweise ihre Liegenschaften. GIS haben sowohl die Funktion von traditionellen analogen Karten (wie Stadtkarten, Wanderkarten, topografischen Grundkarten), aber es existieren auch große Schnittmengen zu modernen webbasierten Karten oder Earth Viewern wie Google Earth. In verschiedenen Anwendungsgebieten entstehen spezielle Ausprägungen von GIS, wie z. B. NIS (Netz-Informationssystem) oder KIS (Kanalinformationssystem).

5.5.2 Systematik von Geografischen Informationssystemen

Geografische Informationssysteme (GIS) sind Informationssysteme zur Erfassung, Bearbeitung, Organisation, Analyse und Präsentation räumlicher Daten. Die Strukturierung der Daten in einem GIS erfolgt durch Objekte und Attribute. Dabei handelt es sich um Informationen über reale oder fiktive Objekte (z. B. Personen, Flurstücke, Flüsse, geplante Kanäle). Diese Objekte werden durch ausgewählte Attribute beschrieben. Beispielsweise können allen Flurstücken die Attribute „Gemarkungsnummer", „Flurstücknummer" und „Nutzungsart" zugeordnet werden.

Neben den Informationen der einzelnen Objekte speichern Informationssysteme auch Beziehungen zwischen diesen Objekten. Es kann sich um sachlogische Beziehungen oder raumbezogene Beziehungen handeln oder es können beide Beziehungskategorien abbildbar sein. Eine sachlogische Beziehung kann beispielsweise der Zusammenhang zwischen Flurstücken und Personen sein: Eine „Person" (Objekt) ist „Eigentümer" (sachlogische Beziehung) von einem „Flurstück“ (Objekt). Diese sachlogische Beziehung lässt sich in einem Informationssystem auswerten (Beispiel: Abfrage aller Flurstücke einer bestimmten Person). Raumbezogene (= topologische) Beziehungen gehen z. B. Flurstücke untereinander ein: ein Flurstück (präziser: die Flurstückfläche) „ist Nachbar“ (topologische Beziehung) eines anderen Flurstücks. Auch topologische Beziehungen lassen sich in einem GIS auswerten (Beispiel: Die Abfrage aller Nachbargrundstücke zu einem Flurstück). Abfragen oder Auswertungen können auf beide Informationsarten bezogen werden. Beispiel: Abfrage der Eigentümerdaten (sachdatenbezogener Aspekt) zu allen Flurstücken, die zu einem ausgewählten Flurstück benachbart (topologischer Aspekt) sind und eine Fläche haben, die größer als 1000 m² (geometriebezogener Aspekt) ist. Die funktionalen Komponenten von GIS entsprechen dem sog. EVAP-Prinzip:

- E: Erfassen
- V: Verwalten
- A: Analysieren
- P: Präsentieren

Die Datendarstellung der meisten GIS basiert auf dem Ebenenprinzip. Dabei erfolgt die inhaltliche Darstellung (Semantik) in unterschiedlichen Ebenen (Layern). Die Darstellung des gesamten Kontextes erfolgt dann durch das Übereinanderlegen der einzelnen Ebenen. Objekte, die sich „auf einer Ebene“ befinden, können gemeinsam dargestellt werden, um sie z. B. in der Anzeige ein- oder auszublenden oder um ihnen eine bestimmte Farbe zuzuordnen oder um sie vor weiteren Bearbeitungen zu sperren. Beispiele unterschiedlicher Layer sind z. B. „Straßen und Wege“ – „Parzellen“ – „Landnutzung“.

5.5.3 Datenverwaltung und Verknüpfung mit Systemprogrammen

Geografische Informationssysteme enthalten einen großen Teil der für die Kanalnetzberechnung erforderlichen Grundlagen-Informationen. Viele Hersteller haben die Systeme fachspezifisch so angepasst, dass eine Datenübertragung vom GIS zur Simulationssoftware möglich ist. Bei der automatisierten Modellgenerierung werden die im GIS vorliegenden Topologie-Informationen ausgewertet, in eine für die Simulationssoftware geeignete Form überführt und über eine Schnittstelle an die Simulationssoftware zur Generierung eines Berechnungsmodells übergeben. Im Idealfall ist dieser Vorgang ohne umfangreiche manuelle Nachbearbeitung möglich. Häufig ist es allerdings so, dass nicht alle für den Modellaufbau erforderlichen Daten im GIS hinterlegt sind. Das können beispielsweise hydraulische Kennwerte zur Abbildung von Sonderbauwerken im Simulationsmodell sein, die modellspezifisch dann noch ergänzt werden müssen.

5.5.4 Datenerfassungstechniken

Die Erfassung digitaler Geo-Daten (Flächen, Linien, Punkte) kann durch eine terrestrische Vermessung oder eine analytische Luftbildauswertung erfolgen. Diese Verfahren sind zeit- und kostenintensiv, ergeben aber aus geodätischer Sicht die exaktesten Ergebnisse. Weitere Möglichkeiten der Datenerfassung sind:

- Interaktive Konstruktion: Durch Konstruktion grafischer Objekte (Leitungen, Grenzen, Gebäude usw.) in Bezug auf bekannte Punkte, wie Vermessungspunkte direkt am Bildschirm über die Computereingabegeräte (Tastatur, Maus, Digitalisierstift usw.).
- Digitalisierung vorhandener analoger Karten: Lagerelevante Punkte werden am Bildschirm (früher auch am Digitalisiertisch) von zuvor eingescannten Plänen abgegriffen. Dabei können punkt-, linien- oder flächenförmige Objekte gebildet werden.
- Scannen vorhandener Karten: Beim Scannen wird eine grafische Vorlage durch optisches Abtasten in einzelne Rasterpunkte mit unterschiedlicher Einfärbung überführt. Mit einer Auflösung von z. B. 400 dpi (dots per inch) wird auch bei feinen Linien oder kleiner Schrift eine gute Detailtreue erreicht. Die so gewonnenen digitalen Rasterbilder haben zunächst aber keine objektbezogene Struktur und sind nicht georeferenziert. Zur Nutzung in einem GIS müssen diese Rasterbilder deshalb zunächst georeferenziert, transformiert und in das System eingepasst werden. Eine Verknüpfung von Einzelobjekten in der Grafik mit Fachdaten ist aber auch dann noch nicht möglich. Dazu müssen die Rasterdaten in Vektordaten umgewandelt und daraus einzelne Objekte gebildet werden. Das ist entweder durch die zuvor beschriebene Bildschirmdigitalisierung oder durch automatisierte Verfahren möglich.

Eine weitere Methode um zu digitalen Daten für das GIS zu gelangen, ist der Erwerb und die Übernahme aus anderen Datenquellen. Das könnten z. B. die Automatisierte Liegenschaftskarte (ALK), Datenbestände der Bundesländer (wie z. B. Gewässerverläufe, Flächennutzungsdaten usw.) oder Informationen von kommerziellen Drittanbietern sein.

5.5.5 Kanalinformationssysteme und topgrafische Karten

Kanalinformationssysteme (KIS) sind speziell für die planerischen und betrieblichen Aufgaben angepasste Geografische Informationssysteme zur Erfassung, Dokumentation, Pflege, Darstellung, Analyse, Verarbeitung und den Austausch von Informationen zu Entwässerungssystemen. Zu den wesentlichen Teilaufgaben gehören dabei:

- Generelle Entwässerungsplanung
- Bau der Anlagen
- Betriebsaufgaben inkl. der Pflichten zur Instandhaltung und Auskunft
- Wirtschaftliche Verwaltungsaufgaben

Diese Teilaufgaben sind eng miteinander verknüpft und die Bearbeitung setzt geeignete Informationen voraus, insbesondere aktuelle und vollständige Bestandsdaten des Kanalnetzes. Diese Informationen werden in der Regel mit einem Kanalinformationssystem verwaltet. Informationen zu Aufbau, Pflege, Anwendung und Fortschreibung sowie zur Migration der Daten zwischen Kanalinformationssystemen enthält das Merkblatt DWA-M 145 (2013f).

Das KIS ist als Auskunftssystem und Informationsquelle für einen Betreiber unerlässlich. Dabei sind je nach Bedarf folgende Anwendungsbereiche denkbar:

- Bestandsdokumentation,
- Zustandsbeurteilung der vorhandenen Anlagen,
- Verwaltung der Direkt- und Indirekteinleiter,
- Planung von Neubau und Sanierungsmaßnahmen,
- Durchführung von Niederschlag-Abfluss- und Schmutzfrachtberechnungen,
- Planung und Dokumentation der Betriebsführung,
- Dokumentation des Anlagevermögens,
- Verwaltung von Informationen zur Gebührenerhebung (z. B. Flächendaten für gesplitteten Gebührenmaßstab).

Die Verfügbarkeit unterschiedlicher Schnittstellen zu speziellen Planungs- und Auswerteprogrammen hat bei den Systemen eine besondere Bedeutung. Das KIS stellt die erforderlichen Grundlagendaten für die jeweiligen Planungsaufgaben zur Verfügung und übernimmt abschließend Planungs- und Berechnungsergebnisse zur Darstellung oder weiteren Auswertung. In Deutschland sind z. B. folgende Kanalinformationssysteme verbreitet:

- KANDIS/novaKANDIS der CADMAP Consulting Ingenieurgesellschaft mbH
- BaSYS der Barthauer Software GmbH
- ++SYSTEMS (KANAL++) der tandler.com GmbH
- S&K Tiffany der DW-Informationssysteme GmbH

Bei diesen Systemen handelt es sich oftmals um speziell programmierte Fachschalen für weit verbreitete Standardsysteme (z. B. Arc-GIS, AutoCAD). Dagegen sind beispielsweise ++systems und S&K Tiffany speziell für die Aufgabenstellungen von Kanalnetzbetreibern konzipiert und benötigen keine zusätzlichen Fremdsysteme.

Ein Beispiel für die Visualisierung entwässerungstechnisch relevanter Daten veranschaulicht **Bild 5.10**. Als Hintergrundbild wurde dafür in der Vergangenheit häufig die Deutsche Grundkarte (DGK 5) im Maßstab 1:5000 verwendet. Die DGK 5 stellt die Lage und den Grundriss alle wesentlichen topografischen Objekte dar. Zusätzlich werden Höhenlinien je nach Relief im Abstand von 0,5 bis 5 m dargestellt. Die DGK 5 wird in den Bundesländern durch neue topo-

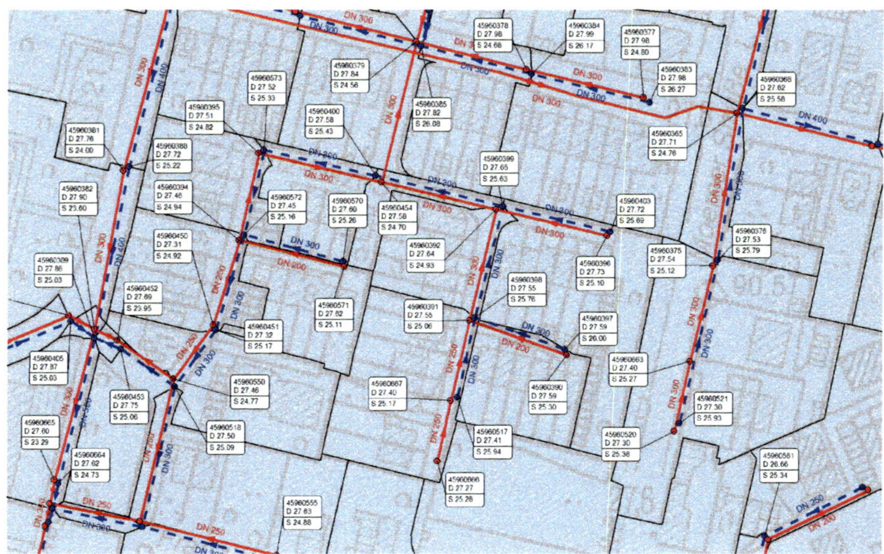

Bild 5.10: Darstellung der Kanalisation innerhalb eines Wohngebietes mit Angaben zu den Schächten (Schachtnummer, Sohl- und Deckelhöhen) sowie der haltungsbezogenen Teileinzugsgebiete

grafische Karten abgelöst. Hierbei handelt es sich zumeist um digitale Karten im Maßstab 1:5.000. In Bild 5.10 sind in dieses Basiskartenwerk die haltungsbezogenen Teileinzugsgebietsflächen eingefügt worden (schwarze Linien). In dieser beispielgebenden Darstellung orientiert sich die Einteilung an den Grundstücksgrenzen. Weiterhin sind die grundlegenden Kanalnetzdaten (Haltungen mit Nennweite, Fließrichtung und Schachtinformationen) visualisiert.

5.5.6 Datenübertragung und Schnittstellen

Die Verwendung unterschiedlicher Programme zur Verwaltung, Verarbeitung und Erzeugung von Daten, erfordert einen verlustarmen Datenaustausch zwischen verschiedenen Systemen (z. B. bei einem Systemwechsel). Dazu ist eine Schnittstellenvereinbarung erforderlich. Voraussetzung hierfür sind grundlegende Struktureigenschaften der Daten und Systeme. Bei der Übertragung von Daten über eine Schnittstelle erfolgt ein Datenaustausch von einem Quellsystem zu einem Zielsystem. Dabei konvertiert das Quellsystem die Daten aus seinem internen Format in ein externes Schnittstellenformat. Das Zielsystem liest dann die Daten über das Schnittstellenformat ein und wandelt sie in sein internes Format um. Nicht immer können direkte Beziehungen zwischen den Datenelementen über einfache Umsetzungsregeln hergestellt werden. Vielmehr ist häufig eine Zusammenfassung oder Spezialisierung von Objekten erforderlich, wobei dann nicht immer eindeutige Lösungen möglich sind. Folgende Probleme können dabei z. B. auftreten (Behr, 2019):

- Im Ausgangssystem werden (Flurstück-)Flächen durch eine Folge von Linienstücken geführt; im Zielsystem hingegen soll die Fläche aber topologisch korrekt unter Zuordnung der Flurstücknummer erscheinen.
- Ein anderes System unterscheidet nicht zwischen verschiedenen Punktarten. Für das Zielsystem ist dann eine Spezialisierung aus Linienzusammenhängen abzuleiten, so dass die Punkte verschiedenen Objektklassen zugewiesen werden können.
- Unterschiede existieren auch in der Art und Weise, wie die Position von Texten und Symbolen referenziert werden (Bezugspunkt links unten, in der Mitte, ...).
- Im Ausgangsdatenbestand sind unter Umständen Informationen gar nicht vorgesehen, die das Zielsystem benötigt. So enthalten beispielsweise EDBS-Aufträge (Einheitliche Datenbankschnittstelle) keine Angaben über die Schriftart und Schriftgröße. Für eine korrekte Darstellung in einem Sekundärnachweis müssen diese Attribute gegebenenfalls dem erzeugten Schnittstellenformat beigefügt werden.

Die Nutzungsmöglichkeiten eines KIS hängen u.a. wesentlich von den verfügbaren Schnittstellen des Systems ab. Gemäß Merkblatt DWA-M 145-1 (2013f) sollten folgende, vom Anwender frei konfigurierbare allgemeine Schnittstellen bereitgestellt werden:

- spaltenorientierte ASCII-Schnittstelle zur leichten Weiterverarbeitung in externen Programmen und insbesondere Büroanwendungen,
- XML-basierte Schnittstellen zur konsistenten Übergabe strukturell zusammenhängender Daten in den standardisierten Formaten.

Je nach betreiberspezifischer Anforderung können darüber hinaus folgende allgemeine Schnittstellen sinnvoll sein:

- normierte Zugriffe über Protokolle mit den vom OGC (Open Geospatial Consortium) normierten Diensten (WMS, WFS),
- Zugriff auf und von Büroanwendungen,
- serverbasierte Onlineschnittstelle zur Kopplung von Enterprise-Resource-Planning-Systemen (ERP).

Abhängig von den eingesetzten Fachanwendungen gibt es unterschiedliche fachspezifische Schnittstellenformate. Hierbei muss die Konsistenz der Daten für das durch die Schnittstelle bediente Programm sichergestellt bzw. schon im Erfassungsprozess beachtet werden. Eine weit verbreitete Schnittstellenfamilie für Kanalisationsnetze sind z. B. die ISYBAU-Austauschformate, welche ursprünglich in einem Gemeinschaftsvorhaben des Bundes und der Länder zur DV-technischen Ausstattung der Bauverwaltungen entstanden sind und inzwischen Bestandteil der Arbeitshilfen Abwasser für die Liegenschaften des Bundes sind.

Reichen die Standard-Schnittstellen des GIS/KIS nicht aus, muss auf eine individuelle Programmierung zurückgegriffen werden. Eine Kosten-Nutzen-Analyse gibt Auskunft darüber, ob sich der Aufwand einer Individualprogrammierung lohnt. Mit einer solche Schnittstelle kann auch das Verschneiden von Informationen aus unterschiedlichen Datenbanken erfolgen.

5.6 Kalibrierung und Validierung

5.6.1 Genauigkeit von Daten und Modellen

Auch wenn bei der Grundlagenermittlung und Systemmodellierung mit größter Sorgfalt gearbeitet wird, muss bei der Bewertung der Simulationsergebnisse klar sein, dass es sich bei einem Modell immer um eine Vereinfachung handelt, und der reale Vorgang so gut wie nie in seiner vollen Komplexität beschrieben wird. Eine realistische Bewertung der Möglichkeiten einer Systemmodellierung belegt ein Zitat des Statistikers George E. P. Box:

„Essentially all models are wrong, but some are useful."

Die Fehlermöglichkeiten bei der Modellierung von Systemen und der Simulation von Prozessen sind vielfältig. Folgende Ursachen können zu mehr oder weniger ausgeprägten Fehlern führen:

- Fehler und Ungenauigkeiten bei der Datenerhebung,
- Fehlerhafte Dateneingabe beim Modellaufbau,
- Einschränkungen der mathematischen Beschreibung bzw. Übertragbarkeit von Prozessen,
- Hard- und Softwarefehler.

Die meisten Programmsysteme zur Berechnung von Entwässerungsnetzen sind inzwischen soweit ausgereift, dass bei der Programmanwendung für übliche Aufgabenstellungen die Grenzen der Lösungsalgorithmen nicht überprüft werden müssen. Das ist Aufgabe der Programmentwicklung. Generell sind beispielsweise Diskretisierungs- und Iterationsfehler aber nicht auszuschließen.

Grundsätzlich ist zu berücksichtigen, dass auch komplexe mathematische Gleichungen wie die Saint-Venant'sche Differenzialgleichung (partiell und nichtlinear), die Strömungsprozesse nicht uneingeschränkt abbilden. Diese Gleichung beschreibt eindimensionale Strömungen. Bei der Lösung dieses nichtlinearen hyperbolischen Gleichungssystems erfolgt eine Umwandlung in ein System von Differenzengleichungen mit anschließender numerischer Lösung. Werden Terme der Gleichung zur vereinfachenden Anwendung gestrichen, sind die Auswirkungen auf die Genauigkeit vorab nicht abzusehen. Sicher ist allerdings, dass die Ergebnisqualität abnimmt.

Bei der Lösung von Gleichungssystemen sind die Anfangs- und Randbedingungen von hoher Relevanz und deshalb entsprechend zu berücksichtigen. Anfangs- und Randbedingungen beschreiben den Zustand des Entwässerungssystems zu Beginn der eigentlichen Niederschlag-Abfluss-Simulation (Anfangsbedingung) und an deren Schnittstellen, z. B. zum Gewässer (Randbedingung).

Die Anfangsbedingungen einer Niederschlag-Abfluss-Simulation sind durch den Schmutzwasser- und Fremdwasserabfluss gegeben, der jedoch zeitlichen Schwankungen unterworfen ist. Diese zeitlichen Schwankungen sind z. B. als Tages- oder Wochengang des Schmutzwasserzuflusses, aber auch als jahreszeitliche Schwankungen des Fremdwasserzuflusses bekannt. Je nach Zielsetzung der Berechnung und Größe des Entwässerungssystems müssen diese zeitlichen Schwankungen bei der Niederschlag-Abfluss-Simulation ggf. berücksichtigt werden.

Die Randbedingungen beschreiben Zuflüsse in das Kanalnetz, z. B. aus oberhalb gelegenen Netzteilen, Nachbargemeinden, natürlichen Gebieten sowie die Bedingungen an den Ausläufen aus dem Netz, z. B. Wasserstände in den Gewässern, Abflüsse zur Kläranlage, in ihrem zeitlichen Verlauf. Sie sind entsprechend den tatsächlichen Verhältnissen anzusetzen. Dabei sind z. B. zeitlich veränderliche Wasserstände in den Gewässern oder Rückstau in das Kanalnetz durch hohe Wasserstände im Gewässer sowohl bei der Niederschlag-Abfluss-Simulation als auch bei der Trockenwettersimulation zu berücksichtigen.

Softwarefehler können als Übertragungs- oder Codierfehler sowie als Algorithmus- oder Programmierfehler auftreten. Die Anwendung fehlerhafter Formeln oder Algorithmen ist nicht auszuschließen. Oft werden Softwarefehler erst durch physikalisch unsinnige Ergebnisse oder Programmabstürze erkannt. Viele bleiben aber auch unentdeckt, weil sie nicht zu unplausiblen Ergebnissen führen oder nur in bestimmten Konstellationen auftreten. Sie lassen sich nur erkennen, wenn die gesamte Bandbreite der Anwendungsmöglichkeiten getestet wird und Kontrollrechnungen mit speziellen mathematisch-selbstverifizierenden Prüfprogrammen durchgeführt werden (Verworn, 1999). Aufgrund der Komplexität von heutigen Programmen sind solche umfassenden Tests manuell praktisch nicht mehr möglich. Zunehmend kommen daher automatisierte Testverfahren zum Einsatz bei der durch Ergebnisvergleiche Abweichungen identifiziert und als Grundlage zur weiteren Analyse auf mögliche Softwarefehler verwendet werden.

5.6.2 Begriffe und Methoden zur Überprüfung von Modellen

Bei der Modellierung und Simulation hydraulischer Prozesse in Entwässerungssystemen ist die Prüfung der Ergebnisse eine maßgebliche Voraussetzung zur Gewährleistung brauchbarer Ergebnisse. Dabei werden die Begriffe „Kalibrierung", „Verifizierung" und „Validierung" verwendet. Die Verwendung dieser Begriffe in der Praxis ist dabei nicht immer eindeutig. Unterschiede zwischen der Verifizierung und der Validierung eines Modells sind nicht einfach zu beschreiben. Bei der Überprüfung einer Aussage oder eines Ergebnisses wird zudem der Begriff der Falsifizierung verwendet. Hier erfolgt ein Versuch, von entsprechenden Begriffsdefinition:

Verifizieren oder Verifikation (von lat. veritas ‚Wahrheit' und facere ‚machen') ist der Nachweis, dass ein vermuteter oder behaupteter Sachverhalt wahr ist. In der Informatik und Softwaretechnik ist die Verifikation ein Prozess, der für ein Programm oder ein System sicherstellt, dass es zu einer Spezifikation „konform" ist („Ist das System richtig gebaut?").

Validieren oder Validation (von lat. validus ‚kräftig, wirksam, fest') ist die Plausibilisierung (Test auf Plausibilität), dass ein System die Anforderungen in der Praxis erfüllt („Funktioniert das System richtig?"). Ein Wert wird darauf geprüft, ob er einem vorgegebenen Wert entspricht oder innerhalb eines vorgegebenen Wertebereiches liegt.

Falsifizieren oder Falsifizierung (von lat. falsificare ‚als falsch erkennen') ist der Nachweis der Ungültigkeit einer Aussage oder Methode (Widerlegung). Falsifizierung ist kein Kriterium der Qualität oder Güte. Der Falsifikationismus geht davon aus, dass eine Hypothese niemals bewiesen, aber gegebenenfalls widerlegt werden kann. Die Hypothese: „Alle Schwäne sind weiß", ist nicht beweisbar. Hier würden aus Einzelbeobachtungen eine allgemeine Regel erstellt werden, was logisch nicht zulässig ist. Doch ein einziger schwarzer Schwan erlaubt den logischen Schluss, dass die Aussage, alle Schwäne seien weiß, falsch ist. Der Falsifikationismus strebt somit nach einem Hinterfragen, einer Falsifizierung von Hypothesen, statt nach dem Versuch eines Beweises.

Kalibrieren oder Kalibrierung ist die Anpassung des Modells durch Variation von Modellparametern zur Übereinstimmung von gemessenen und simulierten Werten. Entsprechenden Maßnahmen und Bedingungen werden in den folgenden Kapiteln (5.6.3 bis 5.6.5) erläutert.

5.6.3 Daten- und Modellfehler

Auch wenn die Möglichkeiten der Simulationstechnik kontinuierlich weiterentwickelt werden, ist kein Simulationsergebnis besser als die Qualifikation des „Simulierenden". Plausibilitätskontrollen sind neben der Systemmodellierung die Grundlage für hochwertige Planungsergebnisse. Der erste Schritt im Rahmen der Projektbearbeitung nach Übernahme der Daten ist somit die Durchführung einer Prüfung auf Plausibilität und Vollständigkeit. Im Rahmen dieser Prüfung ist eine Systematik zu empfehlen, indem folgende Fragestellungen überprüft werden. Sind die Daten:

- aktuell?
- vollständig?
- mit vorhandenen Werkzeugen verarbeitbar?
- richtig (korrekt ausgeführte Messaufgabe)?
- repräsentativ (stellvertretend)?
- plausibel (nachvollziehbar und glaubhaft)?
- konsistent (logisch und widerspruchsfrei)?
- homogen (einheitlich)?

Bei der Modellierung von Entwässerungssystemen erfolgt grundsätzlich eine Unterscheidung in zwei Arten von Daten:

- Systemdaten
- Prozessdaten

Zu den System- bzw. Zustandsdaten zählen die Daten, die das System beschreiben. Dazu gehören in erster Linie die Stammdaten des Entwässerungssystems (Lage, Geometrie, Werkstoffe usw.). Zur Kategorie der Prozessdaten gehören Niederschlagsdaten, Abflüsse und ggf. Stoffkonzentrationen, die wesentliche Grundlageninformationen zur Berechnung mit Kanalnetzmodellen liefern, aber auch zur Überwachung von Einleitungen und zur Erfassung des Austragsverhaltens (Entlastungsabflüsse, Kläranlagenzuflüsse) des Kanalsystems dienen. Im Gegensatz zu den System- bzw. Zustandsdaten, die größtenteils einem mittel- bis langfristigen Änderungsprozess unterliegen, zeichnen sich Prozessdaten durch eine hohe zeitliche Dynamik aus. Messausfälle oder Datenverluste sind bei den Prozessdaten i.d.R. nicht rekonstruierbar.

Die umfangreichen Datensätze zur Beschreibung von Entwässerungssystemen sind in der realen Praxis nie völlig fehlerfrei. Beispielhafte Hinweise zu Plausibilitätsfragen für Kanalnetzdaten bzw. für Kanalnetzmodelle sind in Kap. 5.2.2 genannt. Auch nach einer sorgfältigen Plausibilitätsprüfung ist zu berücksichtigen, dass die übernommenen Systemdaten die realen Verhältnisse nicht exakt wiedergeben. Die Prozesse der Kalibrierung und Validierung sind daher weitere maßgebliche Instrumente zur Prüfung der Systemdaten.

5.6.4 Durchführung der Kalibrierung und Validierung

Nach der Aufstellung eines Modells ist die Überprüfung der Simulationsergebnisse auf Übereinstimmung mit der Realität erforderlich. Die Überprüfung und Anpassung der Modellparameter in diesem Zusammenhang wird Kalibrierung genannt. Bei der Kalibrierung erfolgt eine Variation der Modellparameter, um eine Übereinstimmung zwischen gemessenen und berechneten Werten zu erreichen. Repräsentative gemessene Werte liegen bei Kanalnetzen allerdings nur im Idealfall in ausreichender räumlicher Differenzierung und ausreichendem zeitlichem Umfang vor. Dies darf jedoch nicht dazu führen, dass dieser notwendige Schritt der Modellierung einfach übergangen wird. Bei der Bemühung, eine Übereinstimmung zwischen gemessenen und simulierten Werten zu erreichen, ist zu beachten, dass auch Messwerte i. a. weder fehlerfrei noch repräsentativ sind.

Die Kalibrierung bei einer Niederschlag-Abfluss-Simulation umfasst den Vergleich von gemessenen Abflussdaten für einzelne Ereignisse mit den Ergebnissen der Simulation. Dabei kann es sich um Ganglinien zum Wasserstand und/oder zu Abflüssen handeln. Verglichen werden die absoluten Werte (z. B. Abflussspitzen) und der zeitliche Verlauf. Vergleichskriterien können beispielsweise sein:

- Maximalwerte von Wasserstand bzw. Abfluss
- Abflussvolumen während eines Ereignisses
- Zeitpunkte von Abflussspitzen bzw. maximalen Wasserständen
- Qualitative Übereinstimmung des Ganglinienverlaufes

In **Bild 5.11** ist der Ganglinienvergleich im Rahmen einer Modellkalibrierung dargestellt. Bei diesem Ereignis überschreiten die simulierten Abflussspitzen die Ergebnisse der Abflussmessung. Außerdem sind die Simulationsergebnisse im

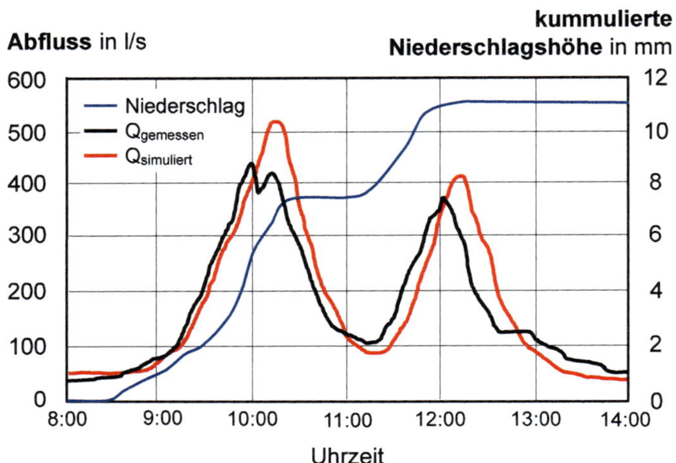

Bild 5.11: Beispiel für das Ergebnis einer gemessenen und einer simulierten Abflussganglinie im Rahmen der Modellkalibrierung

Vergleich zu den Messdaten geringfügig verschoben. Insgesamt stimmen bei diesem exemplarischen dargestellten Ereignis die gemessenen und die simulierten Daten bereits vergleichsweise gut überein. Letztlich muss im Rahmen der Kalibrierung auch hingenommen werden, dass für bestimmte Ereignisse keine zufriedenstellende Übereinstimmung erreicht werden kann. Die Gründe dafür sind aufgrund der vielfältigen Einflussgrößen häufig nicht in letzter Konsequenz nachvollziehbar. Es darf dabei aber auch nicht grundsätzlich davon ausgegangen werden, dass die Messdaten völlig fehlerfrei sind. Messungen von Niederschlag und Abflüssen in der Kanalisation sind aufwändig und durchaus fehleranfällig.

Im Rahmen der Kalibrierung ist zuerst eine Anpassung der Berechnungsergebnisse durch die Überprüfung und Anpassung der Modellparameter anzustreben. Dies erfolgt auf Grundlage der durchgeführten Vergleiche. Ein Ansatzpunkt sind beispielsweise die Parameter für die Verluste bei der Abflussbildung. Die Programme zur Niederschlag-Abfluss-Simulation geben in der Regel einen Standardparametersatz für die jeweiligen Verlustwerte vor. Dieser muss aber für das simulierte Einzugsgebiet nicht unbedingt zutreffend sein. Insbesondere bei stärkeren Niederschlagsereignissen haben die jeweiligen programm- und modellspezifischen Verlustansätze meist aber nur einen relativ geringeren Einfluss auf das Berechnungsergebnis.

Weitere Anpassungsmöglichkeiten bestehen insbesondere bei der anzusetzenden Abflussverzögerung auf der Oberfläche im Rahmen der Abflusskonzentration. Mit zunehmender Kanalnetzgröße reduzieren sich allerdings die Modellauswirkungen, da dann zunehmend die Fließzeit im Kanalnetz an Bedeutung gewinnt.

Wenn hierdurch keine zufriedenstellende Übereinstimmung der Ganglinien und/oder der berechneten Einzelwerte (Abflussspitzen) erreicht werden kann, sind die angesetzten Flächenkenngrößen zu überprüfen. Den deutlich größeren Einfluss auf die Niederschlag-Abflussbilanz üben die abflusswirksamen Flächenanteile aus. Dabei ist zu berücksichtigen, dass innerhalb eines Einzugsgebietes nicht alle befestigten oder bebauten Flächenanteile auch unmittelbar abflusswirksam an das Kanalnetz angeschlossen sind. Die tatsächlich abflusswirksamen Flächen lassen sich aus Vermessungen oder Luftbildauswertungen i.d.R. auch nicht hinreichend genau bestimmen, so dass hier meist mit Schätzwerten gearbeitet wird. Einfache Luftbilder liefern zudem keine Information zum Geländegefälle. Vielfach wird daher eine pauschalierte Abminderung der befestigten Flächenanteile in Abhängigkeit von der Oberflächenstruktur als erste Abschätzung zum abflusswirksamen Anteil vorgenommen. Der Abflussbeiwert ist aber nicht als absolute Größe zu interpretieren, sondern ein instationärer Beiwert, der in Abhängigkeit u. a. von der Flächenneigung, der Regenintensität, der Regencharakteristik und der Art und Gestaltung der Oberfläche steht.

Die Ermittlung der befestigten und abflusswirksamen Flächenanteile basieren grundsätzlich auf einer Niederschlag-Abfluss-Bilanzierung. Das aus Messungen gewonnene Regenvolumen ($V_{N,eff}$) und dass daraus resultierende Regenabflussvolumen im Kanal (V_R) weichen in der Regel voneinander ab, weil die abflusswirksamen Flächenanteile nicht exakt zu bestimmen sind. In der Arbeitshilfe für die Durchführung von Messungen im Kanalnetz zur Ermittlung des abflusswirksamen Anteils der befestigten Flächen in Nordrhein-Westfalen (LANUV-Arbeitsblatt 4) haben Schmitt et al. (2008) ein Verfahren zur Bestimmung eines Korrekturwertes zur Anpassung des Flächenwertes auf der Basis von Messdaten entwickelt. Dieser Korrekturwert x_k ist der Quotient aus dem abfließenden Regenabflussvolumen und dem gefallenen Regenvolumen. Mit diesem Korrekturwert wird neben der Beurteilung der Abflusswirksamkeit ggf. auch eine Korrektur der durch Überfliegungsauswertungen ermittelten befestigten Flächenanteile vorgenommen.

Als Vergleichskriterium bei der Modellkalibrierung gelten neben dem Abflussvolumen auch die Höhe und das zeitliche Auftreten der Abflussspitzen sowie die Übereinstimmung der Ganglinienverläufe. Eine hohe Übereinstimmung zwischen Messung und Simulation ist in der Regel nur für ideale Randbedingungen (gleichmäßige Überregnung, ideale Messbedingungen usw.) zu erreichen. Solche idealen Randbedingungen liegen in der Realität aber nie vor. Aus diesem Grund sollte eine Kalibrierung nicht nur für ein Einzelereignis, sondern immer für mehrere Ereignisse durchgeführt werden. Ansonsten besteht die Gefahr, dass die nicht idealen Randbedingungen zu einer fehlerhaften Einschätzung der Kalibrierparameter führen. Aus diesem Grund ist unabhängig von der Kalibrierung eine zusätzliche Modellvalidierung durchzuführen. Dabei wird mit Niederschlags- und Abflussdaten, welche nicht bei der Modellkalibrierung verwendet wurden, geprüft, ob das kalibrierte Modell die Abflussprozesse auch für andere Ereignisse realistisch abbildet.

Neben der Anpassung der Verlustansätze und der Werte zur Beschreibung der Abflusswirksamkeit der unterschiedlichen Oberflächen, erfolgt im Rahmen der Kalibrierung die Prüfung des Kanalnetzmodelles selbst. Zu möglichen Fehlern zählen beispielsweise fehlerhafte geometrische Daten wie der Ansatz falscher Nennweiten, fehlerhafte Schwellenhöhen oder -längen, fehlerhafte Angaben zu Drosselorganen oder Pumpen und fehlerhafte Systemverknüpfungen innerhalb des Modells. Unplausible Daten werden von den Programmen zumeist als Fehlermeldung oder Warnung ausgegeben, allerdings besteht eine Vielzahl an Fehlermöglichkeiten innerhalb plausibler Wertespektren.

Sofern mit Niederschlag-Abfluss-Simulationen Aussagen zur Niederschlagswasserbehandlung und Rückhaltung getroffen werden sollen, ist die Modellkalibrierung für die Trockenwetterabflüsse – im Gegensatz zu einem hydraulischen Kanalnetznachweis für einzelne (Stark-Niederschlagsereignisse) – von extrem großer Bedeutung. Insbesondere wird das Betriebsverhalten stärker gedrosselter Systemelemente, wie z. B. Regenüberlaufbecken, Stauraumkanäle oder Regenklärbecken, durch die Höhe und den zeitlichen Verlauf der Trockenwetterabflüsse, massiv beeinflusst. Fehlerhafte Ansätze können dabei zu gravierenden Fehlinterpretationen führen. Von besonderer Bedeutung neben dem anzusetzenden Schmutzwasserabfluss ist dabei der Fremdwasserabfluss. Dieser unterliegt gewöhnlich größeren zeitlichen Schwankungen. Werden diese nicht ausreichend genau im Modell abgebildet, kann die Simulation keine realistischen Ergebnisse liefern. Daher sollten bei solchen Aufgabenstellungen Messdaten für die Plausibilitätsprüfung und Kalibrierung eines Modells herangezogen werden. An Regenbecken werden in der Regel Füllstände gemessen, die hierfür wertvolle Informationen liefern können. Geeignete Kennwerte sind z. B. Einstauhöhen, Einstaudauern, Überlaufdauern und Überlaufvolumina über einen längeren Zeitraum, möglichst mindestens ein Jahr.

Bei Modellen, die nicht mit Messwerten kalibriert werden können, ist zumindest eine Systemüberprüfung durchzuführen. Neben Plausibilitätsprüfungen der Ergebnisse sollte ein Abgleich der Berechnungsergebnisse mit Erfahrungen vor Ort (Anwohnerbefragung, Auswertung von Feuerwehreinsätzen, Störfallmeldungen bei der Betriebsabteilung, Erfahrungen zu Einstauhäufigkeiten und dauern bei Regenbecken) durchgeführt werden.

5.6.5 Messkampagnen zur Kalibrierung von Niederschlag-Abfluss-Modellen

Messungen in Kanalisationsnetzen sind Ingenieuraufgaben. Messdaten liefern wichtige Informationen zur Berechnung von hydraulischen Sanierungen, Erweiterungen oder Umbauten, für die Steuerung und Optimierung von Abwasseranlagen sowie für Kostenabrechnungen. Die Durchführung von Messungen im Kanalnetz setzt umfassende Kenntnisse und Erfahrungen im Bereich der Hydraulik, der Hydrometrie und Auswertung von Messdaten voraus. Anforderungen und Möglichkeiten der Messung von Wasserstand und Durchfluss in Abwasseranlagen werden im Merkblatt DWA-M 181 (2011a) ausführlich beschrieben.

Die anspruchsvollen Milieubedingungen sowie wechselnde Volumenströme und die unterschiedlichen Wasserinhaltsstoffe stellen besondere Herausforderungen an die Messung und die zum Einsatz kommende Messtechnik dar. Messgeräte müssen explosionsgeschützt sein. **Bild 5.12** zeigt exemplarisch eine temporäre Durchflussmessung mit einem Ultraschall-Echolot im Bereich des Kanalscheitels in Kombination mit einem zusätzlichen Geschwindigkeitssensor auf der Kanalsohle. Das Messgerät wurde mit einem Edelstahl-Spannring im Sohlbereich des Kanals fixiert. Für eine repräsentative Durchflussmessung ist hier ein Mindestfüllstand von einigen Zentimetern erforderlich. Auf eine sorgfältige Befestigung der Kabel ist zu achten, da beispielsweise fixierte Hygieneartikel bei entsprechendem Volumenstrom hohe mechanische Kräfte auf Kabel und Messgeräte ausüben können.

Bild 5.12: Sohlgebundene Durchflussmessung mit einem Ultraschallsensor im Scheitelbereich

Die Wahl der Messstelle wird von einer Fülle unterschiedlicher Kriterien beeinflusst. Die hydrometrischen Randbedingungen an den Standardmessstellen sind in **Tabelle 5.3** aufgeführt.

Übliche Zeiträume für Messkampagnen zur Modellkalibrierung mit Schwerpunkt „Ermittlung der abflusswirksamen Flächen" umfassen einen Zeitraum von drei bis sechs Monaten. Doch auch Messungen mit einer Dauer von zwei Jahren und mehr sind keine absolute Garantie dafür, dass in diesem Zeitraum die für eine Kalibrierung und Validierung erforderlichen Niederschlag-Abfluss-Ereignisse erfasst werden (Despotović et al., 2002). Für einen sachgerechten Ansatz von Fremdwasserabflüssen in Modellberechnungen ist ein Zeitraum von drei bis sechs Monaten sicherlich nicht ausreichend. Hier sollte unbedingt auf eine Dauermessstelle mit mehrjährigen Betrieb (z. B. im Kläranlagenzulauf) zurückgegriffen werden, um eine realistische Einschätzung der Schwankungsbreite vornehmen zu können.

Die Planung und die Betreuung der Messungen erfordern einen hohen technischen, personellen und zeitlichen Aufwand. Deshalb werden häufig Simulationen und Sanierungskonzepte für Entwässerungssysteme mit unkalibrierten Modellen durchgeführt. Dabei wird aber nicht berücksichtigt, dass die Baukosten für eine unnötig sanierte Kanalhaltung die Kosten für die eingesparte Messung und Modellkalibrierung um ein Vielfaches übersteigen (Hoppe und Grüning, 2006). Fehlerhafte Einschätzungen zum Fremdwasserabfluss können darüber hinaus dazu führen, dass völlig ungeeignete Maßnahmen umgesetzt werden. Der Wert von Messdaten und ihre Verwendung bei der Modellkalibrierung kann daher nicht genug betont werden.

Tabelle 5.3: Hydrometrische Randbedingungen an den Standardmessstellen zur Durchflussmessung in Kanalnetzen (verändert nach Hassinger, 2000)

Kriterium	Kanal (MW)	Ablauf Drossel	Entlastung
Querschnitt	tiefliegend, großer Querschnitt, meist Kreisprofil	tiefliegend, kleiner Querschnitt, meist Kreisprofil	hochliegend, großer Querschnitt, teilweise breit und flach
Messbereich/ Schwankungen	stetiger Abfluss/ stark schwankend	stetiger Abfluss/ geringfügig schwankend	meist kein Abfluss/ stark schwankend
Rückstausituation	häufig	häufig	möglich (Gewässer)
Ablagerungsgefahr	mäßig	gering	Sedimenteinschwemmung aus Gewässer möglich
Nass-Kalibrierung	bei kleinen Abflüssen gut möglich, bei großen nur mit Vergleichsmessung	gut möglich	sehr aufwändig, nur mit automatischer Vergleichsmessung
Strömungsbedingungen	einheitlich, i.d.R. ruhig	beeinflusst durch Ablaufstrahl der Drossel	uneinheitlich, oft schießender Abfluss
Trockenzeiten	keine	Drossel absperrbar	meist trocken
Medium	Abwasser mit problematischen Inhaltsstoffen		
Umgebungs- und Betriebsbedingungen	Geruch, Nässe, Glätte, Schmutz Ex-Schutz, Überflutungsschutz (IP67/68), Datenspeicherung, Batteriebetrieb		
Zugänglichkeit	Oft hoher Aufwand bei Lage im Verkehrsbereich und Sicherheitsanforderungen		

6 Dimensionierung und Nachweis

6.1 Aufgabenstellungen bei der Berechnung von Kanalnetzen

Hinweise zur erforderlichen hydraulischen Leistungsfähigkeit von Kanalnetzen gibt die europäische Norm DIN-EN 752 (DIN EN, 2017). Die in Deutschland maßgebende Richtlinie zur hydraulischen Bemessung und dem Nachweis von Entwässerungssystemen ist das Arbeitsblatt DWA-A 118 (2006a). Die Norm und das Arbeitsblatt enthalten Vorgaben zur Berechnung von Schmutz-, Regen- und Mischwasserkanälen sowie ggf. offenen Gerinnen. Gemäß Arbeitsblatt DWA-A 118 sind dabei folgende Aufgabenstellungen zu unterscheiden:

- Neubemessung von Entwässerungsnetzen
- Nachrechnung bestehender Systeme
- Berechnung von Sanierungsvarianten
- Nachweis der Überstauhäufigkeit
- Bewertung der Überflutungssicherheit

In einem dicht besiedelten Land wie der Bundesrepublik Deutschland wird die Neubemessung eines ausgedehnten Kanalnetzes selten der Fall sein. Neubemessungen begrenzen sich hier in erster Linie auf räumlich beschränkte Neuerschließungen. Häufig sind jedoch bestehende Systeme zu überprüfen und zu optimieren (Nachweis). Ergänzend zum Arbeitsblatt DWA-A 118 enthält das Merkblatt DWA-M 119 (2016b) weiterführende Hinweise und Regelungen zur kommunalen Überflutungsvorsorge.

6.2 Abflüsse in Trenn- und Mischsystemen

Die Ermittlung der jeweiligen Abflüsse bei Trockenwetter wurde bereits im Kapitel 4 beschrieben. Bei der Dimensionierung der Kanalnetze sind gemäß Arbeitsblatt DWA-A 118 darüberhinausgehend folgende zeitabhängige Spitzenabflüsse maßgeblich:

Schmutzwasserkanal in Trennsystemen:

$$Q_{ges} = Q_{T,h,max} + Q_{R,Tr,max} \tag{6.1}$$

$Q_{T,h,max}$ *maximaler stündlicher Trockenwetterabfluss (in l/s)*

$Q_{R,Tr,max}$ *maximaler unvermeidbarer Regenabfluss im Schmutzwasserkanal von Trenngebieten (in l/s)*

Regenwasserkanal in Trennsystemen:

$$Q_{ges} = Q_{R,max} \tag{6.2}$$

$Q_{R,max}$ *maximaler Regenwetterabfluss in l/s*

Mischwasserkanal in Mischsystemen:

$$Q_{ges} = Q_{T,h,max} + Q_{R,max} \tag{6.3}$$

Auch wenn der Bemessung stündliche Spitzenwerte zugrunde liegen, sollte das rechnerische Abflussvermögen eines Kanal- oder Leitungsquerschnittes nicht voll ausgenutzt werden. Übersteigt der Gesamtabfluss das gefälle- und nennweitenabhängige Abflussvermögen des Kanals um mehr als 90 %, wird empfohlen, den nächst größere Querschnitt zu wählen. Die Berücksichtigung von Reserven im Schmutzwasserkanal hängen u. a. von einer weiteren Besiedlung im Umfeld des Einzugsgebietes ab. Eventuell sind hier auch hydraulische Reserven, für eine mögliche Ableitung stark verunreinigter Oberflächenabflüsse zu berücksichtigen. Bei der Bemessung von Regen- und Mischwasserkanälen sind künftige Gebietserweiterungen mit zusätzlichen abflusswirksamen Flächen zu berücksichtigen.

6.3 Bemessungsgröße „Niederschlag“ und hydraulische Bemessungskriterien

6.3.1 Methodenspezifischer Niederschlag

Bei der Durchführung hydraulischer Berechnungen wird im Wesentlichen unterschieden, ob ein System neu bemessen oder vorhandene Systeme rechnerisch überprüft und ggf. optimiert werden. Die jeweiligen Berechnungsmethoden und Niederschlagsbelastungen sind in Abhängigkeit von der Aufgabenstellung und systemspezifischen Randbedingungen festzulegen. Bei der Neubemessung kleinerer (einfacher) Entwässerungsnetze ist die Dimensionierung mittels Fließzeitverfahren (Zeitbeiwertverfahren, Flutplanverfahren usw.) und Blockregen im Allgemeinen ausreichend. Das Arbeitsblatt DWA-A 118 gibt hier eine Fläche von 200 ha oder Fließzeiten bis 15 Minuten als Obergrenze an. Bei der Abflussmodellierung ist anhand der örtlichen Gegebenheiten, der Kom-

Tabelle 6.1: Zuordnung und Aussagefähigkeit von Berechnungsmethoden und Niederschlagsbelastungen nach dem Arbeitsblatt DWA-A 118 (2006a)

Art der Modelleingangsgröße „Niederschlag“	Fließzeitverfahren	Hydrologische Modelle	Hydrodynamische Modelle
Regenspendelinie, Blockregen	Maximalabfluss[1]	Anwendung nicht empfohlen	Anwendung nicht empfohlen
Modellregen Euler (Typ II)	Anwendung nicht möglich	Abfluss (Maximalwert, Ganglinie)	Abfluss und Wasserstand (Maximalwert, Ganglinie)
Modellregengruppe	Anwendung nicht möglich	Abfluss (Maximalwert, Ganglinie)	Abfluss und Wasserstand (Maximalwert, Ganglinie)
Gemessene Starkregenserie	Anwendung nicht möglich	Abfluss (Maximalwert, Ganglinie, Statistik)	Abfluss und Wasserstand (Maximalwert, Ganglinie, Statistik)

[1] Mit Flutplan- und Summenlinienverfahren können schematisierte Abflussganglinien („Flutkurven“) angegeben werden.

plexität des Systems sowie der vorliegenden Fragestellung die Verwendung von Einzelmodellregen, Modellregengruppen oder Starkregenserien zu prüfen. Für unterschiedliche Kombinationen von Berechnungsmethoden und Niederschlagsbelastungen ergibt sich die in **Tabelle 6.1** aufgezeigte Aussagefähigkeit. Wasserstände über Kanalscheitel können nur mit hydrodynamischen Methoden berechnet werden.

6.3.2 Belastungsabhängiges Systemverhalten

Das Ergebnis der hydraulischen Berechnung stellt das Verhalten des Entwässerungssystems bei unterschiedlichen Niederschlagsbelastungen dar. Bezugsgröße ist dabei der Wasserstand, der vom Freispiegelabfluss bis zur Überflutung der Oberfläche bei hydraulisch überlasteter Kanalisation reicht. Während die DIN EN 752 u. a. die erwartete Häufigkeit der kanalindizierten Überflutung als Bemessungskriterium für die Leistungsfähigkeit von Entwässerungssystemen einführt, ist im Arbeitsblatt DWA-A 118 die Überstauhäufigkeit als Zielgröße für den rechnerischen Nachweis für Neuplanungen und Sanierungen von Kanalnetzen vorgesehen, ohne dabei den ortsabhängigen Überflutungsschutz außer Acht zu lassen. Folgende Begriffe werden zur

Beschreibung der unterschiedlichen Systemzustände verwendet:

- **Überlastung oder Einstau:** Zustand, bei dem Abwasser (Schmutz, Niederschlags- oder Mischwasser) in einem Entwässerungssystem unter Druck abfließt, aber nicht an die Oberfläche gelangt und somit auch keine Überflutung verursacht (**Bild 6.1**).
- **Überstau:** Zustand, bei dem der Wasserstand ein bestimmtes Bezugsniveau erreicht oder überschreitet. Dieses Bezugsniveau kann zwischen Kanalscheitel und Geländeoberkante gewählt werden (Einstau) und mit der Rückstauebene der jeweiligen örtlichen Entwässerungssatzung identisch sein (**Bild 6.2**). Vielfach wird die Geländehöhe der Schachtabdeckung als Bezugsniveau des rechnerischen Maximalwasserstandes gewählt, da es bei Überschreitung dieses Wertes zu einem Austritt von Wasser auf die Geländeoberfläche (Straßenfläche) kommt und dadurch die Möglichkeit einer Überflutung besteht.
- **Überflutung:** Von der Europäischen Norm DIN EN 752 (2017) wird allgemein zwischen der Überflutung und der kanalindizierten Überflutung unterschieden. Als Überflutung wird der Zustand definiert, bei dem Wasser ungewollt auf eine Oberfläche austritt oder in ein Gebäude eindringt (**Bild 6.3**). Die kanalindizierte Überflutung entspricht dem Zustand, bei dem Abwasser aus einem Entwässerungssystem entweichen oder nicht in dieses eintreten kann und entweder auf der Oberfläche verbleibt oder von der Oberfläche her in Gebäude eindringt.

Im Arbeitsblatt DWA-A 118 werden Überstauhäufigkeiten für die Neuplanung bzw. Sanierung von Kanalnetzen vorgegeben. Überstauverhältnisse können mit Niederschlag-Abfluss-Modellen ermittelt werden. Aus diesem Grund stellen Überstauhäufigkeiten üblicherweise die Zielgröße für den rechnerischen Nachweis von Entwässerungssystemen dar. Eine Präzisierung des Überflutungsbegriffes erfolgt im Arbeitsblatt DWA-A 118 (2006a) und im Merkblatt DWA-M 119 (2016b). Demnach wird in der deutschen Entwässerungspraxis eine Überflutung mit auftretenden Schädigungen bzw. einer Funktionsstörung (z. B. bei Unterführungen) in Verbindung gebracht. Ursache ist der Wasseraustritt oder der nicht mögliche Wassereintritt in das Entwässerungssystem infolge Überlastung. Der Austritt von Wasser auf die Straße allein erfüllt noch nicht den Tatbestand der Überflutung. Dabei wird erläutert, dass der Prozess der Überflutung maßgeblichen von lokalen Verhältnissen abhängt. Dazu zählen beispielsweise die topografische Lage des Gebietes (Berg- oder Hanglage, Tiefpunkt oder Nähe zu einem Gewässer) sowie das jeweilige Schadenspotenzial.

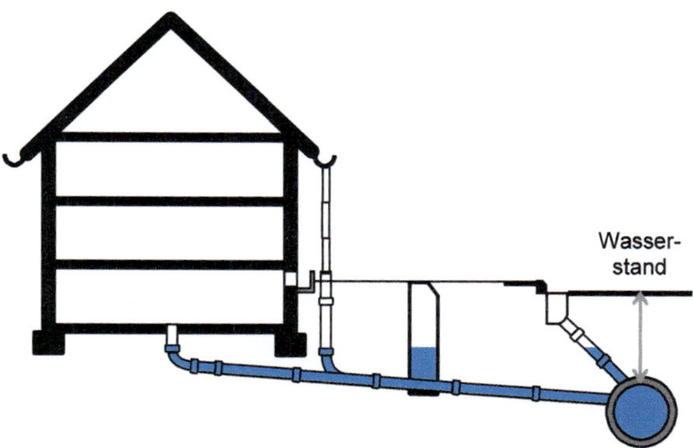

Bild 6.1: Überlastung (Druckabfluss) oder Einstau (Wasserstand zwischen Scheitel und Geländeoberkante)

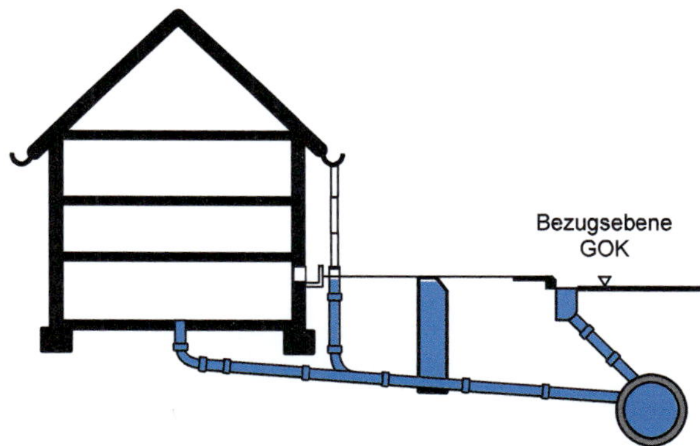

Bild 6.2: Überstau bei Vorgabe der Geländeoberkante (GOK) als Bezugsniveau für den Wasserstand

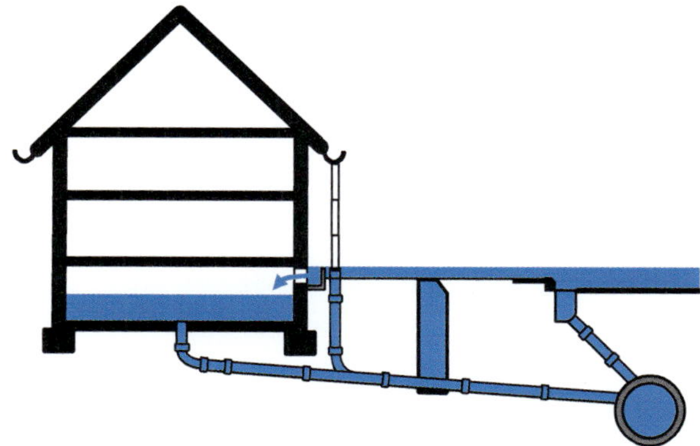

Bild 6.3: Überflutung mit Abfluss auf der Oberfläche und in Gebäude eindringende Abflüsse

Das Schadenspotenzial leitet sich maßgeblich von der vorhandenen Bebauung (z. B. Kellerräume, Souterrainwohnungen) und den infrastrukturellen Gegebenheiten (z. B. U-Bahn, Krankenhäuser) ab. Insofern sind Überflutungssituationen mit den aktuellen Möglichkeiten der Abflussmodellierung zu analysieren, aber nicht exakt nachweisbar. Die zunehmenden Möglichkeiten der Simulation von Überflutungsprozessen werden im Kapitel 12 beschrieben.

6.3.3 Bemessung im Rahmen einer Neuplanung

Wie bereits in Kapitel 6.1 erwähnt, sind Neuplanungen großräumiger urbaner Bereiche in Deutschland unüblich. Die Neuverlegung eines Kanalnetzes beschränkt sich in erster Linie auf die Neuerschließung von Baugebieten innerhalb oder im Randbereich urbaner Räume. Bei Neuplanungen sind im Vergleich zur Nachrechnung bestehender Systeme (Nachweisführung) folgende Unterschiede zu berücksichtigen:

- Das Systemverhalten kann nicht durch eine Modellkalibrierung überprüft werden, da keine Vergleichsmessungen möglich sind.
- Mögliche Auswirkungen intensiver Niederschläge die zu einer Systemüberlastung führen, können nicht durch eine Einschätzung der Situation auf der Grundlage einer Ortsbegehung nachvollzogen werden.
- Erfahrungen zum Systemverhalten bei Starkregen und daraus resultierenden Überflutungen liegen nicht vor.

Bei größeren Netzen (> 200 ha) wird nach Arbeitsblatt DWA-A 118 empfohlen, die Dimensionierung durch eine Nachweisrechnung abzusichern. Ggf. wird die Vordimensionierung solange korrigiert, bis die geforderte Nachweisgröße (Überstauhäufigkeit) im gesamten Entwässerungssystem mit möglichst wirtschaftlichen Maßnahmen und unter Berücksichtigung betrieblicher Belange eingehalten wird. Bei der Anbindung neuer Kanalnetze an vorhandene Systeme ist zunächst eine Dimensionierung des geplanten Netzes erforderlich. In einer anschließenden Nachrechnung ist zu untersuchen, ob und ggf. mit welcher Häufigkeit die anzuschließenden Flächen zu einer nachteiligen Überlastung des vorhandenen Netzes führen. Bei der Neubemessung mit Hilfe von Modellen wird die Verwendung eines Modellregens (EULER-Typ II) empfohlen (**Tabelle 6.2**).

In **Tabelle 6.3** sind die empfohlenen Häufigkeiten für das Auftreten der jeweiligen Systemzustände in Abhängigkeit von systembelastenden Regen dargestellt.

Tabelle 6.2: Anwendungsempfehlungen für die Neubemessung von Entwässerungssystemen nach Arbeitsblatt DWA-A 118 (2006a)

Art der Modell-eingangsgröße „Niederschlag"	Fließzeit-verfahren	Hydrologische Modelle	Hydrodynami-sche Modelle
Regenspendelinie, Blockregen	empfohlen		
Modellregen Euler (Typ II)		möglich	möglich
Modellregen-gruppe		nicht empfohlen	nicht empfohlen
Gemessene Starkregenserie		nicht empfohlen	nicht empfohlen

Tabelle 6.3: Empfohlene Häufigkeiten (1 in „n" Jahren) für den Entwurf von Entwässerungssystemen nach DIN EN 752, Arbeitsblatt DWA-A 118 und DWA-AG ES-2.1

Bemessungs-regenhäufigkeit[1)]	Ort/Flächennutzung	Überstau-häufigkeit[2)]	Überstau-häufigkeit[3)]
1 in 1	Ländliche Gebiete	1 in 2	
1 in 2	Wohngebiete	1 in 3	1 in 2
1 in 5	Stadtzentren, Industrie- und Gewerbegebiete	seltener als 1 in 5	1 in 3
1 in 10	Unterirdische Verkehrsanlagen, Unterführungen	seltener als 1 in 10	1 in 5

[1)] für Bemessungsregen dürfen keine Überlastungen auftreten („Freispiegelabfluss im Kanal" *bzw. „ohne Überlastung lediglich vollgefüllt")*

[2)] *empfohlene Häufigkeit für den Entwurf/Neuplanung nach Arbeitsblatt DWA-A 118*

[3)] *Werte als „Mindestleistungsfähigkeit" bestehender Systeme nach ATV-DVWK (2004)*

Eingangsgröße und Bemessungsgrundlage ist dabei die Häufigkeit des Bemessungsregens in Abhängigkeit von den örtlichen Bedingungen. Dabei wird bei der Bemessung vielfach mit synthetischen Regen gearbeitet, deren Häufigkeit - anders als bei natürlichen Regen - eindeutig definierbar ist. Die zugrunde gelegten Bemessungsregen dürfen im System keine Überlastungen hervorrufen. Das Rohr darf lediglich vollgefüllt, aber nicht eingestaut sein. Werden zur Neubemessung kleinerer (einfacher) Entwässerungsnetze mit Hilfe eines Fließzeitverfahrens und Blockregen dimensioniert, gibt das Arbeitsblatt DWA-A 118 mit Bezug zum Arbeitsblatt DWA-A 110 vor, dass die Ausnutzung des rechnerischen Abflussvermögens ver-

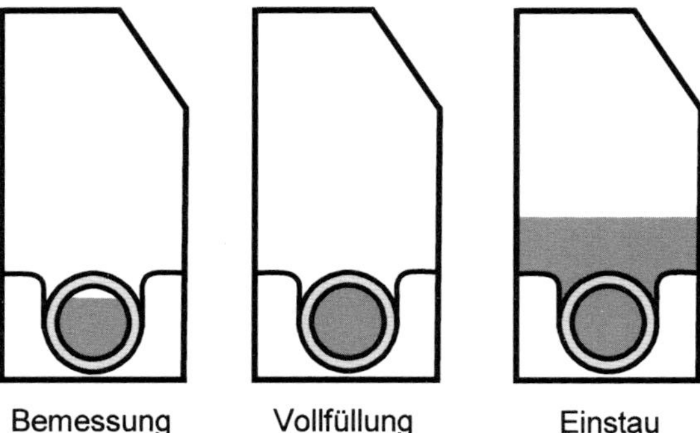

Bild 6.4: Wasserstand für den Bemessungsregen (links) und bei Vollfüllung und Einstau

mieden werden sollte. Es wird empfohlen, den nächstgrößeren Querschnitt zu wählen, wenn der ermittelte Gesamtabfluss bei Regen- und Mischwasserkanälen etwa 90 % des gesamten Abflussvermögens des gewählten Kanalquerschnittes ausmacht (**Bild 6.4**).

In der DIN EN 752 (2017) wird darauf hingewiesen, dass bei Anwendung einfacher Bemessungsverfahren der Bemessungsregen lediglich zu einer Füllung des Rohres führen und keine Überlastung eintreten darf. Die hierbei zugrunde gelegten Bemessungskriterien gewährleisten im Allgemeinen einen Schutz gegen kanalindizierte Überflutungen durch gravierende Regenereignisse, da die vereinfachenden Annahmen durch Sicherheiten kompensiert werden.

Bei der Beurteilung der Auftrittswahrscheinlichkeit eines Niederschlagsereignisses wird häufig angenommen, dass ein kausaler Zusammenhang zwischen Niederschlagshäufigkeit und der Reaktion des Kanalnetzes besteht. In diesem Fall würde ein Niederschlag mit einer Häufigkeit von $n = 0{,}5\ a^{-1}$ zu einem Wasserstand im Kanalnetz führen, der ebenfalls statistisch gesehen nur alle zwei Jahre einmal auftritt. Aufgrund der hochgradigen Nichtlinearität des Abflussverhaltens im Kanalnetz, beispielsweise durch Vermaschungen, Rückstau oder ungleichmäßige Überregnung, besteht aber kein eindeutiger Zusammenhang zwischen der Auftrittswahrscheinlichkeit eines Niederschlags und dem Abflussverhalten im Kanalnetz. Deshalb ist nicht die Regenhäufigkeit als alleiniges Beurteilungskriterium maßgebend, sondern auch die Häufigkeit der Überlastung. Diese wird als Systemantwort durch Auszählen ermittelt (Häufigkeitsaussage) und ist streng genommen keine statistische Aussage (Wahrscheinlichkeitsaussage). So ist auch bei der Interpretation der Tabelle 6.3 zu berücksichtigen, dass zwischen der Häufigkeit des Bemessungsregens und der Häufigkeit des Überstaus oder einer Überflutung kein direkter Zusammenhang besteht. Eine Niederschlag-Abfluss-Simulation kann die Informationen der Überflutung allerdings nur eingeschränkt liefern. Die Simulation erfolgt im Idealfall mit komplexen Systemen, mit denen umfangreiche Niederschlagssituationen (Serie oder Kontinuum) berechnet werden. Durch Übertragung der Historie kann dann eine Bewertung und das Risiko eines Systemversagens abgeleitet werden.

6.3.4 Nachweis der hydraulischen Leistungsfähigkeit und Bemessungskriterien für kanalindizierte Überflutungen

In regelmäßigen Abständen ist die Abflusskapazität von Entwässerungsnetzen zu überprüfen. Hierzu wird eine Analyse mit Modellen zur Niederschlag-Abfluss-Simulation durchgeführt. Wesentliche Ziele der Analyse können sein:

- Ermittlung des Auslastungsgrades und der hydraulischen Funktionstüchtigkeit
- ggf. Ermittlung der Wasserspiegelverhältnisse (z. B. überlastete Systeme)
- Identifikation von Schwachstellen und Reserven
- Feststellung des Sanierungsbedarfes (Planungshorizont beachten)
- Ermittlung hydraulischer Reserven bei vorgesehenem Anschluss zusätzlicher Gebiete

Aufwändigere Systemanalysen erfordern entsprechend komplexe Modelle. Sollen realistische (ggf. gemessene) Ereignisse berechnet werden, sind detaillierte Modelle obligat. Die Berechnung des Überstauverhaltens bei entsprechender Niederschlagsbelastung als Grundlage einer Überflutungsanalyse erfordert Berechnungsmodelle mit hydrodynamischen Berechnungsansätzen. Die Berechnung kann mit Modellregen oder gemessenen Starkregen durchgeführt werden (**Tabelle 6.4**).

Als maßgebliches Bemessungskriterium schlägt die DIN EN 752 „kanalindizierte Überflutungen“ vor. Dabei wird das Entwässerungssystem gemeinsam mit dem oberflächlichen Retentionsraum betrachtet. Der erforderliche Umfang der Untersuchung von kanalindzierten Überflutungen steigt mit dem Schadens- und Gefährdungspotenzial. Bei hohem Schadens- und Gefährdungspotenzial sind beispielsweise mögliche Fließwege und Oberflächeneigenschaften zu berücksichtigen. Modelltechnische Möglichkeiten werden im Kapitel 12 beschrieben.

Tabelle 6.4: Anwendungsempfehlungen für den Nachweis der Überstauhäufigkeit nach Arbeitsblatt DWA-A 118 (2006a)

Art der Modelleingangsgröße „Niederschlag"	Fließzeitverfahren	Hydrologische Modelle	Hydrodynamische Modelle
Regenspendelinie, Blockregen	nicht möglich		
Modellregen Euler (Typ II)		nicht möglich	empfohlen
Modellregengruppe		nicht möglich	empfohlen
Gemessene Starkregenserie		nicht möglich	empfohlen

Tabelle 6.5: Beispiele für Bemessungskriterien für kanalindizierte Überflutungen für stehendes Wasser aus Überflutungen nach DIN EN 752 (DIN EN, 2017)

Auswirkung	Beispielhafte Orte	Beispiele für Bemessungshäfigkeiten von kanalindizierten Überflutungen	
		Jährlichkeit in Jahren	Überschreitungwahrscheinlichkeit je Jahr
Sehr gering	Straßen oder offene Flächen abseits von Gebäuden	1	100 %
Gering	Agrarland (in Abhängigkeit von der Landnutzung, z. B. Weidegrund, Ackerbau)	2	50 %
Gering bis mittel	Für öffentliche Einrichtungen genutzte offene Flächen	3	30 %
Mittel	An Gebäude angrenzende Straßen oder offene Flächen	5	20 %
Mittel bis stark	Überflutungen in genutzten Gebäuden mit Ausnahme von Kellerräumen	10	10 %
Stark	Hohe Überflutungen in genutzten Kellerräumen oder Straßenunterführungen	30	3 %
Sehr stark	Kritische Infrastruktur	50	2 %
Die Jährlichkeit sollte erhöht werden (Wahrscheinlichkeiten reduziert), wo das Wasser aus Überflutungen schnell fließt. Bei der Sanierung von bestehenden Systemen und wo das Erreichen derselben Bemessungskriterien für ein neues System übermäßige Kosten zur Folge hätte, darf ein niedrigerer Wert in Betracht gezogen werden.			

Die Spezifizierung der Orte und der Auswirkungen kanalindizierter Überflutungen für stehendes Wasser aus Überflutungen in der DIN EN 752 wird von vier ortsbezogenen Kategorien bei den Bemessungshäufigkeiten (Tabelle 6.3) auf sieben Kategorien erweitert (**Tabelle 6.5**). Bei den ersten vier Kategorien handelt es sich um Flächen, die überflutet werden können. Hier reicht das Spektrum der Jährlichkeit einer möglichen Überflutung von T = 1 bis T = 5 Jahren. Besteht die Möglichkeit, dass Gebäude durch eine Überflutung betroffen sind, ist die Jährlichkeit auf T = 10 Jahre zu begrenzen. Das entspricht einer Bemessungshäufigkeit von $n = 0{,}1\ a^{-1}$. Für Bereiche mit kritischer Infrastruktur ist eine Jährlichkeit von T = 50 Jahren gefordert.

7 Entwässerungsplanung und Leitungsbau

7.1 Gefälle und Fließgeschwindigkeiten

7.1.1 Ermittlung des Gefälles

Die Lage und das Gefälle eines Abwasserkanals orientieren sich an der Topografie der Geländeoberfläche. Hierbei ist zumeist das Straßengefälle maßgebend. Abschnittsweise wird ein stärkeres Kanalgefälle als das Geländegefälle oder sogar ein dem Geländegefälle entgegen gerichtetes Gefälle gar nicht zu vermeiden sein. Bei Freispiegelleitungen (Gerinneabfluss) ist bei der Ermittlung des Längsgefälles der Konflikt zwischen betrieblichen und wirtschaftlichen Anforderungen zu lösen:

- Geringes Kanalgefälle zur Vermeidung großer Tiefenlagen und der Vermeidung von Hebeanlagen
- Einhaltung eines Mindestgefälles zur Vermeidung von Ablagerungen und zur Gewährleistung der hydraulischen Kapazität

Aus wirtschaftlichen und betrieblichen Gründen ist hierbei der Kompromiss zwischen der Verlegetiefe und dem Mindestgefälle bei der Planung maßgeblich. Das Gefälle wird zumeist in Promille (1 m auf 1.000 m) oder im Verhältnis „Höhendifferenz zu Längendifferenz (1/n)" angegeben. Der Gefällebereich für Abwasserleitungen liegt in einer Größenordnung von 1 bis 2 ‰ und 50 ‰.

Abwasser ist ein Mehrphasengemisch, das neben dem Fließmedium Wasser, aus unterschiedlichen Abwasserinhaltsstoffen und aus Luft besteht. In **Bild 7.1** ist das Spektrum der Abwasserinhaltsstoffe exemplarisch dargestellt. Es kann pauschal zwischen gelösten und festen Stoffen unterschieden werden. Die Feststoffe können abhängig von der Größe und Dichte suspendieren, sedimentieren oder aufschwimmen. Das Stoffspektrum reicht von Großteils organischen Ausscheidungen und Hygieneartikeln (Schmutzwasseranteil) bis hin zu den abgespülten Stoffen von der Oberfläche (z. B. Sand, Laub, Pollen, Müll), die Großteils mineralisch sind. Die Fragezeichen in Bild 7.1 stellen den Anteil nicht näher bekannter bzw. quantifizierbarer Abwasserinhaltstoffe dar, die zunehmend in den Fokus rücken. Dazu zählen Arzneimittelrückstände, Mikroplastik oder Pflanzenbehandlungsmittel und sonstige Spurenstoffe. Vornehmlich in der Wasserwechselzone teilgefüllter Leitungen und im Unterwasserbereich bildet sich eine 0,1 bis 1,5 mm dicke Sielhaut. Bei der Sielhaut handelt es sich um eine Flächenbiomasse, die sich an den Wandungen von Kanälen und Leitungen bildet. Sie besteht im Wesentlichen aus organischem und anorganischem Material sowie

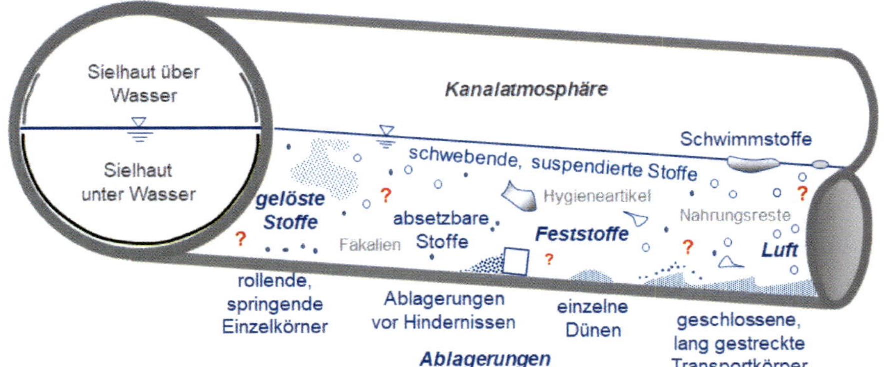

Bild 7.1: Exemplarische Darstellung der Sielhaut sowie unterschiedlicher Abwasserinhaltsstoffe und daraus resultierende Ablagerungen (verändert und ergänzt nach Brombach et al., 1992)

aus Mikroorganismen. Weismann und Lohse (2007) beschreiben den Einfluss der Sielhaut auf die Desulfurikation und die damit verbundenen Schwefelwasserstoffbildungsprozesse, die Geruchsbildung und Materialzerstörung hervorrufen. In dieser glatten biologisch hochaktiven Schicht finden Umsetzungen von Sauerstoff und Nährstoffen statt.

Zu geringe Fließgeschwindigkeiten führen zu Ablagerungen. Bei hohen Geschwindigkeiten sind mechanische Beanspruchungen der Kanalrohrwandung durch Abrieb möglich und es kann zu Lufteintrag in die Wasserphase kommen. Ein maßgebliches Planungskriterium ist ein möglichst ablagerungsarmes Betriebsverhalten. Bei größeren Abflüssen erhöht sich die Wandschubspannung, so dass die Ablagerungsgefahr in den unterhalb liegenden Leitungen abnimmt. Das Sohlengefälle sollte in den Anfangshaltungen höher gewählt werden und kann dann im weiteren Verlauf abnehmen (semikubischer Verlauf des Längsschnittes). Ein möglichst großes Gefälle in den Anfangshaltungen ist auch deshalb bedeutsam, weil hier der Schmutzwasserabfluss (bei Trockenwetter) nur temporär (diskontinuierlich) stattfindet und Ablagerungen nur etappenweise transportiert werden. Für die Remobilisation sind grundsätzlich höhere Wandschubspannungen erforderlich als bei einem kontinuierlichen Sedimenttransport. Eine höhengenaue Verlegung der Abwasserkanäle ist daher wichtig. Lokale Unterbögen oder reduzierte Kanalgefälle aufgrund von Ausführungstoleranzen sind zu vermeiden, da hier verstärkt Ablagerungen auftreten werden. Die anzustrebenden Mindestsohlengefälle liegen vorzugsweise in folgenden Bereichen:

- Anfangshaltungen (kleine Kanalquerschnitte): 3 bis >10 ‰
- Mittlerer Bereich: 2 bis 5 ‰
- Endstrecken (Sammelkanäle, Hauptsammler) 1,5 bis 2 ‰

Bei Sohlgefällen unter 1,5 ‰ wird bei üblichen Abflussszenarien ein ablagerungsarmer Betrieb meist nicht mehr zu erreichen sein. Angaben zu erforderlichen Mindestfließgeschwindigkeiten in Abhängigkeit von der Nennweite sind im Arbeitsblatt DWA-A 110 (2006b) zu finden. Das kritische Gefälle ist abhängig von der Nennweite und dem Grad der Teilfüllung. Eine grobe Abschätzung des Gefällebereiches ist für Querschnitte bis etwa DN 1000 über folgende Beziehung möglich:

$$1 : DN \text{ (in mm)} \leq I_{So} \leq 1 : DN \text{ (in cm)}$$

Die jeweiligen Grenzbereiche für das minimale oder maximale Gefälle stehen im Zusammenhang zu den Grenzen für die Fließgeschwindigkeit und damit für die geschwindigkeitsabhängigen Wandschubspannungen. Zur Orientierung gelten folgende Werte:

- SW-Kanal bei Vollfüllung: $0{,}5\ m/s \leq v_v \leq 3\ m/s$
- RW/MW-Kanal bei Vollfüllung: $0{,}8\ m/s \leq v_v \leq 8\ m/s$
- SW- und MW-Kanal bei Teilfüllung: $v_t \geq$ (0,3 bis) 0,5 m/s

Insbesondere die Forderung einer Mindestfließgeschwindigkeit von mehr als 0,5 m/s ist bei flachem Geländeverlauf kaum einzuhalten.

7.1.2 Mindestgefälle zur Vermeidung von Ablagerungen

Das Mehrphasengemisch Abwasser transportiert eine Reihe unterschiedlicher Stoffe. Neben gelösten Abwasserinhaltsstoffen werden Feststoffe mit dem Abwasser bewegt. Die Sedimentation von Feststoffen innerhalb der Transportstrecken führt zu betrieblichen und gewässerökologischen Problemen. Dazu zählen:

- Geruchsbelästigungen und Korrosion durch Gasbildung (H_2S)
- Beeinträchtigung der hydraulischen Leistung durch Verminderung des Abflussquerschnittes bis hin zu Kanalverstopfungen

- Beeinträchtigung der hydraulischen Leistung durch Steigerung der hydraulisch wirksamen Rauheit
- Austrag von Ablagerungen in das Gewässer u.a. durch Remoblisierung (Spülstoßcharakteristik)

Die isolierte Forderung einer ausreichenden Mindestgeschwindigkeit für beliebige Rohrdurchmesser stellt keinen ablagerungsfreien Betrieb sicher. Wesentliche Einflussgrößen auf die Mindestfließgeschwindigkeit bzw. das Mindestsohlengefälle sind:

- Leitungsdurchmesser
- Teilfüllungsgrad
- Korngröße und Kornverteilung der Sinkstoffe
- Konzentration an Fest- bzw. Sinkstoffen

Die Ablagerungen in einem Kanalnetz bestehen zu mehr als 75 Gew.-% aus mineralischen Stoffen und zu 25 Gew.-% aus organischen Bestandteilen. Die ablagerungsrelevanten Korngrößen liegen in einem Bereich zwischen 0,06 mm < d_m < 2 mm. Kleinere Partikel lassen sich nur schlecht sedimentieren und sind für den angestrebten ablagerungsarmen Kanalbetrieb von untergeordneter Bedeutung. Größere – insbesondere mineralische – Partikel lassen sich auch bei hohen Strömungsgeschwindigkeiten und Wandschubspannungen nur schlecht mit der fließenden Welle transportieren. Eine wirtschaftliche Kanalplanung mit dem Ziel einen Transport dieser Partikel sicherzustellen, wird häufig nicht möglich sein. Die Prozesse des Feststofftransportes sind äußerst komplex. Eine ausführliche Darstellung möglicher mathematischer Modellierungsansätze finden sich in Ristenpart (1995) und Frehmann (2003). Die Formulierung verbindlicher Algorithmen zur Beschreibung der Prozesse von Stoffakkumulation und Remobilisierung erfordert weitergehende Untersuchungen. Einen Überblick zur Beschreibung des Abflussverhaltens enthält Lange (2013). Frühe systematische Untersuchungen zum Ablagerungsverhalten in Kanalnetzen führte Macke (1980) durch. Nach seinen Untersuchungen beträgt der mittlere Korndurchmesser $d_m \approx 0{,}36$ mm im Abwasserstrom. Die Feststoffdichte von Ablagerungen liegt abhängig vom organischen Stoffanteil etwa bei $\rho_S = 2100$ bis 2600 kg/m³. Die Feststoffvolumenkonzentration unterliegt großen Schwankungen. Vereinfachend werden gemäß Arbeitsblatt DWA-A 110 dafür folgende Werte durch Auswertung von Messdaten angenommen:

- Schmutzwasser: $c_T = 0{,}03$ %
- Misch- und Regenwasser: $c_T = 0{,}05$ %

Ablagerungen werden vermieden, wenn eine erforderliche Mindestwandschubspannung, die von der Volumenkonzentration an absetzbaren Feststoffen abhängig ist, erreicht oder überschritten wird. Eine Wandschubspannung von τ = 1,0 N/m² sollte in der Praxis möglichst in keinem Fall unterschritten werden. Die erforderliche Mindestwandschubspannung τ_{min} in N/m² in Abhängigkeit vom Volumenstrom beträgt gemäß den empirischen Untersuchungen von Macke (1980):

- $\tau_{min} = 4{,}1\ Q^{1/3}$ (für Regen- und Mischwasserkanäle)
- $\tau_{min} = 3{,}4\ Q^{1/3}$ (für Schmutzwasserkanäle)

Hierbei gilt Q (in m³/s einzusetzen) unabhängig vom Durchmesser und Gefälle der betrachteten Leitung. Die jeweils vorhandene Wandschubspannung τ_{vorh} wird berechnet nach:

$$\tau_{vorh} = \rho \cdot g \cdot r_{hy} \cdot I_R \tag{7.1}$$

τ *Wandschubspannung in N/m²*
ρ *Dichte des Transportmediums in kg/m³*
g *Erdbeschleunigung in m/s²*
r_{hy} *hydraulischer Radius des Fließquerschnittes in m*
I_R *dimensionsloses Reibungsgefälle (Energieliniengefälle)*

Im Arbeitsblatt DWA-A 110 sind Grenzwerte zur Gewährleistung eines ablagerungsfreien Betriebs tabelliert. Die angegebenen Mindestwerte für das Sohlengefälle sowie die entsprechenden Füllungsgraden (h/d) gelten für k_b-Werte im Bereich zwischen 0,25 und 1,5 mm.

Zur Beschreibung der Sedimentations- und Remobilisierungsprozesse innerhalb der Kanalisation lassen sich nach Ristenpart (1995) zwei unterschiedliche Grenzzstände definieren:

- τ_{cS} kritische Sedimentationsschubspannungen: Strömung ohne Sedimentation, also ohne Ablagerungs(neu)bildung.
- τ_{cR} kritische Remobilisationsschubspannungen: Beginn der Bewegung der abgelagerten Feststoffe, also das Einsetzen der Remobilisierung.

Frehmann (2003) stellte auf der Basis einer Literaturrecherche die Ergebnisse von Untersuchungen kritischer Schubspannungen zusammen. Dabei reicht die Bandbreite der kritischen Sedimentationsschubspannungen von 0,15 N/m² bis 6 N/m². Das Spektrum der kritischen Remobilisationsschubspannungen umfasst Werte zwischen 0,18 N/m² bis zu 20 N/m². Gründe für diesen erheblichen Schwankungsbereich liegen in der Vielzahl von Einflussgrößen wie beispielsweise der Nennweite, dem Sohlengefälle, der Dichte der Feststoffe oder auch der subjektven Definition des Bewegungsbeginns zur Bestimmung der kritischen Remobilisationsschubspannung.

Eine maßgebliche Voraussetzung zur Vermeidung von Ablagerungen, ist die Wahl eines ausreichenden Sohlengefälles. Gerade bei flachem Gelände ist die Gewährleistung eines entsprechenden Sohlengefälles schwierig. Ein hohes Gefälle führt rasch zu großer Tiefenlage des Kanals, so dass Abwasserpumpwerke erforderlich werden. Eine Möglichkeit zur Verminderung der Ablagerungsproblematik stellt die Wahl eines Eiprofils dar. Hier resultieren bei gleichem Teilfüllungsabfluss größere Teilfüllungshöhen und -geschwindigkeiten, die einen bessere Sedimenttransport bewirken.

Ein wesentlicher Grund für die Wahl eines Eiprofiles statt eines Kreisprofiles oder eines Maulprofiles sind die optimierten Bedingungen zur Vermeidung von Ablagerungen. Den Einfluss verdeutlicht die Berechnung in Beispiel 12.

Beispiel 12: Vergleich der Wandschubspannungen bei unterschiedlichen Profilen

Für folgende Bemessungsangaben werden ein Kreis-, Ei- und Maulprofil ausgewählt und die Wandschubspannungen bei Teilfüllung berechnet.

I_S = 3,0 ‰ **k_b = 1,5 mm**		**Q_R = 2000 l/s** **Q_T = 100 l/s**
	Profil wählen	
Kreis	**Ei**	**Maul**
DN 1200	DN 1000/1500	DN 1400/1050
Q_V = 2079 l/s	Q_V = 2066 l/s	Q_V = 2129 l/s
v_V = 1,84 m/s	v_V = 1,80 m/s	v_V = 1,83 m/s

Für diese drei Profile werden die Wandschubspannungen bestimmt. Dazu sind die geometrischen Kenngrößen zu ermitteln. Diese können beispielsweise aus Pecher et al. (1993) oder aus dem Arbeitsblatt DWA-A 110 (DWA 2006) entnommen werden. Die Berechnung der Teilfüllungswerte ist auch in Kapitel 3 beschrieben.

Kenngrößen	Kreis	Ei	Maul
$r_{hy,V}$	0,300	0,290	0,297
Q_T/Q_V	0,048	0,048	0,047
v_T/v_V	0,5304	0,5780	0,4846
h_T/H	0,1461	0,1576	0,1339
$r_{hy,T}/ r_{hy,V}$	0,3625	0,4160	0,3138
v_T (m/s)	**0,976**	**1,040**	**0,887**
h_T (m/s)	0,175	0,236	0,141
$r_{hy,T}$ (m)	0,109	0,121	0,093
τ (N/m²)	**3,208**	**3,561**	**2,737**
τ_{min} (N/m²)		**1,903**	

$$\tau_{Kreis} = 1000\frac{kg}{m^3} \cdot 9{,}81\frac{m}{s^2} \cdot 0{,}109\,m \cdot 0{,}003\frac{m}{m} = 3{,}208\frac{N}{m^2}$$

$$\tau_{Ei} = 1000\frac{kg}{m^3} \cdot 9{,}81\frac{m}{s^2} \cdot 0{,}121\,m \cdot 0{,}003\frac{m}{m} = 3{,}561\frac{N}{m^2}$$

$$\tau_{Maul} = 1000\frac{kg}{m^3} \cdot 9{,}81\frac{m}{s^2} \cdot 0{,}093\,m \cdot 0{,}003\frac{m}{m} = 2{,}7378\frac{N}{m^2}$$

$$\tau_{min} = 4{,}1 \cdot Q^{\frac{1}{3}} = 4{,}1 \cdot 0{,}100^{\frac{1}{3}} = 1{,}903\frac{N}{m^2}$$

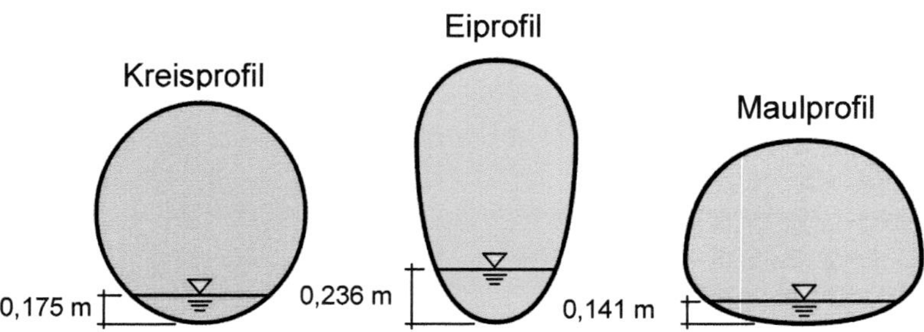

Bild 7.2: Füllstände bei Teilfüllung in den jeweiligen Profilen

Der Vergleich der Werte zeigt, das im Eiprofil mit 1,80 m/s zwar die geringste Fließgeschwindigkeit bei Vollfüllung vorliegt, aber dass sich aufgrund des Querschnittes im unteren Bereich mit v_T = 1,040 m/s eine höhere Fließgeschwindigkeit bei Teilfüllung einstellt. Entsprechend höher sind auch die Wandschubspannungen. Eine vergleichende Gegenüberstellung der jeweiligen Füllstände in den drei Querschnitten zeigt **Bild 7.2**. Begünstigend wirken sich neben den höheren Wandschubspannungen ein höherer Füllstand aus. Dadurch können größere Stoffe noch im Fließquerschnitt schwimmen ohne durch Kontakt mit der Rohrsohle abgebremst zu werden. Bei genauerer Betrachtung müssten noch Einflüsse der Geschwindigkeitsverteilungen innerhalb der Fließquerschnitte berücksichtigt werden.

Eine weitere Möglichkeit zur Reduktion von Ablagerungen ist die Ausführung eines Kreisprofiles mit Trockenwetterrinne. Hier kann der im Vergleich zum maximalen Abfluss wesentlich geringere Trockenwetterabfluss separat mit höherer Fließgeschwindigkeit abgeleitet werden. Problematisch ist hierbei, dass sich längerfristige Ablagerungen auf der Berme bilden können. Hier wären ggf. Sonderprofile, wie ein Drachenquerschnitt, weniger ablagerungsanfällig. In **Bild 7.3** sind unterschiedliche Sonderprofile zur Optimierung der Abflussbedingungen bei Teilfüllungsabfluss dargestellt.

Bei den in der Regel nicht konstanten Abflüssen ist der für diese Betrachtung maßgebende Abfluss Q dadurch bestimmt, dass die Zeit mit Ablagerungen ($\tau_{vorh} < \tau_{min}$) nicht mehr als das doppelte der Zeit ohne Ablagerungen ($\tau_{vorh} \geq \tau_{min}$) beträgt.

Bild 7.3: Ei- und Kreisquerschnitt mit Trockenwetterrinne (links) sowie Drachenprofil (rechts) zur Steigerung der Fließgeschwindigkeit bei geringen Teilfüllungsabflüssen (BERDING BETON GmbH)

Besondere Bedingungen sind bei Stauraumkanälen zu berücksichtigen. Die bereits genannten Ausführungen beziehen sich auf weitgehend stationäre Bedingungen. Diese liegen bei Stauraumkanälen nicht vor. Während der Einstauphase sind hier Sedimentationsprozesse zum Schutz der Gewässer vor Stoffeinträgen gewünscht. Dabei können Fließgeschwindigkeiten nahe Null bei laminaren Fließbedingungen vorliegen. Nach Ende des Regen- bzw. Mischwasserabflusses sollen die abgesetzten Stoffe dann aber zur Kläranlage geleitet werden. Die Mindestwandschubspannung von $\tau = 1{,}0\ N/m^2$ bzw. entsprechend der obigen Ausführungen reicht hier möglicherweise nicht mehr aus, um die Ablagerungen bei Trockenwetterabfluss zu remobilisieren.

Die hier beschriebenen Ansätze liefern lediglich Orientierungswerte zur Vermeidung bzw. Minimierung von Ablagerungen. Das Ablagerungsverhalten ist ein dynamischer Prozess. Neben den Transportprozessen finden auch komplexe Stoffumsetzungsprozesse statt. Schadstoffe wie Schwermetalle können in den Sedimenten akkumulieren. Zudem kann es zu einer Verfestigung des Sedimentes kommen.

Bild 7.4: Spülkopf aus dem Wasser mit hohem Druck austritt

Unterschiedliche gesetzliche und technische Regelungen enthalten Vorgaben zur Reinigung der Kanalisation. Hierbei kommen unterschiedliche Verfahren zum Einsatz. Einen Überblick geben Stein und Stein (2014). In Deutschland ist das Hochdruckspülverfahren weit verbreitet. **Bild 7.4** zeigt einen Spülkopf, aus dem Wasser mit hohem Druck austritt. Der Spülvorgang umfasst im Wesentlichen zwei Phasen. In der ersten Phase bewegt sich die Spüldüse durch den zu reinigenden Kanalabschnitt. Die Bewegung wird durch Reaktionskräfte des mit hoher Geschwindigkeit austretenden Wasserstrahls hervorgerufen. In der zweiten Phase wird die Spüldüse zurück gezogen. Dabei löst der mit einem Druck von mehr als 100 bar austretende Wasserstrahl die Ablagerungen und bewegt diese zum Startschacht. Hier erfolgt die Aufnahme des Räumgutes durch ein Saug- und Spülfahrzeug.

Wie Macke (2013) und Lange (2013) beschreiben, ist eine präventive Reinigung innerhalb fester Intervalle allerdings nicht zielführend. Beide Autoren weisen darauf hin, dass sich innerhalb weniger Tage nach der Kanalreinigung bereits wieder Ablagerungen in ähnlicher Größenordnung bilden, wie vor dem Reinigungsprozess

7.1.3 Maximalgefälle bei Steilstrecken

Abflüsse mit hoher Fließgeschwindigkeit nehmen Luft in Blasenform auf. Die Luftaufnahme ist umso größer, je steiler das Sohlengefälle ist. Dabei bildet sich ein Wasser-Luft-Gemisch (**Bild 7.5**). Die Luftaufnahme vermindert die Abflussgeschwindigkeit gegenüber dem Abfluss ohne Luft. Gleichzeitig vergrößert sich bei gleichem Abfluss der Abflussquerschnitt. In ungünstigen Fällen kann eine teilgefüllte Rohrleitung dann „zuschlagen“ und es kommt zu einem Rückstau. In Extremfällen können pulsierende Strömungen mit Unterdruckwechseln auftreten, die den Kanal zerstören.

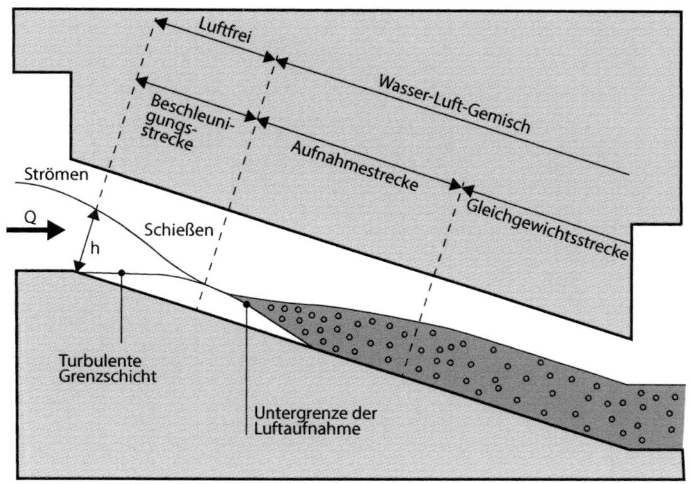

Bild 7.5: Abschnitte und Lufteintrag in einer Steilstrecke

Die Prozesse die im Zusammenhang mit der Abflussbeschleunigung zu einer Luftaufnahme im Fließquerschnitt führen, werden im Arbeitsblatt DWA-A 110 (2006) beschrieben. Zu Beginn der Steilstrecke wird der Abfluss beschleunigt. Es tritt schießender Abfluss mit einer Froude-Zahl Fr > 1 auf. Im weiteren Verlauf der Steilstrecke kommt es dann zu Lufteinmischungen. Das entstehende Wasser-Luft-Gemisch kann dann ein deutlich größeres Volumen einnehmen. Die Bemessungsgröße wird in diesen Fällen aus dem Abfluss- und dem Luftvolumenstrom ermittelt:

$$Q_{DIM} = Q_t + Q_L \tag{7.2}$$

Zur Ermittlung der Luftkonzentration wird die von der Fließgeschwindigkeit v_t abhängige Boussinesq-Zahl ermittelt

$$Bou = \frac{v_t}{\sqrt{g \cdot r_{hy}}} \tag{7.3}$$

Bou Boussinesq-Zahl

g *Erdbeschleunigung in m/s²*

v_t *mittlere Fließgeschwindigkeit in m/s*

r_{hy} *hydraulischer Radius in m*

Daraus ergibt sich die Luftkonzentration C zu:

$$C = 1 - \frac{1}{0{,}02 \cdot (Bou - 6{,}0)^{1{,}5} + 1} \tag{7.4}$$

Bou *Boussinesq-Zahl*
C *Luftkonzentration in ‰*

Der eingetragene Luftstrom Q_L beträgt:

$$Q_L = Q \cdot \frac{C}{1 - C} \tag{7.5}$$

Q_L *Luftstrom in m³/s*
Q *Abfluss in m³/s*
C *Luftkonzentration*

Die Gleichung zur Berechnung der Geschwindigkeit des Wasser-Luft-Gemisches lautet:

$$v_{WL} = v \cdot (1 - C^2) \tag{7.6}$$

v_{WL} *Geschwindigkeit des Wasser-Luft-Gemisches in m/s*
C *Luftkonzentration*

Nach der Kontinuitätsgleichung ergibt sich für die vom Gemisch durchflossene Fläche:

$$A_{WL} = \frac{Q + Q_L}{v_{WL}} \tag{7.7}$$

A_{WL} *vom Wasser-Luft-Gemisch durchflossene Fläche in m²*
Q_L *Luftstrom in m³/s*
Q *Abfluss in m³/s*
v_{WL} *Geschwindigkeit des Wasser-Luft-Gemisches in m/s*

Aus den geometrischen Beziehungen des jeweiligen Querschnitts ist daraus die Fließtiefe des Wasser-Luft-Gemisches zu ermitteln. Im weiteren Verlauf muss die Luft wieder entweichen können. Hierzu, sind entsprechende Entlüftungsmöglichkeiten vorzusehen.

Zu einem relevanten Lufteintrag kommt es, wenn die Boussinesq-Zahl (Bou) größer als 6 ist. In diesem Fall ist der entsprechende Fließquerschnitt für das vergrößerte Volumen des Wasser-Luft-Gemisches zu ermitteln. Alternativ ist die Bestimmung des Bemessungsabflusses auch durch den Vergrößerungsfaktor f_L möglich:

$$Q_{DIM} = Q_t \cdot f_L \tag{7.8}$$

Der Faktor f_L kann in Abhängigkeit von der Nennweite und dem Gefälle zwischen 1,0 und 3,5 liegen.

Um pulsierende Strömungen und ein Zuschlagen der Steilstrecke zu vermeiden, sollte folgende Bedingung eingehalten werden:

$$Q_{DIM} < 0{,}75 \cdot Q_v \tag{7.9}$$

Bei Steilstrecken mit einem Sohlengefälle ab 200 ‰ ist zudem die wirkliche Länge des Leitungsabschnittes (anstelle der sonst üblicherweise verwendeten Horizontalprojektion) für die hydraulische Berechnung heranzuziehen. Steilstrecken sind im Ein- und Auslaufbereich konstruktiv strömungsgünstig zu gestalten. Dies kann beispielsweise durch Einlauftrichter erfolgen. Zur Begrenzung der mechanischen Beanspruchung des Rohrmaterials, sollte eine dauerhaft hohe Fließgeschwindigkeit vermieden werden. Hohe Beanspruchungen führen aufgrund der mitgeführten (mineralischen) Partikeln zu Abrasion (von lateinisch abrasio „Abkratzung"). Das Rohrmaterial wird im Laufe der Zeit durch das Wasser-Feststoffgemisch abgetragen.

7.1.4 Geruch und Korrosion

Abwasser mit vergleichsweise kurzzeitigem Aufenthalt in der Kanalisation weist einen typischen Geruch auf, der allerdings keine Geruchsbelästigung im urbanen Raum hervorruft. Ablagerungen können jedoch durch Faulprozesse unangenehme Gerüche (Schwefelwasserstoff = typischer Geruch nach faulen Eiern) hervorrufen, die aus Schächten und Straßeneinläufe austreten. Anfangshaltungen sind aufgrund der geringen Abflüsse besonders anfällig für Ablagerungen. Längere Trockenphasen bei sommerlichen Temperaturen begünstigen ebenfalls die geruchsintenisve Stoffumsetzung in der Kanalisation. Durch den bei Faulprozessen in den Ablagerungen entstehende Schwefelwasserstoff wird auch die

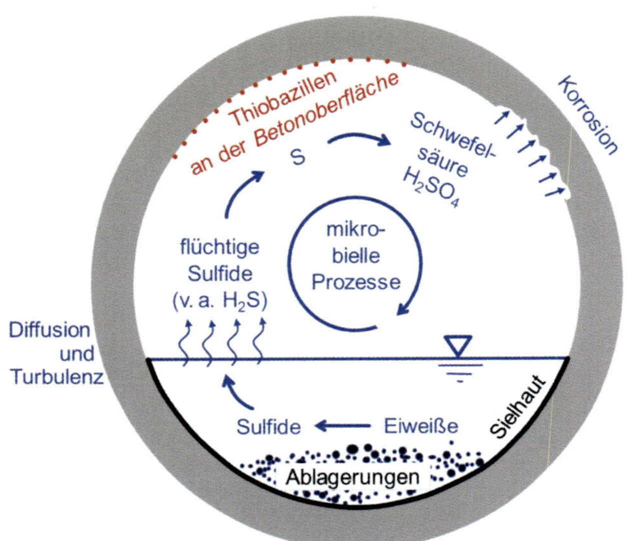

Bild 7.6: Prinzipieller Ablauf bei der biogenen Schwefelsäurekorrosion

biogene Schwefelsäurekorrosion begünstigt. Eine umfassende Darstellung über die Entstehung und Wirkungen von Schwefelverbindungen in Abwasseranlagen sowie Maßnahmen zur Vermeidung von Geruch und Materialzerstörung geben Weismann und Lohse (2007).

Der zumeist ständige Kontakt des Rohrmaterials mit dem Abwasser stellt besondere Anforderungen an den Rohrwerkstoff. Die Zusammensetzung der Abwasserinhaltsstoffe ist hochgradig inhomogen. Zur Vermeidung von Angriffen der Abwasserkanäle durch eingeleitete Abwässer werden von den öffentlichen Anlagenbetreibern i.d.R. Anforderungen an die Qualität der Einleitungen mittels Satzung definiert. Hier können z. B. Vorgaben an zulässige Temperaturbereiche, pH-Werte oder bestimmte Stoffkonzentrationen enthalten sein. Neben dem Schutz der Kanalisation (Rohr- und Schachtmaterialien, Dichtungen usw.) dienen solche Vorgaben auch dem Schutz der biologischen Abwasserreinigung sowie der Vermeidung von Gefährdungen für die Umwelt und das Betriebspersonal.

Neben den satzungsgemäßen Einleitungen können auch unerlaubte Einleitungen oder Unfälle auftreten, bei denen Stoffe in die Kanalisation gelangen, welche die Anlagen angreifen können. Dies ist ggf. bei der Kanalplanung zu berücksichtigen.

Maßgeblichen Einfluss auf die Dauerhaftigkeit von Rohrleitungen hat die Berücksichtigung der Gefährdung durch biogene Schwefelsäurekorrosion, die durch Kanalablagerungen begünstigt wird. Der Angriff durch biogene Schwefelsäurekorrosion erfolgt im Gasraum, oberhalb des Abwasserspiegels. Die Korrosion wird durch biologisch gebildete (biogene) Schwefelsäure bewirkt. Die Schwefelsäure entsteht aus sich im Abwasser entwickelnden (autogenen) oder direkt eingeleiteten (allogenen oder exogenen) Formen von Schwefelverbindungen. Die im Abwasser sowie in den Ablagerungen enthaltenen Proteine werden durch mikrobielle Stoffwechselprozesse unter anaeroben oder aeroben Bedingungen zu flüchtigen Schwefelverbindungen (vor allem Schwefelwasserstoff: H_2S) abgebaut. Zusätzlich können unter anaeroben Bedingungen durch entsprechende Bakterien Sulfate zu Schwefelwasserstoff reduziert werden (Desulfurikation). Der aus dem Abwasser gasförmig entweichende Schwefelwasserstoff wird durch Thiobazillen an der feuchten Kanalwand über dem Wasserspiegel zu Schwefelsäure oxidiert, die zementgebundene Werkstoffe (Beton, Mauerwerksmörtel) zersetzen kann. Die Prozesse sind in **Bild 7.6** veranschaulicht. Begünstigend wirken sich Bedingungen aus, bei denen flüchtige Schwefelverbindungen durch Turbulenz und Diffusion in die sauerstoffhaltige Kanalatmosphäre gelangen können. Begünstigend für eine Schwefelwasserstoffbildung bzw. biogene Schwefelsäurekorrosion sind:

- lange Fließstrecken, bei denen der im Abwasserstrom gelöste Sauerstoff aufgezehrt wird
- ablagerungsanfällige Bereiche mit Faulprozessen in den Ablagerungen
- Übergang von anaeroben in aerobe Bereiche (Eintritt aus Druckleitungen, Pumpanlagen), bei denen H_2S in die Kanalatmosphäre entweichen kann
- Abstürze und andere Bauwerke mit Erzeugung von Turbulenzen
- Einleitungen sulfidhaltiger und saurer Abwässer (Absetzanlagen, Gewerbe und Industrie)

Als Gegenmaßnahmen werden nicht zementgebundene Werkstoffe eingesetzt (z. B. Steinzeug, Kunststoffe) oder Kanalwände mit chemisch resis

tenten Werkstoffen (z. B. Polyethylen) ausgekleidet. Außerdem tritt in gut durchlüfteten Kanälen und bei trockenen Kanalwandungen ohne Kondenswasserbildung keine Schwefelsäurekorrosion auf. Bei ausreichend freiem Sauerstoff, beispielsweise durch Einleitungen mit frischem Abwasser, wird die Korrosionsgefahr ebenfalls gemindert. Diese Aspekte, sind bei der Kanalplanung zu berücksichtigen.

Tabelle 7.1: Physiologische Wirkung von Schwefelwasserstoff (H_2S) in Abhängigkeit von der Konzentration (Lautrich, 1980)

Konzentration (mg/l)	Vol.-%	Physiologische Wirkung
0,00014	0,00001	Geruchsschwelle
0,001	0,00008	Deutlicher Geruch
0,035	0,0025	Starker, unangenehmer, aber nicht unerträglicher Geruch
0,07 - 0,14	0,005 - 0,01	Schwache Reizwirkung nach 1 Stunde
> 0,250	> 0,018	Betäubung der Geruchsrezeptoren
0,28 - 0,42	0,02 - 0,03	Starke Reizwirkung nach 1 Stunde
0,70 - 0,97	0,05 - 0,07	Bewusstlosigkeit oder Tod in ½ bis 1 Stunde
0,97 - 1,25	0,07 - 0,09	Schnelle Bewusstlosigkeit, Atemstillstand und Tod

Hinweis: 1 mg/l entspricht 0,072 Vol.-%

Neben der stark betonangreifenden Wirkung von Schwefelwasserstoff (zu Schwefelsäure oxidiert) ist aufgrund seiner tödlichen Wirkung ein äußerst sorgfältiger Umgang im Kanalmilieu erforderlich (**Tabelle 7.1**). Erschwerend kommt hinzu, dass toxische Konzentration olfaktorisch nicht mehr wahrnehmbar sind, während deutlich geringere Konzentrationen noch sehr starke Geruchseindrücke verursachen. Vor dem Einstieg in die Kanalisation sind daher unbedingt entsprechende Sicherheitsvorkehrungen erforderlich. Dazu gehört die ständige Kontrolle der Kanalatmosphäre. Bei sehr hohen H_2S-Konzentration besteht auch Explosionsgefahr. Zur Kontrolle werden Gaswarngeräte verwendet, die dauerhaft die unterschiedlichen Gasanteile erfassen.

Neben der inneren Korrosion von Kanälen können Inhaltsstoffe im Grundwasser und Wechselwirkungen der unterschiedlichen Werkstoffe ebenfalls zu Korrosionsschäden führen. Dabei handelt es sich um die äußere Korrosion und die Kontaktkorrosion.

Äußere Korrosion: Rohrleitungen sind im Bodenkörper vor allem durch eine Vielzahl an stofflichen Verbindungen im Grundwasser beansprucht. Dazu zählen beispielsweise Aluminium-Eisen-Silikate und Hydroxide, Oxide, Kieselsäure, Calcium- und Magnesium-Carbonate, Chloride und Sulfate. Besonders anfällig gegen chemische Reaktionen im Grundwasser sind zementgebundene Werkstoffe. Es kommt zu Lösungsprozessen von Kalkbestandteilen. Der Angriffsgrad von Wässern wird nach DIN 4030 (DIN, 2008) in Abhängigkeit vom pH-Wert, kalklösender Kohlensäure sowie Ammonium-, Magnesium- und Sulfatkonzentrationen beschrieben.

Weitere Gefährdungen können bestehen, wenn der umgebende Boden oder das anstehende Grundwasser durch Altlasten belastet sind. Dabei sind vielfältige Angriffe denkbar auf die unterschiedlichsten Rohr-, Schacht- und Dichtungsmaterialien denkbar. Für konkrete Aussagen dazu ist ein entsprechendes Baugrundgutachten heranzuziehen.

Kontaktkorrosion: Eine Korrosion durch Werkstoffunverträglichkeit kann durch Kontaktkorrosion zwischen Rohren und Formstücken sowie dem Dichtmaterial entstehen. Als anfällig haben sich in der Vergangenheit Kunststoffrohre bei bestimmten Dichtmitteln gezeigt.

7.2 Trasse und Gradiente

7.2.1 Trassierungsgrundsätze und Lage im Verkehrsraum

Trassieren ist die Ermittlung der günstigsten bzw. technisch überhaupt möglichen Lage einer Leitung im Gelände bzw. im Bereich urbaner Strukturen. Selten ist die kürzeste Verbindung (Gerade) zwischen dem Start- und Zielort möglich bzw. auch die günstigste Ausführung. Die Ermittlung der Trasse (Position und Tiefenlage der Rohrleitung) zählt zu den maßgeblichen Planungsaufgaben des Rohrleitungsbaus. Maßgebliche Kriterien für die Trassenführung sind:

- Leitungsart (Druck- oder Freispiegelleitung)
- Sicherer, einfacher und wirtschaftlicher Betrieb
- niedrige Baukosten
- Berücksichtigung topografischer Besonderheiten (z. B. Meidung von Ufer- und Überflutungsgebieten)
- Überdeckung (Frostsicherheit und statische Erfordernisse)
- Größe von Baugruben, Arbeitsräumen und Baustellenflächen
- Bodenverhältnisse, Altlasten und Grundwassersituation
- Kreuzungen von Verkehrswegen, Gewässern sowie Ver- und Entsorgungsanlagen

- Berücksichtigung vorhandener Leitungssysteme und anderer Hindernisse im Untergrund
- Notwendige Provisorien während der Bauzeit, z. B. Überleitung von Abwasserströmen, Sicherstellung der Überflutungssicherheit usw.
- Verkehrsführung während der Bauzeit (Anwohner, Fußgänger und Radfahrer, Feuerwehr, Müllabfuhr, öffentlicher Nahverkehr usw.)
- Bebauung und Anschluss an die Gebäude (Hausanschlüsse, Tiefe der Kellergeschosse ≥ 2,50 m)
- Eigentumsverhältnisse an Grundstücken
- Gestaltung des Straßenraumes und Lage der Schachteinstiege
- Vorhandene Baumstandorte und andere schützenswerte Nutzungen
- Belange von Raumordnung, Landesplanung, Verkehr, Naturschutz, Landschaftsschutz, Land und Forstwirtschaft, Bergbau und Verteidigung

Die Leitungstrassen sollten möglichst gradlinig verlaufen und für Bau, Betrieb und Instandhaltung gut zugänglich sein. Seismisch noch aktives Gebiet und eng begrenzte Bergsenkungsgebiete sowie Ufer und Überflutungsgebiete von Flüssen, in denen aufgrund des starken Gefälles bei Hochwasserereignissen eine erhöhte Gefahr der Zerstörung der Uferbereiche besteht, sollten umgangen werden. Unterquerungen von Privatgrundstücken und Gebäuden sollten vermieden werden. Neben den betrieblichen Aspekten sind die Aspekte des Bauverfahrens maßgeblich. Je nach Art des Bauverfahrens (offen oder geschlossen) sind Arbeitsräume, Lagerplätze, Baugruben, Baustelleneinrichtungen usw. zu berücksichtigen.

Der verfügbare Platz für die Anordnung von Kanälen im öffentlichen Verkehrsraum, der den Bereich des Straßen- und Gehwegbereiches umfasst, ist beschränkt. Eine allgemein gültige Regel für die Anordnung von Leitungssystemen im öffentlichen Raum ist in Deutschland die DIN 1998 (DIN, 2018). Demnach sind Versorgungsleitungen und Kabel im Gehwegbereich zu verlegen. Im Straßenraum sollten in erster Linie Abwasserkanäle angeordnet werden. Fernwärmeleitungen sind ebenfalls im Straßenraum, aber nicht in Fahrbahnmitte anzuordnen. Allerdings wurde in vielen Städten bereits vor dem Inkrafttreten der DIN 1998 mit dem Bau von Abwasserkanälen und auch von Gas- und Wasserleitungen begonnen. Zunehmende Platzprobleme führen darüber hinaus dazu, dass die mustergültige Lage der jeweiligen Leitungen eher die Ausnahme als die Regel darstellt. **Bild 7.7** veranschaulicht die Lage der unterschiedlichen Medientransportsysteme im öffentlichen Verkehrsraum.

Bild 7.7: Lage der Ver- und Entsorgungsleitungen im öffentlichen Verkehrsraum (S&P Consult GmbH)

Da vorhandene Leitungen bereits vor Festlegung der Normen eingebaut wurden und eine Fülle von Zwangspunkten zu berücksichtigen ist, entspricht die Situation in verschiedenen Städten nicht generell den Norm-Vorgaben. Wenn die genaue Lage der vorhandenen Leitungen nicht festliegt, ist eine Ortung durch Suchschlitze erforderlich. Wasserversorgungsunternehmen und Kanalnetzbetreiber verfügen über Plandokumente und Kataster. Eine lückenlose Darstellung ist allerdings nicht unbedingt vorhanden. Inzwischen bieten Firmen den Service einer Sammelanfrage sämtlicher Leitungen für den Planungsbereich an. Bekannte Portale in Deutschland sind beispielsweise

- www.aliz.de
- www.bil-leitungsauskunft.de

Klassische Leitungsinhaber sind:

- Stadtwerke
- Wasserversorger
- Kanalnetzbetreiber (Tiefbauämter oder Verbände)
- Elektrizitätsversorger
- Telekommunikationsunternehmen

- Kabelfernsehbetreiber
- Fernwärmeversorger
- Rohrpostbetreiber

Aus wirtschaftlichen Gründen ist bei einer Neuerschließung eine gemeinsame Verlegung von Leitungssystemen (z. B. Wasser, Strom, Gas, Fernwärme, Abwasser, Telekommunikation) anzustreben.

Die Grobtrassierung ist mit den zuständigen Behörden, Baulastträgern und anderen Versorgungsträgern abzustimmen. Die verbindliche Festlegung sollte nach weiterer Abstimmung mit den Gebietskörperschaften und den regionalen Fachbehörden vorgenommen werden.

Folgende Aspekte sind bei der Trassierung von Entwässerungsleitungen zu berücksichtigen:

- Hausanschlüsse und Kellersohle (Rückstausicherung): Im rückstaulosen Betrieb soll der Kanal so tief liegen, dass eine freie Entwässerung der Keller erfolgen kann. Daraus resultiert eine Tiefenlage ≥ 2,50 m unter Straßenniveau. Dabei ist eine entsprechend steile Verlegung der Hausanschlussleitungen ($I_{so} \geq 20$ ‰) zu berücksichtigen. Liegen die Kellerräume tiefer, ist eine Hebeanlage in den Gebäuden erforderlich.
- Gewässereinleitungen: An unterschiedlichen Stellen der Kanalisation sind Überläufe oder Einleitungen in Gewässer angeordnet. Der Abfluss sollte dabei im freien Gefälle erfolgen und die Kanalisation vor Rückstau aus dem Gewässer auch bei Hochwasserführung geschützt sein. Ein Eindringen von Gewässerhochwasser über Entlastungen in die Mischwasserkanalisation muss für normale Betriebszustände vermieden werden.
- Unterquerung von Gebäuden und andern Bauwerken (z. B. Brückenwiderlager): Die Unterquerung von Bauwerken sollte möglichst vermieden werden. Sind Kreuzungen nicht vermeidbar, sind die Grunddienstbarkeiten zu klären und Standsicherheitsnachweise erforderlich.
- Kreuzende Leitungen, Gewässer und Verkehrswege (z. B. Bahntrasse): Bei der Kreuzung von Gewässern oder Verkehrswegen sind entsprechende Kriterien zu berücksichtigen. Für die Kreuzung von Bahntrassen hat die DB eine eigene Kreuzungsrichtlinie entwickelt. Abwasserleitungen sind unterhalb von Versorgungsleitungen zu verlegen.

Bild 7.8: Durch die ungünstige Lage eines Schachteinstieges im Bereich der Bordsteinkante kann Oberflächenabfluss durch die Abdeckung in den Schmutzwasserkanal eindringen

- Grundwasserstand: Eine Verlegung von Abwasserleitungen oberhalb des Grundwasserspiegels ist nicht generell möglich. Die Kanäle müssen grundsätzlich dicht sein.
- Frostfreiheit: Die Gefahr, dass Abwasserleitungen in Deutschland einfrieren ist gering. Regenwasserkanäle sind in der Frostperiode gewöhnlich leer. Das Schmutzwasser weist zumeist eine Temperatur mehr als 10 °C auf. In Anfangshaltungen kann es aufgrund der periodischen Einleitungen jedoch zu erhöhten Gefährdungen kommen. Dies ist bei der Planung in Abhängigkeit der regionalen Lage zu berücksichtigen.
- Bodenverhältnisse: Die Bodenverhältnisse beeinflussen das Bauverfahren und die Bettungseigenschaften. Felsiger Untergrund erfordert besondere und teure Maßnahmen. Ähnliches gilt für nicht tragfähige Untergründe.
- Verkehrsbelastung: Zum Schutz der Abwasserkanäle vor Lasteinwirkungen aus Verkehrsbelastungen sollte eine Mindestüberdeckung von 1,2 m eingehalten werden. Bei Verkehrswegen mit Schwerlastverkehr können größere Tiefenlagen oder besondere Schutzmaßnahmen erforderlich werden.

- Schachteinstiege dürfen nicht im Bereich von Bordsteinkanten angeordnet werden (Höhenversprung). Durch die Lage im tiefliegenden Straßenrandbereich können Oberflächenabflüsse in Schmutzwasserkananäle eindringen (**Bild 7.8**). Wegen ihrer Zugänglichkeit sollten sie möglichst nicht vor Zufahrten zu Grundstücken liegen. Wenn möglich ist auch die Lage im Bereich der Reifenfahrspuren zu vermeiden.

Die Trassierung wird in einem Längsschnitt dokumentiert. Hierbei entspricht der Längenmaßstab nicht dem Höhenmaßstab (verzerrte Darstellung).

7.2.2 Überdeckungshöhen und Kreuzungen

Als Überdeckungshöhe wird die lotrechte Entfernung von der Oberkante des Rohres bis zur Oberfläche bezeichnet. Die Mindestüberdeckungshöhe von Schmutz- und Mischwasserleitungen wird im Allgemeinen durch die Tiefe der zu entwässernden Kellersohlen bestimmt. Die Verlegung erfolgt unterhalb der Versorgungsleitungen im Gehweg ab einer Tiefe, die durch die Kellereinläufe einschließlich der Geruchsverschlüsse vorgegeben wird. Das erforderliche Mindestgefälle von 1,0 bis 2,0 % für die Anschlussleitungen ist einzuhalten. Daraus resultieren Überdeckungshöhen von mindestens 3,0 bis 4,0 m. Reine Regenwasserkanäle werden gewöhnlich oberhalb der Schmutzwasserkanäle angeordnet. Die Entwässerungsleitungen sind unterhalb der Versorgungsleitungen zu verlegen.

Wasserleitungen müssen mindestens auf Frosttiefe mit einer Überdeckungshöhe von 1,0 bis 1,8 m (Mitteleuropa) verlegt werden. Häufig ist aufgrund anderer Zwangspunkte (Kreuzungen anderer Leitungen) eine tiefere Verlegung erforderlich. Wenn eine ausreichende Wasserbewegung das Einfrieren verhindert, sind geringere Mindestüberdeckungen bis zu 1 m möglich.

Der Rohrquerschnitt von Abwasserkanälen bestimmt ebenfalls die Tiefenlage. Bei notwendiger geringer Tiefenlage (z. B. aufgrund der Anschlusssituation oder anderen Restriktionen) und größeren Abflüssen ist ggf. ein Maul- oder Rechteckquerschnitt möglich, mit denen sich größere Fließquerschnitte bei gleicher Querschnittshöhe realisieren lassen.

In den Anfangsstrecken werden die Kanäle zumeist nicht tief liegen. Größere Sammler können aufgrund des kumulierten Gefälles dagegen beträchtliche Tiefen-

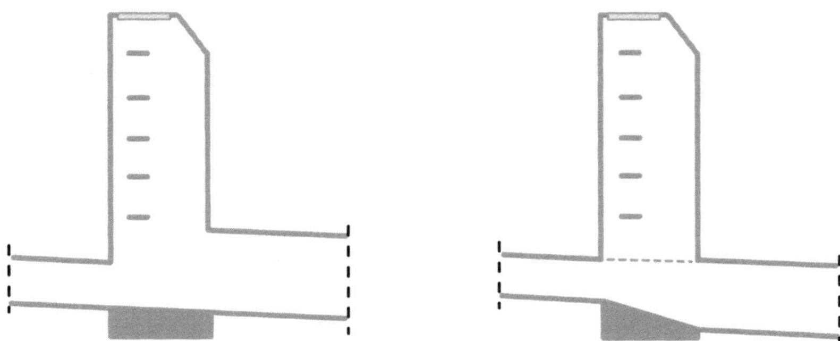

Bild 7.9: Sohl- und scheitelgleiche Verbindung verschieden großer Profile

lagen erreichen (Tiefenlage bis zu 30 m kommen häufiger vor). Die kleinsten Maße für die Sohltiefe, gemessen von der Straßenoberkante betragen üblicherweise:

- Stadtrand und kleinere Orte: etwa 2,00 m
- Wohngebiete: 2,50 bis 3,00 m
- Wohn- und Geschäftsbereiche: 3,00 bis 4,00 m

Bei wechselnden Profilen können die Leitungen prinzipiell sohl- oder scheitelgleich verlegt werden (**Bild 7.9**). Üblich ist eine scheitelgleiche Verlegung, die dann eine Sohlschwelle im Schachtbauwerk erfordert. Eine sohlgleiche Verlegung bietet sich an, wenn aufgrund flacher Topografie nur ein geringes Gefälle möglich ist, so dass durch den Profilwechsel keine zusätzliche Tiefe in Anspruch genommen wird. Dabei ist jedoch zu beachten, dass unterschiedliche Profile bei gleichem Abfluss auch unterschiedliche Normalwasserstände aufweisen. Dies kann dazu führen, dass bei einem Profilwechsel – trotz vergleichbarer Vollfüllungsleistung – ein Rückstau in die oberhalb liegende Haltung erzeugt wird, der dort zu Ablagerungen führen kann. Eine Reduzierung der Nennweite in Fließrichtung ist zu vermeiden (Ausnahme bei Abflussdrosselung). Sollte eine Querschnittsreduzierung unvermeidlich sein, ist ein Inspektionsschacht anzuordnen, um mögliche Verlegungen erkennen und entfernen zu können.

Aufgrund der Gefahr einer Durchwurzelung sind Mindestabstände zu Bäumen einzuhalten (ca. 2,50 m zum Baumstandort). Gegebenenfalls sind Maßnahmen erforderlich, die das Umwachsen oder sogar Einwurzeln verhindern (Schutzrohr, Trennwände). Versorgungsleitungen sind mit ausreichendem Abstand zu Kanälen zu verlegen (> 1 m).

Wenn sich die geplante Leitungstrasse mit Verkehrswegen (Autobahnen, Bundesstraßen, Schifffahrtswegen), Bahntrassen, Gewässern usw. kreuzt, ist diese Maßnahme mit dem jeweiligen Betreiber und den entsprechenden Behörden abzustimmen. I.d.R. sind dafür entsprechende Gestattungsverträge zu schließen, in denen auch die Kostenübernahme bei zukünftigen Änderungen geregelt werden. Für Bahnkreuzungen legen Kreuzungsrichtlinien die jeweiligen Kriterien fest. Eine Kreuzung mit Bauwerken (z. B. Brückenbauwerken) erfordert einen statischen Nachweis. Kreuzungen mit Gewässern werden im Allgemeinen als Düker ausgeführt.

Druckleitungen können weitgehend der Geländetopografie folgen. Damit ist bei Druckleitungen eine wesentlich geringere Verlegetiefe üblich als bei Freispiegelleitungen. Grundsätzlich sind bei Druckleitungen beliebige Kurvenformen und die Umgehung von Hindernissen möglich. Druckleitungen sind im Wasserversorgungsbereich üblich. Bei der Abwasserableitung gelten Druckleitungen als Sonderverfahren. Für die Entleerung und Entlüftung sind Tief- und Hochpunkte erforderlich. Lufteinschlüsse in Druckleitungen reduzieren die hydraulische Leistungsfähigkeit und müssen betrieblich verhindert werden. In Druckleitungen eingetragene Luft muss daher zwingend über entsprechende Entlüftungseinrichtungen an den Hochpunkten entweichen können. Ideal ist eine in Fließrichtung kontinuierlich ansteigende Druckleitung. Eingetragene Luft kann so mit der Abwasserströmung transportiert werden und am Druckleitungsende entweichen.

Die Lage der Hoch- und Tiefpunkte für die Entlüftung bzw. Entleerung ist zu sichern. Dies gilt insbesondere bei weichen Böden (Moor, Klei). Bei Richtungsänderungen (Krümmern) sind entsprechende Widerlager zur Aufnahme der Umlenkkräfte sowie zur Lagesicherung vorzusehen.

7.3 Planungsablauf und Planungsinstrumente

7.3.1 Ablauf der Planung

Planung umfasst eine Prozesskette, die bei der Zieldefinition beginnt und die Erarbeitung von Methoden, Strategien, Vorgehensweisen und Maßnahmen umfasst, um das Planungsziel zu erreichen. Planung ist damit deutlich mehr als die Erarbeitung einer technisch-konstruktiven Lösung einer Aufgabenstellung. Neben einer inhaltlichen Projektplanung, bei der technisch-konstruktive Lösungen erarbeitet werden, beinhaltet der Planungsprozess auch zahlreiche Managementaufgaben, die für den Planungserfolg unerlässlich sind. Der Ablauf einer Planung für eine Entwässerungseinrichtung oder -anlage ist dabei typischerweise wie folgt strukturiert:

1. Klärung der Projektziele
2. Aufstellen einer Aufgaben-, Termin und Ressourcenplanung für den Planungsprozess
3. Festlegung der zukünftigen Projektdokumentation (Darstellung von Projektergebnissen, z. B. in Form von Plänen, Berichten)
4. Analyse der für den Planungsprozess erforderlichen (Daten-)Grundlagen
5. Beschaffung der notwendigen (Daten-)Grundlagen
6. ggf. Ergänzung der (Daten-)Grundlagen durch eigene Erhebungen, Annahmen usw. bei für die Planungsaufgabe unzureichenden Informationen
7. ggf. Freigabe der (Daten-)Grundlagen
8. inhaltliche Projektbearbeitung zur technischen Lösungsfindung
9. Zusammenstellung der Dokumentation
10. Qualitätskontrolle der Dokumentation
11. Planungsabschluss

Die inhaltliche Projektbearbeitung zur technischen Lösungsfindung gliedert sich wiederum in eine technisch-konstruktive Bearbeitung sowie organisatorische Managementaufgaben.

Bei der technisch-konstruktiven Bearbeitung geht es darum, möglichst optimale Lösungen für die vorgegebene Zielstellung zu erarbeiten. Dazu sind die aufgrund der Aufgabenstellung vorhandenen Fragen durch eine inhaltliche

Bearbeitung und/oder einer Abstimmung mit anderen Projektbeteiligten (Auftraggeber, Nutzer, Behörden, betroffene Dritte usw.) zu klären, bis der vollständige Lösungsweg zur Zielerreichung feststeht. Sinnvoll ist eine regelmäßige Qualitätskontrolle der Planung, insbesondere für inhaltliche Meilensteine. Häufig wird der inhaltliche Planungsprozess daher in einzelne Planungsphasen mit unterschiedlicher Detaillierungsstufe unterteilt. In diesem Zusammenhang bietet es sich auch an, vorhandene Unsicherheiten der Planung regelmäßig zur überprüfen und zu bewerten.

Aufgabe des organisatorischen Projektmanagements sind vor allem folgende Prüfprozesse, die regelmäßig durchgeführt werden sollten:

- Prüfung des inhaltlichen Projektfortschrittes in Übereinstimmung mit der Aufgabenplanung bzw. der Aufgabenliste,
- Prüfung der Planungstermine in Übereinstimmung mit der Terminplanung, insbesondere für die relevanten Meilensteine,
- Prüfung der Budgeteinhaltung in Bezug auf die Planungskosten und die Maßnahmenkosten der Planung,
- Prüfung der Projektausrichtung im Hinblick auf die ursprünglichen Projektziele, den Projektinhalt sowie den Projektumfang.

Durch diese regelmäßigen Prüfschritte sollen Abweichungen von der ursprünglichen Planung möglichst frühzeitig erkannt werden, so dass geeignete Maßnahmen eingeleitet werden können, um den Planungsprozess zielorientiert anpassen zu können bzw. sicherzustellen, dass die Projektziele noch erreicht werden können. Dabei ist auch der Abgleich mit den ursprünglich definierten Projektzielen und den Projekterwartungen erforderlich. Bei größeren Projekten ist es durchaus möglich, dass durch neue Randbedingungen, Anpassungswünsche im Projektverlauf, bestehende Konflikten usw. für Einzelaspekte weitere Detaillösungen erarbeitet werden, die in Ihrer Summe dann aber die ursprünglichen Projektziele nicht mehr optimal erfüllen. Dann kann es sinnvoll sein, den bisherigen Planungsprozess noch einmal zu hinterfragen und ggf. mit veränderten Ansätzen erneut zu starten. Dies ist immer dann von besonderer Bedeutung, wenn frühere Entscheidungen im Planungsprozess bei Kenntnis von neueren Informationen anders ausgefallen wären. Daher ist es im technisch-konstruktiven Planungsprozess wichtig, immer wieder zu beurteilen, ob neuere Informationen, Planungsanforderungen oder Konflikte einen Einfluss auf frühere Planungsentscheidungen gehabt hätten.

Bei einer Kanalnetzplanung wird bei der technisch-konstruktiven Projektplanung zwischen einer Bedarfsplanung sowie einer Objektplanung unterscheiden.

Die Bedarfsplanung beinhaltet gemäß DIN 18205 (DIN, 2016c) den gesamten Prozess der methodischen Ermittlung eines Bedarfs, einschließlich der hierfür notwendigen Erfassung der maßgeblichen Informationen und Daten sowie deren zielgerichtete Aufbereitung als quantitativer und qualitativer Bedarf. Bedarfsplanungen sind konzeptionelle Planungen, bei denen Lösungsansätze für bestimmte Ziele aufgezeigt werden. Im Rahmen der Entwässerungsplanung werden solche Planungen auch als Generalentwässerungspläne (GEP) oder zentrale Abwasserpläne (ZAP) bezeichnet. Weitere Begrifflichkeiten, die in diesem Zusammenhang häufiger verwendet werden, sind Niederschlagswasserbeseitigungskonzepte (NBK), Fremdwasserbeseitigungskonzepte oder generelle Kanalsanierungsplanungen. Dabei handelt es sich um Unterthemen für bestimmte Fragestellungen, welche in einem umfassenden Generalentwässerungsplan mit behandelt werden sollten.

Im Rahmen der Objektplanung erfolgt die Konkretisierung einer im Rahmen einer Bedarfsplanung identifizierten baulichen Maßnahme zur Zielerreichung. Das kann z. B. ein konkreter Abwasserkanal in einer Straße mit zuvor definierten hydraulischen Anforderungen sein.

7.3.2 Konzeptionelle Entwässerungsplanung durch Generalentwässerungspläne

Der Generalentwässerungsplan (GEP) umfasst eine grundlegende Analyse der entwässerungsspezifischen Situation eines urbanen Einzugsgebietes. Ein GEP kann folgende Bestandteile enthalten:

- Aussagen zur hydraulischen Leistungsfähigkeit des Kanalnetzes und erforderlichen Maßnahmen zur Anpassung des Netzes an die hydraulischen Anforderungen. Hierbei handelt es sich um einen grundlegenden Bestandteil der Generalentwässerungsplanung.
- Konzeptionelle Planungen zur Regenwasserbewirtschaftung. Diese Maßnahmen können auch als eigenständige Konzepte bearbeitet werden, die beispielsweise unter Begriffen wie „Regenwasserbeseitigungskonzept, „Niederschlagswasserbeseitigungskonzept“ oder „Masterplan Regenwasser“ bekannt sind.

- Konzeptionelle Planungen zur baulichen Sanierung von Kanalnetzen. Sofern solche Bedarfsplanungen eigenständig bearbeitet werden, ist die Bezeichnung „Generelle Sanierungsplanung“ üblich.
- Konzepte zum Umgang bzw. zur Reduzierung von Fremdwasser. Hierbei handelt es sich um ein weiteres Sonderthema innerhalb eines umfassenden Generalentwässerungsplanes. Als eigenständige Planung ist hierfür der Begriff Fremdwasserbeseitigungskonzept gebräuchlich.

In einigen Bundesländern wie in Nordrhein-Westfalen, Baden-Württemberg und Brandenburg sind Planungen von Entwässerungsmaßnahmen durch „Abwasserbeseitigungskonzepte“ gesetzlich vorgeschrieben (z. B. LANUV, 2014).

Im Rahmen der Generalentwässerungsplanung erfolgt in einem ersten Schritt eine Analyse der Funktion der jeweiligen Systemelemente des Entwässerungssystems und ein daraus resultierendes Sanierungskonzept. Insofern stellt der GEP einen umfassenden siedlungswasserwirtschaftlichen Rahmenplan dar, der sämtliche Maßnahmen im Bereich des Entwässerungsnetzes koordiniert. Teilweise fokussierte sich die Generalentwässerungsplanung auf Konzepte zur hydraulischen Sanierung des Kanalnetzes. Inzwischen sollte ein GEP unterschiedliche Fachbeiträge enthalten, die alle an der Siedlungsentwässerung beteiligten Abwasserentsorgungssysteme und das Gewässer einbeziehen. Zur Gewährleistung der ökologischen und ökonomischen Ziele ist ein übergeordnetes Planungskonzept unentbehrlich, das die unterschiedlichen Systembestandteile mit ihren Interaktionen berücksichtigt.

Die Grundlage der Generalentwässerungsplanung ist eine umfassende Erhebung der Systemdaten. Im ersten Schritt der Generalentwässerungsplanung werden die jeweils vorhandenen Teilsysteme aufgenommen (Erhebung des Istzustands). Dazu zählen die unterschiedlichen Oberflächen des Entwässerungsgebietes und die komplette Kanalisation mit ihren Systemen zum Abflusstransport, zur Abflussspeicherung und zur Abflussbehandlung. Dabei bleibt die Kläranlage weitgehend unberücksichtigt. Das anschließende Sanierungskonzept berücksichtigt die jeweiligen Gebietsentwicklungen (Gewerbeansiedlungen, Neubaugebiete, Bevölkerungsentwicklung usw.). Der Zeithorizont der Gebietsentwicklung (Prognose) sollte maximal 20 Jahre betragen. Für die Anpassung des GEP wird ein Zeitraum von etwa 10 Jahren empfohlen.

Wie in **Bild 7.10** veranschaulicht, erfolgen im Rahmen der Generalentwässerungsplanung umfangreiche Systemmodellierungen zur Simulation von Belastungs-

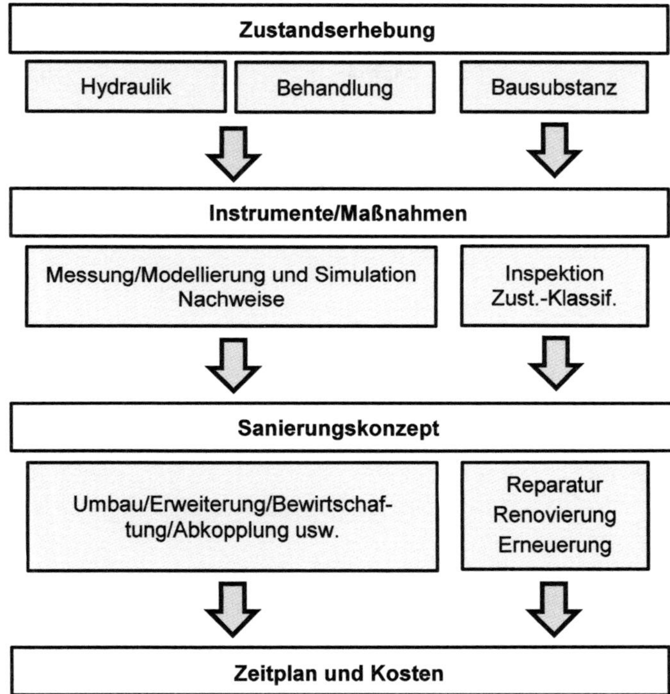

Bild 7.10: Bestandteile und Ablauf der Generalentwässerungsplanung

szenarien. Grundlage sollten immer an Niederschlags-Abfluss-Messungen kalibrierte Modelle sein. Diese umfassen beispielsweise eine Niederschlag-Abflusssimulation zur Prüfung und Optimierung der hydraulischen Leistungsfähigkeit. Mit Hilfe von ebenfalls kalibrierten Schmutzfrachtberechnungen werden der Stoffrückhalt im Kanalnetz und die Emissionen in die Gewässer ermittelt. Die Kläranlage ist in der Regel nicht unmittelbarer Bestandteil des Generalentwässerungsplanes. Die Gewässerbelastung durch Einleitungen muss heute emissions- und immissionsorientiert betrachtet werden. Nähere Ausführungen zur Regenwasserbehandlung enthält das Buch „Regenwasserbewirtschaftung und Gewässerschutz“ (Vulkan-Verlag).

Das Ziel der Generalentwässerungsplanung ist die Entwicklung eines Sanierungskonzeptes für ein ausreichend dimensioniertes, baulich und betrieblich einwandfreies Entwässerungssystem. Dabei umfasst der Bereich der Dimensionierung den Aspekt des Gewässerschutzes (Misch- und Regenwasserbehandlung) und die durch monetäre/technische Grenzen beschränkte Sicherheit gegenüber Überflutungen.

Das Ergebnis eines Generalentwässerungsplanes ist ein abgestimmtes Sanierungskonzept und die daraus resultierenden Kosten. Im Idealfall werden dabei hydraulische Sanierungsmaßnahmen mit dem baulichen Sanierungskonzept sowie den Anforderungen an die Regenwasserbehandlung verknüpft. Möglicherweise sind hydraulisch überlastete Leitungsabschnitte in einem baulich einwandfreien Zustand. In diesem Fall bieten sich alternativ zur Erneuerung aus hydraulischen Gründen alternative Maßnahmen wie Umleitungen, Rückhaltungen oder Abkoppelungen von Flächen an. Vermehrt rücken auch Möglichkeiten der Abflussbewirtschaftung in das Bewusstsein. Durch Kanalnetzsteuerungen können ggf. ebenfalls Systementlastungen erreicht werden, die wirtschaftlicher sind als eine bauliche Sanierungsmaßnahme. Dabei werden zunehmend neben rein quantitativen auch quallitative Steuerungen in der Praxis eingesetzt (Hoppe et al., 2018).

Bei der Generalentwässerungsplanung ist eine frühzeitige Beteiligung der jeweiligen Fachdisziplinen und der Genehmigungsbehörden zu empfehlen.

7.3.3 Objektplanung

Auf der Basis einer Bedarfsplanung, z. B. eines Generalentwässerungsplanes, werden in der Objektplanung einzelne Maßnahmen bis zur Ausführungsreife geplant sowie die bautechnische Realisierung vorbereitet und überwacht.

In Deutschland ist die Honorarordnung für Architekten und Ingenieure (HOAI) als verbindliches Preisrecht für inländische Projekte des Ingenieurbauwesens maßgeblich. Obwohl die HOAI nur die Vergütung für bestimmte Ingenieurleistungen regelt, nicht aber verbindliche Vorgaben für den Planungsprozess an sich enthält, hat sich der in der HOAI definierte Leistungsumfang bei der Objektplanung weitgehend etabliert. Die HOAI unterscheidet verschiedene Leistungsbilder, die wiederum in einzelne Leistungsphasen mit diversen Teilleistungen untergliedert sind. Die Objektplanung von Bauwerken und Anlagen der Abwasserentsorgung ist im Leistungsbild „Ingenieurbauwerke“ zusammengefasst. Je nach Art des Bauwerks oder der Anlage sind darüber hinaus weitere Fachplanungen für die Realisierung erforderlich, die z. B. in den Leistungsbildern „Tragwerksplanung“ oder „Technische Ausrüstung“ beschrieben sind. Das Leistungsspektrum kann grob in drei Bereiche unterteilt werden:

- Planung der Maßnahmen (Leistungsphase 1 bis 5)
- Vergabe der Bauleistung an das Bauunternehmen (Leistungsphase 6 und 7)
- Bauüberwachung und Objektbetreuung (Leistungsphase 8 und 9 sowie örtliche Bauüberwachung)

Diese Leistungen führt der Kanalnetzbetreiber selbst oder ein von ihm beauftragtes Ingenieurbüro durch. Dabei können einzelne Leistungsphasen auch separat beauftragt werden.

Die Leistungsbilder der HOAI sehen grundsätzlich eine Planung in einzelnen Leistungsphasen vor, die eine immer weitere Detaillierung und Verfeinerung der Planung bis zu Abnahme der fertiggestellten Baumaßnahme vorsehen. Im Idealfall bildet eine abgeschlossene Leistungsphase mit Dokumentation der Planungsergebnisse die Grundlage für die weiteren Leistungsphasen. Dabei erfolgt auch eine Fortschreibung der Kosten zur Gewährleistung einer möglichst hohen Planungs- und Kostensicherheit für den Bauherren. Innerhalb der einzelnen Leistungsphasen unterscheidet die HOAI wiederum in „Grundleistungen“ und „Besondere Leistungen“. Grundleistungen sind per Definition dabei die Leistungen, die für das Erreichen eines Planungsziels im Allgemeinen erforderlich sind. Je nach Aufgabenstellung ist aber auch der Verzicht von einzelnen Leistungen oder sogar ganzen Leistungsphasen möglich. Die damit einhergehenden Risiken, z. B. geringere Kostensicherheit, evtl. keine technisch optimale Planung usw., sind dabei zu beachten. Die prinzipielle Gliederung des Leistungsbildes „Ingenieurbauwerk“ in Leistungsphasen und Leistungen gemäß HOAI 2013 ist in **Tabelle 7.2** und **Tabelle 7.3** dargestellt. Die dort aufgeführten Leistungen sind lediglich kurzgefasste ausgewählte Leistungen ohne Anspruch auf Vollständigkeit. Details können der HOAI in der aktuell gültigen Fassung entnommen werden.

Ein Bruch in der Systematik zwischen Grundleistungen und besonderen Leistungen findet sich innerhalb der HOAI bei den Leistungen für Ingenieurbauwerke in der Leistungsphase 8. Hier ist die örtliche Bauüberwachung unter den besonderen Leistungen aufgeführt. Zur örtlichen Bauüberwachung zählen beispielsweise die Überwachen der Ausführung der Bauleistungen, die Prüfung und Bewertung der Berechtigung von Nachträgen, die Dokumentation des Bauablaufes oder die Überwachung der Mängelbeseitigung. Nach Ansicht der Autoren ist diese Leistung jedoch eine für das Erreichen des Planungszieles im Allgemeinen erforderliche Leistung. In anderen Leistungsbildern sind die darunter subsummierten Teilleistungen auch in den Grundleistungen enthalten (z. B. Leistungsbild Gebäude und Innenräume, Leistungsbild technische Ausrüstung usw.).

Tabelle 7.2: Leistungsbild Ingenieurbauwerke der Leistungsphasen 1 bis 5 gemäß HOAI 2013 mit exemplarischer Angabe möglicher Leistungen

Grundleistungen	Besondere Leistungen
Leistungsphase 1 (Grundlagenermittlung)	
Klärung der Aufgabenstellung inklusive einer Ortsbesichtigung bis zur Ergebnisdokumentation.	Auswahl und Besichtigung ähnlicher Objekte
Leistungsphase 2 (Vorplanung)	
Grundlagenanalyse bis zur Erarbeitung eines Planungskonzeptes mit zeichnerischer Darstellung von Lösungsmöglichkeiten und Abstimmung der Ergebnisse mit fachlich Beteiligten. Kostenschätzung und Ergebnisdokumentation.	Erstellen von Leitungsbestandsplänen Wirtschaftlichkeitsprüfung
Leistungsphase 3 (Entwurfsplanung)	
Planungsentwurf mit zeichnerischer Darstellung und Erläuterungsbericht. Vorabstimmung der Genehmigungsfähigkeit. Kostenberechnung und Aufstellung eines Bauzeiten- und Kostenplans.	Mitwirken bei Verwaltungsvereinbarungen Fiktivkostenberechnungen (Kostenteilung)
Leistungsphase 4 (Genehmigungsplanung)	
Unterlagen für öffentlich-rechtliche Verfahren oder Genehmigungsverfahren und Abstimmung mit Behörden.	Mitwirken bei der Beschaffung der Zustimmung von Betroffenen
Leistungsphase 5 (Ausführungsplanung)	
Ausführungsreife Planung mit zeichnerischer Darstellung zur Umsetzung auf der Baustelle.	Koordination des Gesamtprojekts

Tabelle 7.3: Leistungsbild Ingenieurbauwerke der Leistungsphasen 6 bis 9 gemäß HOAI 2013 mit exemplarischer Angabe möglicher Leistungen

Grundleistungen	Besondere Leistungen
Leistungsphase 6 (Vorbereitung der Vergabe)	
Mengenermittlung und Aufstellen der Vergabeunterlagen (Leistungsbeschreibungen mit Leistungsverzeichnisse) sowie Festlegen der wesentlichen Ausführungsphasen.	Detaillierte Planung von Bauphasen bei besonderen Anforderungen
Leistungsphase 7 (Mitwirken bei der Vergabe)	
Einholen, Prüfen und Werten von Angeboten. Führen von Bietergesprächen und Erstellen der Vergabevorschläge mit Dokumentation des Vergabeverfahrens.	Prüfen und Werten von Nebenangeboten
Leistungsphase 8 (Bauoberleitung)	
Aufsicht über die örtliche Bauüberwachung, Terminplanung, Abnahme von Bauleistungen und Kostenfeststellung.	Örtliche Bauüberwachung
Leistungsphase 9 (Objektbetreuung)	
Objektbegehung zur Mängelfeststellung und fachliche Bewertung der innerhalb der Verjährungsfristen für Gewährleistungsansprüche festgestellten Mängel.	Überwachen der Mängelbeseitigung innerhalb der Verjährungsfrist

7.3.4 Building Information Modeling

Building Information Modeling (BIM) ist ein wesentlicher Bestandteil der Digitalisierung von Planungsprozessen. Das BMVI (2015) bezeichnet BIM als eine kooperative Arbeitsmethodik, mit der auf der Grundlage digitaler Modelle eines Bauwerkes die für seinen Lebenszyklus relevanten Informationen und Daten konsistent erfasst, verwaltet und in einer transparenten Kommunikation zwischen den Beteiligten ausgetauscht oder für die weitere Bearbeitung übergeben werden. Dabei beginnt der Lebenszyklus bereits mit der Projektidee, beinhaltet den Planungsprozess, die anschließende Bauausführung, die mehrjährige Betriebsdauer und endet schließlich mit dem Rückbau. Das Bauwerk wird komplett mittels Einzelobjekten inkl. beschreibender Attribute (z. B. Bauteil, Aggregat) digital abgebildet (sogenannter „digitaler Zwilling"). Nach DWA (2018b) handelt es sich bei BIM um eine softwareunterstützte Arbeitsmethode, in der Daten in unterschiedlichen Dimensionen kategorisiert werden.

- Die ersten drei Dimensionen (3D) leiten sich direkt aus den räumlichen Planungs- und Visualisierungsdimensionen ab. BIM 3D bezeichnet die Verwendung eines dreidimensionalen Bauwerksmodells.
- Die vierte Dimension (4D) enthält die zeitlichen Komponenten des Bauablaufes. Hier werden Bauelemente mit dem Terminplan verbunden.
- In der fünften Dimension (5D) werden Mengen, Kosten und Ressourcen in das Modell eingebunden (Zeit, Personal usw.).
- In weiteren Dimensionen werden betriebliche Aspekte (Facility Management) zur Instandhaltung und Wartung des Bauwerkes eingebunden.
- Die Finanzierung des Bauwerkes und die Veranlagung durch Kosten und Gebühren stellen weitere Aspekte und Möglichkeiten der BIM-Methodik dar.
- Abschließend werden Angaben zum Rückbau am Ende des Lebenszyklus eingebunden.

Zu den Vorzügen der BIM-Methode zählen die räumliche Darstellung des Bauwerkes (3D) statt der zweidimensionalen Plandarstellung und die Verfügbarkeit der Bauwerksdaten über den gesamten Lebenszyklus (**Bild 7.11**). Die Visualisierungsmöglichkeiten vereinfachen Abstimmungs- und Entscheidungsfindungsprozesse. Konflikt- und Kollisionsprüfungen sind im 3D-Modell deutlich erleichtert. Wesentliche Vorteile sind letztlich eine höhere Planungs-, Termin- und Kostensicherheit.

Mit der BIM-Methode ist eine Anpassung der Planungsprozesse verbunden. Bislang orientieren sich der Planungs- und Bauablauf wasserwirtschaftlicher Bauwerke weitgehend an HOAI-Leistungsbildern, obwohl die Honorarordnung für Architekten und Ingenieure (HOAI) prinzipiell ein Instrument zur Regelung der Vergütung von Leistungen darstellt. Die bewährte Reihenfolge der Planungsabläufe wird sich sicher nicht grundlegend ändern, aber von weitergehenden Entwicklungen ist auszugehen.

Gute Voraussetzungen zur Integration der BIM-Methode in der Wasserwirtschaft sind nach DWA (2018b) durchaus gegeben, da hier datenbankorientierte Prozesse bereits den planerischen und betrieblichen Alltag dominieren. Außerdem sind Modellierung und Simulation wasserwirtschaftlicher Systeme klassische Instrumente der digitalen Planung. Dazu zählen beispielsweise:

- Geografische Informationssysteme (GIS) und Kanaldatenbanken bzw. Kanalinformationssysteme (KIS).

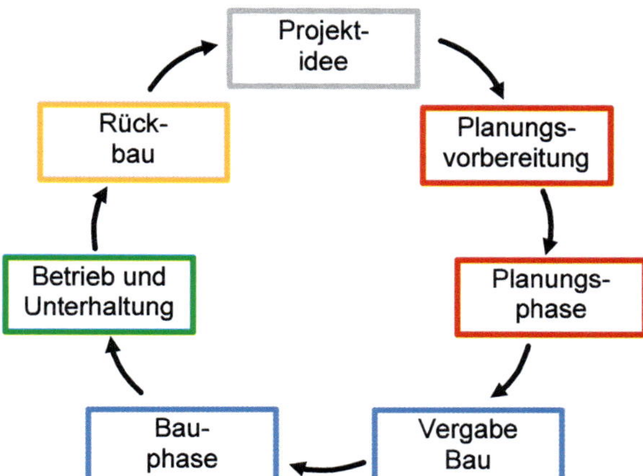

Bild 7.11: Lebenszyklen eines Bauwerkes entsprechend der BIM-Methode

- Programmsysteme zur Modellierung hydraulischer Prozesse in Entwässerungssystemen und zur Abbildung von Prozessen bei Überflutungssituationen (Kapitel 5 und 12).
- Digitale Systeme zur Aufnahme und Dokumentation des baulichen Zustands und Softwareapplikationen zur anschließenden Planung der baulichen Sanierung.
- Programmsysteme zur Bewertung des Anlagenvermögens und zur Anlagenbuchhaltung für kommunale Infrastruktursysteme.
- Messdatenmanagementsystem (MDMS) zur Erfassung, Auswertung, Korrektur und Archivierung von Messdaten.

Grundlage der digitalen Abbildung und Simulation von Systemen während der Planungs- und Betriebsphase sind somit zahlreiche Softwareprodukte. Dabei handelt es sich häufig um fachspezifische Programme von Ingenieurbüros oder Spezial-Software-Herstellern. Eine wesentliche Grundlage der Implementierung dieser unterschiedlichen Softwareapplikationen in das BIM-Umfeld (sog. „OpenBIM") sind neutrale Schnittstellen zur verlustfreien Datenübertragung. Die Datenmodelle müssen mindestens über den Lebenszyklus des Bauwerkes (i.d.R. mehrere Jahrzehnte) gelesen und interpretiert werden können. Im Bereich BIM gibt es ein von der internationalen Standardisierungsorganisation ISO anerkanntes Standard-Datenaustauschformat, die Industry Foundation Classes (IFC), als internationaler open BIM-Standard. Dieser ursprünglich aus dem Hochbau stammende Standard wird ständig erweitert.

Einen weiteren Vorteil der digitalen Planung machen Möglichkeiten der Aufnahme und Dokumentation des Bestands aus. Durch eine 3D-Bestandsaufnahme mit Drohnen und Laserscannern während der Bauphase können Abweichungen durch einen Abgleich mit dem Planungsmodell erkannt und berücksichtigt werden, so dass abschließend ein Modell verfügbar ist, das einem kongruenten Abbild der Realität entspricht. Die Dokumentation von Bauabläufen, wie der Verlauf offener Leitungsgräben oder die exakte Lage von Rohrleitungen, kann auch Jahre später exakt nachvollzogen werden.

7.4 Leitungsbau

7.4.1 Einbaubedingungen und Wahl des Bauverfahrens

Der Einbau von Leitungen kann in offener oder geschlossener Bauweise erfolgen. Bei der offenen Bauweise ist ein Rohrgraben erforderlich, der eine Öffnung (Zerstörung) der Oberfläche über die gesamte Trasse erfordert. Bei der geschlossenen Bauweise erfolgt der Einbau der Rohrleitung unterirdisch zwischen zwei Baugruben. Dabei kommen unterschiedlichen Verfahren zur Anwendung.

Die Entscheidung für die offene oder geschlossene Bauweise sowie der realisierbaren Trasse ist von unterschiedlichen Randbedingungen abhängig, die vorab im Rahmen der Planung zu bewerten sind. Dazu zählen:

- Topografie (Tiefe der Rohrleitung bzw. der Anschlusspunkte)
- Bodenbeschaffenheit und Grundwasserstand
- Platzverhältnisse (Bebauung, Verkehrsflächen, usw.)
- Eigentumsverhältnisse auf der avisierten Leitungstrasse
- vorhandene Versorgungsleitungen (z. B. Gas, Wasser, Fernwärme, Strom, Telekommunikation und Nachrichtentechnik) sowie ggf. einzuhaltende Abstandsvorgaben
- Verkehrsverhältnisse und zumutbare Beeinträchtigungen während der Bauzeit (Einschränkung von Grundstückszufahrten, Wegfall von Parkplätzen, Sperrung von Straßenabschnitten, Notwendigkeiten von Umleitungen, Zufahrtsmöglichkeiten für Feuerwehr und Rettungskräfte, Auswirkungen auf öffentlichen Nahverkehr usw.)

- Vorhandene Baumstandorte (Schädigung von Wurzeln und/oder Baukronen) und ökologische wertvolle Flächen
- Kreuzung/Querung von Gewässern, Verkehrswegen, Bahnanlagen, Versorgungsleitungen usw.
- Beeinträchtigung des Umfeldes (Lärm, Verkehr usw.)
- Größe des Kanalprofils und der Schachtbauwerke
- Notwendige Baustelleneinrichtungs- und Lagerflächen
- Kosten

Aufgrund der vorliegenden Randbedingungen ist es insbesondere im Bestand häufig eine Herausforderung eine geeignete und möglichst konfliktarme Trasse für einen Kanalneubau zu finden. Bei einer offenen Bauweise müssen dabei auch immer die notwendigen Arbeitsräume innerhalb einer Baugrube zur Einhaltung der Arbeitssicherheit sowie die Breite eines meist erforderlichen Baugrubenverbaus inkl. ausreichendem Abstand zu angrenzenden Leitungen oder Anlagen berücksichtigt werden. Zusätzlich sind die Andienung der Baugrube sowie der Baugeräteeinsatz zu bedenken, was häufig zu einem größeren Flächenbedarf führt, der naturgemäß in Konflikt zu den bisherigen Nutzungen steht. Die maximale Tiefenlage zur Ausführung einer offenen Bauweise ist auch durch technische und wirtschaftliche Bedingungen begrenzt. Offene Rohrgräben werden ab einer Tiefe von 5 bis 10 m im Vergleich zu einer geschlossenen Bauweise unwirtschaftlich und technisch anspruchsvoll.

Bei der geschlossenen Bauweise ist zu berücksichtigen, dass Schachtbauwerke innerhalb einer Strecke ebenfalls offene Baugruben erfordern. Wenn der neu zu bauende Kanal vorhandene Kanalanschlüsse aus der Straßenentwässerung und/oder von den angrenzenden Grundstücken übernehmen soll, sind oftmals auch dafür zusätzliche Baugruben erforderlich. Eine Vielzahl von Einzelbaugruben entlang einer Leitungstrasse kann dann ggf. auch dazu führen, dass ein wesentlicher Vorteil der geschlossenen Bauweise, nämlich einem relativ geringen Eingriff in die bestehende Oberflächennutzung, an Bedeutung verliert. Dennoch kann auch dann eine unterirdische Bauweise immer noch sinnvoll sein, wenn dadurch z. B. aufwändige Sicherungsmaßnahmen für zu querende Leitungen oder Anlagen eingespart werden können. Für die unterirdische Bauweise muss weitgehend sichergestellt werden, dass in der Leitungstrasse keine Hindernisse (Leitungen, Bauwerksreste usw.) vorhanden sind. Nur bei großen Querschnitten in Stollenbauweise bzw. mit begehbaren Vortriebsmaschinen ist in begrenztem Umfang eine Hindernisbeseitigung aus dem Rohrstrang heraus möglich. In geringen Tiefenlagen ist eine unterirdische Bauweise ebenfalls beschränkt, da aus statischen Gründen eine Mindestüberdeckung einzuhalten ist.

7.4.2 Offene Bauweise

Die offene Bauweise ist geprägt durch den Rohrgraben. Der Einbau von Rohrleitungen in offener Bauweise erfolgt in Abhängigkeit von der maximalen Tiefe, möglichen Verkehrsbeeinträchtigungen respektive der Bebauungsstruktur, Auswirkungen auf die Umgebung (Lärm und Setzungsgefahr)), vorhandenen Ver- und Entsorgungsleitungen im Untergrund, den Grundwasserverhältnissen sowie und den Platzverhältnissen. Die Breite des Arbeitsstreifens hängt von der Tiefe und Breite des Rohrgrabens sowie den notwendigen Baubetriebsflächen neben dem Rohrgraben ab. Abhängig von der Nennweite der zu verlegenden Rohre, der Tiefe und Grabensicherung können für die Breite der Arbeitsstreifen und den Rohrgraben mehr als 20 m erforderlich sein. In **Bild 7.12** ist eine Rohrleitungsbaustelle exemplarisch dargestellt.

Die technisch sorgfältige Ausbildung des Rohrgrabens ist die Voraussetzung für eine lagegenaue und standsichere Verlegung der Rohrleitungen. Die Rohrverlegung erfolgt in folgenden Arbeitsschritten:

1. Festlegung der Leitungstrasse (Abstecken, Vermessen)
2. Information betroffener Beteiligter (Anwohner, Verkehr usw.)
3. Sicherung des Baustellenbereiches
4. Ggf. Durchführung von Kampfmitteluntersuchungen in Abhängigkeit der Verbauart für den Rohrgraben
5. Aushub des Rohrgrabens und ggf. notwendiger Verbau
6. Lagerung des Aushubmaterials zum Wiedereinbau oder Abtransport
7. Sicherung der Grabenwände und der kreuzenden Leitungen
8. Eventuelle Durchführung einer Wasserhaltung / provisorischen Abwasserüberleitung
9. Herstellung der Grabensohle und Bettungsschicht
10. Einbau der Rohre: Verlegung – Ausrichtung – Dichtung der Rohrstöße – Druckprobe
11. Eventuell Herstellung der Anschlüsse (Hausanschlüsse oder seitliche Einbindungen)

Bild 7.12: Einbau eines großformatigen Sammlers in einen Rohrgraben mit Spundwandverbau

12. Lageweise Verfüllung des Rohrgrabens und Verdichtung des Füllmaterials und ggf. Rückbau des Verbaus
13. Wiederherstellung der Oberfläche

Die Durchführung des Leitungsbaus für Abwasserleitungen ist im Arbeitsblatt DWA-A 139 (2019) beschrieben. Vertiefte Hinweise zum Rohrleitungsbau finden sich beispielsweise in ATV (1995) und Stein (2003).

Maßgeblich für den Einbau der Rohre ist der Bodenkörper. Die Art und Struktur des Bodens beeinflusst das Ausheben des Rohrgrabens und die Möglichkeiten des Einbaus inklusive der Bodenverdichtung. Grundsätzlich erfolgt eine Unterscheidung zwischen nichtbindigen (grobkörnigen) oder bindigen (feinkörnigen) Böden. Der Begriff „gemischtkörnige Böden" wird nach DIN 18196 (DIN 2011) verwendet, wenn in einem Boden 5 % bis 40 % feinkörnige Anteile enthalten sind. Die Klassifizierung der Böden erfolgt u.a. durch Siebung einer Bodenprobe. Das Ergebnis wird gewöhnlich in Form einer Summenlinie, bezeichnet als Sieblinie (auch Körnungslinie), aufgetragen.

Bindige Böden haben einen hohen Anteil an Ton oder Schluff (umgangssprachlich als Lehm bezeichnet). Unter Druckbelastung verformen sich bindige Böden über einen längeren Zeitraum relativ stark. Die Böden setzen sich im Vergleich zu nichtbindigen Böden sehr langsam, so dass noch Restsetzungen nach Fertigstellung des Bauwerks möglich sind, die zu Schäden führen können. Das Verhalten bindiger Böden hängt vom Wassergehalt ab. Je nach Anteil von Ton und Schluff sind diese Böden schlecht wasserdurchlässig. Wasser kann sich sammeln, verringert die Tragfähigkeit und staut sich an den Bauwerksaußenseiten auf. Außerdem reagiert der Boden empfindlich auf Frost, da das Porenwasser gefriert und es zu Hebungen kommt. Tonminerale neigen unter Einfluss von Wasser außerdem zum Quellen oder Schrumpfen. Bei bindigen Böden besteht die Gefahr, dass bei Regen aufgrund der Wasseraufnahme keine einwandfreie Verdichtung möglich ist.

Nichtbindige Böden haben einen geringen Anteil an Feinkorn. Zu dieser Bodenart zählen Sand und Kies in verschiedenen Korngrößen und Mischungen. Entgegen dem Sprichwort „auf Sand gebaut" handelt es sich hierbei meist um guten Baugrund, vorausgesetzt er ist nicht locker gelagert. Dies liegt am relativ stabilen Korngefüge und daran, dass keine Abhängigkeit zwischen dem mechanischen Verhalten und dem Wassergehalt besteht. Die verhältnismäßig geringe Zusammendrückbarkeit von Sand führt dazu, dass Setzungen relativ gering bleiben. Die Setzungen treten darüber hinaus unmittelbar beim Aufbringen der Lasten auf. Bei geringer Lagerungsdichte oder bindigen oder humosen Anteilen können Setzungen auftreten. Zu Frostschäden kommt es bei nichtbindigen Böden i.d.R. nicht, da die Volumenänderung des Wassers durch die Luftporenräume im Korngefüge aufgenommen werden kann. Nichtbindige Böden lassen sich allgemein gut verdichten.

Bei der Ausbildung eines Rohrgrabens wird aus Kostengründen eine Minimierung des Grabenquerschnittes angestrebt. Demgegenüber stehen Ausführungsvorschriften, die neben den Arbeitsbedingungen für sicheres und ergonomisches Arbeiten maßgeblich durch Sicherheitskriterien geprägt sind. Vorgaben dazu gibt die DIN 4124 (DIN, 2012a) und die Unfallverhütungsvorschriften (DGUV, 1997). Bei der Ausführung des Rohrgrabens gelten für den maschinellen Aushub dieselben Regeln wie für den Aushub von Hand. Häufig erfolgt der Aushub im Verkehrsraum mit entsprechender Oberflächenbefestigung und unter beengten Verhältnissen.

Bild 7.13: Verfüllung eines Rohrgrabens in geböschter Baugrube (Foto: Amiblu Germany GmbH)

Die Standsicherheit des Rohrgrabens muss während der gesamten Bauphase gewährleistet sein. Bei Baugruben wird zwischen geböschten und verbauten Ausführungen unterschieden. Geböschte Baugruben und Grabenwände sind nicht verbaut. Somit liegt auch bei senkrechter Wand eine geböschte Baugrube oder ein geböschter Rohrgraben vor (**Bild 7.13**). Bei Rohrgräben darf die anschließende Geländeoberfläche bei nicht bindigen und weichen Böden nicht mehr als 1:10 sowie bei steifen bindigen Böden nicht mehr als 1:2 geneigt sein.

Für die Grabentiefe gelten bezüglich der Sicherungsmaßnahmen folgende Tiefen:

- Senkrechte Wände bis zu einer Tiefe von 1,25 m: ohne Sicherungsmaßnahme möglich
- Bei steifen und bindigen Böden mit einer Tiefe von 1,25 m bis 1,75 m: zumindest teilweise Aussteifung oder Böschung erforderlich
- Ab einer Grabentiefe von 1,75 m: Verbau oder Böschung

Bild 7.14 (links) zeigt eine Baugrube mit senkrechter Wand, die bis zu einer Tiefe von 1,25 m keinen Verbau benötigt. Im rechten Bildbereich wird die Möglichkeit der Baugrubensicherung durch eine geböschte Baugrube veranschaulicht. Bei Baugruben und Gräben mit einer Tiefe von mehr als 1,75 m richtet sich der

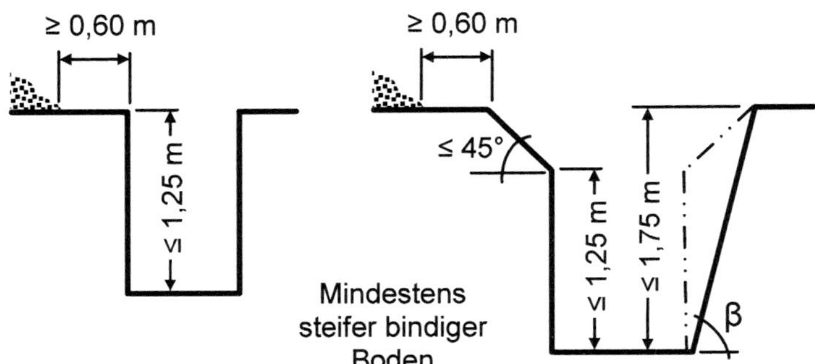

Bild 7.14: Rohrgraben ohne Verbau: Links senkrechte Wände und rechts Graben mit geböschten Kanten nach DIN 4124 (DIN 2012a) sowie DIN EN 1610 (DIN EN 2015)

Böschungswinkel unabhängig von der Lösbarkeit des Bodens nach dessen bodenmechanischen Eigenschaften und nach den äußeren Einflüssen auf die Böschung. Ohne Nachweis der Standsicherheit dürfen folgende Böschungswinkel nicht überschritten werden:

- **β** = 45° bei nichtbindigen oder weichen bindigen Böden;
- **β** = 60° bei mindestens steifen bindigen Böden;
- **β** = 80° bei Fels.

Die Bedingungen für die Sicherung der Grabenwände sind vorab sorgfältig zu untersuchen. Neben der grundsätzlichen Festlegung der Bodenart sind standsicherheitsgefährdende Bedingungen, wie beispielsweise Wasserzuflüsse, Aufschüttungen, Möglichkeiten der Bodenaustrocknungen oder Erschütterungen zu ermitteln. Nach DIN 4124 sowie DIN EN 1610 (DIN EN 2015 sind in Bereichen, wo entweder der Rand einer Baugrube bzw. eines Grabens oder die Baugrube bzw. der Graben selbst betreten werden muss, mindestens 0,60 m breite, möglichst waagerechte Schutzstreifen anzuordnen und von Aushubmaterial und Gegenständen freizuhalten.

Die Sicherung der Grabenwände bei Tiefenlagen mehr als 1,25 m/1,75 m durch einen Verbau erfolgt beispielsweise durch Verbausysteme unterschiedlicher Hersteller oder bei größeren Baugrubentiefen mittels Spundwänden, Trägerbohlwänden, Rohrpfahlwänden oder Schlitzwänden. In **Bild 7.15** sind ein teilweise und ein vollständig verbauter Rohrgraben skizziert. **Bild 7.16** zeigt einen Rohrgraben, der durch einen Systemverbau gesichert ist.

Bild 7.15: Verlegung einer Abwasserleitung in einem Rohrgraben mit Systemverbau

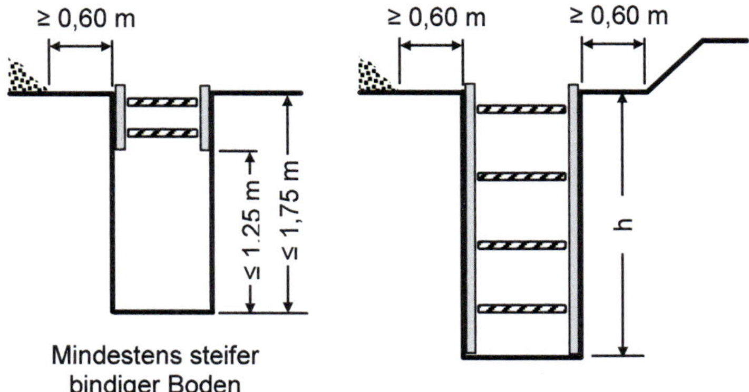

Bild 7.16: Verbauter Rohrgraben: Links teilweise verbaut und rechts vollständig verbaut nach DIN 4124 (DIN 2012a) sowie DIN EN 1610 (DIN EN 2015)

Besondere Sorgfalt erfordert der nachträgliche Rückbau des Verbaus. Die Verfüllung der Baugrube oder des Rohrgrabens ist mit dem Rückbau des Verbaus sorgfältig abzustimmen, um spätere Setzungen weitestgehend zu vermeiden. Beim Ziehen von Spundwänden oder Trägerbohlwänden kann es außerdem zu Bodenumlagerungen kommen, die ggf. auch zu Änderungen der Kanallage oder Schäden an angrenzenden Bauteilen führen können.

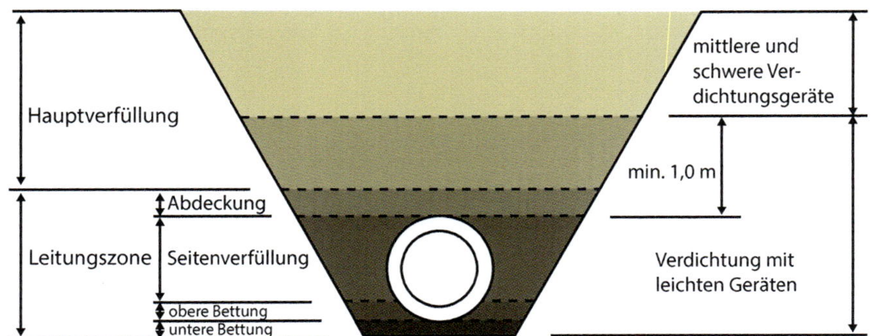

Bild 7.17: Verfüllung und Verdichtung von Rohrgräben (Güteschutz Kanalbau)

Der Bereich der Gründungsfläche unter dem Rohr darf nicht aufgelockert werden oder muss vor dem Rohreinbau wieder ausreichend verdichtet werden. Als Auflager eignen sich anstehende nichtbindige Böden, wenn sie steinfrei sind, und bindige Böden, wenn ein Aufweichen ausgeschlossen werden kann. Ist ein spezielles Rohrlager herzustellen, eignen sich dazu Sand, Feinkies oder Beton. Die Muffen der Rohrleitung sind in Fließrichtung anzuordnen. Das Rohr muss über der gesamten Länge voll aufliegen. Dies ist insbesondere im Bereich der Muffen eine Herausforderung, wenn die Rohre nicht mit „Fuß", d. h. einer durchgängigen ebenen Auflagerfläche, ausgebildet sind. Punktförmige Lagerungen führen zu Instabilität und in Abhängigkeit des gewählten Rohrmaterials zu Verformungen bis hin zum Bruch.

Die Leitungszone besteht aus der Bettung, der Seitenverfüllung und der Abdeckung über dem Rohr. Hier sind die richtige Materialwahl und eine sorgfältige Verdichtung für die langfristige Qualität der Rohrleitung maßgeblich. Fehler bei der Verdichtung zählen zu den häufigsten Ursachen von Rohrschäden.

Der Rohrgraben ist sorgfältig mit verdichtungsfähigem Boden (Sand und Kies) bis 30 cm über dem Scheitel (Leitungszone) zu verfüllen. Die Verfüllung und Verdichtung erfolgt lagenweise. Hier kann das Aushubmaterial verwendet werden, wenn es verdichtungsfähig und steinfrei ist. Bei der Verdichtung werden die Hohlräume des Verfüllmaterials durch mechanische Einwirkung von Verdichtungsgeräten verringert. Insbesondere die Zwickel unter dem Rohr sind sorgfältig zu verdichten, um die Lagestabilität zu sichern. In der Leitungszone darf nur von Hand oder mit leichtem Gerät verdichtet werden. Auf die Beibehaltung der Lage des Rohres ist dabei zu achten (**Bild 7.17**). Schwere Verdichtungsgeräte dürfen erst ab 1 m über Rohrscheitel eingesetzt werden. Ansonsten besteht auch die Gefahr, dass das Rohr „aufschwimmt" und nicht mehr in der geplanten Tiefe liegt. Da eine optimale Verdichtung häufig nicht möglich ist, bietet die Verfüllung mit selbstverdichtendem Verfüllmaterial (Bodenmörtel) eine dauerhaft haltbare Alternative (**Bild 7.18**). Dieses Material bleibt nach der Herstellung für eine gewisse Zeit in einem fließfähigen Zustand und verfestigt und stabilisiert sich nach dem Einbau. Hier ist beim Einbringen durch geeignete Maßnahmen sicherzustellen, dass das Rohr nicht aufschwimmt.

Bild 7.18: Verfüllung eines Rohrgrabens mit selbstverdichtendem Verfüllmaterial

Wasser im Leitungsgraben gefährdet die Standsicherheit beispielsweise durch Ausspülen des Bodens hinter dem Verbau, Böschungsausspülungen, Aktivieren von Gleitschichten und Auftrieb der Rohre. Der Leitungsgraben ist daher für den Einbau der Rohre wasserfrei zu halten. Eindringendes Grundwasser und anfallendes Oberflächenwasser sind durch eine geeignete Wasserhaltung aus dem Leitungsgraben soweit zu entfernen, dass eine planmäßige Einbringung und Bettung der Rohre erfolgen kann. Das Grundwasser sollte dazu bis in eine Tiefe von 0,5 m unter Grabensohle abgesenkt werden. Maßnahmen zur Wasserhaltung sind:

Bild 7.19: Provisorische Wasserhaltung (Kunststoffleitung) innerhalb einer Baugrube

- Brunnen oder Pumpen
- Wasserdichter Verbau bis in undurchlässige Bodenschichten oder mit Unterwasserbetonsohle
- Gefrierverfahren
- Sickerleitung in der Baugrube bei Leitungsverlegung (in einer Kiesschicht unterhalb der Rohrsohle)

Bei Baumaßnahmen im Bestand kommt der Aufrechterhaltung des ordnungsgemäßen Betriebes des bestehenden Entwässerungssystems eine besondere Bedeutung zu. So muss anfallendes Schmutz- und Niederschlagswasser weiterhin schadlos abgeleitet werden. Überflutungen durch Niederschlagswasser, welches aufgrund von Bauaktivitäten nicht abfließen kann sind ebenso zu vermeiden, wie eine unsachgemäße Ableitung von Schmutzwasser, z. B. durch Überleitung in einen Regenwasserkanal, in ein Gewässer oder durch Versickerung in den Untergrund. Dazu sind parallel zum Kanalbau auch entsprechende Wasserhaltungsmaßnahmen zu planen. Diese können provisorische Leitungen sein, die im Freispiegel, als Druckleitung mittels Pumpen oder als Heberleitung betrieben werden. **Bild 7.19** zeigt eine provisorische Leitung in der Baugrube zur temporären Ableitung der Abflüsse. Dabei müssen die Provisorien nicht zwingend die hydraulische

Leistungsfähigkeit des dauerhaften Ableitungssystems haben, das während der Bauzeit ersetzt werden muss. In Abhängigkeit von der Bauzeit (Dauer und Jahreszeit) sowie der möglichen Auswirkungen bei einer Überlastung oder einem Versagen, können diese auch kleiner ausgelegt werden. Hierzu muss vorab unter Berücksichtigung der technischen Möglichkeiten, der möglichen Risiken sowie der Kosten eine sachgerechte Abwägung vorgenommen werden.

7.4.3 Geschlossene Bauweise

Bei der geschlossenen Bauweise, dem grabenlosen Leitungsbau, werden Leitungen und Kanäle ohne offene Gräben verlegt. Dabei werden die Nachteile der offenen Bauweise (Platzbedarf, Umgebungsbeeinträchtigung) durch unterirdische Bauweise weitgehend vermieden. In eng bebauten Ballungsräumen oder bei der Kreuzung von Flussläufen, Gleisanlagen oder Straßen erfolgt der Leitungseinbau unterirdisch. Bei der geschlossenen Bauweise muss die Trasse nicht unbedingt dem Straßenverlauf folgen. Es können auch Gebäude unterfahren werden, allerdings sind dabei natürlich die rechtlichen Randbedingungen im Zusammenhang mit den Eigentumsverhältnissen der betroffenen Grundstücke zu berücksichtigen. Grundsätzlich erfolgt eine Unterscheidung in zwei Verfahrenshauptgruppen:

- Grabenloser Leitungsbau durch Vortrieb von Leitungen
- Tunnel- und Stollenvortriebsverfahren

Weiterhin wird in Abhängigkeit von den Platzverhältnissen im Leitungsquerschnitt unterschieden in nicht begehbarer Nennweitenbereich (Leitungstunnelbau) und dem begehbarer Nennweitenbereich. Aus Sicherheitsgründen gilt gemäß Arbeitsblatt DWA-A 125 (2008) bei ständigem Personaleinsatz ein Mindestnennweitenbereich von 1600 mm unabhängig von der Vortriebslänge. Ein vorübergehender Personaleinsatz, beispielsweise zur Behebung von Störungen oder zur Durchführung von Kontrollvermessungen, ist bereits bei Nennweiten ab 800 mm möglich. In diesem Fall ist die Vortriebslänge auf 150 m begrenzt.

Das Prinzip des hydraulischen Rohrvortriebs veranschaulicht **Bild 7.20**. Hier erfolgt der Abbau des Bodens durch eine Vortriebmaschine mit einem Erdschild. Dabei wird ein werkzeugbestücktes rotierendes Schneidrad an die Ortsbrust gedrückt. Der Transport des gelösten Bodens erfolgt beispielsweise mit Loren oder Förderbänder durch den Rohrstrang. Hinter der Vortriebsmaschine werden die Rohrsegmente in die Bodenöffnung gepresst. Um die

Bild 7.20: Prinzip des hydraulischen Rohrvortriebs (Fa. Herrenknecht)

Reibung zwischen Rohrmantel und Erdreich zu reduzieren, wird Bentonit in den Ringspalt eingespritzt.

Beim unterirdischen Leitungsbau ist das Verfahren des hydraulischen Rohrvortriebs üblich. In der Regel sind zwei Baugruben erforderlich.

- Startbaugrube: Hier erfolgt die Installation der Hauptpressstation mit Startlafette und Widerlager für die Einleitung der Vorpresskraft in den Baugrund und die Installation des ortsfesten Teils des Mess- und Steuersystems. Von der Startbaugrube aus werden die Vortriebsrohre von einer Pressstation durch den Untergrund bis in den Zielschacht vorgetrieben (**Bild 7.21**).
- Zielbaugrube: Aus der Zielbaugrube werden die Vortriebsmaschine und ggf. die Stahlmantelrohre geborgen. Beim Pilotvortrieb erfolgt über die Zielbaugrube auch die Bodenabförderung.

Da die Start- und Zielbaugrube beim Rohrvortrieb immer in der Trassenachse liegen, werden die Baugruben zweckmäßigerweise gleichzeitig als Baugrube für Schachtbauwerke genutzt.

Vor und ggf. während des Vortriebs sind eng gestufte bodenmechanische Untersuchungen durchzuführen. Die Bedingungen im Trassenverlauf unter der Erde sind nicht exakt vorherzusehen. In Abhängigkeit von den geologischen Bedingungen wird die jeweilige Vortriebsart gewählt. Bei wechselnden Bodenstrukturen sind ggf. individuelle respektive wechselnde Vortriebstechniken erfor-

Bild 7.21: Startbaugrube mit Betonwiderlager und Hydraulikpresse zum Vortrieb von Stahlbetonrohren (Mischwasserentlastungssammler in Mönchengladbach)

derlich. Stößt die Vortriebsmaschine innerhalb der Strecke auf ein Hindernis oder eine völlig veränderte Geologie, kann eine Bergung der Vortriebsmaschine einen enormen Aufwand erfordern. Dabei wird zwischen entfernbaren und nicht entfernbaren Hindernissen unterschieden. Größere Steine oder Bauwerksreste können ggf. von der Geländeoberkante aus freigelegt und entfernt werden. Möglicherweise ist auch eine bergmännische Entfernung aus dem Vortrieb heraus möglich. Nicht entfernbare Hindernisse sind nur durch eine Umtrassierung zu umgehen. Zu den nicht entfernbaren Hindernissen zählen vorhandene Leitungen oder bestehende Bauwerke. Diese Hindernisse sollten möglichst im Zuge der Trassenfestlegung vorab ermittelt werden. Dazu zählt ebenfalls die Anfrage nach eventuellen Kampfmitteln. Leitungen können mit Ortungsgeräten (elektromagnetische Induktion) ermittelt werden.

Die Länge der Vortriebsstrecke im Leitungstunnelbau ist begrenzt. Technisch wäre bei einem großen begehbaren Vortrieb theoretisch eine beliebig lange Vortriebsstrecke möglich. Allerdings beschränken wirtschaftliche und logistische Aspekte zum Bodenabtransport die Vortriebslänge. Übliche Vortriebsteilstrecken sind auf etwa 1 km begrenzt (grobe Orientierung). Da mit zunehmender

Vortriebslänge die Druckkräfte auf die Vortriebsrohre immer größer werden müssen, sind beim Rohrvortrieb Zwischenpressstationen (etwas alle 80 bis 150 m) erforderlich. Diese lassen sich allerdings nur bei begehbaren Querschnitten realisieren, so dass bei solchen Querschnitten große Vortriebslängen möglich sind. Bei nicht begehbaren Querschnitten ist die Vortriebslänge durch die von den Rohren aufnehmbare Vortriebskraft begrenzt. Größere Vortriebslängen erfordern größere Wandstärken, wodurch wirtschaftliche Grenzen bei der Vortriebslänge gesetzt sind. Zwischenpressstationen bestehen aus einem Stahlmantelrohr, in das die Enden der Vortriebsrohre eingeführt werden. Im Mantelrohr sind weitere hydraulische Presskolben eingebaut, mit denen der gleiche Druck erzeugt werden kann wie mit den Arbeitskolben in der Pressgrube. Dadurch ist eine taktweise Vorpressung möglich.

Das Rohrvortriebsverfahren findet überall dort Verwendung, wo der übliche Einbau von Rohren in offener Bauweise problematisch oder unwirtschaftlich ist. Das Verfahren ist auch prädestiniert bei hohen Erdüberschüttungen, bei der Unterquerung von Verkehrsflächen (Straßen, Autobahnen, Bahnlinien, Flugbetriebsflächen) und Wasserläufen, unter Bauwerken, aber auch in Städten und Orten mit enger Bebauung. Die Vorteile des Rohrvortriebs sind:

- Geringer Oberflächenbedarf, begrenzt auf die Start- und Zielschächte sowie ggf. Zwischenbaugruben aufgrund der Anforderungen an den fertigen Kanal
- Geringe Störung der Anwohner sowie des ruhenden und fließenden Verkehrs durch die Konzentration der Baustellenaktivitäten auf die Baugruben
- Keine Grundwasserabsenkung während der Bauzeit erforderlich, da mit angepasster Verfahrenstechnik auch im Grundwasser vorgetrieben werden kann.

Die Rohre werden in gerader oder gekrümmter Trasse mit gerader, geneigter oder gekrümmter Gradiente vorgetrieben. Kurvenvortriebe sind sowohl mit bemannten als auch mit unbemannten Verfahren durchführbar. In Abhängigkeit der oberirdischen Flächennutzung bzw. vorhandener Restriktionen auf der Trasse können dadurch auch längere Strecken aufgefahren, die nicht geradlinig miteinander verbunden sind. Bei Rohrvortrieben in gekrümmter Trasse muss in Abhängigkeit von der Baulänge, der Fugenkonstruktion und dem Außendurchmesser der Rohre ein Mindestradius eingehalten werden.

Die zentimetergenaue Einhaltung der Lage auch über lange Strecken gewährleistet eine Computersteuerung. Dazu stehen optische Verfahren (z. B. Laser, Theodolit) und elektromagnetische Messsysteme sowie Kreiselkompass, elektronische Schlauchwaage, Inklinometer usw. zur Verfügung.

In Abhängigkeit von den Bodenverhältnissen sind Mindestüberdeckungshöhen einzuhalten. Als Richtwert gilt hier der zweifache Außendurchmesser. Bei großen Profilen kann in Extremsituationen auch der einfache Durchmesser ausreichen. Abhängig von den Bedingungen und Risiken sind gesonderte bodenmechanische Nachweise erforderlich.

Für sehr große Kanaldurchmesser, bei denen z. B. ein wirtschaftlicher Transport der Rohre über die Straße zur Baustelle nicht mehr möglich ist oder aufgrund von geologischen Randbedingungen zu große Vortriebskräfte erforderlich wären, kommt auch ein Tunnelausbau mittels Tübbingausbau in Frage. Wie beim Rohrvortrieb arbeitet sich dabei eine Vortriebsmaschine durch den Untergrund. Allerdings werden hierbei nicht ganze Vortriebsrohre von der Startbaugrube nachgeschoben, sondern einzelne Rohrsegmente (Tübbinge) im aufgefahrenen Leitungsquerschnitt bis vor die Vortriebsmaschine transportiert und dort in den aufgefahrenen Querschnitt montiert. Im Unterschied zum Rohrvortrieb wird der neu hergestellt Rohrstrang nicht durch das Erdreich bis zur Zielbaugrube geschoben, sondern der hergestellte Rohrstrang dient als Widerlager für die Vortriebsmaschine. Aufgrund der deutlich höheren Kosten dieses Bauverfahrens im Vergleich zum Rohrvortriebsverfahren kommt es nur zur Anwendung, wenn das Rohrvortriebsverfahren technisch nicht möglich ist.

8 Grundstücksentwässerung und Abwassergebühren

8.1 Entwässerungsanlagen zur Grundstücksentwässerung

Die Kommune ist zur Abwasserbeseitigung verpflichtet. Ausnahmen sind möglich, wenn der Aufwand beispielsweise bei entlegenen Grundstücken hoch ist. Andererseits besteht für die Grundstückseigentümer ein Anschluss- und Benutzungszwang, sofern in der kommunalen Entwässerungssatzung für bestimmte Tatbestände keine Befreiung festgeschrieben ist (z. B. Versickerung von Niederschlagswasser). Der durch die Entwässerungssatzung angeordnete Zwang, Grundstücke an die öffentliche Kanalisation anzuschließen und die gemeindliche Abwassereinrichtung zu benutzen, dient der Sicherung der Gewässer (Oberflächengewässer und Grundwasser). Kleinkläranlagen und abflusslose Gruben für den Schmutzwasseranfall auf privaten Grundstücken beschränken sich in der Regel auf ländliche Regionen und Einzelgrundstücke mit entsprechender Entfernung zum öffentlichen Kanal. Neben der wirtschaftlichen Betrachtung beim Anschluss entlegener Gebäude besteht das Problem, dass sich bei längeren Strecken mit geringem Gefälle und geringen Abflüssen Ablagerungen bilden, die zu einem entsprechend hohen Betriebsaufwand führen.

Das gesamte Kanalnetz zur Sammlung und Ableitung von Abwasser besteht aus privaten Leitungen und dem öffentlichen Kanalnetz. Dabei ist die Länge der privaten Kanäle mit geschätzt mehr als 1 Millionen Kilometer etwa doppelt so lang wie das öffentliche Kanalnetz in Deutschland. Die Grundstücksentwässerung übernimmt Schmutzwasser aus der Gebäudeentwässerung, beispielsweise aus den Bodeneinläufen den Sanitärelementen oder der Druckleitung der Abwasserhebeanlage. Das Regenwasser von Dächern und befestigten Oberflächen wird ebenfalls von Grundstücksentwässerung über Fallleitungen am Gebäude oder Einläufe auf dem Grundstück aufgenommen und abgeleitet. In der DIN 1986-100 „Entwässerungsanlagen für Gebäude und Grundstücke“ (DIN, 2016a) sind die jeweiligen Systemelemente der Grundstücksentwässerung definiert. Dazu gehören:

- Grundleitung: Abwasserleitungen in oder unterhalb der Bodenplatte des Hauses und im Erdreich des Grundstückes außerhalb des Gebäudes bis zum Kontrollschacht auf dem Grundstück. Ist kein solcher Schacht vorhanden, reicht die Grundleitung bis zur Grundstücksgrenze. Bei Mischsystemen ist das Schmutz- und Niederschlagswasser über getrennte Grundleitungen aus dem Gebäude herauszuführen und erst nahe der Grundstücksgrenze (vorzugsweise in einem Schacht) zusammen zu führen.

- Sammelleitung: Alternativ zur Grundleitung ist die Gebäudeentwässerung über eine Sammelleitung zu empfehlen. Diese ist nicht im Erdreich oder unter der Grundplatte verlegt. Sammelleitungen sind zugänglich innerhalb der Kellersohle angeordnet oder unter der Kellerdecke aufgehängt. Dadurch besteht dauerhaft eine Kontrollmöglichkeit innerhalb des Gebäudes.
- Anschlusskanal: Kanal von der Grundstücksgrenze oder dem (letzten) Kontrollschacht auf dem Grundstück (je nach Ortssatzung) bis zum öffentlichen Straßenkanal.

Der Hausanschluss (Sammelbegriff für Grundleitung und Anschlusskanal) ist die private Kanalleitung, die über die Grundleitung und den Anschlusskanal die privaten Abwässer des Hauses und des Grundstücks in die öffentliche Kanalisation einleitet (**Bild 8.1**). Grundleitungen und Anschlusskanäle innerhalb des privaten Grundstücks sind vom Grundstückseigentümer zur bauen, zu warten und instand zu halten. Für den Anschluss gibt es folgende unterschiedliche Regelungen, die in den Entwässerungssatzungen der Gemeinden individuell festgelegt sind:

- Kommunalregie: Der Kanalnetzbetreiber baut, betreibt und unterhält die Grundstücksentwässerungsanlage vom Revisionsschacht auf dem Grundstück bis zum öffentlichen Kanal.
- Anliegerregie: Der Grundstückseigentümer ist für die gesamte Grundstücksentwässerungsanlage inklusive des Anschlusskanals zuständig. Die Kommune macht ggf. Auflagen zur Ausführung des Anschlusskanals, beispielsweise zum Gefälle und gibt vor, wer den Kanal errichten darf.
- Zuständigkeit bis zur Grundstücksgrenze: Der Grundstückseigentümer baut, betreibt und unterhält die Grundstücksentwässerung auf dem Privatgrund. Der Kanalnetzbetreiber baut, betreibt und unterhält den Anschlusskanal.

Gemäß DIN 1986-100 (DIN, 2016a) ist eine Mindestnennweite DN 80 für Freigefälleleitungen auf dem Grundstück möglich, wenn die hydraulische Bemessung dies zulässt. Das Mindestgefälle liegt im Bereich von 0,5 % (= 0,5 cm/m) bis I = 1 : DN. Die einzuhaltenden Fließgeschwindigkeiten sollten abhängig vom Füllungsgrad nicht unter 0,5 m/s liegen, um Ablagerungen zu vermeiden. Aus Gründen der besseren Zugänglichkeit der Grundleitung für Inspektion und Reinigung und der Verfügbarkeit von geeigneten, verwendbaren Bauteilen, ist die Ausführung der Grundleitung in der Nennweite DN 100 oder größer zu empfehlen. Sowohl Grundleitungen als auch Hausanschlusskanäle werden in der Regel im Nennweitenbereich DN 100 bis DN 150 ausgeführt. Die Leitungen bestehen häufig aus Steinzeug oder PVC. Revisionsschächte auf dem

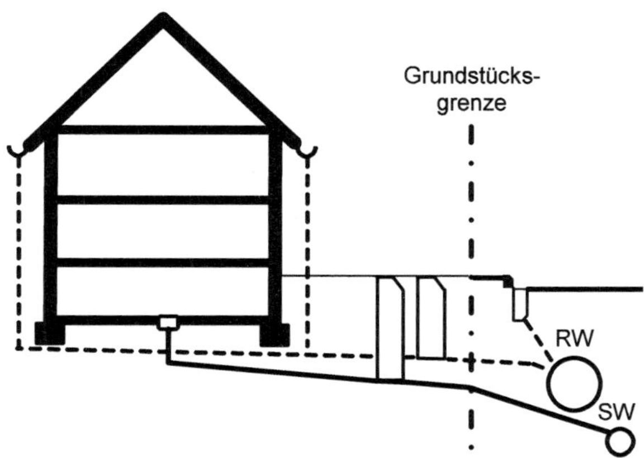

Bild 8.1: Grundstücksentwässerung und Anschluss an die öffentliche Kanalisation bei einem Trennsystem

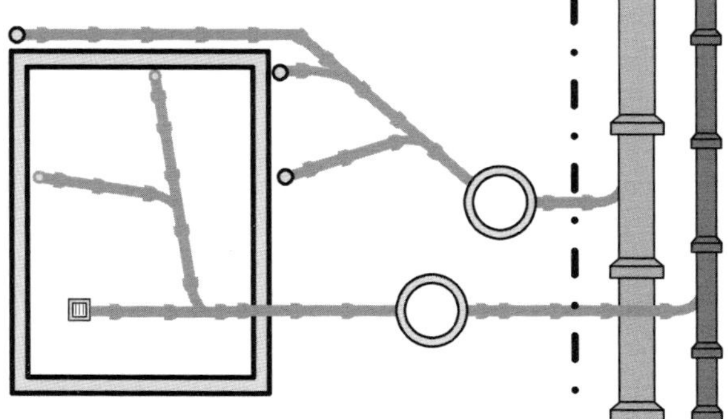

Bild 8.2: Verlauf von Grundstücksentwässerungsleitungen unterhalb der Bodenplatte und auf dem Grundstück bis zum Anschluss an den öffentlichen Kanal

Grundstück erleichtern die Inspektion und Instandhaltung erheblich. Häufig wird möglicherweise aus Platz- und Kostengründen auf die Anordnung von Schächten auf dem Privatgrundstück verzichtet.

Die Leitungssysteme zur Gebäude- und Grundstücksentwässerung sind so herzustellen, dass eine Reinigungsmöglichkeit besteht und dass von ihnen keine Gefährdung von Grundwasser und Boden ausgehen kann. Aus diesem Grund sollte bei Neubauten auf die Verlegung von unzugänglichen und schwer kontrollierbaren Grundleitungen unter der Grundplatte verzichtet werden. Alternativ sollte die Gebäudeentwässerung durch eine Sammelleitung erfolgen.

8.2 Zustand und Inspektion

8.2.1 Inspektion und Dichtheitsprüfung

Abwasserkanäle und -leitungen müssen dicht sein. Bisherige Untersuchungen zeigen, dass Grundleitungen und Anschlusskanäle zu einem erheblichen Anteil undicht sind und saniert werden müssen. Grund dafür ist häufig eine mangelhafte Bauausführung. Weiterhin haben Kanäle eine begrenzte Lebensdauer, so dass alterungsbedingte Schäden vorliegen können. Üblicherweise werden Grundleitungen und Anschlusskanäle erst inspiziert und saniert, wenn ein akutes Problem vorliegt (z. B. Rückstau durch Verstopfung). Um dem Problem der Verunreinigung von Boden und Grundwasser vorzubeugen, hat der Gesetzgeber Regelungen getroffen, die eine regelmäßige Inspektion und ggf. Instandsetzung fordern. Grundlage für die Verpflichtung aller Grundstückseigentümer für die Zustands- und Funktionsprüfungen privater Abwasserleitungen ist das Wasserhaushaltsgesetz des Bundes (WHG). Demnach sind Grundstückseigentümer verpflichtet, ihre Abwasseranlagen nach § 60 Abs. 1 WHG nach den allgemein anerkannten Regeln der Technik (a.a.R.d.T.) zu errichten, zu betreiben und zu unterhalten und nach § 61 Abs. 2 WHG selbst zu überwachen. Als allgemein anerkannte Regel der Technik zur Sicherstellung der Funktion und des einwandfreien Zustands privater Abwasserleitungen gelten in diesem Zusammenhang unter anderem die DIN EN 1610 (DIN EN, 2015) und die DIN 1986 Teil 30 (DIN, 2012b). Die Normen enthalten Hinweise und Vorschriften zur Planung, Bau und Prüfung von Abwasserleitungen und -kanälen außerhalb von Gebäuden. In welchen Zeiträumen und in welchem Umfang eine Überprüfung der privaten Leitungen erfolgen muss, wird in einigen Bundesländern durch Landeswassergesetze und Selbstüberwachungsverordnungen konkretisiert. Besondere Anforderungen gelten in Wasserschutzgebieten.

Grundsätzlich kann der Zustand einer Leitung optisch mit einer Kanalkamera oder durch eine Druckprüfung (Dichtheit) festgestellt werden. Ziel der Untersuchung ist die Feststellung, ob eine Leitung „dicht" oder „undicht" ist und die generelle Funktion der Ableitung erfüllt. Bei undichten Leitungen ist der Ort und das Ausmaß bzw. die Art des Schadens zu erfassen. Schadensarten und der daraus resultierende Sanierungsaufwand weisen ein komplexes Spektrum auf. Dazu zählen beispielsweise Risse, Rohrbrüche und Einsturz, Lageabweichungen, Löcher, Verformungen, schadhafte Anschlüsse und Verbindungen sowie Wurzeleinwuchs. Möglichkeiten der Sanierung werden beispielsweise bei Stein und Stein (2014) oder in den unterschiedlichen Teilen des Arbeitsblattes DWA-A 143 beschrieben.

Um die Dichtheit von Grundstücksentwässerungsleitungen festzustellen, sind zunächst eine Reinigung und dann eine optische Inspektion der Leitungen durchzuführen. Sind die Ergebnisse der optischen Inspektion unzureichend oder ist eine optische Inspektion nicht möglich, ist schließlich eine Prüfung auf Wasserdichtheit (Dichtheitsprüfung) nachzuweisen. Die Maßnahmen zur Reinigung und Inspektion respektive Prüfung sind vergleichbar mit den Techniken, die im Bereich der öffentlichen Kanalisation verwendet werden.

- Reinigung: Die Reinigung erfolgt gewöhnlich durch den Einsatz von Hochdruck-Spüldüsen, die über Revisionsschächte oder Reinigungsöffnungen gegen die Fließrichtung eingeführt werden und in Fließrichtung des Abwassers spülen. Mit dieser Hochdruckspülung werden lose Verschmutzungen und auch die meisten Ablagerungen und Verfestigungen beseitigt.
- Optische Inspektion: Mit einer TV-Kamera wird die Leitung auf optische Schäden geprüft. Die Auswertung der Schadensbilder lässt dann gewisse Rückschlüsse auf die Dichtheit der Kanäle zu. Nicht alle optisch einwandfreien Leitungen müssen tatsächlich aber auch dicht sein. Undichtheiten können z. B. in den Muffen bestehen, was optisch nicht erkannt werden kann. Dieser Aspekt wird in der Praxis aber meist nicht weiter berücksichtigt.
- Dichtheitsprüfung: Eine Dichtheitsprüfung erfolgt, wenn die optische Inspektion nicht ausreicht, um eine Bewertung der Dichtheit vorzunehmen. Nach dem Absperren der Leitungsabschnitte (**Bild 8.3**) wird das Grundleitungssystem bis zur Oberkante des tiefsten Punktes (z. B. Fußbodenablauf) mit Wasser geflutet. Dieser Zustand wird etwa 15 Minuten lang beibehalten. Während dieser Zeit wird der tatsächliche Wasserverlust gemessen. Die Leitung gilt als dicht, wenn ein bestimmter Wasserverlust, der auch vom Rohrmaterial abhängig ist, nicht überschritten wird. Die Grundstückseigentümer erhalten dann eine „Bescheinigung über Dichtheit“. Ist die Leitung undicht, muss saniert werden. Über zusätzliche Möglichkeiten der Dichtheitsprüfung, beispielsweise mit Luftdruck, berichten Bosseler et al. (2003).

Die Sanierung erfolgt abhängig von der Art und dem Umfang des Schadens durch Reparatur, Renovierung oder Erneuerung.

Bild 8.3: Kanalblase zur temporären Abdichtung von Kanalabschnitten wie beispielsweise für eine Dichtheitsprüfung (Technikum FH Münster)

8.2.2 Anschlüsse an die Kanalisation

Nach Stein und Stein (2014) stellen die Anschlüsse der Grundstücksentwässerung an die öffentliche Kanalisation den größten Problembereich der Kanalisation dar. Der Anschluss unmittelbar an das Kanalrohr außerhalb der Schächte an den öffentlichen Kanal hat in gewisser Weise eine Tradition. Insbesondere bei der nachträglichen Anbindung war es üblich, das Rohr aufzustemmen und die freibleibende Öffnung zwischen dem eingeschobenen Anschlusskanal und der aufgebrochenen Kanalwandung nachträglich zu verspachteln. Das Resultat sind schadhafte Verbindungen. Häufig wurde der Anschluss auch soweit in den Kanal eingeschoben, dass er in den Kanal hineinragt. Durch anhaftende Abwasserinhaltsstoffe kann es zu Verlegungen kommen. Außerdem werden die hydraulischen Bedingungen beeinträchtigt. Ein fachgerecht ausgeführter Kanalanschluss stellt dagegen eine dauerhafte, wasserdichte und gelenkige Verbindung dar, die lediglich zu einer minimalen Einschränkung der hydraulischen Leistungsfähigkeit der Kanalisation führt. Gemäß DIN EN 1610 (DIN EN, 2015) sind folgende Anschlussvarianten vorgesehen:

- Abzweig
- Anschlussformstück (Einsatz in gebohrte Öffnungen)
- Sattelstück (Verklebung zwischen der Außenfläche des vorhandenen Rohres und dem Sattelflansch)
- Schweißanschluss
- Anschlüsse an Schächte und Inspektionsöffnungen

Anschlüsse sind vorzugsweise unmittelbar bei der Neuverlegung des öffentlichen Kanals vorzusehen. Ist ein nachträglicher Anschluss erforderlich, sind geeignete Kernbohrungen vorzunehmen. Für Anschlussvarianten ohne Abzweig bieten verschiedene Hersteller Lösungen an. Die Prüfung der Praxistauglichkeit unterschiedlicher Hausanschlussstutzen wird vom IKT - Institut für Unterirdische Infrastruktur in Gelsenkirchen angeboten.

Die Sohle des Anschlusses sollte zwischen Kämpfer und Scheitel des Hauptrohres und über dem Wasserspiegel bei Trockenwetterabfluss liegen (**Bild 8.4**).

Häufig ist die qualitative und quantitative Zustandserfassung der Anschlussleitungen problematisch. Bei nachträglicher Sanierung des öffentlichen Kanals, beispielsweise mit einem Inliner, ist eine hohe Anzahl an Anschlüssen im nichtbegehbaren Nennweitenbereich eine technische Herausforderung und eine

Bild 8.4: Fachgerechte Ausführung der Anschlüsse an die Kanalisation beim Mischsystem (S&P Consult GmbH)

potenzielle neue Schadstelle. Stein und Stein (2014) schlagen zur Lösung der Probleme den Anschluss der Grundstücksleitungen und Straßenabläufen ausschließlich in Schächten oder Inspektionsöffnungen vor.

8.2.3 Fehl- und Dränageanschlüsse

Von privaten Grundstücksentwässerungsanlagen können nennenswerte Umweltbelastungen und betriebliche Beeinträchtigungen ausgehen. Ursache sind undichte und fehlangeschlossene Leitungen. Bei einem Anschluss der Grundstücksentwässerung an den öffentlichen Kanal besteht bei Trennsystemen die Gefahr des Fehlanschlusses. Dabei kann die Regenentwässerung versehentlich (oder auch wissentlich) an den öffentlichen Schmutzwasserkanal oder die private Schmutzwasserleitung an den öffentlichen Regenwasserkanal angeschlossen werden. Die Detektion dieser Fehleinleitungen ist aufwändig. Der Fehlanschluss von Regenwasserleitungen an den öffentlichen Schmutzwasserkanal kann in vielen Fällen durch eine Benebelung detektiert werden (**Bild 8.5**). Die Methode funktioniert allerdings nicht, wenn Regenwassereinleitungen durch Unterbögen bzw. Geruchsverschlüsse angeschlossen sind oder weit von dem öffentlichen Kanal entfernt liegen, so dass diese vom Nebel nicht erreicht werden. Die zuverlässige Detektion des Anschlusses einer Schmutzwasserleitung an die Regenwasserkanalisation erfordert grundsätzlich einen höheren Aufwand, da Schmutzwassereinleitungen diskontinuierlich stattfinden und nur während einer solchen Einleitung optisch erkannt werden können. Detektionsverfahren zur sicheren Lokalisierung von Fehleinleitungen werden derzeit getestet und weiterentwickelt (Schmidt et al., 2019). Bei der faseroptischen Temperaturmessung (engl. DTS für distributed temperature sensing) wird mit optoelektronischen Geräten die Temperaturänderung durch Zuflüsse in den Kanal registriert. Hierbei werden Glasfaserkabel als lineare Sensoren über einen längeren Messzeitraum genutzt. Die exakte Erfassung geringfügige Temperaturdifferenzen ermöglicht die Lokalisierung von Schmutzwassereinleitungen in Regenwasserkanäle aber auch von Dränageeinleitungen oder Regenwassereinleitungen in Schmutzwasserkanäle. Über den Umfang und die ökologischen Auswirkungen dieser Art von Fehleinleitungen fehlen derzeit genauere Informationen. Fakt ist, dass durch die Verwechslung des Schmutzwasserkanals mit dem Regenwasserkanal unbehandeltes Schmutzwasser unmittelbar in aquatische Ökosysteme eingeleitet wird und diese belastet.

Bild 8.5: Detektion von Fehlanschlüssen durch Benebelung (Fa. Willi Preiß, Bayreuth)

Um Gebäude vor Vernässung durch Grundwasser zu schützen kommt es häufig zum Anschluss von Gebäudedränagen an das öffentliche Kanalnetz. Üblicherweise werden Dränageleitungen als Ringdränage um ein Gebäude herum verlegt. Folgen solcher Fremdwassereinleitungen und Konzepte zum Umgang mit dieser Art von Fehlanschlüssen behandelt das Merkblatt DWA-M 182 (2012). Da es sich bei Dränagewasser, bevor es in die Kanalisation gelangt, nicht um Abwasser handelt, besteht kein Anspruch eines Grundstückseigentümers auf die Beseitigung des Dränagewassers in der kommunalen Entwässerungsanlage. In den meisten kommunalen Entwässerungssatzungen wird die Einleitung von Grund- und Dränagewasser an die öffentliche Kanalisation auch verboten. Ein hohes Fremdwasseraufkommen in der Kanalisation kann zu einem häufigen Abwasserabschlag in die Gewässer führen, Pumpstationen werden überlastet und die Kläranlage ist für die Aufnahme des kühlen und verdünnten Abwassers nicht ausgelegt. Außerdem kann es insbesondere im Schmutzwasserkanalnetz zu hydraulischen Überlastungen kommen.

Nach DWA (2012) sind diese Fehlanschlüsse im Sinne einer nachhaltigen Wasserwirtschaft möglichst dezentral offenen Gewässern zuzuführen, an anderer Stelle wieder zu versickern oder in Regenwasserkanäle abzuleiten. Das nicht behandlungsbedürftige Fremdwasser im Schmutz- oder Mischwasserkanal kann die Abwasserbehandlungsanlagen belasten und stellt damit möglicherweise ein ökologisches Problem dar. Andererseits besteht in manchen Fällen keine Möglichkeit, das dränierte Grundwasser ortsnah in ein Oberflächengewässer einzuleiten oder es versickern zu lassen. Zudem kann eine vollständige Sanierung der undichten Kanäle und das Abklemmen nicht genehmigter Dränagen zu einem starken Anstieg des Grundwasserspiegels führen. Auch der Anschluss von Dränageabflüssen an ein Regenwasserkanalnetz kann zu Problemen führen, wenn eine Regenwasserbehandlungsanlage damit beaufschlagt wird. Übliche Regenklärbecken werden häufig mit einer Entleerung zur Schmutzwasserkanalisation betrieben. Ein dauerhafter Dränageabfluss würde damit auch über diesen Pfad wieder im Schmutzwassernetz landen.

Die Problematik kann sehr komplex sein und erfordert pragmatische Lösungen. Liegt kein wasserwirtschaftliches Problem durch Fremdwassereinleitungen vor, kann die Situation möglicherweise akzeptiert werden. Bei der Entwicklung von Lösungen zum Umgang mit Dränageanschlüssen müssen die Kanalnetzbetreiber die Grundstückseigentümer beraten. Über ganzheitliche Sanierungskonzepte berichten DWA (2012), Pecher (2008) und Hennerkes (2006). Diese reichen von lokalen Maßnahmen bis zur Erweiterung der Mischkanalisation um einen weiteren Dränagewasserkanal.

8.3 Überflutung und Rückstausicherung

Grundstückseigentümer dürfen sich nicht darauf verlassen, dass der Betreiber der öffentlichen Entwässerungsanlagen für einen umfassenden Schutz gegen Überflutungen sorgt. Das kann und muss er nicht. Überflutungsschutz ist eine Gemeinschaftsaufgabe. Aufgrund der nur eingeschränkt abzuschätzenden klimatischen Bedingungen bleibt ein Restrisiko immer bestehen. Dieses Risiko kann durch geeignete Maßnahmen jedoch reduziert werden. Hinweise zum Schutz vor Überflutungen enthalten Kapitel 12 und 13.

Grundsätzlich sind die Grundstücksentwässerungssysteme gegen Rückstau aus der öffentlichen Kanalisation zu sichern. Diese Verpflichtung ist in der Regel in den jeweiligen Satzungen der Kommunen festgelegt. Die Forderungen lauten beispielsweise:

- Gegen den Rückstau des Abwassers aus der Abwasseranlage in die angeschlossenen Grundstücke hat sich jeder Grundstückseigentümer selbst zu schützen.
- Als Höhe der Rückstauebene wird die Straßenoberkante bzw. Geländeoberkante über der direkten Verbindung des Anschlusses an die Abwasseranlage festgesetzt.
- Unter der Rückstauebene liegende Räume, Schächte, Schmutz- und Niederschlagswassereinläufe usw. müssen nach den allgemein anerkannten Regeln der Technik gegen Rückstau gesichert sein. Die Verpflichtung zum Schutz gegen Rückstau besteht unabhängig davon, ob die Nutzung der Räume baurechtlich genehmigt oder genehmigungsfähig ist.

Ein Schutz gegen Rückstau bieten entweder Rückstauverschlüsse oder eine Abwasserhebeanlage (**Bild 8.6**). Rückstauverschlüsse arbeiten nach dem Schwimmer- oder Klappenprinzip (**Bild 8.7**). Damit ist der Abfluss möglich, solange kein Einstau des öffentlichen Kanalnetzes erfolgt, der das System verschließt. Bei der Wahl des Rückstauverschlusses ist zu beachten, ob fäkalienfreies Abwasser (Grauwasser) oder fäkalhaltiges Abwasser (Schwarzwasser) anfällt. Bei fäkalienhaltigem Abwasser sind die Klappen im Rückstausicherungssystem immer geöffnet und werden nur im Rückstaufall mit Hilfe eines Motors automatisch geschlossen. Ein Beispiel einer Rückstausicherung, auch für den nachträglichen Einbau in eine Bodenplatte, zeigt Bild 8.7. Das dargestellte System sichert einzelne Entwässerungselemente wie Toilette, Dusche, Waschbecken,

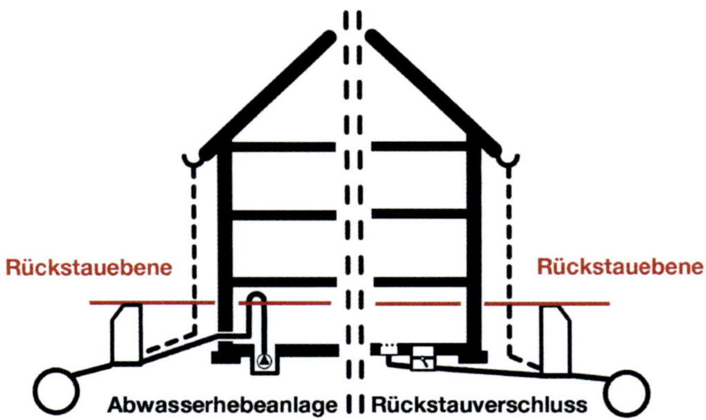

Bild 8.6: Möglichkeiten der Rückstausicherung (linke Bildhälfte durch Abwasserhebeanlage und rechte Bildhälfte durch Rückstauverschluss)

Bild 8.7: Beispiel einer Rückstausicherung in der Bodenplatte (Fa. Kessel)

Waschmaschine und Kellertreppenaußenabgang unterhalb der Rückstauebene. Dabei fließt das Abwasser im freien Gefälle zum Kanal. Im Rückstaufall wird bei diesem System durch automatische Zuschaltung einer Pumpe auch gegen den Rückstaudruck entwässert. Die Systeme müssen zur Sicherstellung der Funktionsfähigkeit regelmäßig gewartet werden. Abwasserhebeanlagen fördern das auf den Grundstücken anfallende Abwasser immer über die Rückstauebene des öffentlichen Kanalnetzes, so dass grundsätzlich kein Wasser aus dem öffentlichen Kanal in das Grundstücksentwässerungssystem eindringen kann. Sie bieten damit eine höhere Sicherheit gegenüber einem möglichen Rückstau aus der Kanalisation als Rückstauverschlüsse. Allerdings ist die Abwasserentsorgung vom privaten Grundstück nur bei einer Funktionsfähigkeit der Anlage sichergestellt. Hebeanlagen sollten so bemessen sein, dass sie das Abwasser mehrmals täglich abpumpen. Sammelbehälter für fäkalhaltiges Abwasser müssen geschlossen, wasserdicht und geruchsdicht sein. Die Behälter sind zu lüften.

Die DIN EN 12056 (Teile 1 bis 5) enthält Regelungen zur Schwerkraftentwässerungsanlagen innerhalb von Gebäuden. Die DIN EN 12056 Teil 4 (DIN EN, 2001) gibt vor, dass der Schutz gegen Rückstau durch Abwasserhebeanlagen mit Rückstauschleife erfolgen soll, da nur dieses System einen hohen Grad an Sicherheit gegen Rückstau gewährleistet. Die Rückstauschleife ist dabei oberhalb der Entwässerungsebene auszubilden. Der Einsatz von Rückstauverschlüssen ist entsprechend der Norm nur vorzusehen, wenn

- Gefälle zum Kanal besteht,
- die Räume von untergeordneter Nutzung sind, d. h., dass keine wesentlichen Sachwerte oder die Gesundheit der Bewohner bei Überflutung der Räume beeinträchtigt werden,
- der Benutzerkreis klein ist und diesem ein WC oberhalb der Rückstauebene zur Verfügung steht,
- bei Rückstau auf die Benutzung der Ablaufstelle verzichtet werden kann.

Hinweise zu Maßnahmen zum Schutz vor Überflutungen enthalten unterschiedliche Normen und Regelwerke. Die DIN 1986 „Entwässerungsanlagen für Gebäude und Grundstücke - Teil 100: Bestimmungen in Verbindung mit DIN EN 752 und DIN EN 12056" (DIN, 2016a) enthält neben allgemeinen Regelungen zur Gebäude- und Grundstücksentwässerung auch weitreichende Regelungen zur Überflutungssicherheit von Gebäuden und Grundstücken. Den Geltungsbereich der DIN 1986-100 sowie weiterer Normen und Regelwerke veranschaulicht **Bild 8.8**. Die DIN 1986-100 ist bis zur Grundstücksgrenze gültig. Vorgaben zur Dimensionierung von Entwässerungssystemen außerhalb von Gebäuden beschreibt die DIN EN 752 (DIN EN, 2017).

Die DIN 1986-100 enthält die Forderung, die Sicherheit gegen Überflutung bzw. einer kontrollierten schadlosen Überflutung des Grundstückes rechnerisch nachzuweisen. Hierbei sind abhängig von der Grundstücksgröße entsprechende Bemessungsvorgaben zu berücksichtigen:

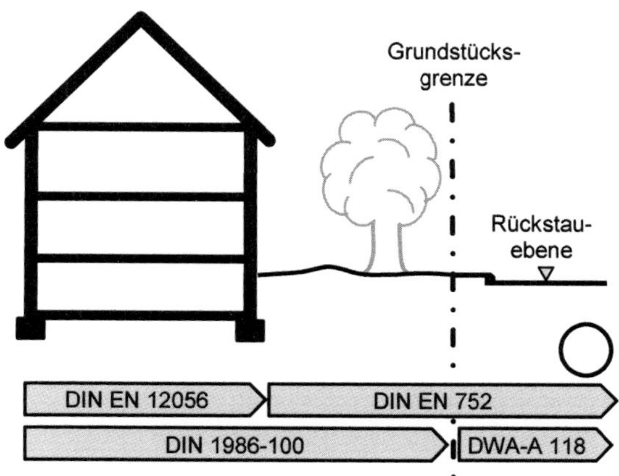

Bild 8.8: Geltungsbereich unterschiedlicher Normen und Richtlinien zum Schutz vor Überflutungen im privaten Grundstücksbereich und im öffentlichen Bereich

- Bis zu 800 m² (kleine Grundstücke): Bemessung ohne Überflutungsprüfung möglich.
- Bis 200 ha Gesamtfläche ($A_{E,b}$ ca. 60 ha): Bei größeren schadlos überflutbaren Hof-, Parkflächen und anderen Außenanlagen ist eine Bemessung gemäß DWA-Arbeitsblatt A 118 (DWA, 2006a) mit einem Bemessungsregen von mindestens T = 2 a vorgegeben.
- Größer als 200 ha: Hier ist ein Nachweis der Überflutung mit Abflusssi-300mulationsmodellen durchzuführen.

Für kleine Grundstücke mit bis zu von 800 m² abflusswirksamer Fläche ist ein Überflutungsnachweis auch dann nicht erforderlich, wenn der Oberflächenabfluss auf dem Grundstück versickert. Für dezentrale Versickerungsanlagen hat sich nach dem Arbeitsblatt DWA-A 138 (2020b) eine Bemessungs- bzw. Versagenshäufigkeit von $n = 0{,}2\ a^{-1}$ (entsprechend $T_n = 5$ Jahre) allgemein durchgesetzt. Bei oberirdischen Anlagen sind lange Einstaudauern zu vermeiden. Für Ereignisse der Häufigkeit $n = 1\ a^{-1}$ sollte eine Entleerungszeit von 24 Stunden nicht überschritten werden. Für die vereinfachte Bemessung werden Regenspenden nach KOSTRA-DWD oder örtliche Niederschlag-Starkregenauswertungen zugrunde gelegt. Die maßgebliche Regenspende wird durch eine sequentielle Berechnung ermittelt. Für zentrale Systeme mit größerem Einzugsgebiet ist eine Langzeitsimulation mit entsprechender Software zur Niederschlag-Abfluss-Simulation vorgesehen.

Vorausgesetzt wird, dass aufgrund der Geländebeschaffenheit und architektonischer Gebäudeplanung kein Wasser bei Überstau der Anlage in das eigene Gebäude oder Nachbargebäude eindringen kann und behördlich keine anderen Regelungen bestehen. Für Grundstücke mit mehr als 800 m² abflusswirksamer Fläche ist gemäß DIN 1986-100 ein Sicherheitsnachweis gegen schadlose Überflutung mit einem mindestens 30-jährigen Regenereignis zu führen. Liegt der Anteil der Dachflächen und nicht schadlos überflutbaren Flächen (z. B. auch Innenhöfe) über 70 %, so ist die Überflutungsprüfung sogar für ein 100-jährigem Regenereignis durchzuführen.

Neben der Einhaltung der Bemessungsvorschriften sind zahlreiche Maßnahmen zur Sicherung des Gebäudes vor Überflutungen möglich und nötig. Einen Überblick liefert Kapitel 12.5.1. Detailliert beschriebene Ausführungsbeispiele enthält der Praxisleitfaden zur Überflutungsvorsorge der DWA (DWA, 2013c).

Neben der Möglichkeit der unmittelbaren Einleitung des Regenwassers in die öffentliche Kanalisation können Oberflächenabflüsse gezielt zurückgehalten und versickert werden. Darüber hinaus ist eine erhebliche Reduzierung der Dachabflüsse durch Dachbegrünungen möglich. Beispiele zum Umgang mit Regenwasser auf Grundstücken geben Geiger et al. (2009). Neben dem wertvollen ökologischen Beitrag zur Grundwasseranreicherung und der Förderung von Verdunstungsprozessen haben diese Maßnahmen auch ökonomische Vorteile für die Grundstückseigentümer. Viele Kommunen fördern Maßnahmen zur Abkopplung von Flächen durch den Erlass oder zumindest die Reduzierung der Niederschlagswassergebühren.

8.4 Gebühren

Analog zur Wasserversorgung gehört auch die Abwasserbeseitigung zu den Aufgaben der Daseinsvorsorge (§ 50 Abs. 1 WHG), die von den Kommunen im Rahmen der verfassungsrechtlich gestützten Selbstverwaltung getragen wird. Demzufolge werden Abwasserentgelte von den Kommunen und Gemeinden auf der Grundlage der Kommunalabgabengesetze der Bundesländer und entsprechender Ortssatzungen erhoben. Nach den Kommunalabgabengesetzen der Länder ist die Höhe der Gebühren verursachergerecht zu ermitteln und von allen an die öffentliche Kanalisation angeschlossenen Grundstückseigentümern und Betrieben zu zahlen. Gemäß dem Kostendeckungsprinzip dürfen die Erlöse der Gemeinden dabei nicht höher sein als die Betriebs- und Kapitalkosten, die mit der Ableitung und Behandlung der Abwässer im Entsorgungsbereich entstehen (Kostendeckungsprinzip). Dabei ist zu beachten, dass die ansatzfähigen Kosten in den jeweiligen Kommunalabgabengesetzen (unterschiedlich) definiert sind und nicht zwingend mit den tatsächlichen Kosten übereinstimmen müssen. Neben den Betriebskosten zählen auch angemessene Abschreibungen und eine angemessene Verzinsung des Anlagekapitals zu den ansatzfähigen Kosten. Insbesondere bei den Kapitalkosten gibt es durch unterschiedliche Ansätze bei der Abschreibung (Abschreibungsdauer, Sonderabschreibungen bei vorzeitigem Anlagenabgang, Abschreibung nach Anschaffungs- oder Wiederbeschaffungswerten) sowie der Höhe des teilweisen Zinssatzes große Kalkulationsspielräume, die zu erheblichen Abweichungen gegenüber den tatsächlichen kommunalen Kosten einer Eigen- oder Fremdfinanzierung führen können.

Ob und in welchen Teilen Anschlussbeiträge für die bloße Bereitstellung bestimmter kommunaler Einrichtungen und Anlagen zur Abwasserentsorgung als Ergänzung zu den Abwassergebühren, die an konkrete tatsächlich in Anspruch genommene Leistungen der Kommune geknüpft sind, erhoben werden, bleibt der einzelnen Kommune überlassen. Die Rechtsgrundlagen für dieses kommunale Abgabenrecht finden sich im Gebührengesetz (GebG) sowie in den jeweiligen (Landes-) Kommunalabgabengesetzen (KAG), ergänzt durch die kommunale Finanzhoheit und die kommunale Befugnis zum Erlass von Satzungen.

Beiträge werden von den Gemeinden als Gegenleistung für die generelle Nutzungsmöglichkeit einer öffentlichen Leistung erhoben, unabhängig davon, ob die Leistung auch tatsächlich in Anspruch genommen wird. Kanalanschlussbeiträge können z. B. für die erstmalige Erschließung eines Grundstückes erhoben werden. Die Kommune erhebt den Kanalanschlussbeitrag vom Grundstückseigentümer oder Erbbauberechtigten, sobald er sein Grundstück erstmalig an das öffentliche Kanalnetz anschließt, oder hierzu erstmalig die Möglichkeit erhält.

Gebühren werden aus den jährlichen Kosten gemäß KAG ermittelt. Grundlage der Gebührengestaltung ist eine Kostenrechnung, in der systembedingte Aufteilungen und Zuordnungen für die Ermittlung der verursacherbezogenen Kosten durchgeführt werden. Dabei sind folgende Begriffe maßgeblich:

- Kostenstellen: Wo entstehen die Kosten (beispielsweise auf der Kläranlage oder im Kanalnetz)?
- Kostenarten: Was für Kosten entstehen (beispielsweise Personalkosten, Abschreibungen, Energiekosten)?
- Kostenträger: Wer verursacht die Kosten (bei der Abwasserentsorgung i.W. Schmutzwasseranfall bzw. Niederschlagswasseranfall)?

Im Rahmen einer Kostenrechnung werden die jährlich anfallenden Kosten für die Abwasserbeseitigung ermittelt. Diese setzen sich aus den Investitionskosten und den Betriebskosten zusammen.

Die Investitionskosten werden ermittelt aus:

- Kalkulatorischen Abschreibungen: Die meist gleichmäßige Verteilung der Anschaffungs- und/oder Herstellungskosten auf die voraussichtliche Nutzungsdauer. Teilweise ist auch eine Abschreibung auf den Wiederbeschaffungszeitwert einer Anlage möglich.

- Kalkulatorischen Zinsen: Kosten, die zur Bereitstellung des notwendigen Kapitals entstehen oder, im Fall vorhandenen Eigenkapitals, entstanden wären. Die kalkulatorischen Zinsen werden aus dem zu verzinsenden Restbuchwert der Abwasseranlage ermittelt. Dieser Restbuchwert ergibt sich, indem von den Herstellungskosten (Buchwert) die bisherigen Abschreibungen nach Herstellungskosten abgezogen werden.

Die Betriebskosten enthalten:

- Unterhaltungskosten: Energie, Betriebsmittel, Reinigung und Inspektion, Abwasserabgaben usw.
- Personalkosten

Eine Differenzierung nach Kostenarten ist notwendig, da diese mit unterschiedlichen und im Einzelfall weiter zu untergliedernden Schlüsseln auf die Kostenträger verteilt werden.

In der Vergangenheit erfolgte die Gebührenermittlung häufig auf der Basis des „einheitlichen Frischwassermaßstabes". Dabei wurde die Abwassergebühr nach der jeweiligen Frischwasserabnahme (oder „Trinkwasserverbrauch") ermittelt. Diese beinhaltete dann auch die Leistungen für die Niederschlagswasserentsorgung, obwohl es natürlich keinen Zusammenhang zwischen Frischwasserabnahme und Niederschlagswasseranfall auf den einzelnen Grundstücken gibt. Durch Gerichtsentscheide ist festgelegt, dass diese Form der Gebührenerhebung nicht mehr zeitgemäß ist. Abwassergebühren sind daher getrennt für Schmutz- und Niederschlagswasser zu erheben. Für die Gebührenkalkulation werden dabei i.d.R. folgende Gebührenmaßstäbe angesetzt:

- Schmutzwassergebühr (€/m^3): bezogenes Frischwasservolumen unter Berücksichtigung von Eigenwasserversorgungen (z. B. eigene Brunnen, Regenwassernutzung) und Verbräuchen (z. B. für Produktionsprozesse, Gartenbewässerung)
- Niederschlagswassergebühr (€/m^2): Größe der bebauten und versiegelten Flächen die zur Kanalisation entwässern

Bei der getrennten oder gesplitteten Gebühr wird zwischen den Kostenträgern „Schmutzwasser“ und „Regenwasser“ unterschieden. Bei der Ermittlung der Regenwassergebühr sind neben den „privaten“ Flächen auch die „öffentlichen“ Flächen (Straßen, Wege, Plätze) zu berücksichtigen, da dem Bürger nur die Kosten für die Entsorgung der Oberflächenabflüsse der Privatflächen auferlegt werden können.

Beispiel 13: Gesplittete Gebühr

Bei der gesplitteten Abwassergebühr wird für Niederschlagswasser in Abhängigkeit von der befestigten Fläche eines Grundstücks ein Betrag in €/(m² · a) abgerechnet. Wie hoch wäre, im Vergleich zur Abrechnung bei Schmutzwasser, die Gebühr bezogen auf das abgeleitete Volumen in €/m³? Folgende Werte werden für diese exemplarische Vergleichsrechnung angenommen:

- Niederschlagswassergebühr von 1 €/(m² · a)
- Jahresniederschlag von 800 mm
- mittlerer Jahresabflussbeiwert von 0,7

Abfluss pro m² und Jahr $$0{,}7 \cdot 800\,mm \triangleq 560\,\frac{l}{m^2} \triangleq 0{,}56\,\frac{m^3}{(m^2 \cdot a)}$$

Gebühr pro m³ $$\frac{\frac{1€}{(m^2 \cdot a)}}{0{,}56\,\frac{m^3}{(m^2 \cdot a)}} = 1{,}79\,\frac{€}{m^3}$$

Die Ermittlung des Gebührenmaßstabs für die Schmutzwassergebühr erfolgt auf der Basis der Verbrauchsdaten der Wasserversorgungsunternehmen. Eigenwasserversorgungen und -verbräuche werden über separate Wasserzähler individuell berücksichtigt. Wesentlich aufwändiger ist die Ermittlung des Gebührenmaßstabes zur Festlegung der Niederschlagswassergebühr. Eine messtechnische Erfassung des tatsächlichen Regen- oder Mischwasserabflusses von den einzelnen Grundstücken wäre äußerst aufwändig. Daher werden ersatzweise dafür die zur Kanalisation hin entwässernden Flächen herangezogen. Zur Ermittlung der gebührenwirksamen Flächen wird häufig eine kombinierte Betrachtung durch Auswertung von Kataster- und Überfliegungsdaten mit einer ergänzenden Befragung der Grundstückseigentümer vorgenommen.

Bei einem Trennsystem ist die Kostenaufteilung auf „Schmutzwasser" und „Regenwasser" meist relativ einfach, da separate Anlagen für beide Kostenträger vorliegen. Schwieriger ist eine Gebührensplittung bei Mischsystemen. Eine Möglichkeit gerade die im (Mischwasser-) Kanalnetz gebundenen Kosten nachvollziehbar und mit einer hohen Genauigkeit den Kostenträgern zuzuordnen, ist die Konstruktion eines fiktiven Trennsystems. Bei diesem werden imaginär aus einem vorhandenen Mischwassersystem zwei getrennte Systeme, einmal für Schmutzwasser und einmal für Niederschlagswasser, konstruiert und kostenmäßig bewertet. Die so ermittelte Kostenrelation dient dann zur Verteilung der tatsächlichen Kosten der Mischwasserkanalisation auf die Kostenträger „Schmutzwasser" und „Regenwasser". Weiterhin müssen die Kosten für Sonderbauwerke sowie die Kläranlage aufgeteilt werden. Auch hier ist eine Trennung nicht einfach, da die jeweiligen Anlagen, Bauteile und Becken, zumindest bei angeschlossenen Mischsystemen, sowohl Schutzwasser als auch Regenwasser behandeln. Die Kostenaufteilung erfolgt anlagenspezifisch durch eine fachgutachterliche Beurteilung.

Die Höhe der Gebühren und Beiträge in den jeweiligen Kommunen ist unterschiedlich und hängt von unterschiedlichen Faktoren ab. Neben topografischen und geologischen Verhältnissen, die beispielsweise mehr oder weniger Pumpwerke erforderlich machen, beeinflussen die Siedlungsdichte und -struktur, die gewählte Bezugsfläche für das Niederschlagswasserentgelt und die Erneuerungsrate der Abwassernetze die Preise für die Abwasserentsorgung. Auch die Gebührenkalkulation an sich kann durch die unterschiedliche Ausnutzung der gemäß KAG zulässigen Kalkulationsansätze zu deutlichen Unterschieden bei der Gebührenhöhe führen.

9 Bauwerke zum Ausgleich von Niveauunterschieden und Kreuzungsbauwerke

9.1 Erfordernis und Aufgaben der Bauwerke

Eine maßgebliche Aufgabe der Kanalplanung bei Systemen mit Freispiegelleitungen ist die Gewährleistung des Kanalgefälles im Spektrum zwischen dem Minimal- und dem Maximalgefälle. In Regionen mit großen topografischen Unterschieden sind Absturzbauwerke erforderlich, um ein zu hohes Gefälle zu vermeiden. In flachen Regionen wird vorzugsweise ein minimales Gefälle vorgesehen, um die Tiefenlage der Kanalisation zu begrenzen. Liegt der Kanal zu tief, muss das Abwasser gehoben werden. Darüber hinaus verursachen große Tiefenlagen entsprechend höhere Baukosten. Der Ausgleich des Kanalgefälles in Übereinstimmung mit dem Geländeverlauf ist neben weiteren Funktionen eine wesentliche Aufgabe von Absturzbauwerken und Abwasserhebeanlagen.

Wenn beispielsweise Gewässer, Kabeltrassen oder Bauwerke die Kanaltrasse kreuzen und keine Umlegung möglich ist oder einen erheblichen Aufwand erfordert, werden Kreuzungsbauwerke angeordnet. Zu den häufig gewählten Kreuzungsbauwerken zählt der Düker.

In diesem Kapitel werden Pumpwerke, Absturzbauwerke und Kreuzungsbauwerke als maßgebliche Sonderbauwerke im Rahmen der Kanalplanung beschrieben.

Im siedlungswasserwirtschaftlichen Kontext wird begrifflich meist zwischen Abwasserhebeanlagen und Abwasserpumpwerken unterschieden. Kleinere Pumpanlagen innerhalb von Gebäuden werden meist als Hebeanlagen bezeichnet, größere Pumpanlagen innerhalb des Kanalnetzes als Pumpwerke.

9.2 Abwasserpumpanlagen

Abwasserpumpwerke sind bauliche Anlagen, die das zuströmende Abwasser in einem Pumpensumpf aufnehmen und von dort mit Hilfe von Strömungsmaschinen (Pumpen) meist über Druckleitungen auf ein höheres Niveau heben. Das Kernstück eines Abwasserpumpwerkes sind die darin installierten Pumpen inklusive eventueller Rohrleitungen und Armaturen. Jedoch bedarf es für die bestimmungsgemäße Funktion innerhalb der Entwässerung eine auf den spezifischen Anwendungsfall abgestimmte bauliche Integration der Verfahrenstechnik in einen geeigneten Baukörper.

Die hydraulische Dimensionierung und der Leistungsnachweis von Abwasserdrucksystemen beschreibt das Arbeitsblatt DWA-A 113 (2020b). Allgemein anerkannte Grundsätze für die Planung und den Bau von Abwasserpumpanlagen finden sich im Arbeitsblatt ATV-DVWK-A 134 (2000). Darüber hinaus geben Hersteller von Pumpenaggregaten häufig Empfehlungen zur Planung von Abwasserpumpanlagen. Für kleinere Förderströme werden auch fertig vorkonfigurierte Anlagen angeboten.

Eine wesentliche Bedeutung haben Abwasserpumpwerke zur Überwindung von geodätischen Höhenunterschieden innerhalb eines Entwässerungssystems bei fehlendem natürlichem Gefälle und zur Reduzierung der Kanalbaukosten durch Begrenzung der Tiefenlage von nachfolgenden Kanalisationsstrecken. Außerdem ermöglichen Abwasserpumpwerke den wirtschaftlichen Abwassertransport für verstreut liegende Gebiete zu zentralen Reinigungsanlagen über Druckleitungen, die kleiner als entsprechende Freispiegelleitungen ausgeführt und unabhängig vom hydraulisch notwendigen Gefälle relativ oberflächennah verlegt werden können. Weiterhin kommen Abwasserpumpen zur Befüllung oder Entleerung von Regenbecken zum Einsatz. Bei ungünstigen topographischen Verhältnissen kann auch der Einsatz von sog. Hochwasserpumpen erforderlich sein, die Beckenüberläufe oder den Kläranlagenablauf bei Hochwasser ins Gewässer fördern. Eine besondere Bedeutung haben Kanalisationspumpwerke zudem in Bergsenkungsgebieten (Poldergebiete), wo sich durch bergbauliche Einwirkungen die ursprüngliche Entwässerungsrichtung umgedreht hat oder die natürliche Vorflut für einzelne Einzugsgebiete nicht mehr gegeben ist.

Bei der in seltenen Fällen angewandten Druckentwässerung fördern kleine Pumpanlagen das Schmutzwasser einzelner Häuser oder Häusergruppen in ein Druckrohrnetz. Diese Ableitungsform ist im Wesentlichen auf Schmutzwassersysteme begrenzt. Weitere Hinweise zur Druck- und Unterdruckentwässerung enthält Kapitel 2.4.4.

Der weit verbreitete Regelfall des Freispiegelabflusses erfordert ein Mindestgefälle zum ablagerungsfreien Transport der Wasserinhaltsstoffe. Dieses führt bei einem geringeren Geländegefälle zu einer zunehmend größeren Tiefenlage der Abwasserkanäle und der Wirtschaftlichkeit von Abwasserpumpwerken. Je nach Topographie und Entwässerungsstruktur sind Abwasserpumpwerke ebenfalls notwendig, um Höhenunterschiede innerhalb des Fließweges zur Kläranlage (Schmutz- und Mischwasser) bzw. zu einem Gewässer (Niederschlagswasser, entlastetes Mischwasser) zu überbrücken. Bei Einleitung in ein Gewässer kann

Bild 9.1: Blick in den Pumpenraum eines Abwasserpumpwerks mit trocken aufgestellten Kreiselpumpen einschließlich der daran anschließenden Druckleitungen (Steigleitungen)

es auch sein, dass ein Pumpbetrieb nur temporär erforderlich ist, z. B. bei Hochwasserereignissen mit hohen Wasserständen im Gewässer. Im Bereich der Abwassertechnik werden vorzugsweise folgende Pumpentypen eingesetzt:

- **Kreiselpumpen:** Abwasserpumpwerke in der Kanalisation werden in der Regel mit Kreiselpumpen ausgerüstet. Eine Kreiselpumpe ist eine Strömungsmaschine, in der ein rotierendes Pumprad dynamische Kräfte zur Förderung des Mediums erzeugt. Dieser Pumpentyp eignet sich aufgrund unterschiedlichster Ausführungen für seinen universellen und breiten Einsatzbereich. Beim Einsatz in der Abwassertechnik sind die im Abwasser möglichen Grob- und Feststoffe eine besondere Herausforderung. Zur Vermeidung von Verstopfungen und Verzopfungen (z. B. durch Hygieneartikel) sind spezielle Laufräder (z. B. Einschaufelrad, Freistromrad, Diagonalrad) erforderlich. Diese führen allerdings zu einem schlechteren Wirkungsgrad als strömungstechnisch optimierte Laufradformen. Kreiselpumpen benötigen immer eine nachfolgende Druckleitung (Steigleitung), um die in der Pumpe eingebrachte kinetische Energie in Druck- und/oder Lageenergie umzusetzen. **Bild 9.1** zeigt einen Pumpenraum mit trocken aufgestellten Kreiselpumpen zur Abwasserförderung.

- **Schneckenpumpen:** Schneckenpumpen arbeiten nach dem Prinzip der archimedischen Schraube. Diese absolut robusten und verstopfungssicheren Pumpen sind für stark verunreinigtes Abwasser geeignet. Förderströme bis zu 8 m^3/s sind möglich. Allerdings ist die Förderhöhe auf 8 bis 9 m beschränkt, und der Flächenbedarf ist deutlich größer als bei vergleichbare leistungsfähigen Kreiselpumpen. Diese Pumpen können keinen Druck aufbauen, sondern fördern das Wasser über den Schneckentrog unmittelbar auf ein höheres Lageniveau. Bevorzugter Einsatz für Schneckenpumpen sind Zulaufpumpwerke auf Kläranlagen (**Bild 9.2**).
- **Kolbenpumpen:** Kolbenpumpen arbeiten nach dem Verdrängerprinzip. Für die Abwasserförderung in der Kanalisation wird dieser Pumpentyp nicht eingesetzt. In der Abwassertechnik sind diese Pumpen heute nur noch als Kolben-Membranpumpe für Dosierzwecke im Einsatz.
- **Exzenter-Schneckenpumpen:** Diese Pumpen sind rotierende Verdrängerpumpen und eignen sich für konstante Volumenströme bei hohen Drücken. Vorzugsweise werden solche Pumpen bei der Schlammförderung auf Kläranlagen eingesetzt. In der Kanalisation ist der Einsatz auf außergewöhnliche Fälle, z. B. Transport relativ kleiner Abwasserströme über große Entfernungen (mit entsprechend hohen hydraulischen Verlusten) begrenzt.

In der Regel werden Abwasserpumpanlagen in der Kanalisation mit Kreiselpumpen ausgerüstet. Übliche Kreiselpumpen sind nicht selbstansaugend und sollten deshalb zur Vermeidung von Störanfälligkeiten so tief aufgestellt werden, dass ihnen das Wasser im freien Gefälle zuläuft. Während des Pumpenbetriebes kann der Wasserspiegel im Pumpenzulauf auch unter die Pumpe abgesenkt werden, solange die Saugleitungen vor der Pumpe ausreichend tief in das Wasser im Pumpensumpf eintauchen. Die Saughöhe ist jedoch zu begrenzen, da ansonsten Kavitation in der Pumpe auftreten und/oder die Wassersäule im Saugrohr abreißen kann. Zur Gewährleistung der Betriebssicherheit eines Pumpwerks sollten grundsätzlich mindestens zwei Pumpen eingebaut werden. Bei Ausfall einer Pumpe kann so die zweite Pumpe (Reservepumpe) weiterhin das zufließende Abwasser fördern. Die übliche Bemessung erfolgt nach der „n+1-Regel", wobei n die Anzahl der für die Förderaufgabe erforderlichen Pumpen darstellt. Die Reservepumpe sollte dabei so groß sein, wie die größte reguläre Pumpe.

Die wesentlichen Informationen für die Planung und Bemessung eines Abwasserpumpwerkes sind:

- Abwasseranfall (Q_{max} und Q_{min}) sowie Abwasserbeschaffenheit
- Förderaufgabe (z. B. Pumpwerke zum Gefälleausgleich, zur Beckenentleerung, zur Entwässerung von Poldergebieten, zur Förderung gegen Hochwasserstände usw.)
- Erforderliche Förderhöhe (geodätische Förderhöhe zzgl. Reibungsverluste in Saug- und Druckleitungen) sowie maßgebende Wasserstände (Ordinaten) Strömungsgeschwindigkeiten und lichte Weite der Saug- und Druckleitungen
- Schaltzahl der Pumpenaggregate und Bemessung des Saugraumes

Besondere Herausforderungen hinsichtlich der Pumpenauslegung bestehen bei der Förderung von Regen- bzw. Mischwasser. Der Regenwetterabfluss tritt tagelang überhaupt nicht auf (Q = 0) und kann innerhalb kurzer Zeit ein Vielfaches des Schmutzwasserabflusses ausmachen. Bei Starkregenereignissen kann auch das 100-fache oder mehr des Schmutzwasserabflusses als Niederschlagsabfluss auftreten. Zur Zum Schutz vor Überflutung des davor liegenden Einzugsgebiets im davor liegenden Einzugsgebiet sind für ein Regen- oder Mischwasserpumpwerk dann vergleichsweise große Pumpen erforderlich, die aber nur an wenigen Tagen im Jahr tatsächlich in Anspruch genommen werden. Für eine wirtschaftliche Planung kann es daher sinnvoll sein, vor dem Pumpwerk gezielt Retentionsvolumen, z. B. in Form eines Stauraumkanals, zur Verfügung zu stellen, um die Regenwasserpumpen kleiner auslegen zu können. Für den Pumpenbetrieb kann es darüber hinaus stellen, sinnvoll sein, den Förderstrom auf mehrere Pumpen aufzuteilen und ggf. die Förderleistung der Pumpen zu staffeln.

Bild 9.2: Schneckenpumpwerk zur Abwasserförderung im Zulaufbereich einer Kläranlage

Bei Kreiselpumpen sind hinsichtlich der Aufstellungsart folgende Unterscheidungen üblich:

- Pumpen in Nassaufstellung: Wird das Pumpengehäuse auch von außen von der Förderflüssigkeit benetzt, dann wird diese Aufstellung als Nassaufstellung bezeichnet. Der Vorteil liegt in den geringeren Aufstellungs- und Baukosten. Die Pumpe wird dazu direkt in das zu fördernde Medium eingetaucht. Man nennt solche Pumpen auch Tauchmotorpumpen. Die Kabel, Ketten und Leitungen zur Pumpe liegen im Saugraum und verschmutzen daher auch von außen. Darüber hinaus ist ein weitergehender Korrosionsschutz als bei einer trockenen Aufstellung sinnvoll. Im Bereich nass aufgestellter Pumpen sind aufgrund der Explosionsgefahr entsprechende Anforderungen an den Ex-Schutz zu berücksichtigen.
- Pumpen in Trockenaufstellung: Bleibt das Pumpengehäuse von außen trocken, wird diese Aufstellung als Trockenaufstellung bezeichnet. Das zu fördernde Medium (Abwasser) wird der Pumpe dabei über eine geschlossene Saugleitung zugeführt. Der Vorteil dieser Aufstellungsart liegt in einem begehbaren trockenen Pumpenraum, wodurch eine regelmäßige äußere Kontrolle der Pumpen (z. B. der Wellendichtungen) ohne Ziehen aus dem Pumpensumpf möglich ist und notwendige Wartungsarbeiten an den Pumpen wesentlich vereinfacht werden.
- Vertikal aufgestellte Pumpen: Hier liegt das Pumpenlaufrad horizontal und der Antriebsmotor sitzt vertikal über der Pumpe. Das Wasser strömt der Pumpe vertikal von unten zu und wird seitlich horizontal herausgefördert. Vertikal aufgestellte Pumpen sind durch einen geringen Flächenbedarf gekennzeichnet. Tauchmotorpumpen sind gewöhnlich vertikal aufgestellt. Auch trocken aufgestellte Pumpen können vertikal aufgestellt werden. Bei einem höher gesetzten Elektromotor kann so eine größere Überflutungssicherheit erreicht werden, falls der eigentlich trockene Pumpenraum überflutet werden sollte.
- Horizontal aufgestellte Pumpen: Hier liegt die Pumpenwelle horizontal. Das Wasser strömt horizontal der Pumpe zu und wird senkrecht dazu (meist nach oben) herausgefördert. Gegenüber einer vertikalen Aufstellung wird bei einer Trockenaufstellung dadurch ein weniger tiefes Pumpwerksbauwerk erforderlich, was Kostenvorteile haben kann.

Abhängig von der Art, Größe, Aufstellungsart und Anzahl der gewählten Pumpen sowie von der Betriebsweise wird das Abwasserpumpwerk konzipiert. Im einfachsten Fall weist ein Pumpwerk einen einzigen unterirdischen Raum auf (Saugraum oder Pumpensumpf). Der Pumpensumpf wird zwischen dem

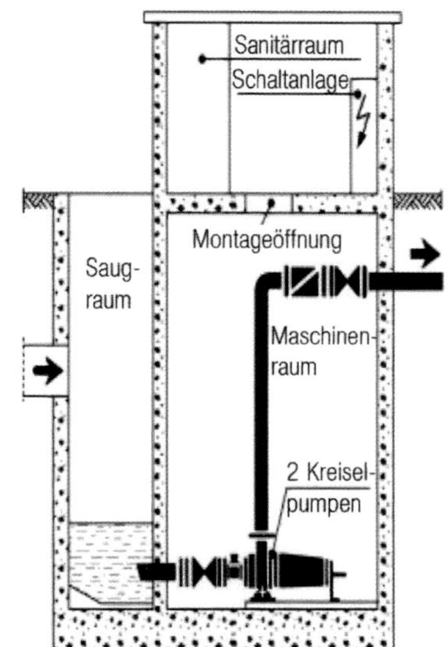

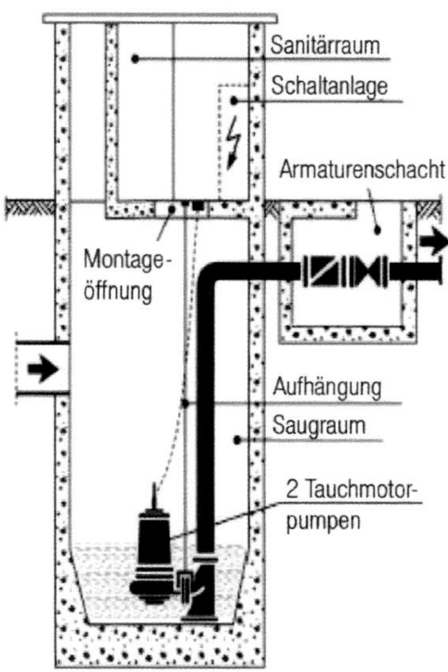

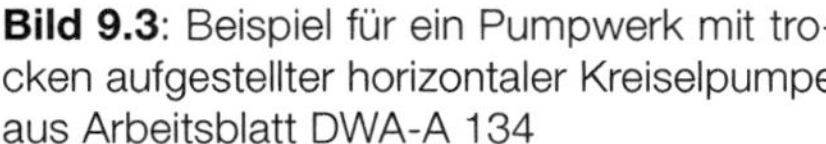
Bild 9.3: Beispiel für ein Pumpwerk mit trocken aufgestellter horizontaler Kreiselpumpe aus Arbeitsblatt DWA-A 134

Bild 9.4: Beispiel für ein Pumpwerk mit nass aufgestellter Tauchmotorpumpe (Vertikalaufstellung) aus Arbeitsblatt DWA-A 134

Zulauf und der Pumpe angeordnet und dient der Verteilung des Abwassers auf die Pumpen und zum Ausgleich von Differenzen zwischen dem Zufluss und dem Förderstrom.

Vom Pumpensumpf aus wird das Abwasser dann auf ein höheres Niveau gepumpt. Neben dem Unterschied der jeweiligen Wasserspiegellagen sind zusätzlich die hydraulischen Verlusthöhen zu überwinden. Diese Differenzen machen die Förderhöhe h_F der Anlage aus. Dabei handelt es sich um die von der Pumpe aufzubringende Förderhöhe (Druck, Energie), um den Förderstrom Q in der Anlage aufrecht zu erhalten. Diese Höhe setzt sich aus einem statischen und einem dynamischen Förderhöhenanteil zusammen. In **Bild 9.5** veranschaulicht die Anlagenkennlinie den Zusammengang zwischen den Verlusten und dem Durchfluss. Der geodätische Anteil entspricht der zu überwindenden Höhendifferenz. Der hydrostatische Anteil entsteht nur bei geschlossenen Behältern. Ansonsten herrscht atmosphärischer Luftdruck mit $p_e = p_a$. Der dynamische Anteil ist von den streckenabhängigen Reibungs- und Einzelverluste in der Rohrleitung abhängig und steigt mit zunehmender Fließgeschwindigkeit und somit auch mit zunehmendem Volumenstrom quadratisch zu diesem an.

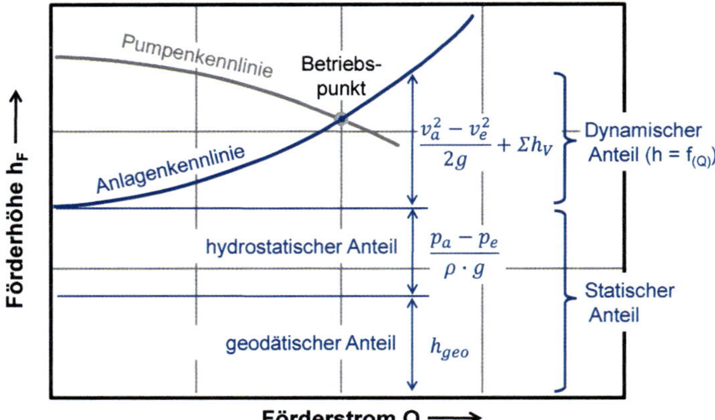

Bild 9.5: Darstellung der Abhängigkeit der Anlagen- und der Pumpenkennline von Förderhöhe und Förderstrom sowie den systemspezifischen Reibungsverlusten (dynamischer Anteil der Anlagenkennlinie)

Dies führt zu einem kurvenartigen Verlauf. Wie in Kapitel 4 beschrieben, kann eine Berechnung der Verluste durch die Gleichung von DARCY-WEISBACH mit dem Rauheitsansatz von PRANDTL-COLEBROOK erfolgen. Die Ermittlung des Reibungsbeiwertes ist iterativ oder durch Ablesung aus dem MOODY-Diagramm möglich.

Der Zusammenhang zwischen der Förderhöhe h_F und dem Förderstrom Q der Pumpe wird durch die Pumpenkennlinie (Q-h-Kennlinie) dargestellt. Diese Kennlinie ist für jede Pumpe charakteristisch und kennzeichnet das Betriebsverhalten der Pumpe. Allgemein sinkt mit zunehmender Förderhöhe der mögliche Förderstrom. Die Ermittlung der Pumpenkennlinie erfolgt auf einem Pumpenprüfstand.

Bei Entwässerungsnetzen unterliegt der Abwasserzustrom immer einer Dynamik. In Abhängigkeit von der Förderhöhe (geodätische Förderhöhe zzgl. Reibungsverluste) hat eine Pumpe jedoch einen definierten Betriebspunkt mit einem fixen Fördervolumenstrom. Durch einen Anstieg oder Abfall des Wasserstandes im Pumpensumpf verändert sich die Förderhöhe, so dass sich dadurch auch ein veränderter Förderstrom ergibt. Steigt der Wasserspiegel im Pumpensumpf an, sinkt die geodätische Förderhöhe und der Pumpenförderstrom steigt. Bei einem Absinken des Wasserspiegels im Pumpensumpf ist es umgekehrt. Allerdings verändern sich gleichzeitig auch die Reibungsverluste. Mit einem höheren Pumpenförderstrom steigen sie an, so dass der Effekt einer

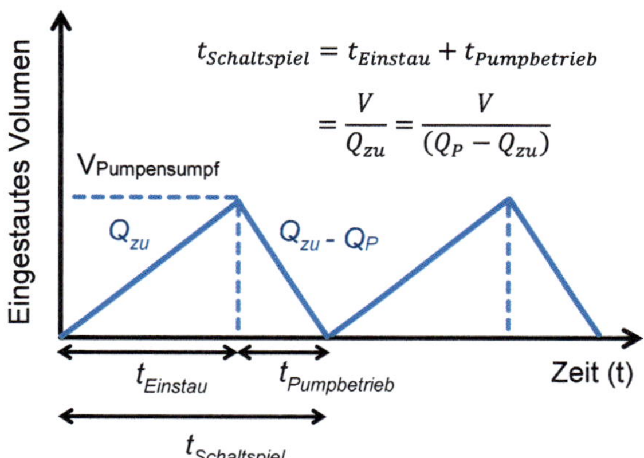

Bild 9.6: Veränderung des eingestauten Pumpensumpfvolumens bei einem konstanten Zufluss Q_{zu} und einem Pumpenförderstrom Q_p bei einem intermittierenden Pumpenbetrieb

reduzierten geodätischen Förderhöhe dadurch wieder etwas relativiert wird. Bei Kreiselpumpen ist die Möglichkeit einer Anpassung der Förderleistung auf Basis veränderter Wasserstände im Pumpensumpf daher meist sehr gering und in der Praxis von untergeordneter Bedeutung für die Pumpenregelung.

Zur Anpassung der Pumpenförderung an die Zuflüsse ist bei Kreiselpumpen daher eine gezielte Steuerung erforderlich. Eine Möglichkeit ist beispielsweise die Veränderung der Pumpendrehzahl, z. B. mittels Frequenzumrichtern bei einem Pumpenantrieb mit Elektromotor. Allerdings lässt sich auch mit einer solchen Technik der Förderstrom einer Pumpe nur in einem begrenzten Bereich anpassen, da bei Kreiselpumpen in Abhängigkeit ihrer Konstruktion die vom Hersteller angegebene Mindestdrehzahl nicht unterschritten werden sollte. Zur Abdeckung der vollen Dynamik zwischen Null und dem Maximalförderstrom einer Pumpe erfolgt in Abwassersystemen daher standardmäßig ein intermittierender Pumpenbetrieb. Dabei wird die Pumpe eingeschaltet, wenn der Wasserstand im Pumpensumpf den Einschaltpegel erreicht hat. Wenn der Wasserstand unter den Ausschaltpegel fällt, geht die Pumpe wieder außer Betrieb (**Bild 9.6**).

Durch das Einschalten der Pumpen im intermittierenden Pumpenbetrieb resultieren bei den üblichen Antrieben mittels Elektromotor hohe Anlaufströme, die zu hohen Belastungen des Motors und der Elektroinstallation führen. In Abhängigkeit von der Standfestigkeit der elektrotechnischen Anlagenteile und dem Motor sowie der Aufstellungsart (nass oder trocken) ist die Schaltzahl (Einschaltvorgänge pro Stunde) daher zu begrenzen. Für trocken aufgestellte Kreiselpumpen sind Schaltzahlen zwischen ≤ 10/h (große Motorleistungen) bis 15/h (kleine Motorleistung) üblicherweise anzustreben, während für nass aufgestellte Kreiselpumpen bei kleineren Motoren wegen der besseren Kühlung auch Schaltzahlen bis 30/h realisierbar sein können.

Das notwendige Pumpensumpfvolumen V zwischen Ein- und Ausschaltpunkt einer Pumpe berechnet sich bei vorgegebener Schaltzahl Z dann zu:

$$V\ (in\ m^3) = \frac{0{,}9 \cdot Q_P(in\ l/s)}{Z(in\ h^{-1})} \tag{9.1}$$

Q_P *Pumpenförderstrom in l/s*

Z *Schaltzahl*

Gewöhnlich werden Pumpen elektrisch angetrieben. Für die Unterbringung der elektrischen Schaltanlagen und Steuerungen ist bei kleineren Pumpwerken ein Schaltschrank erforderlich, der meist neben dem Pumpwerk aufgestellt wird. Bei größeren Pumpwerken werden die Schaltanlagen in separaten Räumen untergebracht. Bei besonders kritischen Anlagen kann auch eine Notstromversorgung zur Aufrechterhaltung des Pumpwerksbetriebes bei Stromausfall erforderlich werden.

9.3 Absturzbauwerke

9.3.1 Allgemeine Anforderungen und Überblick

Abwasserleitungen können nur in seltenen Fällen dem natürlichen Gelände- oder Straßengefälle folgen. Topografische Schwankungen führen zu Höhenunterschieden, die nicht allein durch das Sohlengefälle auszugleichen sind. Bei zu großem Gefälle treten hohe Wandschubspannungen auf, die zu Abrasion und damit zu Materialzerstörung führen können. In den verzweigten Kanalisationssystemen liegen Leitungen oft auf unterschiedlichem Höhenniveau. Diese müssen miteinander verbunden werden. Zum Ausgleich dieser Höhenunterschiede sind Absturzbauwerke erforderlich, die so zu konstruieren sind, dass folgende Anforderungen erfüllt werden:

- Rascher Abflusstransport ohne Rückstau zur Vermeidung von Ablagerungen und der H_2S-Bildung und damit Vermeidung von Geruchsentwicklungen
- Vermeidung von Abwasserversprühungen (H_2S-Austritt)
- Minimierung des Lufteintrags im Absturzstrahl

Planerisch anspruchsvoll ist eine Ausführung, die sowohl bei geringen Trockenwetterabflüssen als auch bei hohen Niederschlagswasserabflüssen einen strömungsgerechten Abfluss ermöglicht und betriebliche Aspekte berücksichtigt. Die Konstruktion muss eine gute Erreichbarkeit an allen Stellen und einen möglichst ablagerungsfreien Abfluss gewährleisten. Folgende Bauwerke werden üblicherweise verwendet:

- Sohlstufe
- Fallschacht (mit und ohne Untersturz)
- Kaskadenartige Absturztreppe
- Schussrinne (Schwanenhals)
- Absturz mit Zwischenböden/Kaskade
- Wirbelfallschacht
- Steilstrecke

Die Wahl des jeweiligen Bauwerkstyps erfolgt in Abhängigkeit von der Absturzhöhe, dem Maximalabfluss und den vorhandenen Platzverhältnissen. Die Bemessung und Einsatzmöglichkeiten von Absturzbauwerken beschreiben Merlein et al. (2002). Die Systematisierung eines Fallschachtes veranschaulicht **Bild 9.7**.

Sohlstufen (h_A: bis 1 m): Bei Niveauunterschieden unter 1 m werden in der Regel Sohlstufen ausgebildet. Die Ausführung ist scharfkantig oder ausgerundet möglich. Da in Abwasserkanälen eine befestigte Wandung vorliegt, sind Probleme der Energieumwandlung wie bei einem natürlichen Fließgewässer nicht maßgeblich. Sohlstufen werden insbesondere bei der Einmündung eines kleineren Kanals in einen Hauptsammler angeordnet, um zu verhindern, dass bei geringen Abflüssen im einmündenden Kanal ein Rückstau vom Hauptkanal in den einmündenden Kanal erfolgt.

Schussrinne oder Schwanenhals (h_A: 1 bis 3 m): Schussrinnen entsprechen der Geometrie einer Wurfparabel mit anschließender kreisförmiger Gegenkrümmung. Die geometrischen Kenngrößen werden im Wesentlichen durch

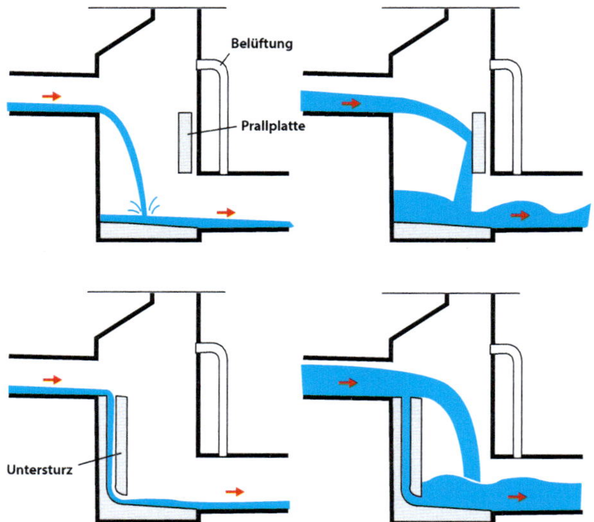

Bild 9.7: Schema eines Absturzschachtes mit außen- oder innenliegendem Untersturz nach DWA-A 112 (2007c)

Bild 9.8: Absturzbauwerk mit Schussrinne (Schwanenhals) und seitlicher Treppe, die bei hohen Abflüssen als zusätzliche Absturzkaskade dient

die Neigung des Zulaufkanals und der Zulaufgeschwindigkeit bestimmt. Die Abflüsse sollten dabei auf der Rinnensohle aufliegen und sich nicht ablösen. Durch die Fließgeschwindigkeit im Zulauf wird damit das realisierbare Gefälle in der Schussrinne vorgegeben. Der Zufluss kann strömend oder schießend erfolgen.

Fallschacht (h_A: bis 5 m): Ein Fallschacht ist die einfachste Ausführung eines Absturzbauwerkes als Schacht, bei dem der Zulaufkanal wesentlich höher als der Ablaufkanal einmündet. Im Bereich des Absturzes wird das Wasser nicht geführt. Bei geringen Abflüssen fließt das Wasser an der Schachtwand unterhalb des Zulaufkanals herunter, bei größeren

Abflüssen bildet sich ein Wasserstrahl in Form einer Wurfparabel innerhalb des Schachtes aus.

Fallschacht mit Untersturz: Der Untersturz als innen- oder außenliegendes Fallrohr soll kleinere Abflüsse aufnehmen. Damit wird ein Verspritzen oder Zerstäuben des Abwassers und die damit verbundenen Verschmutzungen und Aerosolbildungen vermieden. Bei größeren Abflüssen wird der Untersturz dann übersprungen. Für eine wirtschaftliche und technisch sinnvolle Ausgestaltung eines Untersturzes ist strömender Zufluss sicherzustellen.

Wirbelfallschacht (h_A: bis höher als 100 m): Beim Wirbelfallschacht wird der Abfluss durch das als spiralförmige Drallkammer ausgebildete Einlaufbauwerke aus der Translationsbewegung in eine Rotationsbewegung überführt. Der Abfluss fließt in schraubenlinienförmigen Strombahnen an die Schachtwand gepresst ab. Es entsteht ein Luftkern, der einen stabilen Abfluss sicherstellt. Das Fallrohr führt zumeist in einen weiterführenden Kanal. Entweder wird der Abfluss durch einen Krümmer in die Horizontale umgeleitet oder es wird eine Toskammer zur gezielten Energieumwandlung vorgesehen. **Bild 9.10** veranschaulicht den

Bild 9.9: Bau eines Fallschachtes mit innen liegendem Untersturz

Bild 9.10: Bau der Drallkammer eines Wirbelfallschachtes

Bild 9.11: Umwandlung der Translationsbewegung in eine Rotationsbewegung zum strömungsoptimierten Absturz in einem Wirbelfallschacht (Technikum für Hydraulik und Stadthydrologie der FH Münster)

relativ aufwändigen Bau des spiralförmigen Einlaufbauwerkes eines Wirbelfallschachtes. **Bild 9.11** zeigt das Modell eines Wirbelfallschachtes im Technikum für Hydraulik und Stadthydrologie der FH Münster. Nähere Ausführungen zur Bemessung und Konstruktion von Wirbelfallschächten enthält DWA (2007c).

9.3.2 Hydraulische Berechnungsansätze

Die Dimensionierung der Absturzbauwerke erfolgt in der Regel mit dem maximalen Abfluss. Nicht für alle Konstruktionen sind allgemein gültige Bemessungsansätze verfügbar. Die hier exemplarisch beschriebenen hydraulischen Bemessungsansätze entsprechen weitgehend den Ausführungen von Merlein et al. (2002) sowie den Hinweisen im Arbeitsblatt DWA-A 112 „Hydraulische Dimensionierung und Leistungsnachweis von Sonderbauwerken in Abwasserleitungen und -kanälen" (2007c).

Die wesentlichen Randbedingungen für die Bemessung von Absturzbauwerken sind die zu überwindende Höhendifferenz und der abzuleitende Volumenstrom. Pauschale Festlegungen zur Wahl und Auslegung des jeweiligen Bauwerkes sind nicht möglich. Vereinfachend kann aber davon ausgegangen werden, dass bei kleineren Absturzhöhen ein Absturz mit frei fallendem Strahl ausreicht. Je größer der Abfluss und die Höhendifferenz, umso aufwändiger ist die Gestaltung des Bauwerkes. Merlein et al. (2002) haben bevorzugte Anwendungsbereiche für verschiedene Absturzbauwerke zusammengestellt (**Tabelle 9.1**). Bei der Auswahl der Absturzkonstruktion sind außerdem der Feststoffgehalt, mögliche Ausgasungen, Platzverhältnisse und Wartungsbedingungen zu berücksichtigen.

Tabelle 9.1: Bevorzugte Anwendungsbereiche verschiedener Absturzbauwerke nach Merlein et al. (2002)

Absturzkonstruktion	Fallhöhe h_A in m	Abfluss Q in m³/s
Ausgerundete Sohlstufe	0,3 bis 1,0	0,5 bis 2,0
Schussrinne (Schwanenhals)	1,0 bis 3,0	1,0 bis 5,0
Einfacher Fallschacht	0,5 bis 3,0	bis 0,2
Fallschacht mit Untersturz	1,5 bis 5,0	bis 0,2
Wirbelfallschacht oder tangential angeströmter Fallschacht	ab 5,0 (praktisch keine Begrenzung)	0,5 bis 90

Bei Sonderkonstruktionen, die beispielsweise durch eine Kombination aus Vereinigungs- und Absturzbauwerken entstehen können, sollten hydraulische Modellversuche durchgeführt werden. Die Übertragbarkeit der Versuchsergebnisse mit maßstäblich verkleinerten Modellen ist u. a. durch das Froud'sche Ähnlichkeitsgesetz gegeben. Durch die in den letzten Jahren verbesserten Rechenkapazitäten von Computern sind heute zunehmend auch numerische Modellierungen möglich (Computational Fluid Dynamics).

Erläuterung: *Ähnlichkeitsgesetze ermöglichen die Übertragung von Messdaten, die durch Modellversuche gewonnen wurden, in reale Größenordnungen. Berücksichtigt wird der Zusammenhang zwischen den Maßstabszahlen und der Ähnlichkeit der betrachteten Größe und den zu berücksichtigenden Kräften. Hierbei ist u. a. die Beziehung der Maßstabszahlen für Längen und Zeiten zu ermitteln.*

Ein grundlegender Schritt bei der hydraulischen Bemessung von Absturzbauwerken ist die Beurteilung, ob der Zufluss strömend oder schießend erfolgt. Die Einordnung erfolgt mit Hilfe der in Kapitel 3.5 beschriebenen Froude-Zahl oberstrom des Absturzes.

Für ein Rechteckgerinne berechnet sich die Froude-Zahl wie folgt:

$$Fr = \frac{Q}{\sqrt{g \cdot b^2 \cdot h^3}} \tag{9.2}$$

Q *Zufluss in m³/s*

g *Erdbeschleunigung in m/s²*

b *Wasserspiegelbreite in m*

h *Wasserstand in m*

Bei strömendem Zufluss (Fr < 1) bilden die Grenzverhältnisse aus (Übergang: strömen – schießen). Solange sich der im Zulaufkanal ankommende Wasserstrahl im Einlaufbereich auf der Sohle auflegen kann (geführter Wasserstrahl), werden am Ort der Gefälleänderung die Grenzverhältnisse durchlaufen. Mit der Grenztiefe h_c kann dann der Durchfluss bestimmt werden. Beispielsweise gilt für Rechteckgerinne:

$$h_c = \sqrt[3]{\frac{Q^2}{g \cdot b^2}} \tag{9.3}$$

Q *Zufluss in m³*

g *Erdbeschleunigung in m/s²*

b *Wasserspiegelbreite in m*

Erfolgt der Absturz unmittelbar, so dass sich der Strahl von der Sohle ablöst und von unten belüftet wird (freier Wasserstrahl), ändern sich die Druckverhältnisse ebenfalls unmittelbar. An der Absturzkante stellt sich dann ein Wasserstrahl ein, dessen Höhe etwas geringer ist als die Grenztiefe. Bei nahezu horizontaler Gerinnesohle gilt für das Rechteckgerinne:

$$h_E \approx 0{,}715 \cdot h_c \tag{9.4}$$

Die Grenzverhältnisse werden dann an einer Stelle im Abstand von einem Mehrfachen der Grenztiefe oberhalb des Absturzes durchlaufen. Für den Abfluss bei einem Rechteckgerinne gilt:

$$Q = \sqrt{g} \cdot b \cdot \left(\frac{h_E}{0{,}715}\right)^{3/2} \tag{9.5}$$

Der freie Wasserstrahl nimmt unterstrom der Absturzkante die Form einer Wurfparabel an und stürzt in die Tiefe. Beim schießend ankommenden Oberwasser liegt der Wasserspiegel stets unterhalb der Grenztiefe und der dort herrschende Wasserspiegel wird durch die zulaufseitigen Randbedingungen bestimmt.

Beim Aufprall des frei fallenden Wassers findet in der Regel ein unerwünschtes Versprühen statt, so dass H_2S aus dem Abwasser austreten kann. Außerdem kann die hohe mechanische Beanspruchung im Aufprallbereich zu Schäden führen. Vor diesem Hintergrund ist möglichst ein geführter Strahl anzustreben. Dies kann durch starke Veränderung des Sohlengefälles (z. B. Schussrinne) oder durch tangentiale Einleitung in einen kreisförmigen Vertikalschacht (z. B. Wirbelfallschacht) erfolgen.

Bei Absturzbauwerken liegt eine hydraulische Trennung des Abflussgeschehens zwischen Ober- und Unterwasser vor, da der ablösende und abstürzende Abfluss neu geformt werden muss. Eine kontinuierliche Abflussberechnung im Kanal ist an dieser Stelle nicht mehr möglich. Das Bauwerk ist innerhalb der Modellberechnungen separat zu erfassen.

In vielen Fällen ist es im Bereich der Absturzkante möglich, allein vom Abfluss auf den Wasserstand zu schließen, ohne den Einfluss der Wandrauheit zu berücksichtigen. Es treten Grenzverhältnisse auf und es besteht ein eindeutiger Zusammenhang zwischen der Wassertiefe im Grenzbereich und dem Abfluss bzw. der Fließgeschwindigkeit. Diese Stelle wird dann als „Kontrollquerschnitt" im Kanalsystem bezeichnet.

9.4 Kreuzungsbauwerke

Hindernisse (Gewässer, Bauwerke, Verkehrswege usw.) im Verlauf einer Leitungstrasse erfordern Kreuzungsbauwerke. Das Niveau des Abwasserkanals muss in diesem Fall streckenweise verändert werden. Maßgeblich für die mögliche Lösung ist das Niveau zwischen den Ebenen des zu kreuzenden Systems und dem Abwasserkanal. Folgende Möglichkeiten bestehen:

- Rohrbrücke
- Pumpanlage
- Düker

Im einfachsten Fall genügt gegebenenfalls eine Profiländerung. Möglichweise kann der Wechsel auf ein Profil mit einer geringere Querschnittshöhe ausreichen, was aber bei Vollfüllung ähnliche Volumenströme ableiten kann und deswegen entsprechend breiter ausgebildet sein muss. In Frage kommen z. B. gedrückte Rechteckquerschnitte oder Maulprofile. Gegenüber einem Kreis- oder sogar einem Ei-Profil sind diese in Bezug auf mögliche Ablagerungsrisiken jedoch hydraulisch ungünstiger.

Das klassische Kreuzungsbauwerk ist der Düker. Die Funktion eines Dükers entspricht dem Prinzip einer kommunizierenden Röhre. Das Dükerrohr ist in der Regel vollgefüllt. Es ist eine Druckrohrleitung, die in freiem Gefälle aufgrund des Aufstaus im Dükerober- und -unterhaupt betrieben wird. Aufgrund schwankender Abflüsse besteht die Gefahr, dass es bei geringen Abflüssen und den damit verbundenen geringen Fließgeschwindigkeit im Dükerrohr zu Ablagerungen kommt, die nicht selbstständig wieder remobilisiert werden. In diesen Fällen bietet sich die Anordnung mehrerer Dükeräste mit unterschiedlichen Nennweiten an. Diese werden dann zuflussabhängig in Betrieb genommen bzw. durchflossen. Als Sonderformen sind auch Luftkissendüker möglich, bei dem im Dükerrohr über dem Wasserspiegel ein Luftraum erzwungen wird, der den Fließquerschnitt für das Abwasser einschnürt.

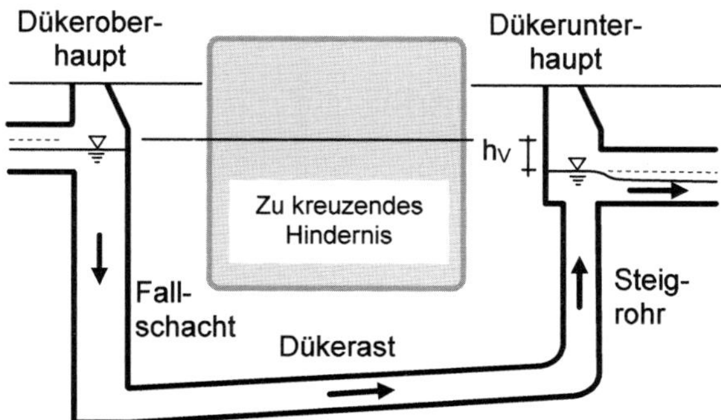

Bild 9.12: Prinzipskizze eines Dükers mit Darstellung der hydraulischen Verluste durch Rohrreibung und geometrische Änderungen (Einzelverluste)

Durch Einbauten am Dükerober- und -unterhaupt wird sichergestellt, dass die Luft nicht unplanmäßig entweichen kann. Das dadurch mögliche Luftkissen im Düker wird verfahrenstechnisch so eingestellt, dass eine gleichbleibende Fließgeschwindigkeit möglich ist. Wie in **Bild 9.12** dargestellt, besteht ein Düker aus:

- dem Dükeroberhaupt (Anfang des Dükerbauwerkes mit Übergang vom Zuflusskanal in den tiefliegenden Dükerast),
- einem oder mehreren Dükerästen (Druckleitung unterhalb des zu kreuzenden Hindernisses),
- dem Dükerunterhaupt (Übergang der Dükerleitung mit einem Bogen und Steigrohr oder Schacht).

Die Verteilung des Zuflusses im Dükeroberhaupt kann ggf. in mehrere Dükerrohre erfolgen. Die Anordnung paralleler Dükeräste hat außerdem den Vorteil, dass eine temporäre Außerbetriebnahme für Wartungszwecke möglich ist. Um Verlegungen zu vermeiden, sollte ein Mindestdurchmesser von DN 250 in der Schmutzwasserkanalisation und DN 300 in der Mischwasserkanalisation nicht unterschritten werden. Vor dem Einlauf kann zudem ein Grobrechen oder ein Geschiebefang angeordnet werden, um Grobstoffe zurückzuhalten. Die Ausführung des abfallenden Düsterasts ist als senkrechter Schacht oder als abwärts geneigte Rohrleitung möglich. Der aufsteigende Dükerast kann entweder senkrecht oder schräg ausgeführt werden. Die senkrechte Ausführung sollte aus Gründen des verbesserten Sedimenttransportes jedoch vorgezogen werden. Grundlage der hydraulischen Berechnung des Dükers sind die jeweiligen Zuflüsse. Abhängig vom Entwässerungsverfahren (Misch- oder Trennverfahren) sind insbesondere die minimalen und die maximalen Abflüsse maßgebend. Der minimale Trockenwetterabfluss und der maximale Abfluss bei Regenwetter im Mischsystem sind maßgeblich, um einen möglichst ablagerungsfreien Betrieb und eine ausreichende Dimensionierung zu gewährleisten. Berechnungsvorgaben für unterschiedliche Ausführungen enthält das Arbeitsblatt DWA-A 112 (2007c).

10 Überlauf- und Auslaufbauwerke

10.1 Wasserstandsbegrenzung und Systementlastung durch Regenüberläufe

10.1.1 Aufgaben und Gestaltung von Trennbauwerken

Das Kanalnetz ist nicht dazu ausgelegt, den kompletten Niederschlagswasserabfluss der Kläranlage oder anderen Behandlungsanlagen zuzuleiten. Bereits bei Abflüssen, die längst noch keinem Starkregen entsprechen, können bereits unmittelbare Überleitungen in das Gewässer stattfinden. Das System „entlastet". Es erfolgt eine Reduktion der zufließenden Abflusswelle auf den behandlungspflichtigen und weiterzuleitenden Abflussanteil. Der über den grundsätzlich abzuleitenden Abfluss (Q_{krit}) hinausgehende Volumenstrom wird dabei direkt in ein Gewässer eingeleitet (abgeschlagen). Dies erfolgt durch Trennbauwerke, die sogenannten Regenüberläufe (RÜ). In Regenüberläufen wird der Abfluss nicht behandelt, sondern nur in den Drosselabfluss und in den Entlastungsabfluss aufgeteilt. In **Bild 10.1** ist die Funktion eines Regenüberlaufes schematisch dargestellt.

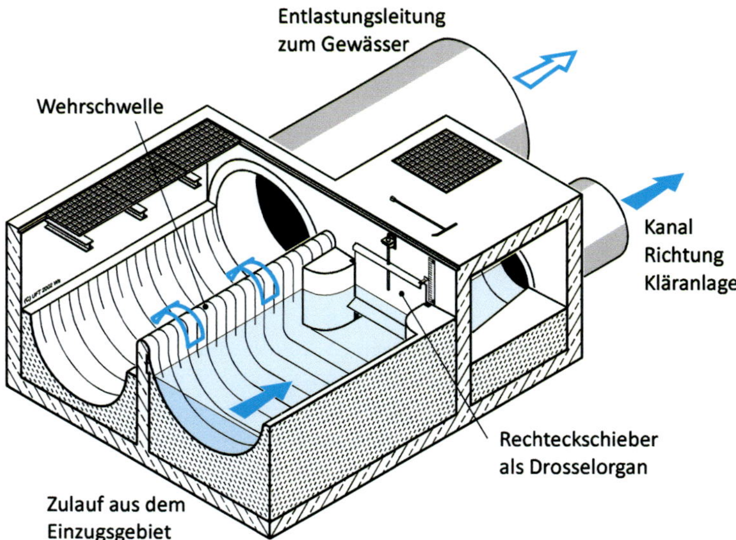

Bild 10.1: Darstellung der Systembestandteile und Abflüsse eines Regenüberlaufs mit fester Wehrschwelle und Schieber zur Abflussdrosselung (Fa. UFT)

Neben der Abflussreduktion bewirken Regenüberläufe auch eine Begrenzung des Wasserstandes in der Kanalisation bei Regenwetter. Wie in Bild 10.1 dargestellt, sind die wesentlichen Systemelemente eines Regenüberlaufes

- Drossel und
- Wehr

Die Drosseln bestehen im einfachsten Fall aus einer Drosselstrecke (Kanalhaltung mit reduziertem Querschnitt) oder aus speziellen Drosselorganen, die von unterschiedlichen Herstellern angeboten werden. Nähere Ausführungen dazu folgen im Kapitel 10.1.3. Zur Wasserstandsbegrenzung im Kanalnetz dienen überwiegend feste Wehre. Erreicht der Wasserstand die Wehrkrone, erfolgt ein Abschlag des Regen- oder Mischwasserabflusses. Bild 10.2 veranschaulicht die Gestaltung und Funktion eines Regenüberlaufes mit festem Streichwehr (seitlich angeströmtes Wehr) und einer Abflussdrosselung durch einen Schieber. Um den unästhetischen Eintrag von Hygieneartikeln in das Gewässer zu vermeiden, werden Überläufe zunehmend mit Rechen oder Sieben ausgerüstet. Hier ist ein Notüberlauf und eine regelmäßige (möglichste vollautomatische) Reinigung wichtig, damit der Entlastungsabfluss uneingeschränkt – auch bei Verlegung des Rechens oder Siebes – sicher abgeleitet werden kann.

10.1.2 Drosselabfluss und spezifisches Kanalvolumen

Bei Regenüberläufen sind Unterschiede zwischen der Trenn- und der Mischkanalisation zu beachten. Bei der Mischkanalisation wird neben dem Schmutzwasser ein Teil des Niederschlagswassers behandelt. Am Ende der Kanalisation ist die Kläranlage angeordnet. Kläranlagen sind in Deutschland im Wesentlichen so bemessen, dass etwa der doppelte Trockenwetterabfluss aufgenommen wird.

Die Ermittlung des Mischwasserabflusses zur Kläranlage wird im Kapitel 4.5 beschrieben. Hier erfolgt auch der Hinweis, dass durch Möglichkeiten der Abflusssteuerung zunehmend eine Flexibilisierung des Kläranlagenzuflusses möglich sein wird. Dadurch wird eine Optimierung zwischen dem erforderlichen Speichervolumen zur Mischwasserbehandlung in der Kanalisation und der Belastbarkeit der Kläranlage ermöglicht. Die in Abhängigkeit von der Größe des Einzugsgebietes üblichen Schwankungen sind dabei zu berücksichtigen. Sieker et al. (2006) geben für Kläranlagen eine hydraulische Aufnahmekapazität von 1 bis 2 l/(s·ha) an.

Möglichkeiten der Variabilität von Drosselabflüssen durch eine Abflusssteuerung von Kanalnetzen werden im Merkblatt DWA-M 180 (2005c) beschrieben. Wie Grüning (2002) zeigt, besteht durch Optimierung der statischen Drosselabflüsse sowie durch simultane Bewirtschaftung von Kanalnetz und Kläranlage und dynamischer situationsangepasster Einstellung der Drosselabflüsse die Möglichkeit, das Entlastungsverhalten (Fracht und Abflussspitze) in gewissem Umfang zu optimieren. Die Größenordnung des spezifischen Kanalvolumens untersuchte Pecher (2000). Seine detaillierte Analyse von 23 mischkanalisierten Entwässerungssystemen in elf Städten mit Einzelnetzlängen zwischen 21 und 535 km und einer Gesamtkanalnetzlänge von rund 1.800 km ergab ein spezifisches Kanalvolumen von 60 bis 170 m³/ha (**Bild 10.2**).

Wie die Auswertungen von Pecher zeigen, steuern die großen Kanalquerschnitte ab DN 800 einen überproportional hohen Anteil am Kanalvolumen bei. So verteilen sich in Abhängigkeit der Netzstruktur rund 35 bis 70 % des gesamten Kanalvolumens auf nur 10 % der Kanallänge. Im Mittel haben die Kanalquerschnitte ab DN 800 einen Volumenanteil von rund 60,2 % am Gesamtvolumen. Dieser Anteil ist tendenziell umso größer, je größer auch das Entwässerungsnetz ist. Bei kleinen Kanalnetzen stellen die kleineren Kanalquerschnitte einen höheren Anteil an der Gesamtkanallänge dar.

Sieker et al. (2006) veranschlagen für ein Mischwasserkanalnetz ein mittleres Volumen von 80 m³/ha abflusswirksamer Fläche. Damit könnte das Kanalnetz theoretisch eine abflusswirksame Niederschlagssumme von 8 mm Niederschlag zwischenspeichern und zeitverzögert der Kläranlage zuleiten. In der Praxis wird das Kanalnetz durch den freien Abfluss aber bereits während des Regens entleert und zudem ungleichmäßig befüllt, da Niederschläge naturgemäß nicht gleichmäßig verteilt über die gesamte Fläche niedergehen. Sieker et al. (2006) veranschlagen für Mischwasserkanalnetze eine mittlere nutzbare Speicherkapazität von 1,5 bis 2 mm bzw. 15 bis 20 m³/ha abflusswirksamer Fläche. Pecher (2000) veranschlagt ein spezifisches Kanalvolumen von 25 m³/ha. Durch gezielte Maßnahmen, wie beispielsweise eine Kanalnetzsteuerung, sind aus seiner Sicht bis zu 90 m³/ha zu aktivieren. Das Wertespektrum belegt, dass Mischwassernetze grundsätzlich nur vergleichsweise schwache Niederschläge komplett aufnehmen können und die Kläranlage bei stärkeren Regen nur marginale Anteile des Oberflächenabflusses aufnimmt. Im Jahresmittel wird durch die Häufigkeit vergleichsweise geringer Niederschlagsereignisse insgesamt durchaus ein maßgeblicher Anteil des Oberflächenabflusses behandelt.

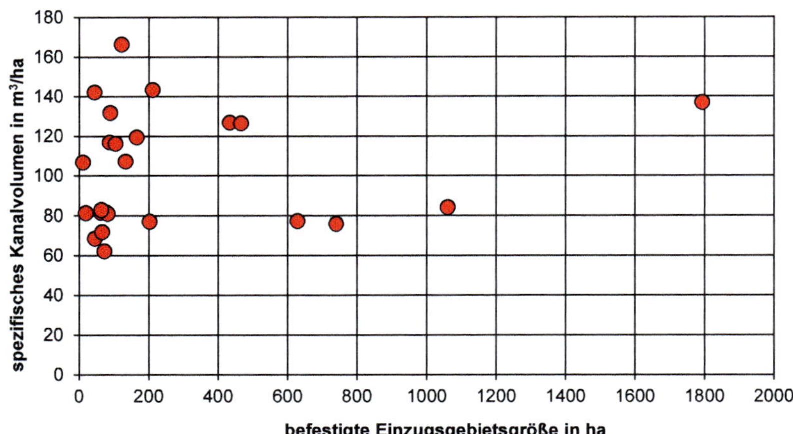

Bild 10.2: Ergebnis einer Auswertung spezifischer Kanalvolumina von 23 mischkanalisierten Entwässerungssystemen (Pecher, 2000)

Durch gezielten temporären Einstau wären allerdings nennenswerte Volumina innerhalb der bestehenden Kanalisation zu aktivieren.

Bei trennkanalisierten Gebieten stellt sich die Situation systembedingt anders dar. Wurde in der Vergangenheit der Oberflächenabfluss fast vollständig in ein Gewässer eingeleitet, gelten etwa seit Beginn des 21. Jahrhunderts weitergehende Forderungen an die Behandlung von Niederschlagsabflüssen. In Abhängigkeit von der Flächennutzung werden Flächen bewertet und kategorisiert. Behandlungspflichtige Abflüsse von verschmutzen Oberflächen sind bis zu einer Größenordnung von meist 15 l/(s · ha) einer entsprechenden Behandlungsanlage zuzuleiten. Erst darüberhinausgehende Abflüsse dürfen dann über Trennbauwerke unmittelbar in ein Gewässer eingeleitet werden. Sind neben behandlungspflichtigen Flächen auch Flächen angeschlossen, deren Oberflächenabflüsse ohne Behandlung ein Gewässer eingeleitet werden, so wird der zu behandelnde Niederschlagsabfluss beispielsweise in Nordrhein-Westfalen mit nachfolgendem Ansatz bestimmt (MUNLV, 2004):

$$Q_{R,krit} = 5\frac{l}{(s\cdot ha)}A_I + 15\frac{l}{(s\cdot ha)}A_{(II+III)} \tag{10.1}$$

$Q_{R,krit}$ *behandlungspflichtiger Niederschlagsabfluss*

A_I *angeschlossene Fläche der Kategorie I (nicht behandlungspflichtig)*

$A_{(II+III)}$ *angeschlossen Flächen der Kategorien II und III (behandlungspflichtig)*

Nach dem Merkblatt DWA-M 153 (2007b) wird aus der Verschmutzung der Oberflächen unter Berücksichtigung von Einflüssen aus der Luft und der Leistungsfähigkeit des aufnehmenden Gewässers der erforderliche Wirkungsgrad einer Behandlungsanlage ermittelt. Für hohe Rückhalteleistungen können dann auch größere kritische Regenspenden als 15 l/(s · ha) für die Anlagenauslegung relevant werden.

Somit ist auch in der Trennkanalisation – sofern nicht nur gering verschmutzte Oberflächen entwässert werden – die Anordnung von Regenüberläufen respektive Beckenüberläufen üblich. Die Behandlung der entsprechend verunreinigten Oberflächenabflüsse erfolgt in entsprechenden Anlagen, die von kompakten Anlagen im dezentralen Maßstab bis zu zentralen Anlagen reichen. Die Kläranlage nimmt grundsätzlich den separat zugeleiteten Schmutzwasserabfluss auf. Teilweise wird der behandlungspflichtige Niederschlagsabfluss auch der Kläranlage zugeleitet, wenn diese über entsprechende hydraulische Aufnahmekapazitäten verfügt. Weitere Erläuterungen zur Festlegung des kritischen Regenabflusses zur Abwasserbehandlung und der Gewährleistung eines ausreichenden Gewässerschutzes folgen im Buch „Regenwasserbewirtschaftung und Gewässerschutz“ (Vulkan-Verlag).

Der kritische Regenabfluss $Q_{R,krit}$ ist ein flächenspezifischer Wert, der aus Vorgaben zur Niederschlagswasserbehandlung resultiert. Die dabei zugrunde gelegte kritische Regenspende r_{krit} ist letztlich eine nach empirischen Ansätzen festgelegte Niederschlagsgröße, für die Behandlungsanlagen hydraulisch ausgelegt werden. In der Siedlungswasserwirtschaft hat sich eine Regenspende von 15 l/(s · ha) etabliert. Erfahrungsgemäß werden dadurch rund 90 % des Jahresniederschlagsvolumens erfasst. Höhere Werte für r_{krit} vergrößern das jährliche Behandlungsvolumen des Niederschlagsabflusses nur geringfügig. Der kritische Regenabfluss berechnet sich über die gewählte kritische Regenspende und die undurchlässige Fläche zu:

$$Q_{R,krit} = r_{krit} \cdot A_u \tag{10.2}$$

r_{krit} *kritischer Regenabfluss in* $l/(s \cdot ha)$
A_u *undurchlässige Fläche in ha* $(A_{E,b,a} \cdot \psi_m)$

Neben den Anforderungen an die Abwasserbehandlung bestimmen Möglichkeiten und Grenzen der hydraulischen Leistungsfähigkeit des Kanalnetzes die Bemessung von Regenüberläufen.

10.1.3 Art und Ausführung von Drosselorganen

Drosselorgane sind Einrichtungen zur Begrenzung oder Verminderung des Abflusses. Sie sind Bestandteil von Regenüberläufen und Regenbecken. Für die hydraulische Auslegung des Drosselabflusses gelten die Hinweise des Arbeitsblattes DWA-A 111 (2010b). Möglich ist der Einbau von Systemen:

- mit Einsatz von Fremdenergie und i.d.R. mit Durchflussmessung (Schieber und ggf. Pumpen),
- ohne Fremdenergie (Wirbelgeräte, Ventile, Drosselstrecken, herstellerspezifische Systeme).

In der Vergangenheit häufig angeordnete Drosselstrecken, die den Abfluss durch Einlauf-, Reibungs- und Auslaufverluste begrenzen, sind unflexibel und genügen nicht mehr den heutigen Ansprüchen. Sie zählen zu den passiven Drosselorganen. Für die Dimensionierung dieser unmittelbar zum Bauwerk gehörenden Kanalhaltung geringer Nennweite ist eine Berechnung erforderlich, die im Arbeitsblatt DWA-A 111 (2010) beschrieben wird. Weiterhin sind dort konstruktive Grenzwerte vorgegeben.

Inzwischen ist der Einsatz konfektionierter Geräte üblich, die kommerziell vertrieben werden (**Bild 10.3** und **Bild 10.4**). Die Auslegung erfolgt auf der Basis der systemspezifischen Unterlagen, die der jeweilige Hersteller liefert. Für diese Drosselorgane ist weiterhin eine Unterscheidung in die Kategorien „Steuerung“ und „Regelung“ üblich. Bei der Steuerung wird die Störung des Abflusses durch den variablen Oberwasserstand rein hydraulisch oder hydraulisch-mechanisch kompensiert. Der Durchfluss ist dabei unbekannt, so dass Fehler (Abweichungen des Sollabflusses oder Verlegungen) bei einer Steuerung nicht erkannt werden. Bei einer Regelung erfolgt eine direkte oder indirekte Messung des aktuellen Durchflusses. Bei Abweichung des Istabflusses vom Sollabfluss erfolgt eine Korrektur. Regelungen pendeln stets um den Sollwert.

Die in **Bild 10.4** exemplarisch dargestellte Wirbeldrossel ermöglicht die Begrenzung von Abflüssen ohne bewegliche Teile. Das Wasser strömt durch den tangentialen Zulauf in die Wirbelkammer, in der eine Spiralströmung entsteht. Im Zentrum dieses Wirbels bildet sich ein luftgefüllter Wirbelkern aus, der den größten Teil des Ausganges versperrt. Gleichzeitig entsteht entlang der Drosselwand infolge der Zentrifugalkraft der rotierenden Flüssigkeit ein Gegendruck, der

Bild 10.3: Aktives Drosselorgan durch Begrenzung der Durchflussöffnung in Abhängigkeit vom Oberwasserstand (Waagedrossel der Firma bgu)

den Zufluss begrenzt. Dadurch wird die zulaufseitige Energiehöhe verlustarm in Geschwindigkeitshöhe umgesetzt. Durch die großen freien Querschnitte ist die Wirbeldrossel unempfindlich gegen Verstopfungen.

Drosselorgane werden in der Regel so ausgelegt, dass der Bemessungs-Drosselabfluss $Q_{Dr,B}$ dann erreicht ist, wenn der Wasserstand im Becken oder im Regenüberlauf in Höhe der Überfallschwelle steht. Bei Drosseln ohne bewegliche Teile ist der Abfluss normalerweise nicht konstant, sondern wächst mit steigendem Wasserspiegel vor der Drossel (Wasserdruck). Die maßgebliche Bemessungsgröße der Drosselorgane ist die Abfluss-Wasserstands-Kennlinie Q(h). Wie in **Bild 10.5** dargestellt, hängt die Q(h)-Kennlinie bzw. ihr Verlauf von der jeweiligen Drosselbauart ab. Bei Drosseln ohne bewegliche Teile stellt sich keine steile Kennlinie ein. Eine wesentlich höhere Trennschärfe (steilere Kennlinie) wird durch strömungsmechanische Ventile erreicht, die ebenfalls ohne bewegliche Teile und ohne Fremdenergie eine Abflussdrosselung

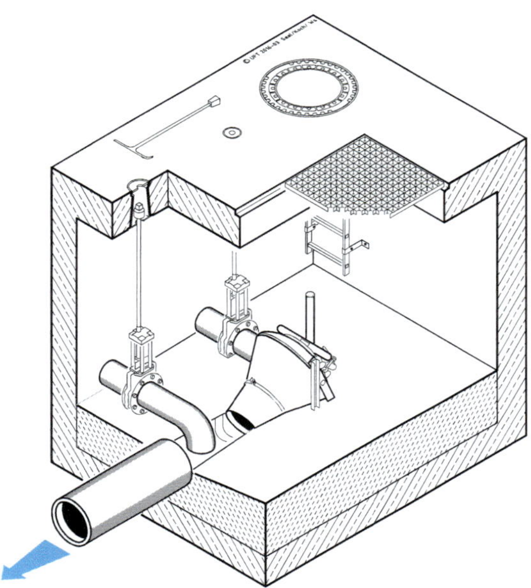

Bild 10.4: Passive Abflusssteuerung durch ein strömungsmechanisches Ventil (Fa. UFT)

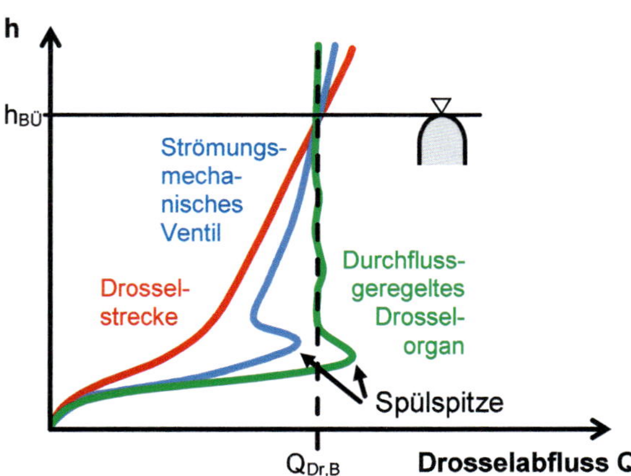

Bild 10.5: Qualitative Darstellung der hydraulischen Kennlinien $Q_{(h)}$ unterschiedlicher Drosselorgane ($Q_{Dr,B}$ = Bemessungsabfluss, der ohne Entlastung abgeführt werden kann)

bewirken. Bis zur Wirkung der Drossel ist hier aufgrund von Teilfüllungseffekten die Ausbildung einer Spülspitze im Bereich geringer Einstauhöhen (< 2 DN) möglich. In diesem Zusammenhang ist darauf zu achten, dass die Spülspitze den Bemessungs-Drosselabfluss nicht deutlich überschreitet. Wird auf einen senkrechten Verlauf der Q(h)-Kennlinie (steile Kennlinie) Wert gelegt, sind füllstandsgesteuerte oder durchflussgeregelte Drosselorgane erforderlich.

Die Ermittlung des Drosselabflusses orientiert sich an den erforderlichen Anteilen des zu behandelnden Regenabflusses und an der Aufnahmekapazität des unterhalb liegenden Kanalsystems. Maßgeblich ist hier vor allem der auf der Kläranlage zu behandelnde Niederschlagswasseranteil. Die spezifischen Drosselabflüsse von Regenbecken liegen erfahrungsgemäß im Bereich zwischen 0,5 bis 2 l/(s · ha) und sind damit wesentlich geringer als die Abflüsse aus Regenüberläufen, die häufig weiter oberhalb im Netz angeordnet werden. Die Auswirkungen der Abflussdrosselung auf das Entlastungsverhalten und damit auf das Gewässer sind im Rahmen einer Schmutzfrachtberechnung nachzuweisen. Nähere Hinweise dazu enthält das Buch „Regenwasserbewirtschaftung und Gewässerschutz“ (Vulkan-Verlag).

In das Drosselbauwerk wird das Drosselorgan eingebaut. Die Einhaltung der Drosselabflüsse selbst hängt von der Art und Konstruktion des Drosselbauwerkes und einer konsequenten Systemwartung ab. Es ist deshalb leicht zugänglich (möglichst außerhalb des fließenden Straßenverkehrs) anzuordnen. Die Mindestgröße des Bauwerks sollte sowohl den regelmäßigen Einstieg des Betriebs- und Überwachungspersonals als auch den möglichen Austausch des Drosselorgans gewährleisten. Die Möglichkeiten der Kalibrierung und hydraulischen Kontrolle sind baulich vorzusehen.

Die Funktion von Drosselorganen ist für die Wirkung der Entwässerungssysteme von größter Bedeutung. Ist der Drosselabfluss geringer als vorgesehen, kann die Gewässerbelastung deutlich zunehmen. Bei zu hohen Drosselabflüssen steigt das Risiko der hydraulischen Überlastung der unterhalb liegenden Bereiche der Kanalisation. Hier kann es darüber hinaus zum Abschlag der stofflich hochbelasteten Abflüsse kommen. Bereits Abweichungen des Sollabflusses im Bereich von ±20 % führen zu erheblichen Auswirkungen auf die Entlastungsaktivität eines Entwässerungssystems und die Gewässerbelastung (Hoppe, 2006). Wie **Bild 10.6** veranschaulicht, nehmen durch zu geringe Drosselabflüsse die Dauer, die Häufigkeit und die Entlastungsrate und somit auch die entlastete Fracht bereits bei geringen Unterschreitungen erheblich zu. Dass die Entlastungsspitze kaum beeinflusst wird, ist leicht nachzuvollziehen, da der Anteil des Drosselabflusses am Gesamtzufluss bei intensiven Regenereignissen gering ist. Hoppe und Grüning (2005) sowie Hoppe (2006) weisen durch Messungen nach, dass Abweichungen von Drosselabflüssen im Praxisalltag um ein Vielfaches höher sein können.

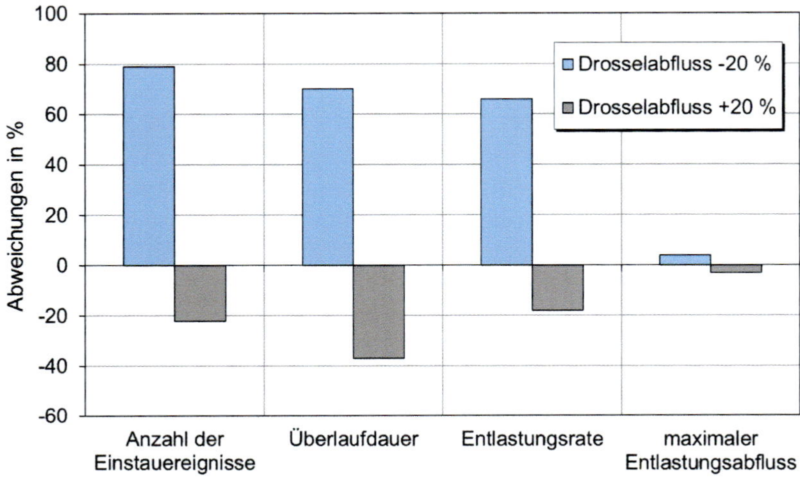

Bild 10.6: Einfluss der Veränderung des Drosselabflusses auf die Planungsgrößen für die Drosselanlagen der Sonderbauwerke im Kanalnetz eines beispielgebenden 320 ha großen Entwässerungsgebietes (Hoppe und Grüning, 2005)

Neben der Beurteilung des Drosselorgans vor der Inbetriebnahme ist in einigen Bundesländern eine regelmäßige Kontrolle der Abflusskurve zwingend notwendig. Dabei ist ein Abgleich zwischen der Soll-Abflusskurve aus der wasserrechtlichen Genehmigung mit der Ist-Abflusskurve durch In-Situ-Messungen zu bestimmen. Die Durchführung dieser Überwachung ist durch die länderspezifischen Eigenkontroll- bzw. Überwachungsverordnungen geregelt.

Bei Drosselschiebern oder Drosselblenden kann die notwendige Schieberöffnung (Apparatur) näherungsweise mit der Formel nach Toricelli für den Abfluss aus einer Öffnung bestimmt werden.

$$A = \frac{Q_{Dr,B}}{\mu \cdot \sqrt{2g \cdot h_S}} \tag{10.3}$$

A	*Fläche der Schieberöffnung in m²*
$Q_{Dr,B}$	*Abfluss aus der Öffnung in m³/s*
h_S	*Oberwasserstand in m*
μ	*Abflussbeiwert (näherungsweise 0,62 bis 0,65)*

Für alle Drosselorgane sollte aus Gründen der Verstopfungsempfindlichkeit im Schmutz- und Mischwasser eine minimale Nennweite von 200 mm nicht wesentlich unterschritten werden. Bei üblichen Einstauhöhen resultieren daraus aber schon recht hohe Abflüsse. Der Drosselabfluss kann auf 10 l/s begrenzt werden, wenn eine Erkennung von Verlegungen vorgesehen ist. Ansonsten sollte der Abfluss nicht unter 25 l/s liegen.

10.1.4 Konstruktion und Bemessung von Wehren

Zumeist wird der Beckenüberlauf als seitlich angeströmtes Wehr (sogenanntes Streichwehr) ausgebildet. In selteneren Fällen erfolgt eine Ausführung als Quelltopf, senkrecht angeströmtes Wehr, aber auch durch selbstregulierende Entlastungsorgane wie Klappen und Heber. Hier werden die hydraulischen Bedingungen der üblicherweise angeordneten festen Wehre behandelt. Bei der Konstruktion sind u. a. folgende Kriterien zu berücksichtigen:

- Im Schwellenbereich darf zulaufseitig kein Wechselsprung auftreten
- Seitliche Einmündungen im Bauwerksbereich sind unzulässig
- Die Konstruktion (Schwellenhöhe und Querschnitt) orientiert sich am Bemessungszufluss
- Die Schwellenhöhe sollte bei einem zehnjährlichen Hochwasser im Gewässer noch nicht eingestaut sein (ggf. Rückstausicherung vorsehen)
- Die Schwellenbelastung ist zur Verhinderung des Feststoffaustrags auf maximal 300 l/(s · m) zu begrenzen, bei günstigen hydraulischen Bedingungen sind gemäß DWA (2013d) auch 700 l/(s · m) möglich
- Ggf. sind Rückhaltevorrichtungen für Feststoffe und Hygieneartikel vorzusehen (Rechen, Siebe)

Senkrecht angeströmte Wehre können mit der Poleni-Formel berechnet werden. Sie entsprechen den bereits erläuterten Messwehren. Der über die Wehrschwelle strömende Entlastungsabfluss $Q_ü$ wird berechnet mit:

$$Q_ü = \frac{2}{3} \cdot \mu \cdot c \cdot l_ü \cdot \sqrt{2g} \cdot h_ü^{3/2} \qquad (10.4)$$

Dementsprechend folgt für die Überfallhöhe:

$$h_{ü} = \left(\frac{3 \cdot Q_{ü}}{2 \cdot \mu \cdot c \cdot l_{ü} \cdot \sqrt{2g}}\right)^{2/3} \quad (10.5)$$

$Q_{ü}$ *Entlastungsabfluss in l/s*
$h_{ü}$ *Überfallhöhe in m*
μ *Überfallbeiwert*
c *Abminderungsbeiwert für unvollkommene Überfälle (Rückstau)*
$l_{ü}$ *Länge des Überfallbauwerkes bzw. der Wehrkrone in m*
g *Erdbeschleunigung in m/s²*

Die geometrische Ausbildung der Wehrkrone beeinflusst den Abfluss. Das Arbeitsblatt DWA-A 111 (2010b) gibt vor:

- μ = 0,62 bei scharfkantigen, belüfteten Wehren
- μ = 0,50 bei allen anderen Ausführungsformen ohne besonderen Nachweis

Bei strömungsgünstiger Ausbildung der Wehrkrone sind gemäß Merkblatt DWA-M 176 höhere Überfallbeiwerte möglich (2013c).

Die Abflussformel von Poleni basiert auf der Bernoulli-Gleichung, ergänzt diese aber um den Überfallbeiwert μ. Letztlich berücksichtigt dieser die Wirkungen, die von der nichtlinearen Druckzunahme im Überfallstrahl auf den Abflussvorgang ausgehen.

Die Überfallhöhe $h_{ü}$ liegt soweit vom Baukörper entfernt, dass die Strömung vom Überfallstrahl noch nicht beeinflusst wird (noch parallele Stromlinien). Wenn der Abflussvorgang vom Unterwasser unbeeinflusst ist, liegt ein vollkommener Überfall vor. Beim Betriebszustand des vollkommenen Überfalls wird keine Abminderung vorgenommen. Dann gilt für den Abminderungsbeiwert c = 1. Sobald der unterstromige Wasserspiegel über die Krone zurückstaut, liegt ein unvollkommener Überfall vor, der zu einer Abflussverminderung führt. Der Abminderungsbeiwert nimmt dann Werte > 1 an. Dann gilt:

$$c = \sqrt{1 - (h'/h_{ü})^n} \quad (10.6)$$

h' *Unterwasserstand über Wehrkrone bei unvollkommenem Überfall in m*
$h_{ü}$ *Überfallhöhe in m*
n *Faktor in Abhängigkeit von der Wehrkronenform (n = 2 für scharfkantige Wehrkrone)*

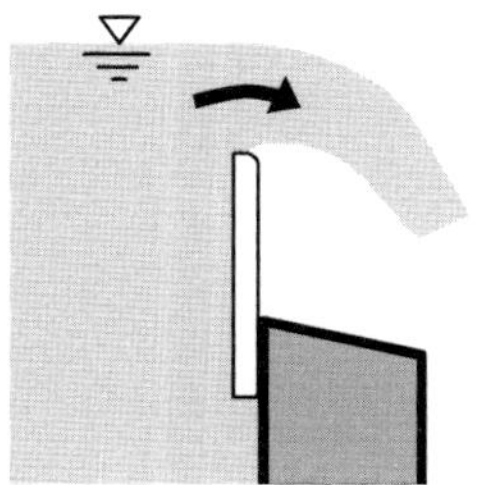

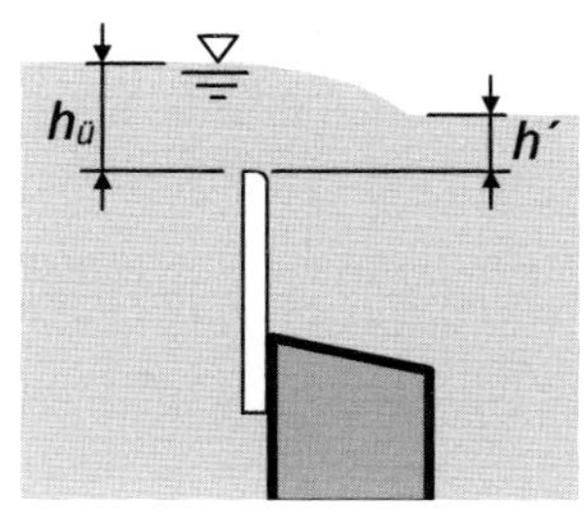

Bild 10.7: Scharfkantiges Wehr mit vollkommenem Überfall (links) und unvollkommenem Überfall (rechts) nach DWA (2010b)

Die jeweiligen Bedingungen bei vollkommenem Überfall und unvollkommenem Überfall veranschaulicht Bild 10.8.

Die Abflussverhältnisse im Entlastungskanal sind detailliert zu untersuchen, um ungeplanten Rückstau und damit unvollkommenen Überfall zu vermeiden. Durch die Einleitung in ein Gewässer besteht die Gefahr, dass bei Hochwasser ein Rückstau in den Entlastungskanal bis zum Überfall entsteht.

Da die Entlastungsbauwerke häufig als Streichwehr ausgeführt werden, erfolgt eine längsseitige Anströmung. Wegen der seitlichen Ausleitung liegt eine mehrdimensionale Strömung vor, die mit den bekannten Grundgleichungen nicht mehr ohne weiteres zu berechnen ist. Die Wehrschwellenlänge kann mehrere Meter betragen. Längs des Überfalls stellen sich dabei eine variable Wassertiefe und eine variable Überfallhöhe ein. Aufgrund des in Längsrichtung abnehmenden Abflusses folgt ein parabolisch ansteigender Wasserspiegel (bei konstanter Energiehöhe nimmt die Geschwindigkeitshöhe ab). Für strömenden Zufluss kann eine Berechnung näherungsweise mit folgenden Ansätzen vorgenommen werden:

$$Q_{\text{ü}} = f\left(h_{\text{ü},m}\right) = \frac{2}{3} \cdot \mu \cdot c \cdot l_{\text{ü}} \cdot \sqrt{2g} \cdot h_{\text{ü},m}^{3/2} \tag{10.7}$$

$h_{ü,m}$ *mittlere Überfallhöhe in m*

Dabei ist die mittlere Überfallhöhe zu bestimmen:

$$h_{\text{ü},m} = h_{\text{ü},o} + \frac{2}{3}\left(h_{\text{ü},u} - h_{\text{ü},o}\right) \tag{10.8}$$

$h_{ü,o}$ *Überfallhöhe (oben) am Beginn des Streichwehrs in m*
$h_{ü,u}$ *Überfallhöhe (unten) am Ende des Streichwehrs in m*

Die Überprüfung, ob der Abfluss strömend oder schießend erfolgt, wird durch Berechnung der Froude-Zahl vorgenommen.

$$Fr = \frac{Q}{A \cdot \sqrt{\frac{g \cdot A}{b}}} \tag{10.9}$$

Q	*Zufluss in m³/s*
g	*Erdbeschleunigung in m/s²*
b	*Wasserspiegelbreite in m*
A	*Fließquerschnitt in m²*

Die Forderung, an Entlastungsbauwerken eine Abflussmessung vorzunehmen, verleitet zu der Annahme, dass mit einer Messung der Überfallhöhe und der Poleni-Formel eine einfache Erfassung des Entlastungsabflusses gelingt. Aufgrund der ungenau belegten Überfallbeiwerte, Hysteresebildung, Wasserspiegelschrägstellungen und der begrenzten Genauigkeit von Wasserstandsmessungen ist dies aber nur mit beschränkter Genauigkeit möglich. **Bild 10.8** und **Bild 10.9** verdeutlichen diese Situation. Über Füllstandsmessungen kann die Entlastungsaktivität durch die Dauer und die Häufigkeit ermittelt werden. Die Erfassung der Volumenströme ist aber aufwändig. Neben den schwierigen hydraulischen Bedingungen grenzen die stark schwankenden Volumenströme von wenigen Litern mit sehr geringen Überfallhöhen bis hin zu mehreren Kubikmetern in der Sekunde mit vielfach größeren Überfallhöhen die Möglichkeiten ein. Weitere Informationen zur Durchflussmessung in Abwasseranlagen gibt das Merkblatt DWA-M 181 (2011a).

Häufig wird vor der Überfallschwelle eine Tauchwand für den Rückhalt von Schwimmstoffen und Leichtflüssigkeiten (Öl und Benzin) gefordert. Maßgebliche hydraulische Auswirkungen auf den Überfall sind nicht zu erwarten, wenn die Tauchwand $2 \cdot h_ü$, mindestens aber 0,3 m von der Wehrkante entfernt angeordnet wird. Hinweise zur Ausführung gibt das Arbeitsblatt DWA-A 111 (2010b). Die Wirkung des Stoffrückhaltes von Tauchwänden bei Streichwehren ist allerdings kritisch zu hinterfragen. Außerdem können Tauschwände bei hohen Volumenströmen die Abflussbedingungen stören.

Für den Rückhalt von Grobstoffen werden daher zunehmend Rechen und Siebe angeordnet (**Bild 10.10**). Die hydraulischen Verluste sind hier natürlich deutlich größer und hängen stark von der Belegung ab. Siebe und Rechen benötigen immer eine Notentlastung, beispielsweise durch eine überströmbare Ausführung.

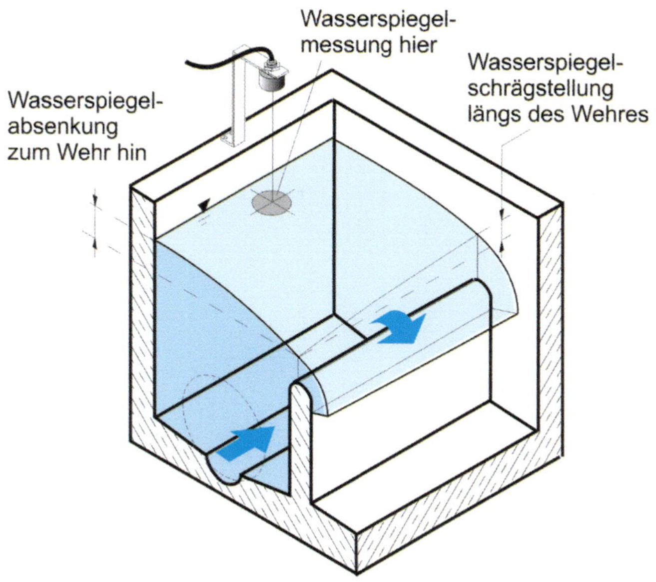

Bild 10.8: Randbedingungen bei der Wasserspiegelmessung in einem Überlaufbauwerk (Bild: UFT)

Bild 10.9: Ungleichmäßige Wasserspiegellage an einem Überlaufbauwerk (Technikum für Hydraulik und Stadthydrologie der FH Münster)

Bild 10.10: Grobstoffrückhalt durch Rechen auf einer Überlaufschwelle

Bild 10.11: Springüberlauf zur Ableitung des kritischen Abflusses durch eine definierte Bodenöffnung

Bei steilem Gefälle kann die Trennung der Abflüsse durch eine Bodenöffnung (Springüberlauf) erfolgen (**Bild 10.11**). Der Entlastungsabfluss „überspringt" dabei die Bodenöffnung, während der Drosselabfluss durch die Bodenöffnung nach unten abgeführt wird. Die Anströmung erfolgt schießend. Die Öffnung wird durch ein Blech mit angesetzter Halbellipse ausgebildet. Zur Vermeidung von Verlegungen sollte die Öffnung mindestens 50 cm betragen. Hinweise zur Berechnung enthält das Arbeitsblatt DWA-A 111 (2010b). Ein Rückstau durch die Entlastungsleitung ist bei Springüberläufen nicht zulässig. Die Berechnung eines Springüberlaufes geht vom Bemessungs-Drosselabfluss aus, der noch vollständig weitergeleitet werden kann und bei dem die Entlastung gerade noch nicht beginnen soll.

10.2 Auslaufbauwerke

Die Schnittstelle zwischen der Kanalisation und dem Gewässer stellen Entlastungskanäle und Auslaufbauwerke dar. Bei intensiven Regen kann der Entlastungsabfluss erheblich sein und unmittelbar als Flutwelle in das Gewässer hineinströmen. Wenn die Einleitung nicht unterhalb des Gewässerwasserspiegels erfolgt, muss der Zugang gegen unbefugtes Eindringen geschützt werden. Aus diesem Grund werden häufig Schutzgitter installiert. Auf die möglichen Gefahren ist durch Hinweisschilder aufmerksam zu machen. Nachteilig an diesen Vorrichtungen ist die mögliche Fixierung von Hygieneartikeln. **Bild 10.12** zeigt den Auslaufbereich aus einem Stauraumkanal. Neben einer möglichst landschaftsfreundlichen Gestaltung des Auslaufbauwerkes sind Sohlbefestigungen vorzusehen, um den Einlaufbereich vor Sohlerosionen zu schützen.

Der Entlastungskanal ist für den größtmöglichen Abfluss aus dem oberhalb liegenden, überstauten Kanalnetz zu bemessen. Die jeweiligen Wasserstände des Gewässers sind bei der Bemessung zu berücksichtigen, da das Gewässer bei Hochwasserabflüssen in das Kanalnetz zurückstauen kann. Prinzipiell kann zum Funktionsnachweis des Entlastungskanals eine Ermittlung der Wassertiefen durch einen Energiehöhenvergleich am Ende und Anfang des Auslasskanals erfolgen.

Bild 10.12: Auslauf in ein Gewässer – die am Sicherungsgitter fixierten Hygieneartikel sind ein Beleg für die regelmäßige Entlastungstätigkeit

$$h_{S,1} + h_1 + \frac{v_1^2}{2g} = h_{S,2} + h_2 + \frac{v_2^2}{2g} + \sum h_{v,i} \tag{10.10}$$

$h_{S,1}$ *und* $h_{S,2}$ *Sohlhöhe im Zu- bzw. Ablauf in m*
h_1 *und* h_2 *Wasserspiegellage im Zu- bzw. Ablauf in m*
v_1 *und* v_2 *Geschwindigkeit im Zu- bzw. Ablauf in m/s*
$h_{v,i}$ *Verlusthöhe (lokale und kontinuierliche) in m*

Im Arbeitsblatt DWA-A 111 sind Näherungsverfahren zur Nachweisrechnung erläutert. Alternativ ist eine Wasserspiegellinienberechnung durchzuführen. Dazu bietet sich aufgrund des rechnerischen Aufwandes die Verwendung von EDV-Programmen an.

Die Wahrscheinlichkeit, dass eine Entlastung durch einen lokalen Starkregen und das Hochwasser eines größeren Gewässers zusammentreffen, ist gering. Erfolgt jedoch eine Entlastung in ein kleineres urban geprägtes Gewässer, kann es durchaus zu einer Überlagerung der Ereignisse kommen, da ein Starkregen im urbanen Raum dazu führt, dass kleinere Gewässer rasch anschwellen. Für diese Fälle ist eine parallele Betrachtung langer Abflussreihen für das Gewässer und das Kanalnetz zu empfehlen. Maßnahmen zur Rückstauvermeidung an der Schnittstelle „Kanalnetz und Gewässer" (z.B. Schütze, Klappen oder Hochwasserpumpwerke) beschreiben Jüppner et al. (2020) und Sartor (2008).

11 Speicherbauwerke zum Regenwasserrückhalt und Hochwasserschutz

11.1 Regenrückhalteräume

11.1.1 Gestaltung und Funktion

Bauwerke zum Abflussrückhalt bewirken eine Verminderung von Abflussspitzen durch Zwischenspeicherung. Dabei wird der Abflusszeitraum entsprechend verlängert. Innerhalb der Kanalisation erfolgt der Rückhalt durch sogenannte Regenrückhalteräume (RRR). Diese speichern hohe Zuflüsse bei starken Regenfällen und geben das temporär gespeicherte Volumen reduziert und verzögert in das unterhalb liegende Kanalnetz, die Kläranlage oder in das Gewässer ab. Ihre Funktion ist die Dämpfung der Abflusswelle, um temporäre hydraulische Überlastungen nachfolgender Entwässerungssysteme oder hydraulische Abflussspitzen im Gewässer zu vermeiden (**Bild 11.1**).

Anlagen zur Regenwasserrückhaltung werden sowohl im Misch- als auch im Trennsystem angeordnet. Regenrückhalteräume im Sinne des Arbeitsblattes DWA-A 117 (2013b) können als Becken in offener, geschlossener, technischer oder naturnaher Bauweise (Regenrückhaltebecken RRB), als Rückhaltekanäle, Rückhaltegräben oder Rückhalteteiche und in Kombination mit Versickerungsanlagen gestaltet werden. In die Betrachtung sind grundsätzlich auch großvolumige Teile des Abflusssystems (Kanäle, Gräben, Ausleitungsstrecken) ein-

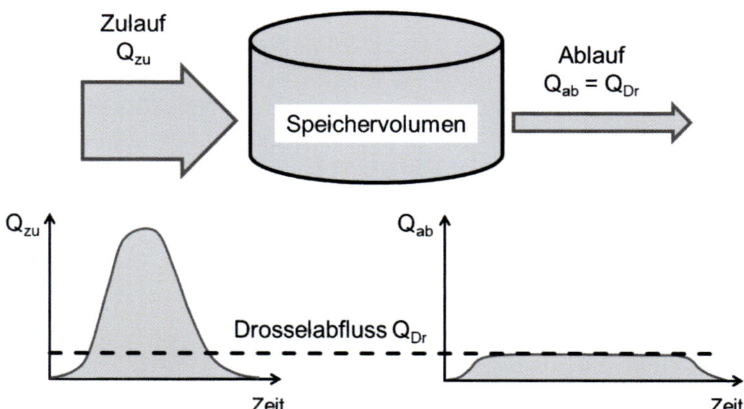

Bild 11.1: Prinzip der Abflussdämpfung durch Speicher mit gedrosseltem Abfluss

Bild 11.2: Begehung eines großformatigen Sammlers zum Rückhalt von Mischwasserabflüssen vor der Inbetriebnahme

zubeziehen, soweit sie planmäßig eingestaut werden können. **Bild 11.2** zeigt einen Abschnitt des Mischwasserentlastungssammlers Dahl-Hamern-Neuwerk in Mönchengladbach. Hierbei handelt sich um einen großformatigen Sammler (DN 3600) mit einem Stauvolumen von mehr als 70.000 m³. Das Einzugsgebiet umfasst eine Fläche von rund 3.400 ha. Eine flächendeckende gleichmäßige Überregnung ist bei dieser Gebietsgröße unwahrscheinlich, so dass ein Ausgleich des durch unterschiedliche Fließzeiten und regionale Niederschlagsbelastung anfallenden Abflussvolumens vorgesehen ist. Dazu wird das Volumen des kaskadierten Sammlersystems abschnittsweise durch Staubauwerke aktiviert. Den Bauablauf und das Bewirtschaftungskonzept des Sammlersystems beschreiben Belke und Grüning (2004).

Geschlossene Rückhalteanlagen (Betonbauweise) sind bevorzugt in bebauten Gebieten des Mischsystems vorzusehen. Offene Rückhalteanlagen (**Bild 11.3**) werden in der Regel in kostengünstiger Erdbauweise hergestellt. Rückhalteräume können im Hauptschluss oder im Nebenschluss angeordnet werden. Dabei sind Anlagen im Nebenschluss vorteilhafter, weil Sand und Grobstoffe mit dem Drosselabfluss mittels Trennbauwerk im Kanalnetz weitergeführt werden und nicht in das Becken gelangen.

Die maßgeblichen Kriterien für die Anordnung von Regenrückhalteräumen innerhalb der Kanalisation sind:

- Kostenersparnisse durch kleinere Sammler für Neubausysteme oder als Sanierungsmaßnahme bei hydraulisch überlasteten, aber baulich einwandfreien Leitungen
- Anschluss von Erweiterungsgebieten ohne Erweiterung vorhandener Sammler oder Neuverlegung zusätzlicher Leitungen
- Reduktion von Spitzenabflüssen vor Pumpwerken und der Kläranlage
- Reduktion der hydraulischen Gewässerbelastungen vor der Einleitung
- Steigerung der Überflutungssicherheit

Für die ersten drei Kriterien sind vor allem ökonomische Ziele maßgeblich. Die Zuflussdrosselung zur Kläranlage ist für die eingesetzten Verfahrens-

Bild 11.3: In die umgebende Landschaft integriertes offenes Regenrückhaltebecken

stufen auch aus technischen Gründen erforderlich. Der Schutz des Gewässers hat ökologische Gründe. Hier wird das Gewässer vor hydraulischen Stoßbelastungen (hydraulischer Stress) geschützt. Eine Reinigungswirkung wird den RRB zunächst nicht zugesprochen, obwohl eine Sedimentation von Feststoffen durchaus erfolgen kann. Eine planmäßige Entlastung wie bei einem Mischwasserüberlaufbecken erfolgt meist nicht. Entweder wird die Abflusswelle verzögert und komplett in das unterhalb liegende System abgeleitet oder der gesamte Beckeninhalt fließt zeitlich verzögert komplett in das Gewässer. Bei offenen Regenrückhaltebecken in Erdbauweise vor der Einleitung in ein Gewässer wird zum Schutz des Bauwerks (Erosion) meist ein Notüberlauf in Form einer abgesenkten und befestigten Böschungsoberkante ausgebildet.

11.1.2 Bemessung gemäß Arbeitsblatt DWA-A 117

Für die Bemessung sind neben dem Niederschlag als Systembelastung die Größe und der zeitliche Verlauf von Zu- und Abflüssen des Rückhalteraumes bestimmend. Zur Ermittlung des erforderlichen Regenrückhaltevolumens stehen gemäß Arbeitsblatt DWA-A 117 (2013e) grundsätzlich zwei Verfahren zur Verfügung:

- Die Bemessung von Regenrückhalteräumen (RRR) mittels statistischer Niederschlagsdaten und einem einfachen Verfahren für kleine und einfach strukturierte Entwässerungssysteme.
- Das Nachweisverfahren mittels Niederschlag-Abfluss-Langzeit-Simulation für alle Anwendungsfälle.

Für das Volumen sind neben der örtlichen Niederschlagssituation der Drosselabfluss, die gewählte bzw. vorgegebene Überschreitungshäufigkeit und die abflusswirksame Fläche sowie die Abflusscharakteristik (Fließzeit) des Einzugsgebietes maßgeblich. Bei der Bemessung wird mit den Systemgrößen (Fläche, Fließzeit...) und einem Belastungsansatz für den Niederschlag ein erforderliches Volumen festgelegt. Beim Nachweis wird die Leistungsfähigkeit bestimmt, indem für ein gewähltes oder vorhandenes Volumen mit einem vorgegebenen Drosselabfluss die Überschreitungshäufigkeit berechnet wird.

Das nachstehend näher betrachtete einfache Verfahren ist auf folgende einzugsgebietsspezifische Kriterien beschränkt:

- Die Fläche des Einzugsgebietes ist auf $A_{E,k}$ = 200 ha bzw. $A_{E,b}$ ≈ 60 bis 80 ha oder auf Fließzeiten bis t_f = 15 min begrenzt.
- Die gewählte bzw. zulässige Überschreitungshäufigkeit liegt im Bereich $n \geq 0,1\ a^{-1}$ (bzw. $T_n \leq 10$ a).
- Das Entwässerungssystem sollte einfach strukturiert sein (Drosselabflussspende $q_{dr,r,u} \geq 2$ l/(s · ha) und ohne Vorentlastung).

Bei der Bemessung werden örtliche Regenspenden r in l/(s · ha) in Abhängigkeit von der Häufigkeit und Dauer zugrunde gelegt. Diese können den „(KOSTRA) Koordinierten Starkniederschlags-Regionalisierungs-Auswertungen des DWD“ entnommen werden. Vereinfachend wird angenommen:

- Die Überschreitungshäufigkeit des RRR stimmt mit der Häufigkeit der Regenspende überein, was nicht unbedingt der Fall sein wird.
- Die Niederschlagsbelastungen erfolgen als Blockregen.
- Der Drosselabfluss bleibt auch bei wechselnder Füllhöhe im Becken konstant.

Zur Volumenbestimmung wird die maximale Differenz zwischen dem im vorgegebenen Zeitraum gefallenen und dem Rückhalteraum zugeflossenen Niederschlagsabfluss und den in diesem Zeitraum abgeleiteten Abflüssen ermittelt (Differenz zwischen Zuflussvolumen und Abflussvolumen). Das Prinzip veranschaulicht **Bild 11.4**. Dem einfachen Verfahren liegt folgender Berechnungsansatz zugrunde:

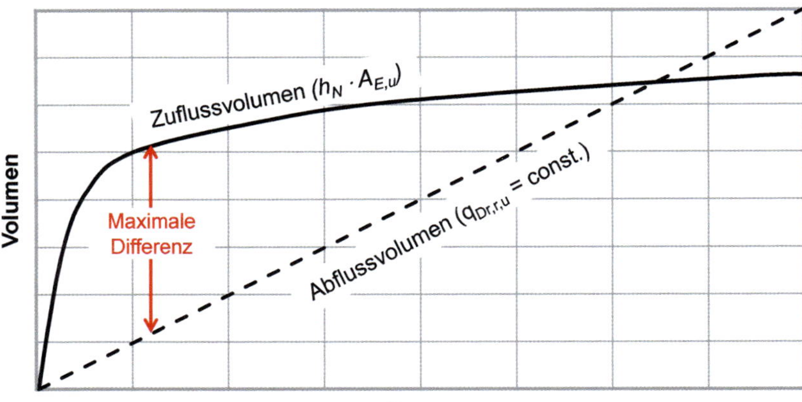

Bild 11.4: Prinzip zur Ermittlung des Volumens von Rückhalteräumen (DWA, 2013e)

$$V_{s,u} = (r_{D,n} - q_{dr,r,u}) \cdot D \cdot f_z \cdot f_A \cdot 0{,}06 \tag{11.1}$$

$V_{s,u}$	*Spezifisches Speichervolumen, bezogen auf A_u in m³/ha*
$r_{D,n}$	*Regenspende der Dauerstufe D und der Häufigkeit n in $l/(s \cdot ha)$*
$q_{Dr,R,u}$	*Regenanteil der Drosselabflussspende, bezogen auf A_u in $l/(s \cdot ha)$*
D	*Dauerstufe in min*
f_Z	*Zuschlagsfaktor nach Tabelle im DWA-Arbeitsblatt A 117 (f_Z = 1,10 bis 1,20)*
f_A	*Abminderungsfaktor in Abhängigkeit von t_f, $q_{Dr,r,u}$ und n (Grafik DWA-Arbeitsblatt A 117)*
0,06	*Dimensionsfaktor zur Umrechnung von l/s in m³/min*

Dabei sind die maßgebende Dauerstufe und die zugehörige Regenspende zunächst unbekannt. Im Rahmen des Berechnungsganges ist daher die Dauerstufe zu ermitteln, für die ein maximales spezifisches Speichervolumen resultiert.

Mit dem Zuschlagsfaktor f_Z werden Einflüsse der Intensitätsvariabilität der vereinfacht angesetzten, statistisch ausgewerteten Niederschlagshöhen und dem Niederschlagskontinuum bei einem detaillierten Nachweis berücksichtigt. Der Abminderungsfaktor $f_{a.}$ berücksichtigt Dämpfungsprozesse durch Abflusskonzentration und beim Abflusstransport. Hierbei besteht ein Zusammenhang zur Fließzeit, der Drosselabflussspende und der Überschreitungshäufigkeit.

Das erforderliche Speichervolumen des Regenrückhalteraumes wird mit dem maximalen spezifischen Volumen berechnet:

$$V = V_{s,u} \cdot A_u \tag{11.2}$$

V	*erforderliches Speichervolumen des RRR in m³*
$V_{s,u}$	*spezifisches Speichervolumen in m³/ha*
A_u	*undurchlässige Fläche in ha*

Die abflusswirksame Fläche ergibt sich aus den befestigten und den nicht befestigten Flächen durch Multiplikation mit den mittleren Abflussbeiwerten

$$A_u = A_{E,b} \cdot \psi_{m,b} + A_{E,nb} \cdot \psi_{m,nb} \tag{11.3}$$

A_u *undurchlässige Fläche in ha*
$A_{E,b}$ *befestigte Fläche des Einzugsgebietes*
$A_{E,nb}$ *nicht befestigte Fläche des Einzugsgebietes*
$\psi_{m,b}$ *mittlerer Abflussbeiwert für befestigte Flächen*
$\psi_{m,nb}$ *mittlerer Abflussbeiwert für nicht befestigte Flächen*

Wenn die Bedingungen für das vereinfachte Verfahren nicht gegeben sind, muss der Nachweis der Leistungsfähigkeit eines Rückhalteraumes durch eine Niederschlag-Abfluss-Langzeitsimulation erfolgen. Hier wird das gesamte Entwässerungssystem modelliert und mit einer Abfolge realer Niederschlagsereignisse simuliert. Dabei werden mögliche Überlagerungen von Füll- und Entleerungsvorgängen rechnerisch berücksichtigt. Vom grundsätzlichen Ansatz her enthält das mit dem vereinfachten Verfahren ermittelte Volumen für den Großteil der Anwendungsfälle Reserven. Eine detaillierte Betrachtung mittels Nachweisverfahren ermöglicht somit eine Reduktion der Baukosten. Die Anwendung des einfachen Verfahrens kann daher nur für relativ kleine Einzugsgebiete empfohlen werden. Die zuvor genannte Anwendungsgrenze von 200 ha liegt nach Ansicht der Autoren dabei schon deutlich außerhalb des sinnvollen Einsatzbereiches. Sie ist den Vorgaben der Regelwerkserstellung unter Berücksichtigung europäischer Normenvorgaben geschuldet.

Regenrückhaltebecken werden für Überschreitungshäufigkeiten von n = 2 bis 0,05 a^{-1} bemessen und weisen in Abhängigkeit der Drosselabflussspende häufig spezifische Beckengrößen von 100 bis 200 m^3/ha (bezogen auf die abflusswirksame Fläche) auf. Bei geringen Drosselabflussspenden und geringen Überschreitungshäufigkeiten sind auch noch deutlich größere spezifische Beckenvolumina möglich. Regenrückhalteräume werden als Einzelanlagen angeordnet, aber auch mit Regenbecken zur Behandlung kombiniert. Dann werden der behandelte und der verdünnte Abfluss über ein Trennbauwerk (Regenüberlauf) in den RRR eingeleitet. Außerdem sind Kombinationen mit Anlagen zur Regenwasserversickerung möglich.

11.2 Hochwasserrückhaltebecken

Bei Bauwerken zum Abflussrückhalt wird unterschieden, an welcher Stelle sie angeordnet werden und welchen Zweck sie erfüllen sollen. Soll die gesamte Abflusswelle eines Fließgewässers gedämpft werden, erfolgt der Rückhalt (Retention) durch Becken im Gewässerquerschnitt oder durch Gewässeraufweitungen in sogenannten Hochwasserrückhaltebecken (HRB). Mit diesen Stauanlagen werden Hochwasserabflüsse von Fließgewässern reguliert. Die Becken sind in der Regel naturnah gestaltet. Bei einem HRB im Hauptschluss verläuft das Fließgewässer durch das Becken. Ein Grundablass beschränkt den Abfluss. Das Becken wird bei hohen Zuflüssen eingestaut. Wenn der HRB-Zufluss den Regelabfluss unterschreitet, entleert sich das Becken langsam wieder. Der Grundablass kann regelbar (verschließbar) oder ungeregelt sein. Der Abfluss ist begrenzt, um im Unterlauf Schäden zu vermeiden bzw. zumindest zu begrenzen. Bei einem HRB im Nebenschluss liegt das Becken seitlich neben dem Gewässer. Bei Hochwasser erfolgt eine Einleitung in das HRB. Nach Abklingen des Hochwassers wird der Beckeninhalt wieder in das Gewässer eingeleitet. Aus Platzgründen werden HRB nicht mitten im urbanen Raum angeordnet, sondern dämpfen den Abfluss in der Regel bevor das Gewässer durch bebaute Gebiete fließt (Schutz der Unterlieger).

Bild 11.5 zeigt das Drosselbauwerk des HRB Dortmund-Mengede. Zum Schutz der unterhalb liegenden Städte hat die Emschergenossenschaft hier auf einer Fläche von 33 ha einen Rückhalteraum mit einem Volumen von mehr als 1 Mio. m^3 errichtet. Die Emscher durchfließt diesen Rückhalteraum. Bei einem Abfluss von mehr als 70 m^3/s aktiviert das Drosselbauwerk den Rückhalt. Der Bau des HRB Dortmund-Mengede hat eindrucksvoll gezeigt, dass bei wasserwirtschaftlichen Bauwerken die eigentliche Funktion mit ökologischen Wirkungen kombiniert werden kann. Mit beeindruckender Dynamik wurden nach dem Bau des Beckens ökologische Prozesse ausgelöst, so dass in vergleichsweise kurzen Zeiträumen quasi von alleine ein Naherholungsgebiet mit vielfältiger Flora und Fauna entstanden ist (**Bild 11.6**).

Bild 11.7 und **11.8** veranschaulichen die unterschiedlichen Systemzustände des HRB. Bild 11.7 zeigt die Situation während eines niederschlagsarmen Zeitraumes. In Bild 11.8 sind die nach einem Starkregen gefüllten Speicher zu sehen.

Bild 11.5: Drosselbauwerk des HRB Mengede zum Rückhalt der Emscher an der Stadtgrenze zwischen Castrop-Rauxel und Dortmund

Bild 11.6: Ausschnitt des naturnah gestalteten HRB Mengede

Bild 11.7: HRB Dortmund-Mengede mit Basisfüllständen während eines niederschlagsarmen Zeitraumes (Jörg Saborowski/EGLV)

Bild 11.8: Aktiviertes Volumen des HRB Dortmund-Mengede nach einem Starkregenereignis (Michael Kemper/EGLV)

11.3 Talsperren

Bei einer Talsperre handelt es sich zumeist um in Tälern aufgestaute Flussläufe. Der Einstau erfolgt durch massive Staumauern oder Staudämme. Eine Talsperre staut ein Fließgewässer dauerhaft zu einem Stausee auf. Talsperren sind Großspeicher mit unterschiedlichen Funktionen. Neben der Bereitstellung von Rohwasser zur Trinkwasserversorgung dienen Talsperren zum Hochwasserschutz, zur Niedrigwasseraufhöhung, zur Energieerzeugung und auch zur Freizeitnutzung. Diese Multifunktionalität führt zu Zielkonflikten. So erfordert die Wasserbereitstellung mit Blick auf längere Trockenphasen einen möglichst gut gefüllten Speicher. Um einen weitgehenden Schutz vor Hochwasser zu gewährleisten, ist möglichst viel freier Speicherraum im Zeitraum potenzieller Hochwässer anzustreben. Dieser Speicherraum kann dann genutzt werden, um den Scheitel der Hochwasserwelle zu kappen, indem das Wasser verzögert abgeleitet wird.

Bei der Bemessung und Bewirtschaftung von Talsperren sind langfristige Zeiträume zu berücksichtigen. Dabei ist der Ausgleich des natürlichen Wasserdargebotes und des Wasserbedarfs abhängig von jahreszeitlichen Schwankungen zu gewährleisten. Problematisch sind die unsicheren Prognosen der durch das Wetter und langfristig betrachtet auch durch das Klima beeinflussten Zuflüsse. Ein Hochwasser kann gewässertypspezifischen Charakteristiken entsprechen (z.B. Frühjahrshochwasser durch Schneeschmelze). Allerdings sind Extremsituationen durch länger anhaltende intensive Niederschläge in einem Gewässereinzugsgebiet nur über kurze Zeiträume (im Bereich weniger Tage) vorherzusehen. Hier sind die Reaktionsmöglichkeiten beschränkt, so dass eine prinzipielle Vermeidung von Hochwasserschäden nicht erwartet werden kann.

Bild 11.9 zeigt einen Teil der Wuppertalsperre. Die Talsperre dient dem Hochwasserschutz und der Niedrigwasseraufhöhung der Wupper. In den Wintermonaten wird ein Teil des Speichervolumens (der sogenannte Hochwasserschutzraum) zur Aufnahme hoher Zuflüsse bei intensiven Niederschlägen freigehalten. Der Hochwasserschutzraum der Wuppertalsperre beträgt 9,9 Mio. m^3. So wird u. a. das Wuppertaler Stadtgebiet und der weitere Unterlauf der Wupper vor Hochwasser geschützt. Gleichzeitig trägt das Wasser aus der Talsperre maßgeblich dazu bei, dass in der Wupper in Trockenzeiten ein Mindestabfluss gewährleistet wird, damit die Wupper im Extremfall nicht austrocknet. Außerdem bietet die Wuppertalsperre zahlreiche Möglichkeiten der Freizeitgestaltung.

Das Einzugsgebiet einer Talsperre ist um ein Vielfaches größer als die Räume, die durch urbane Sturzfluten betroffen sind. Die jeweiligen Unterschiede zwischen den Charakteristiken urbaner Sturzfluten und dem Hochwasser eines Gewässers werden in Kapitel 12.2 vergleichend gegenübergestellt und erläutert.

Bild 11.9: Blick auf einen Teil der Wuppertalsperre (Quelle: Wupperverband)

12 Gefährdungsanalyse und Überflutungsvorsorge

12.1 Wetter oder Klima und Auswirkungen klimatischer Entwicklungen

Extreme Wetterphänomene wie Stürme und Starkregen werden häufig in kausalem Zusammenhang mit dem Klimawandel gesehen. Dabei werden die Begriffe „Klima“ und „Wetter“ nicht immer eindeutig interpretiert.

Klima: Das Klima bezeichnet die Gesamtheit aller an einem Ort möglichen Wetterzustände, einschließlich ihrer typischen Aufeinanderfolge sowie ihrer tages- und jahreszeitlichen Schwankungen. Das Klima ist der langfristige Aspekt des Wetters. Insofern sind die Elemente, die beim Klima beobachtet werden, dieselben wie beim Wetter. Allerdings muss die Periode zur Charakterisierung des meteorologischen Regimes ausreichend lang sein, um statistisch gesicherte Aussagen der verschiedenen Parameter (Mittelwerte, Häufigkeiten, Extreme) treffen zu können. Das Klima wird stets in längeren Zeitspannen betrachtet, mindestens über 30 Jahre, wenn nicht über Jahrhunderte oder sogar Jahrtausende. Das Klima wird dabei jedoch nicht nur von Prozessen innerhalb der Atmosphäre, sondern vielmehr durch das Wechselspiel aller Sphären der Erde geprägt.

Wetter: Im Gegensatz zum Klima ist Wetter ein augenblicklicher Zustand der Atmosphäre oder eine Abfolge von Zuständen der Atmosphäre, die über einen bestimmten Zeitraum in der Größenordnung von Stunden bis Tagen ablaufen.

Wetter und Klima werden durch meteorologische Größen beschrieben. Dazu gehören beispielsweise Temperatur, Luftdruck und Luftfeuchtigkeit, Bewölkung und Niederschlag, Wind (Sturm). Klimatische Bedingungen sind ortsspezifisch. Insofern ist eine räumliche Variabilität des Klimas üblich. Änderungen im Laufe der Zeit sind durch erdgeschichtliche Entwicklungen bekannt und somit erst einmal nicht außergewöhnlich. Allerdings stieg in den vergangenen Jahrzehnten die mittlere Temperatur auf der Erde in erheblichem Umfang an. Die Häufung von Klimarekorden in den letzten Jahren ist für den überschaubaren Zeitraum mit systematischen Wetteraufzeichnungen außergewöhnlich. In rascher Folge traten wärmste Jahre seit Beginn der Wetteraufzeichnung im Jahr 1881 auf. Modellrechnungen von Klimaforschern sagen voraus, dass der Erwärmungstrend anhalten wird. Hierbei ist die Frage des anthropogenen Einflusses auf diese Entwicklung bedeutsam. Seit der Industrialisierung werden deutliche überregionale und globale Änderungen im Stoffhaushalt als Folge eines Anstiegs an Treibhausgasen (Kohlenstoffdioxid, Methan, Distickstoffmonoxid) beobachtet.

Die Treibhausgase absorbieren teilweise die von der Erdoberfläche abgegebene langwellige Wärmestrahlung. Neben dem natürlichen Treibhauseffekt, der moderate Temperaturen auf der Erde bewirkt, verstärken die anthropogenen Treibhausgase den Erwärmungsprozess und tragen somit zur zunehmenden Erderwärmung bei. Der Klimawandel zeigt sich durch den kontinuierlichen Anstieg der Durchschnittstemperatur der erdnahen Atmosphäre und der Meere am deutlichsten. Höhere Lufttemperaturen haben zwei entscheidende Folgen. Es kommt zu einer Verstärkung der Verdunstung und zur Steigerung der Wasserdampfkapazität der Atmosphäre. Die Zunahme der atmosphärischen Wasserdampfkapazität von 7 % pro °C und die höhere Verdunstung erhöhen den absoluten Wasserdampfgehalt der Luft. Wenn die Luft mehr Feuchtigkeit enthält, kann sie diese auch in verstärktem Umfang wieder abgeben. Passiert dies in kurzer Zeit, sind hohe Niederschläge die Folge.

Wechselnde Temperaturen auf der Erde und die daraus resultierenden Effekte für das Niederschlagsgeschehen sind auch aus dem vorindustriellen Zeitalter bekannt. Während der sogenannten mittelalterlichen Warmzeit (um 950 bis 1400 n. Chr.) war Grönland eisfrei und Weinanbau war sogar in England und Südschweden möglich. In diesen Zeitraum fallen extreme Trockenzeiten, wie beispielsweise im Sommer 1304, als der Rhein und die Donau an mehreren Stellen zu Fuß überquert werden konnten. In diese Zeit fällt aber auch das sogenannte Magdalenenhochwasser im Juli 1342, das größte bekannte Hochwasser der letzten 1000 bis 1300 Jahre, das weite Teile Deutschlands verwüstete. Für solche immensen Regenfluten sind großräumige Hurrikane in Kombination mit einer Vb-Wetterlage (Westwetterlage) erforderlich (Schiller, 2018). Der Zusammenhang zwischen dem aktuell zunehmenden Temperaturanstieg und der Gefahr einer daraus resultierenden Häufung von Extremniederschlägen wird durch diese historischen Ereignisse nicht negiert, sondern belegt. Prozesse und Folgen des Klimawandels sowie Handlungsoptionen beschreiben Latif (2009) sowie Rahmstorf und Schellnhuber (2018).

Die wasserwirtschaftlich geprägten Folgen der Erderwärmung beschränken sich aber nicht nur auf eine Zunahme intensiver Niederschläge, sondern auch auf längere trockene Phasen mit hohen Temperaturen. Gemäß der DWA-Koordinierungsgruppe „Wasserwirtschaftliche Strategien zum Klimawandel" (2010a) sind u. a. folgende wasserwirtschaftliche Auswirkungen aufgrund klimatischer Entwicklungen zu erwarten bzw. bereits wahrzunehmen:

- Verstärktes Auftreten von extremen Niederschlagsereignissen, z. T. in Verbindung mit erhöhten Windgeschwindigkeiten (Auswirkungen auf Überflutungen, Küstenschutz, Talsperren).
- Insbesondere in den Sommermonaten stärkere Amplituden und häufigeres Eintreten von Extremabflüssen, längere Niedrigwasserperioden und größere Hochwasserabflüsse.
- Verringerung der Niederschläge in den Sommermonaten und damit geringere mittlere Sommerabflüsse bis hin zu Dürre- und Niedrigwasserproblemen.
- Steigerung der Niederschläge in den Wintermonaten und damit größere mittlere Abflüsse im Winter bis hin zu winterlichen Hochwasserabflüssen.
- Gesteigerte Temperaturen und Zunahme der Sommertage mit Temperaturen höher als 25 °C (Hitzeperioden) mit Folgen auf den Wasserbedarf und biologische Umsetzungsprozesse (z. B. pflanzliches Wachstum).

Die beschriebenen Entwicklungen führen jedoch bisher nicht zu einer flächendeckenden Zunahme von Starkregenereignissen in Deutschland. Hier sind regional unterschiedliche Ausprägungen zu beobachten. Daraus lässt sich jedoch keinesfalls ableiten, dass Klimaveränderungen nicht nachweisbar wären. Klimatische Entwicklungen sind komplex und nicht vereinfacht pauschaliert zu interpretieren.

Auswertungen der Emschergenossenschaft/Lippeverband (EGLV) für die Emscher-Lippe-Region über einen Zeitraum von mehreren Jahrzehnten (1931 bis 2018) zeigen einen moderaten Aufwärtstrend für Starkregen mit einer Intensität von mehr als 20 mm/d (**Bild 12.1**). Eine Zunahme der Starkregenereignisse zeigt sich seit den 1990er Jahren. Im Vergleich zur langjährigen Periode vor 1990 hat die Häufigkeit der Starkregen von 3,4 auf 4,8 Ereignisse pro Jahr zugenommen. Die Datenerhebung und Auswertemethodik beschreibt Pfister (2016). Datenbasis für die Auswertungen sind 14 langjährige, lückenbereinigte EGLV-Stationen mit einer Zeitreihenlänge zwischen 70 und 90 Jahren. Regionale Klimamodelle projizieren eine Zunahme von heftigen Starkregen in der Emscher-Lippe-Region (Quirmbach et al., 2012).

Klimabedingte Entwicklungen und der Schutz der Bevölkerung vor Starkregen sowie Konzepte zur wassersensiblen Stadtentwicklung sind zentrale Themen bei der Planung von Entwässerungssystemen, die in den folgenden Kapiteln aufgegriffen werden.

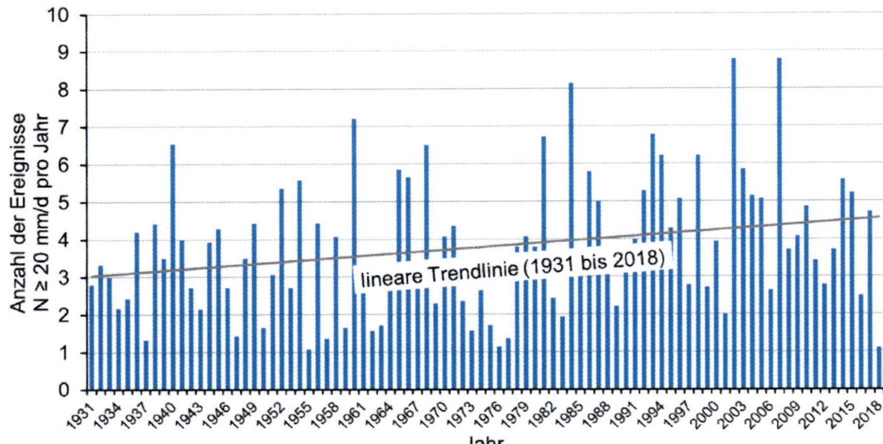

Bild 12.1: Starkregenereignisse mit Intensitäten von mehr als 20 mm/d in der Emscher-Lippe-Region

12.2 Urbane Sturzfluten und Hochwasserereignisse

Starkniederschläge mit extremen Intensitäten führen im urbanen Raum zu Überflutungen mit hohen Sachschäden und in seltenen Fällen sogar zu Todesopfern. Diese räumlich begrenzt auftretenden Regenereignisse mit Überflutungsfolge werden als „urbane Sturzfluten" bezeichnet. Sie treten überwiegend in den Sommermonaten auf. Dabei handelt es sich zumeist um konvektive Niederschläge, die durch vertikale Luftbewegungen (sogenannte Konvektion) entstehen. Charakteristisch ist eine kurze Dauer (unterhalb einer Stunde), schnell wechselnde Intensitäten und eine lokale Ausprägung. Innerhalb weniger Stunden werden Niederschlagshöhen gemessen, die den Größenordnungen mehrerer Monatsniederschläge entsprechen können. Eine ortsbezogene Vorhersage ist aufgrund der zeitlichen und räumlichen Dynamik des Niederschlagsgeschehens kaum möglich.

Im Vergleich zu Überflutungen durch diese heftigen, aber kurzen und kleinräumigen Starkregen (pluviale Ereignisse) betreffen Überschwemmungen durch Flusshochwasser (fluviale Ereignisse) wesentlich größere Regionen. Große Gewässer reagieren auf lokale Starkregen kaum. Hochwasserereignisse größerer natürlicher Gewässer sind durch Prozesse geprägt, die vergleichsweise träge in großräumigen Einzugsgebieten ablaufen. Die Niederschläge entste-

Tabelle 12.1: Unterschiede und Eigenschaften einer urbanen Sturzflut durch lokale Starkregen und dem Hochwasser eines Gewässers (verändert und ergänzt nach Assmann, 2018)

Kriterien	Urbane Sturzflut	Gewässerhochwasser
Relevante Niederschläge	Kurze und heftige konvektive Ereignisse (Minuten bis wenige Stunden)	Großräumige, länger anhaltende advektive Niederschläge (bis zu mehreren Tagen)
Ursachen für Abflussentstehung	Überlastung der Kanalisation bzw. verlegte Straßeneinläufe, Abfluss von befestigten und unbefestigten, aber gesättigten Böden	Niederschlagsanomalien, Schneeschmelze (jahreszeitlicher Temperaturwechsel), Vorsättigung des Bodens
Zeit und Ablauf	Kurzfristige Überflutungen, keine Vorwarnzeiten möglich	Hochwasserereignisse über Zeiträume von Tagen und Wochen, aufgrund der vergleichsweise trägen Systemreaktionen sind mehrtägige Prognosen möglich
Relief	Mulden, Fließwege, Geländetiefpunkte (Topografie im urbanen Raum)	Ausuferungszonen der Gewässer
Schäden	Lokale Schäden an Gebäuden (z. B. vollgelaufene Kellerräume) und Infrastruktur, Erosionsmaterial, Todesopfer sind selten	Schäden an wasserbezogenen Bauwerken (z. B. Brücken, Wehren), Gebäuden und Infrastruktur, Erosion von Böden, Verluste von Vieh und Todesopfer
Akteure, Betroffene und Bereiche	Kommunen, Bürger, Unternehmen	Städte, Regionen bis über nationale Grenzen hinaus
Maßnahmen (Beispiele)	Multifunktionale Flächen und Notwasserwege, urbanes Grün, Ausbau der Kanalisation hat nur begrenzte Wirkung	Rückhalteräume, Polder, Deiche, Auen

hen hier in der Regel durch horizontale Luftbewegungen (Advektion). Daraus resultieren advektive Niederschläge, die über mehrere Tage anhalten können. Warnungen vor möglichen Gefahren für besiedelte Regionen unterhalb des Gewässers sind hier vergleichsweise gut möglich.

Die Unterscheidung zwischen einem Hochwasser, das von einem Gewässer ausgeht, oder einer urbanen Sturzflut durch intensive lokal auftretende Niederschläge, die in erster Linie zu Oberflächenabflüssen in Richtung eines Gewässers führen, ist nicht eindeutig. In **Tabelle 12.1** erfolgt eine vergleichende Gegenüberstellung der Charakteristika einer urbanen Sturzflut und eines

Gewässerhochwassers. Dabei ist zu berücksichtigen, dass bereits bei der Kategorisierung eines Flusshochwassers zwischen unterschiedlichen Entstehungs- und Wirkmechanismen zu unterscheiden ist. Bronstert et al. (2017) unterscheiden zwischen Sturzfluten als plötzlich eintretende Hochwasserereignisse in kleinräumigen Einzugsgebieten mit kurzen Reaktionszeiten von weniger als sechs Stunden und Hochwässern, die durch langanhaltende, großräumige Regenereignisse ausgelöst werden. Dabei charakterisieren unterschiedliche Differenzierungsmerkmale die jeweiligen Entstehungsmechanismen. Dazu zählen beispielsweise jahreszeitliche Typisierungen wie Winter- und Sommerhochwasserereignisse oder Hochwasser aufgrund von Schneeschmelze. Ursache können auch Regen sein, die auf gesättigte Böden oder wenig durchlässige (z. B. nach Trockenphasen verhärtete) Böden oder auf befestigte Oberflächen fallen. Kleine Gewässer oder sogar temporär trockenfallende Rinnen (sogenannte „schlafende Gewässer") können sich innerhalb kürzester Zeit bei lokalen Starkregen in reißende Sturzbäche verwandeln. Als wesentliches Unterscheidungsmerkmal ist außerdem zu berücksichtigen, dass vor allem in Tallagen im Umfeld eines Gewässers mit Hochwasser gerechnet werden muss. Eine urbane Sturzflut hingegen kann weitgehend unabhängig von der Topografie an jedem Ort zu Überflutungen führen.

12.3 Gefährdungsanalyse

12.3.1 Größenordnungen von Starkregen

Nach Schmitt (2017) führten in der Vergangenheit vornehmlich Niederschläge in Größenordnungen von 60 mm innerhalb weniger Stunden zu schlagzeilenträchtigen Überflutungsereignissen. Im Rahmen einer Auswertung der Starkregenstatistik-Daten in KOSTRA-DWD-2000 für 16 Orte in Deutschland veranschaulicht Schmitt (2017) das Spektrum der Regenhöhen für den typischen Anwendungsbereich der Siedlungsentwässerung (**Tabelle 12.2**).

Beispiele extremer Niederschläge mit der Folge urbaner Sturzfluten in den vergangenen Jahren sind:

- Wuppertal (2018): mehr als 100 mm in weniger als 90 Minuten
- Berlin (2017): etwa 150 mm in 24 Stunden
- Münster (2014): etwa 300 mm in 7 Stunden

Tabelle 12.2: Wertebereiche für Regenhöhen (in mm) unterschiedlicher Dauerstufen und Wiederkehrzeiten in Deutschland nach Schmitt (2017)

D/T_n	1 a	10 a	20 a	50 a	100 a
15 min	10-15	15-25	20-30	25-35	25-40
60 min	15-20	25-45	30-50	35-60	40-70
2 h	17-25	30-45	35-55	45-65	50-75
4 h	20-35	40-55	45-65	50-75	55-85
6 h	25-40	45-65	50-75	55-85	60-95

- Dortmund (2008): bis zu 200 mm in 6 Stunden
- Zinnald/Erzgebirge (2002): 312 mm in 24 Stunden

Ein Beispiel für extreme Niederschläge über einen kurzen Zeitraum ist ein Ereignis am 25.05.1920 in Füssen (Kreis Ostallgäu) mit 126 mm in nur 8 Minuten (Kreienkamp et al., 2016).

Die Größenordnungen und der Ablauf eines Starkregens mit Überflutungsfolge wird hier exemplarisch am Extremereignis in Münster im Jahr 2014 erläutert. Am Abend des 28. Juli 2014 fielen im Stadtgebiet von Münster innerhalb von 7 Stunden etwa 300 mm Niederschlag. Nach Angabe des Landesumweltamtes NRW (LANUV) handelte es sich hierbei um maximale in Deutschland gemessene Werte für einen solchen Zeitraum. An der Niederschlagsmessstation auf der Hauptkläranlage in Münster wurde im Zeitraum zwischen 18.45 Uhr und 20.30 Uhr eine Niederschlagshöhe von 220 mm registriert. Damit lag die Regenspende hier bei über 270 l/(s · ha). Die Auswertungen des LANUV NRW ergab Regenspenden von 134 bis 611 l/(s · ha) für die jeweiligen Dauerstufen von 5 Minuten bis 6 Stunden. Insgesamt wurde an dieser Messstation eine Niederschlagshöhe von 292,5 mm gemessen (**Bild 12.2**). Damit wurden die Wiederkehrintervalle für die einzelnen Dauerstufen und für das Gesamtereignis von T = 100 a deutlich überschritten. Zum Vergleich: Der mittlere Jahresniederschlag im Raum Münster beträgt 764 mm und liegt damit etwa im Bundesdurchschnitt. In den Sommermonaten Juni, Juli und August sind monatliche Niederschlagshöhen von 65 bis 75 mm üblich. Weitere Details zu diesem Ereignis beschreiben Grüning und Grimm (2015). Wie in Kapitel 4.3.4 beschrieben, erfordern insbesondere kurzlebige (konvektive) hochvariable Niederschläge eine zeitlich und räumlich hoch aufgelöste Niederschlagsmessung. **Bild 12.3** veranschaulicht die eingeschränkten Möglichkeiten der Niederschlagserfassung mit Bodenmessstationen. Radarbasierte Niederschlagsmessungen und klimatologische Analysen ermöglichen detaillierte Ereignisinterpretationen.

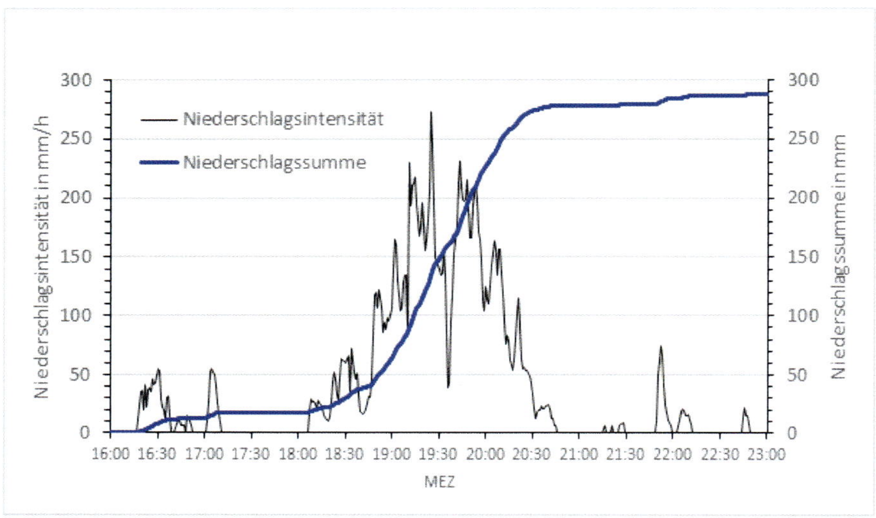

Bild 12.2: Niederschlagsverlauf (Messstation Hauptkläranlage Münster) am 28. Juni 2014

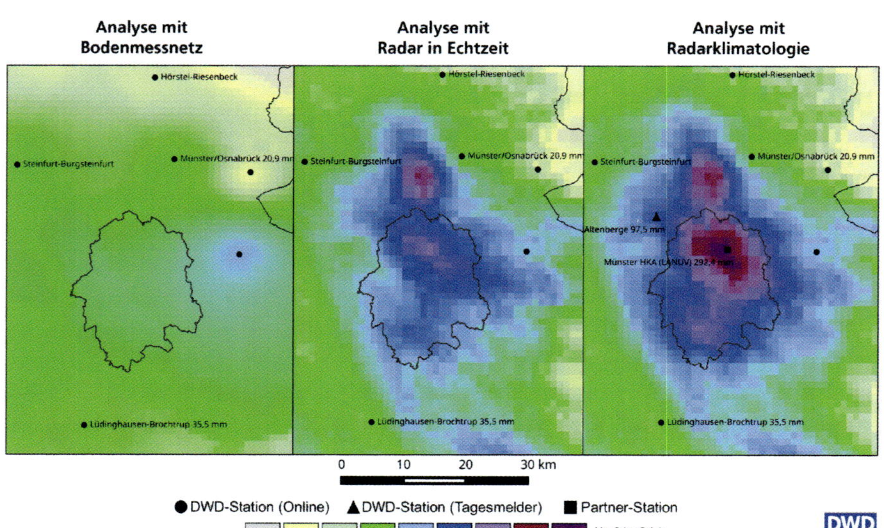

Bild 12.3: Vergleich der Interpretation des Extremniederschlages in Münster durch Niederschlagsanalyse mit Bodenmessnetzen und auf der Basis von Radardaten

12.3.2 Ursachen für das Versagen von Entwässerungssystemen

Die Algorithmen zur Ermittlung des Oberflächenabflusses berücksichtigen die Umformung und Übertragung des Niederschlags in den Abfluss in das Kanalnetz. Die wesentlichen Schnittstellen zwischen der Oberfläche und der Abwasserleitung sind die Straßenabläufe sowie die Hausanschlüsse. Vereinfachend wird davon ausgegangen, dass der Oberflächenabfluss ohne Behinderung in die Kanalisation fließt und dort auch bleibt. Diese Annahme trifft bei intensiven Niederschlägen mit der Folge von Überstau oder Überflutung nicht zu. Es besteht die Möglichkeit, dass der Kanal überlastet ist und an Tiefpunkten der Abfluss aus dem System herausgedrückt wird oder aber, dass der Oberflächenabfluss gar nicht in den Kanal eindringen kann. In den Kanal wird kein Wasser eingeleitet, wenn bereits eine Überlastung vorliegt oder die Straßenabläufe beispielsweise durch Laub und groben Schmutz verlegt sind. Gerade im Herbst besteht die Gefahr einer Verlegung durch Laub. Doch auch freie Straßenabläufe weisen eine eingeschränkte hydraulische Aufnahmekapazität auf. Grundlage für die Bemessung der Straßenentwässerung ist die „Richtlinie für die Anlage von Straßen – Teil Entwässerung (RAS-Ew)" (FGSV, 2005). Demnach sollen Straßenabläufe aus genormten Fertigteilen hergestellt werden. Die Straßenabläufe sind gemäß FGSV (2005) so anzuordnen, dass jeweils eine Fläche von 400 m^2 angeschlossen ist. Die hydraulische Aufnahmekapazität der Straßenabläufe hängt jedoch von zahlreichen Bedingungen ab. Dazu zählen die Einlaufgeometrien, zulässige Wasserspiegelbreite sowie Längs- und Querneigung der Straße. Wie Untersuchungen von Schlenkhoff et al. (2015) zeigen, wird die Aufnahme und Ableitung von Oberflächenabflüssen durch den Aufsatztyp und das Längsgefälle der Straße beeinflusst. Dabei limitieren die Einlaufbedingungen den Abfluss in die Kanalisation, die möglicherweise noch hydraulisch leistungsfähig ist. Diese Situation wird durch verlegte Straßenabläufe deutlich verschärft.

Eine weitere Ursache für Überflutungssituationen sind Gewässerläufe im Stadtgebiet, die über die Ufer treten. Dabei entsprechen die hier diskutierten urbanen Sturzfluten nicht einem Hochwasser größerer Fließgewässer, die über die Ufer treten oder Hochwasser im Küstenbereich. Eine Überlagerung dieser Phänomene ist aber nicht auszuschließen, allerdings unterscheiden sich diese Ereignisse wie in Kapitel 12.2 beschrieben grundsätzlich. Da kleinere Gewässer häufig völlig degradiert durch urbane Räume verlaufen (**Bild 12.4**) oder sogar kanalisiert wurden, führen intensive Regenereignisse zu systembedingten Überlastungen. Die beengten Gewässerläufe lassen keine natürliche Retention zu. Die begrenzte Ableitungsfähigkeit der Systeme wird überschritten.

Bild 12.4: Beispiel für ein degradiertes Stadtgewässer im urbanen Raum

Bild 12.5: Verlegte Schutzgitter vor einer Unterführung nach einer urbanen Sturzflut (Grüning und Grimm, 2015)

Die Verantwortung für diese Entwicklung darf nicht ausschließlich auf den Kanalnetzbetreiber abgewälzt werden. Fehler für die fehlende Wertschätzung natürlicher Gewässerläufe im urbanen Raum liegen häufig lange zurück und sind auch nicht durch kurzfristige Maßnahmen zu beheben. Hier ist ein Umdenken innerhalb der Bevölkerung erforderlich. Weitere Ausführungen dazu enthält Kapitel 13. Probleme bereiten außerdem verlegte Schutzgitter vor teilkanalisierten Gewässerabschnitten. Treibgut, wie Grünschnitt, Äste und Laub, verlegen die Gitter, so dass ein natürlicher Abfluss nicht mehr möglich ist (**Bild 12.5**). Diese Phänomene können ebenfalls an Brücken auftreten, wenn im Hochwasserfall entsprechendes Treibgut den verengten Querschnitt verlegt.

12.3.3 Gefährdungsklassen und Gefährdungen durch Überflutungen

Die Folge urbaner Sturzfluten sind beispielsweise vollgelaufene Tiefgaragen, Keller und Souterrainwohnungen sowie geflutete Straßen und Grundstücke. Durch den Austritt aus der Kanalisation und den Abfluss von Grün- und Ackerflächen richten Abwasser und Schlamm erhebliche Schäden an. Bei der Schadensanalyse nach einer Überflutung sind folgende Ursachen und mögliche Schwachpunkte innerhalb des Entwässerungssystems zu betrachten:

- Ist das Wasser an Tiefpunkten aus dem überlasteten Kanalnetz ausgetreten?
- Konnte das Wasser aufgrund verlegter Straßenabläufe nicht in das Kanalnetz einlaufen?
- Konnte das Wasser aufgrund verlegter Durchlässe oder Einlaufbauwerke nicht ablaufen?
- Sind Gewässer über die Ufer getreten und haben zu Überflutungen geführt (Hochwasser)?
- Welchen Einfluss haben Außengebiete?

Das Ausmaß und die möglichen Risiken von Überflutungen werden maßgeblich durch die Ausdehnung überfluteter Flächen und deren Nutzung bestimmt. Neben den auftretenden Wassertiefen stellt bei entsprechendem Geländegefälle auch die Fließgeschwindigkeit eine nicht zu unterschätzende Gefahr dar. Schnell fließendes Wasser hat einen hohen Impuls, der möglicherweise schon bei Wassertiefen von 10 bis 20 cm dazu führt, dass sich Fußgänger nicht mehr auf den Beinen halten können.

Gefährdungs-klasse	Überflutungs-gefährdung	Wasserstand
1	gering	< 10 cm
2	mäßig	10 cm - 30 cm
3	hoch	30 cm - 50 cm
4	sehr hoch	> 50 cm

Tabelle 12.3: Vorschlag zur Festlegung von Gefahrenklassen in Abhängigkeit ermittelter Wasserstände an der Oberfläche aus der Überflutungsberechnungen (DWA, 2016)

Zur Analyse von Überflutungsgefährdungen sind unterschiedliche Methoden verfügbar, die in den folgenden Kapiteln näher beschrieben werden. Gemäß Merkblatt DWA-M 119 (2016b) erfolgt eine Einordnung ermittelter Wasserstände in vier Gefährdungsklassen. Die in **Tabelle 12.3** angegebenen Werte berücksichtigen vorrangig Gefährdungen durch Wasserübertritt auf Privatgrundstücke und in Gebäude. Dabei kann bereits bei geringen Wasserständen unterhalb von 0,1 m eine Gefährdung bestehen. Mögliche Beeinträchtigungen der Verkehrssicherheit, beispielsweise durch Aquaplaning oder die Sturzgefahr durch strömendes Wasser, müssen gesondert betrachtet werden.

Die Bewertung eines Überflutungsrisikos bzw. überflutungsgefährdeter Bereiche setzt grundsätzlich eine Ortsbesichtigung voraus. Dazu werden potenzielle Tiefpunkte bzw. Schächte mit Überstauverhalten lokalisiert und die Umgebungsbedingungen bewertet. Durch Befragung von ortskundigen Personen (Kanalnetzbetreiber, Feuerwehr oder Anwohner) können die Ergebnisse anhand der Historie überprüft werden. Zur Bewertung des Gefahrenpotenzials erfolgt eine Einordnung gemäß folgender Kriterien:

- Gefahr für „Leib und Leben“
- Wirtschaftlicher Schaden
- „Unannehmlichkeiten“
- Welchen Einfluss haben Außengebiete?

Bei Befragungen von Anwohnern oder Betroffenensind subjektive Prägungen von Eindrücken und Erinnerungen zu berücksichtigen. Hilfreich sind Auswertungen von Fotos der Überflutungssituation, Presseberichten oder Feuerwehreinsätzen. Dabei ist bereits der Schaden nach einer Überflutung mit einem Wasserstand von wenigen Zentimetern in einem Wohngebäude nicht zu unterschätzen (**Bild 12.6**). Neben den unbrauchbaren Einrichtungsgegenständen müssen die Betroffenen einen aufwändigen Trocknungsprozess und eine Bauwerkssanierung finanzieren.

Bild 12.6: Wirtschaftlicher Schaden durch Wassereintritt in einen Kellerraum (Foto: Kessel AG)

Die Gefahren bei eindringendem Wasser in Kellerräume sind in der Öffentlichkeit häufig nicht bekannt. Durch ein geborstenes Kellerfenster kann bei entsprechendem Wasserdruck ein Kellerraum innerhalb von Sekunden volllaufen. **Bild 12.7** veranschaulicht, wie Abwasser bei fehlender Rückstausicherung durch Bodeneinlauf, Toilette und das Waschbecken eindringen. Außerdem drückt das Wasser von der Oberfläche durch das Kellerfenster in den Raum. Der Wasserdruck auf Hüfthöhe führt bereits dazu, dass eine nach innen zu öffnende Tür nicht geöffnet werden kann. Bei dem außergewöhnlichen Hochwasser in Münster im Jahr 2014 kam es aufgrund dieser Situation zu einem Todesfall. Auch wenn aufgrund von urbanen Sturzfluten nur selten Todesfälle zu beklagen sind, darf die Gefahr keinesfalls unterschätzt werden. Einige grundsätzliche Regeln sind dabei zu berücksichtigen:

- Volllaufende Keller während der Überflutung auf keinen Fall betreten, da Türen durch den Wasserdruck möglicherweise nicht mehr zu öffnen sind.
- Wertvolles Mobiliar oder hochwertige Elektronik nicht in den Kellerräumen oder in Souterrainwohnungen aufstellen.
- Beachten, dass bei Stromverteilungen im Keller die Gefahr eines Stromschlags besteht, wenn die Kellerräume nach oder während der Überflutung betreten werden.

Bild 12.7: In einen Kellerraum eindringendes Abwasser aufgrund einer fehlenden Rückstausicherung und durch Abfluss auf der Oberfläche

Bei anschließenden Aufräumarbeiten ist der Hautkontakt mit dem Wasser und Schlamm möglichst zu vermeiden (Gummistiefel und Gummihandschuhe tragen). Durch Keime besteht die Gefahr einer Infektion. Beispielsweise können Leptospiren zur gefährlichen Leptospirose (ansteckende Infektionskrankheit) führen. Leptospiren können durch den Urin von Nagetieren im Abwasser gelangen und dringen durch kleinste Verletzungen der Haut in den menschlichen Körper ein.

12.4 Möglichkeiten zur Simulation bidirektionaler Abflussprozesse auf der Oberfläche und im Kanalnetz

Die Simulation von Systemüberlastungen und den daraus resultierenden Überflutungsszenarien, die zu den dafür charakteristischen Schäden führen, ist bislang nur eingeschränkt möglich. Die klassischen Modelle zur Simulation von Niederschlag und Abfluss berücksichtigen Fließprozesse auf der Oberfläche, die zum kompletten Eintrag des Oberflächenabflusses in das Kanalnetz führen. Treten hydraulische Überlastungen auf, sind diese in der Regel durch Überstau in den Schächten gekennzeichnet (sogenannte Überstauschächte). Bei Regen mit Intensitäten über den Bemessungsregen treten Oberflächenabflüsse in einer Größenordnung auf, die nicht unmittelbar vom Kanalnetz aufgenommen werden können. Es kommt zu komplexen Abflussprozessen auf der Oberfläche und im Kanalnetz, die durch klassische Bemessungsansätze und Software zur Systembemessung nicht mehr abgebildet werden. **Bild 12.8** stellt diesen interaktiven Prozess zwischen dem Kanalnetz und der Oberfläche dar.

Bild 12.8: Interaktion zwischen der Oberfläche und einem hydraulisch überlasteten Kanalnetz

Die Oberflächenstruktur entspricht keinem eindeutig zu definierenden Gerinne. Hinzu kommt die Abflusswirksamkeit von nicht befestigten Oberflächen. Folgende Prozesse und Systembedingungen sind dann im Rahmen der Berechnung von Überflutungsprozessen abzubilden:

- Zweidimensionale Abflussbewegung auf der Oberfläche
- Eingeschränktes Eindringen des Oberflächenabflusses in die hydraulisch überlastete Kanalisation
- Überstau im Kanalnetz und Austritt des Abflusses aus der temporär überlasteten Kanalisation

Bild 12.9 zeigt Fließrichtungen von Oberflächenabflüssen bei intensiven Niederschlägen. Die Abflussprozesse sind durch die Bewegung in Richtung der Geländetiefpunkte gekennzeichnet. Zu diesen bereits sehr komplexen Abläufen kommt die Interaktion mit dem Kanalnetz hinzu. Das Wasser fließt über Straßenabläufe ein oder kann nicht in das überstaute Netz eindringen. Möglicherweise tritt es sogar an den Straßenabläufen und Schächten aus dem stellenweise überlasteten Kanalnetz wieder aus.

Das Abflusssystem „Oberfläche" und das Abflusssystem „Kanalnetz" interagieren miteinander. Die Abbildung dieser Prozesse erfordert eine gekoppelte Betrachtung von Oberflächen und Kanalnetz. Mit Bezug auf die Fließrichtungen

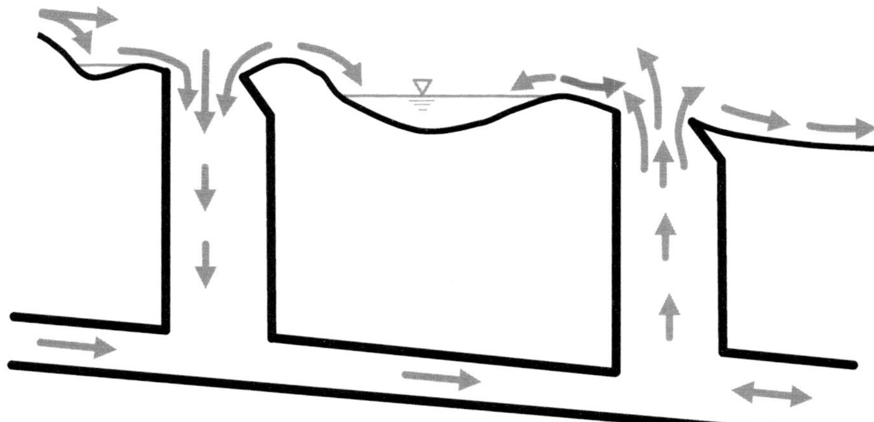

Bild 12.9: Mögliche Fließrichtungen von Oberflächenabflüssen bei intensiven Niederschlägen mit temporärer Überlastung der Kanalisation

der Abflüsse im Kanal und auf der Oberfläche werden die jeweiligen Modelle unterschieden in:

- 1D (eindimensional): Kanalnetzmodelle zur hydrodynamischen Strömungsberechnung auf der Basis der Saint-Venantschen Differentialsgleichung mit eindimensionaler Fließrichtung innerhalb des Kanalnetzes. Die punktuellen Zuflüsse von der Oberfläche werden durch hydrologische Modellbausteine berechnet.
- 2D (zweidimensional): Oberflächenabflussmodelle, die in der Lage sind, zweidimensionale Bewegungsabläufe der Oberflächenabflüsse mithilfe hydrodynamischer Übertragungsfunktionen abzubilden.
- 1D/2D: Gekoppelte Kanalnetz- und Oberflächenmodelle, die eine bidirektionale Kopplung und die synchrone Berechnung der als eindimensional betrachteten Fließprozesse im Kanalnetz und der zweidimensionalen Abflussbewegungen auf der Oberfläche ermöglichen.

Bild 12.10 illustriert die durch die jeweiligen Modelle abzubildenden Fließprozesse.

Einen Überblick über die Methoden zur Analyse und Berechnung von Überflutungsgefährdungen gibt das Merkblatt DWA-M 119 (2016b) und ein Arbeitsbericht der DWA-Arbeitsgruppe ES-2.6 (2013a). Ziel der Modellierung ist eine Gefährdungsanalyse. Im Modell werden auftretende Wasserstände, Fließrichtungen und Fließgeschwindigkeiten und die Ausdehnung der Überflutung dar-

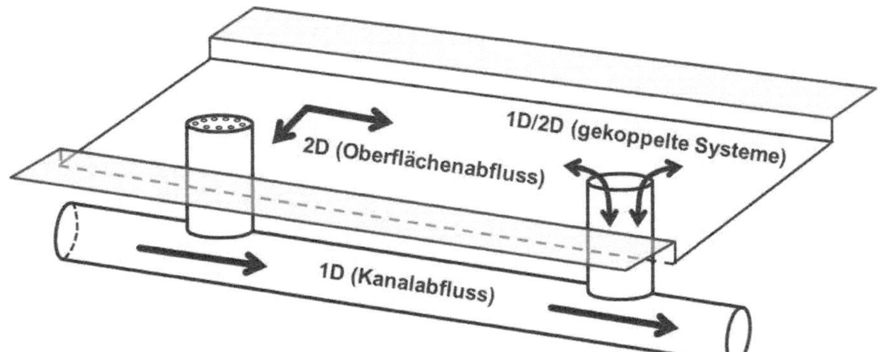

Bild 12.10: Darstellung der bidirektional zu berechnenden Oberflächen- und Kanalabflüsse bei der Gefährdungsanalyse durch Überflutungen

gestellt. Das Spektrum der Möglichkeiten einer Simulation der Abflussprozesse reicht von der Analyse von Geländetiefpunkten und Fließwegen mit Hilfe Geografischer Informationssysteme (GIS) über vereinfachte Überflutungsberechnungen bis hin zu detaillierten Überflutungsberechnungen.

Bei der topografischen Analyse der Oberfläche erfolgt eine GIS-basierte Ermittlung von Geländetiefpunkten und Fließwegen. Dabei wird ausschließlich die Geländetopografie berücksichtigt. Wechselwirkungen mit dem Kanalnetz werden vernachlässigt. Die Datengrundlage der digitalen Geländemodelle mit einer räumlichen Auflösung von 1 m ermöglicht eine Verfolgung der Fließwege und eine einfache Volumenbilanzierung. Wasserstände und Fließwege werden nicht berechnet. Berechnungsgrundlage ist häufig ein Quadratraster mit Übergabe des Abflussvolumens in die benachbarte tiefer liegende Zelle. Die Oberfläche wird als undurchlässig angenommen. Dieser Ansatz ist für eine grobe Ersteinschätzung geeignet, stellt aber keine brauchbare Basis für eine detaillierte

Bild 12.11: Visualisierung von Oberflächenprofilen und Fließwegen (Augmented Reality Sandbox – FH Münster)

Gefährdungsanalyse oder sogar eine Maßnahmenplanung dar. Ein Beispiel für die Visualisierung von topografieabhängigen Abflüssen auf der Oberfläche liefert **Bild 12.11**.

Höheren Genauigkeitsansprüchen genügen Überflutungsberechnungen, die neben den topografischen Verhältnissen zusätzlich die mögliche Wechselwirkung mit dem Kanalnetz berücksichtigen. Gekoppelte 1D/2D-Modelle ermöglichen damit die Simulation sämtlicher am Abflussprozess beteiligter Systeme.

Eine detaillierte Überflutungsberechnung ermöglichen zweidimensionale Modelle, die eine Ausbreitung des Wassers in alle Richtungen auf der Oberfläche beschreiben. Die Berechnung der zweidimensionalen Strömungen basieren auf der zweidimensionalen Darstellung der Navier-Stokes-Gleichungen (Flachwassergleichungen). Basis der Modellierung sind digitale Geländemodelle aus Geländepunkten. Die Geländepunkte stellen dabei Stützpunkte der dreiecks- oder rasterbasierten Rechennetze dar. Die Daten für diese hochaufgelösten Höhenmodelle werden beispielsweise aus photogrammetrischen Auswertungen oder Laser-Scan-Daten aus Befliegungen gewonnen. Außerdem liefern Liegenschaftskataster mit den Grundrissen von Gebäuden und Grundstücksgrenzen sowie Orthophotos wichtige Informationen. Für den Modellaufbau sind möglichst genaue Informationen zu Bruchkanten, wie Gartenmauern oder Bordsteinkanten und Hofdurchfahrten sinnvoll. Außerdem sollte die Rauheit und Durchlässigkeit der Oberfläche berücksichtigt werden. **Bild 12.12** veranschaulicht das Ergebnis einer Oberflächenabflussmodellierung nach einem extremen Starkregenereignis. Neben den farblich differenzierten Wassertiefen zeigen Fließpfeile die Fließrichtungen der Oberflächenabflüsse an.

Die Interaktion zwischen den Abflussprozessen im Kanalnetz und auf der Oberfläche simulieren gekoppelte Modelle (1D-/2D-Simulation). Die Berechnung erfolgt simultan. Kommt es aus dem Kanalnetz bei Überstau zu einem Wasseraustritt, wird das ausgetretene Volumen direkt vom 2D-Oberflächenmodell berücksichtigt. Bewegt sich der Abfluss in Bereichen mit Wasserständen unterhalb der Geländehöhe, erfolgt die Übergabe in die dortigen Haltungen des Kanalnetzmodells. Damit ist ein modellinterner, bidirektionaler Austausch der Wasservolumina zwischen Oberfläche und Kanalnetz möglich. Austauschelemente der gekoppelten Modelle sind die Schächte und die Einläufe, deren hydraulische Eigenschaften und Lage im Modell zu implementieren sind. Rein praktische Grenzen der Modellierung ergeben sich dadurch, dass die Leitungsverläufe auf den privaten Grundstücken und die dortigen Einlaufsituationen in der Regel nicht

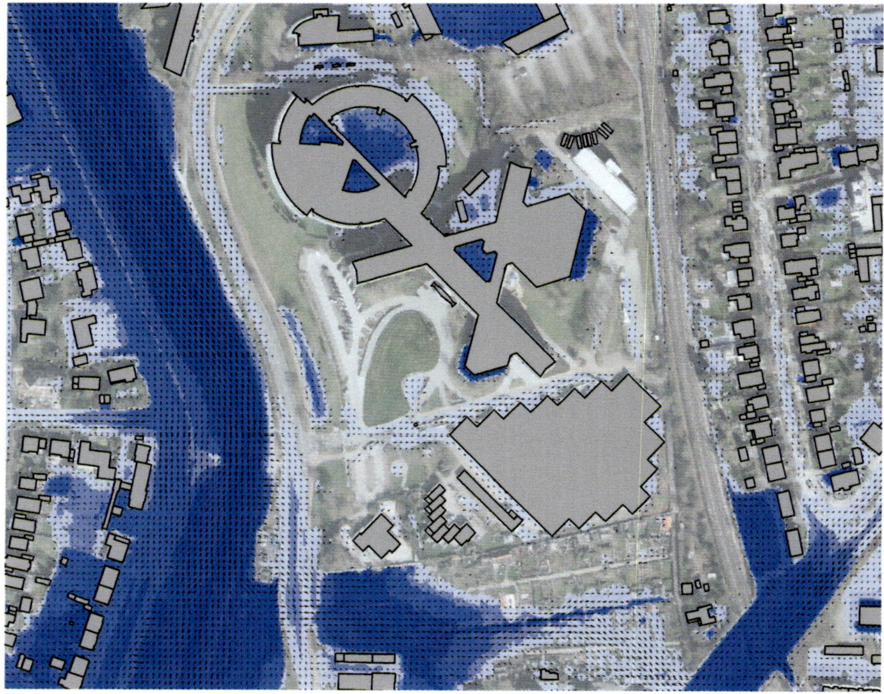

Bild 12.12: Darstellung der Tiefe und Fließrichtung der Oberflächenabflüsse nach einem extremen Starkregen

ausreichend bekannt und erfasst sind. Die gekoppelten Berechnungen werden daher gewöhnlich nur mit dem öffentlichen Kanalnetz durchgeführt. Auch wenn die Modellierung der Abflussprozesse von Dächern und einzelnen Grundstücken technisch möglich wäre, fehlen in der Regel die jeweiligen detaillierten Systemdaten. Der Abfluss der einzelnen Flächen wird im Rahmen der Simulation zumeist pauschal einer Kanalhaltung zugeordnet.

Obwohl die Genauigkeit der Modelle mit entsprechendem Aufwand das Systemverhalten bei Überflutungen bereits realitätsnah veranschaulicht, liefert eine Überflutungsprüfung durch zusätzliche Ortsbesichtigungen unverzichtbare Informationen. Voraussetzung für gute Simulationsergebnisse sind vor allem realistische und detaillierte systembeschreibende Daten. Hier erfordern insbesondere die meist nicht verfügbaren Entwässerungsinformationen auf den privaten Grundstücken eine Interpretation lokaler Ergebnisse.

In LANUV (2012) wurden unterschiedliche Modelle bzw. Softwareprodukte zusammengestellt und bewertet, die neben der klassischen Niederschlag-Abfluss-Simulation zur Kanalnetzberechnung zusätzlich eine Überflutungsprüfung durch Simulation oberirdischer Fließprozesse ermöglichen. Voraussetzung für die gekoppelte Betrachtung der Abflussprozesse in der Kanalisation und auf der Oberfläche ist eine hydrodynamische Berechnung des Kanalabflusses. Nur so kann der Übergang zum Überstau mit Austritt des Abflusses auf die Oberfläche realistisch dargestellt werden. Zur Simulation dieser komplexen Prozesse stehen inzwischen unterschiedliche Softwareprodukte zur Verfügung. Dazu zählen die Programmpakete

- DYNA - GeoCPM
- HYSTEM-EXTRAN2D
- InfoWorks CS/SD mit InfoWorks 2D
- MIKE URBAN FLOOD

Die ständigen Entwicklungen in diesem Bereich erfordern eine fortlaufende Aktualisierung. Somit entsprechen die hier beschriebenen Softwareprodukte keiner aktuellen und vollständigen Auflistung. Weitergehende Informationen zur Modellierung von Überflutungprozessen liefern HSB (2017) sowie Hoppe und Falter (2019).

12.5 Maßnahmen zum Verständnis von Überflutungsprozessen und zur Überflutungsvorsorge

12.5.1 Risikokommunikation und Vorsorge im Privatbereich

Sowohl bei urbanen Sturzfluten als auch bei Hochwasser ist zu akzeptieren, dass auch bei weitreichenden technischen Schutzmaßnahmen ein Restrisiko nie auszuschließen ist. Ziel ist lediglich eine Risikoabschätzung und ein Konzept zur Risikominderung. Maßnahmen zum Schutz vor Überflutungen orientieren sich an den örtlichen Bedingungen und den Kosten. Gegebenenfalls ist eine Maßnahme zum Objektschutz (Verschluss von Kellerlichtschächten, Errichtungen von Mauern oder Dämmen) günstiger als eine aufwändige Kanalerneuerung.

Eine eindeutige Zuordnung der Schadenshaftung bei Überflutungen ist schwierig. Häufig sind die Abläufe nicht exakt rekonstruierbar. Die Geschädigten erhoffen sich Schadensersatz vom Kanalnetzbetreiber oder von der Versicherung. Der Versuch einer Bewertung erfolgt durch Einstufung der Jährlichkeit des Niederschlagsereignisses. Eine eindeutige Rechtsauslegung ist häufig nicht möglich. Neben der Ermittlung und Bewertung der Häufigkeit des Niederschlagsereignisses wird auch der Aufwand der jeweiligen Beteiligten für mögliche Schutzmaßnahmen zu bewerten sein. Risiken während und nach einer Überflutung innerhalb von Gebäuden sind in Kapitel 12.3 beschrieben. Zu den Maßnahmen zählen beispielsweise:

- Rückstausicherung in der Grundleitung bzw. Hausanschlussleitung
- Anordnung von Barrieren, beispielsweise durch Grundstücksmauern oder temporäre Maßnahmen wie in **Bild 12.13** dargestellt
- Drucksichere Kellerfenster und -türen
- Verschluss von Kellerlichtschächten
- Vermeidung vollausgebauter Kellergeschosse in überflutungsgefährdeten Regionen
- Straßeneinfassung mit entsprechend hoher Borsteinkante

Bild 12.13: Temporäre Barriere zur Sicherung einer Tiefgarage vor Überflutung

Die Anordnung einer Rückstausicherung ist eine zwingende Voraussetzung, die in der Regel auch in den kommunalen Entwässerungssatzungen vorgeschrieben wird. Dadurch ist der Schutz des Gebäudes vor Rückstau aus der Kanalisation gewährleistet. Hinweise dazu enthält Kapitel 8. Gegen Überflutungen von der Oberfläche ist eine solche Rückstausicherung allerdings nicht wirksam. Hier sind gegebenenfalls andere Objektschutzmaßnahmen erforderlich. Ein Beispiel dafür ist in Bild 12.13 für eine tiefliegende Garagen-/Kellerzufahrt dargestellt. Viele Stadtentwässerungsbetriebe informieren die Bevölkerung inzwischen mit Informationsbroschüren und im Internet. Umfassende Informationen und Beratungen vor Ort auf Grundlage aktueller Modellberechnungen gibt es z. B. in Bremen (www.klas-bremen.de). In Starkregen-Vorsorgeportalen stehen Informationen und Karten online zur Verfügung.

Letztlich kann eine Überflutungsvorsorge nicht ausschließlich durch das Kanalnetz sichergestellt werden. Der effiziente Schutz vor Überflutungen ist nur als Gemeinschaftsaufgabe von Städteplanern, Verkehrsplanern und Wasserwirtschaftlern zu gewährleisten. Barrierefreies Bauen birgt letztlich auch das Risiko eines einfachen Gebäudezugangs für Oberflächenabflüsse. Darüber hinaus sind Konzepte zur prüfen, die eine temporäre Speicherung von Abflüssen im städtebaulichen Umfeld ermöglichen. Dazu können Grünflächen oder Plätze umgestaltet werden, die in Extremfällen Oberflächenabflüsse zwischenspeichern und verzögert dem Kanalnetz zuleiten. Beispiele und Hinweise dazu enthält Kapitel 13.

Eine Universalversicherung gegen Umweltschäden gibt es nicht. Gegen Naturkatastrophen, wie beispielsweise Überschwemmungen, Erdbeben und Lawinen, schützt weder die üblicherweise vorhandene Wohngebäudeversicherung noch die Hausratversicherung. Die Hausratversicherung kommt für Schäden an „beweglichen Gütern" auf, die durch Sturm, Brand, Blitzschlag oder Leitungswasser in Mitleidenschaft gezogen worden sind. Für Schäden durch Naturgewalten, wie Hochwasser, Starkregen oder Schneedruck, zahlt sie in der Regel nicht. Gefahren lassen sich mit einer Elementarschadenversicherung abdecken, die als Zusatzpolice zur Wohngebäudeversicherung angeboten wird (**Bild 12.14**). Im Überflutungsfall durch Rückstau aus der Kanalisation zahlt die Versicherung, aber auch nur bei vorhandener Rückstausicherung. Es wird auch zwischen Überflutung durch Rückstau und Hochwasser unterschieden.

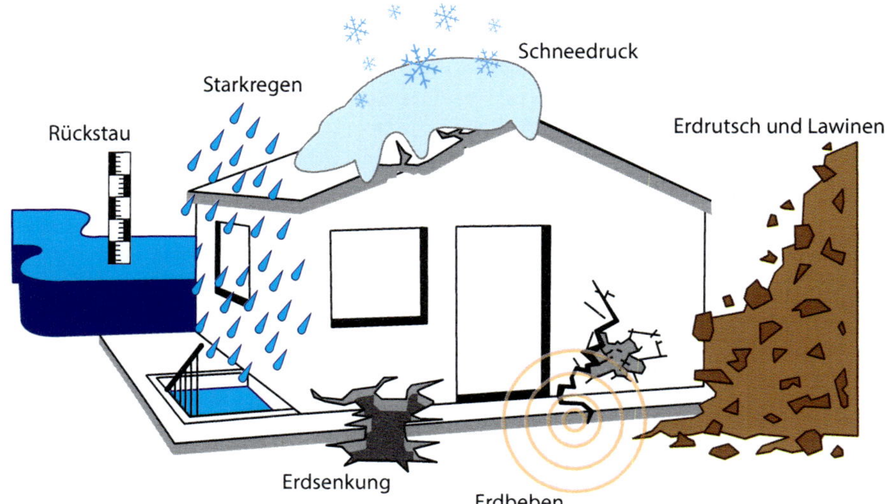

Bild 12.14: Zusätzlich zu versichernde Elementarschadendeckung im Rahmen der Wohngebäude- und Hausratversicherung

Allerdings kann der zusätzliche Versicherungsschutz in überflutungsgefährdeten Gebieten sehr teuer sein. In kritischen Regionen bzw. bei wiederholtem Schadensaufkommen ist es möglich, dass die Versicherer keine Elementarschadenversicherung mehr anbieten. Wie hoch das Risiko für eine Überschwemmung in einer Region ist, legen die Versicherer anhand eines Zonierungssystems (ZÜRS) fest. Unterschieden werden vier verschiedene Gefährdungsklassen (GK):

- GK 4 - statistisch ein Hochwasser in 10 Jahren
- GK 3 - statistisch ein Hochwasser in 10 bis 50 Jahren
- GK 2 - statistisch ein Hochwasser in 50 bis 200 Jahren
- GK 1 - statistisch seltener als einmal alle 200 Jahre ein Hochwasser

Wer in einer Region mit Gefährdungsklasse 3 wohnt, muss mindestens mit einem Prämienzuschlag rechnen. In Gefährdungsklasse 4, mit mehr als einem Hochwasser in zehn Jahren, ist es fast aussichtslos, eine Elementarschadenversicherung zu bekommen.

12.5.2 Verantwortung und Handlungsfelder auf kommunaler und behördlicher Ebene

Die Reduktion von Überflutungsrisiken aufgrund klimatischer Entwicklungen ist nicht durch pauschale Zuschläge bei der Kanalnetzdimensionierung zu begrenzen. Der Vergleich des Volumens von Oberflächenabflüssen bei urbanen Sturzfluten mit dem Volumen des Kanalnetzes, verdeutlicht diesen Zusammenhang. Wie Grüning und Grimm (2015) darstellen, hat die Auswertung der urbanen Sturzflut im Juli 2014 in Münster gezeigt, dass innerhalb von sieben Stunden rund 40 Mio. m^3 Wasser auf das Stadtgebiet niedergegangen sind. Dieses gewaltige Volumen ist um ein Vielfaches höher als das Aufnahmevermögen der Kanalisation und der Gewässer. Zur Einschätzung dieser Größenordnungen hilft ein Vergleich mit den Volumen sämtlicher Rückhalteräume in der Kanalisation und in den Gewässern in Münster von rund 1,5 Mio. m^3. Das bedeutet nicht, dass lokale Überflutungen nicht als Folge unzureichend ausgebauter Entwässerungssysteme auftreten können. Die Bemessungsansätze der Kanalisation basieren aus wirtschaftlichen und technischen Gründen aber nicht auf seltenen Starkregen, so dass Überflutungssituationen in Extremsituationen letztlich unvermeidlich sind. Wie **Bild 12.15** zeigt, stellen Unterführungen eine besondere Gefahr dar. Im Überflutungsfall kann das Wasser hier innerhalb kurzer Zeit so hoch stehen, dass die Durchfahrt mit einem Pkw nicht mehr möglich ist. Neben einem mögli-

Bild 12.15: Unterführungen sind als Tiefpunkte bei Überflutungen eine besondere Gefahrenstelle (Foto: Christoph Böck)

chen Motorschaden besteht das Risiko, dass sich aufgrund des Wasserdrucks die Autotüren nicht mehr öffnen lassen.

Das Spektrum von Maßnahmen, das Kommunen und Kanalnetzbetreiber zur Minderung von Überflutungsrisiken leisten, ist vielfältig. Eine Zusammenstellung möglicher Vorsorgemaßnahmen auf kommunaler Ebene enthält DWA (2013b). Zum Maßnahmenkatalog zählen:

- Unterhaltung
- Ausbau und Systemsteuerung
- Bauleitplanung und Städtebau
- Information/Kommunikation und Risikomanagement

Hierbei handelt es sich um infrastrukturelle Maßnahmen, die zu einem erheblichen Teil bereits zum Praxisalltag zählen bzw. sukzessive umgesetzt werden. Erforderliche städtebauliche Maßnahmen werden allerdings erst über lange Zeiträume umzusetzen sein.

Bild 12.16: Beispiele für teilweise verlegte Straßeneinläufe und dadurch reduzierte Aufnahme von Oberflächenabflüssen

Zu den klassischen Maßnahmen zählen die regelmäßige Inspektion der Systeme. Eine regelmäßige Reinigung der Straßeneinläufe ist erforderlich, damit Oberflächenabflüsse überhaupt in die Kanalisation gelangen. Insbesondere im Herbst besteht die Gefahr, dass Laub und Astwerk die Einläufe verlegen (**Bild 12.16**).

Zahlreiche offene Gräben und kleine Gewässer verlaufen inmitten des urbanen Raumes. Häufig sind diese Gewässer abschnittsweise kanalisiert und überbaut. Diese Ein- und Ausläufe sind durch Gitter geschützt. Offene Gräben sind Temporärgewässer, die im Sommer trockenfallen und als sogenannte „schlafende Gewässer" nicht als Gewässer wahrgenommen werden. Bei Sturzfluten können diese Gewässer rasch anschwellen. Durch Verlegung der Schutzgitter und Verkrautung des Gewässerprofils entstehen hydraulische Engpässe. Durch eine verlegungsarme Gestaltung der Ein- und Ausläufe sowie durch eine konsequente Gewässerunterhaltung kann das Überflutungsrisiko deutlich vermindert werden. Eine Herausforderung stellt der notwendige Kompromiss zwischen der erforderlichen hydraulischen Kapazität und einer naturnahen Gewässergestaltung dar. Ökologisch wertvolle gestalterische Maßnahmen, wie Totholz und Bewuchs, stellen Abflusshindernisse dar, die bei Hochwasser den Abfluss behindern können.

Die regelmäßige Inspektion und Wartung der Entwässerungssysteme ist eine betriebliche Selbstverständlichkeit, die hier nicht näher thematisiert wird. Erforderlich ist allerdings eine entsprechende personelle und finanzielle Ausstattung des Entwässerungsbetriebes. Da die Wirkung der Entwässerungssysteme in der Regel erst öffentlich wahrgenommen wird, wenn Überflutungen eintreten, ist die Bereitschaft, hier ausreichend zu investieren, häufig eingeschränkt.

Wie bereits erwähnt, beschränken technische und wirtschaftliche Aspekte den Ausbau der Entwässerungssysteme für den Rückhalt seltener Starkregen. Erforderlich ist aber eine regelmäßige Überprüfung der hydraulischen Kapazität zur Ableitung und Retention der Abflüsse. Dazu dient die in Kapitel 7 näher beschriebene Generalentwässerungsplanung. Hierbei sind zunehmend Maßnahmen zur Regenwasserbewirtschaftung auf der Oberfläche zu berücksichtigen, um Abflüsse im Kanalnetz erst gar nicht entstehen zu lassen. Wichtige Maßnahmen zur Entsiegelung von Flächen, Versickerung von Oberflächenabflüssen oder zur Flächenbegrünung werden in Kapitel 13 thematisiert.

Die gezielte Nutzung von Verkehrsflächen zum temporären Rückhalt von Oberflächenabflüssen oder als Notwasserweg stellt eine Möglichkeit der Risikominderung dar. Hier muss ein Kompromiss mit der eigentlichen Funktion als Verkehrsweg und der angestrebten Barrierefreiheit im öffentlichen Raum gefunden werden. Die Einbordung der Straße durch Hochbordsteine steigert das Ableitungs- und Speichervermögen des Straßenraums erheblich. Durch straßenbegleitende Rasenmulden und versickerungsfähig ausgebildete Parkflächen kann der Niederschlag ortsnah gespeichert und versickert werden. Öffentliche Grünflächen erfordern aber auch regelmäßige Pflegemaßnahmen. Zur Gewährleistung der Einleitung von Oberflächenabflüssen in die Kanalisation ist außerdem eine Abstimmung mit dem Straßenbaulastträger erforderlich. Maßgebliche Schnittstelle ist der Straßeneinlauf. Neben der Ausführung der Straße (Gefälle, Hochbord) ist die Anzahl der Einläufe und Bauform der Einlaufquerschnitte maßgeblich. Untersuchungen dazu führten Schlenkhoff et al. (2015) durch.

Innovative Konzepte mit Frühwarnsystemen und Steuerungsmaßnahmen bieten weitere Möglichkeiten zur Risikominimierung. Derzeit wird untersucht, wie mittels NowCasting (Wettervorhersagen für die nächsten Stunden) in Verbin-

Bild 12.17: Beschilderung mit Signalanlage zur Warnung vor Überflutung

dung mit Sensor-Netzwerken in urbanen Räumen entsprechende Daten für eine dynamische Warnung und Steuerung von Verkehrsteilnehmern eingesetzt werden können. An ausgewählten Stellen im Stadtgebiet liefern beispielsweise Drucksonden im Kanalnetz oder Ultraschallsonden im Bereich von Unterführungen kontinuierliche Informationen zum Wasserstand, so dass bei Gefahr die Einleitung von Sicherungsmaßnahmen erfolgen kann. Dabei handelt es sich beispielsweise um Signalanlagen, die verhindern, dass Unterführungen passiert werden (**Bild 12.17**). Da derzeit noch keine entsprechenden Messsysteme zur gezielten Erkennung von Oberflächenabflüssen im urbanen Raum verfügbar sind, werden Systeme zur Oberflächenabflusserkennung aus Videoaufzeichungen von Überwachungskameras entwickelt (Dilly et al., 2019). Fuchs et al. (2018) berichten über Möglichkeiten, mit Echtzeit-Vorhersagemodellen auf der Grundlage von Radar- und Niederschlagsdaten und der Auswertung von Daten aus Social-Media-Plattformen, die Gefährdung durch Überflutungen abschätzen zu können.

Die bisherige Planungspraxis im Rahmen der Raumordnungs-, Flächennutzungs- und Bauleitplanung berücksichtigt die entwässerungstechnischen Maßnahmen häufig erst am Ende der Planungsprozesse. Erst wenn die Gebäude und Verkehrswege festgelegt sind, werden Entwässerungsanlagen geplant. Die Stadtentwässerung wird dabei an die vorgegebenen Systeme (Verkehrswege, Gebäude usw.) angepasst. Künftig sind Konzepte zur Entwässerung und Regenwasserbewirtschaftung bereits zu Beginn des Planungsprozesses zu berücksichtigen, um mit zukunftsfähigen Lösungen eine Minimierung von Überflutungsrisiken zu gewährleisten. Darüber hinaus stellen gestalterische Konzepte zur Stadtentwässerung eine optische und ökologische Bereicherung dar. Die zunehmende Verdichtung im innerstädtischen Raum zeigt allerdings, dass sich der Verzicht auf Bebauung in überflutungsgefährdeten Bereichen im Sinne einer Risikominimierung in der Praxis schwierig gestaltet.

Die gezielte temporäre Nutzung von Frei- und Grünflächen als Flutfläche ermöglicht eine Verminderung lokaler Schäden durch Überflutungen. Wird der Oberflächenabfluss bei Starkregen gezielt in diese Bereiche geleitet, dienen diese Flächen, neben ihrer eigentlichen Funktion, als Retentionsraum. Geeignet sind beispielsweise öffentliche Grünflächen, großflächige öffentliche Sportanlagen, öffentliche Plätze ohne Bebauung oder Verkehrsflächen mit geringer Nutzung. Bei diesen Flächen handelt es sich dann um sogenannte multifunktionale Flächen oder Wasserplätze, deren vorrangiger Nutzungszweck nur geringfügig eingeschränkt wird, da die ursprünglich vorgesehene Nutzung während eines

Starkregens meist ohnehin nicht erfolgt. Gestaltungsmöglichkeiten und Beispiele enthält Kapitel 13. Die Kosten und Risiken der temporären Nutzung dieser Flächen sind im Vergleich zu einem Schaden durch Überflutung von Gebäuden oder intensiv genutzter Infrastruktur gering.

Nutzungsmöglichkeiten öffentlicher Räume und die Gestaltung von Gewässern im urbanen Raum erfordern eine enge Abstimmung mit der Flächennutzungs- und Bebauungsplanung. Jahrzehntelang standen Gewässer im urbanen Raum allerdings nicht im Fokus der Stadt- und Raumplanung. Häufig wurden Gewässer eher als störend und nicht als bereichernd empfunden. Die Folgen sind degradierte und kanalisierte Gewässer, die bei extremen Ereignissen zeigen, welchen Raum sie eigentlich benötigen. **Bild 12.18** zeigt beispielgebend die nahe Bebauung an einem völlig degradierten Gewässer und die Folgen eines Hochwassers. Zum Schutz des urbanen Raumes wird hier das Gewässer durch seitliche Begrenzungen zwangsgeführt. Liegt das Gewässer im Tal, kommt es bei starken Regenfällen zu hohen seitlichen Zuflüssen aus den angrenzenden Höhenlagen. Diese lassen das Gewässer in kurzer Zeit anschwellen und die Hochwasserwelle überflutet den angrenzenden urbanen Raum. Mitgeschwemmtes Treibgut, das zu Verlegungen an Engstellen (Brücken, Unterführungen) führt, verschärft das Problem.

Bild 12.18: Degradiertes Stadtgewässer nach einer verheerenden Überflutung (Simbach am Inn)

Der hohe Anteil befestigter Flächen im städtischen Raum sind ebenfalls ein Beleg dafür, dass in der Vergangenheit eine wasserbewusste und klimagerechte Stadtentwicklung nicht im Fokus der Verantwortlichen stand. Künftig ist das Leitbild einer „wasserbewussten und klimagerechten Stadtentwicklung" als Planungsinstrument in den Bebauungs- und Flächennutzungsplänen zu integrieren. Dabei regelt der Bebauungsplan die Möglichkeiten und Grenzen der Nutzung des Grundeigentums. Dazu zählt die Art und Weise der möglichen Bebauung von Grundstücken und die Nutzung der von einer Bebauung frei zu haltenden Flächen. Der Flächennutzungsplan (FNP) ist ein Planungsinstrument zur Steuerung der städtebaulichen Entwicklung. Er gibt einen Ausblick auf die beabsichtigte Nutzung und Entwicklung der Flächen in einem Stadtgebiet. Nach DWA (2013b) bieten die im Baugesetzbuch (BauGB) festgelegten Regelungen eine Reihe von Möglichkeiten, wirkungsvolle Vorsorgemaßnahmen im Flächennutzungsplan zu verankern. Dazu zählen beispielsweise eine Beschränkung der Flächenbefestigung oder die Ausweisung von Grünflächen als Retentionsraum (Regenwasserbewirtschaftung, Notflutungsflächen, Wasserplätze).

Eine maßgebliche Aufgabe der Kommunen ist die Risikokommunikation zur Information und Einbindung der Bürgerinnen und Bürger. Neben der Information über die Notwendigkeit privater Vorsorge müssen die Fachabteilungen der Kommunen bei Neubauprojekten eingebunden werden und über mögliche Gefahren informieren. Dabei ist beispielsweise zu klären, ob ein Grundstück in Muldenlage liegt oder sogenannten „schlafende Gewässer" ein Überflutungsrisiko darstellen. Hierbei handelt es sich um Gewässerläufe, die möglicherweise über lange Zeit kein Wasser führen, aber bei intensiven Niederschlägen innerhalb kurzer Zeit Überflutungen hervorrufen können. Weiterhin ist generell zu berücksichtigen, ob naheliegende Gewässer eine potenzielle Gefahr darstellen. Bei der wasserwirtschaftlichen Bewertung von Grundstücken müssen wasserwirtschaftliche Belange über wirtschaftlichen Interessen stehen.

Viele Kommunen und Behörden informieren inzwischen mit Broschüren und auf Internetseiten. Eine maßgebliche Information stellen Überflutungskarten dar, auf denen die potenziellen Gefahrenbereiche sichtbar gemacht werden. Wie **Bild 12.19** zeigt, veranschaulichen die unterschiedlichen Blautöne mögliche Wassertiefen. Potenzielle Gefährdungsbereiche (Gebäude oder Plätze) sind ebenfalls farblich markiert, wobei die rote Färbung ein hohes Risiko kennzeichnet. Bei den Gefahrenkarten wird unterschieden in:

- Starkregengefahrenkarten: Darstellung von überflutungsgefährdeten Bereichen durch Abflussprozesse auf der Geländeoberfläche (Fließwege, Mulden).
- Hochwassergefahrenkarten: Darstellung von Ausuferungsbereichen oberirdischer Gewässer bei Hochwasser ($HQ_{häufig}$, HQ_{100} und HQ_{extrem}). Weitere Informationen zu Hochwassergefahrenkarten enthält Kapitel 12.6

Die Karten zeigen mögliche Wassertiefen und gegebenenfalls auch Fließgeschwindigkeiten. Für die Starkregengefahrenkarten sind die Kommunen verantwortlich. Die entsprechenden Informationen werden in Auskunfts- und Informationssystemen bereitgestellt (Hoppe und Jeskulke, 2018). Die Darstellungen sind das Ergebnis einer Simulation gemäß Kapitel 12.4. Hier werden in erster Linie die möglichen Folgen einer lokal begrenzten urbanen Sturzflut betrachtet. Hochwassergefahrenkarten decken wesentlich größere Einzugsbereiche eines Gewässers bzw. eines Gewässerabschnittes ab. Hier sind in erster Linie die Bundesländer bzw. die oberen Wasserbehörden verantwortlich. Informationen zu potenziellen Überflutungsbereichen durch Hochwasserfolgen in Gewässernähe bieten Online-Portale des Bundes, der Länder oder größerer Städte.

Bild 12.19: Darstellung der Überflutungsflächen mit farblicher Darstellung gefährdeter Bereiche sowie der unterschiedlichen Wassertiefen bei einem Regen mit der Wiederkehrzeit T = 30 a (Deister et al., 2016)

12.5.3 Überflutungsvorsorge als kommunale Gemeinschaftsaufgabe

Ein möglichst weitreichender Schutz vor Überflutungsschäden erfordert Anstrengungen auf unterschiedlichen Ebenen. Klimatische Entwicklungen, eine zunehmende Flächenbefestigung und die Bevölkerungszunahme im urbanen Raum erfordern Konzepte, die weit über den Aktionsradius der Kanalnetzbetreiber hinausgehen. Die Wirksamkeit von Systemen und Maßnahmen im Zusammenhang mit der statistisch ermittelten Wiederkehrzeit eines Regenereignisses illustriert **Bild 12.20**. Dabei wird deutlich, dass bei außergewöhnlichen Starkregen lediglich eine Begrenzung des Schadens möglich sein wird. An Maßnahmen zum Schutz vor Starkregen, die außerhalb der Bemessungsregenhäufigkeit eines Entwässerungssystems liegen, müssen sich unterschiedliche Akteure beteiligen. Illgen et al. (2013) unterscheiden hier in Zuständigkeiten nach:

- infrastrukturbezogenen Maßnahmen in Regie der Kommunen und
- objektbezogenen Maßnahmen in Regie der Grundstückseigentümer.

In die Abstimmung wasserwirtschaftlicher Maßnahmen zur Überflutungsvorsorge sind die Grundstückseigentümer selbst und die Verantwortlichen im Bereich der Stadt-, Raum- und Verkehrsplanung einzubeziehen.

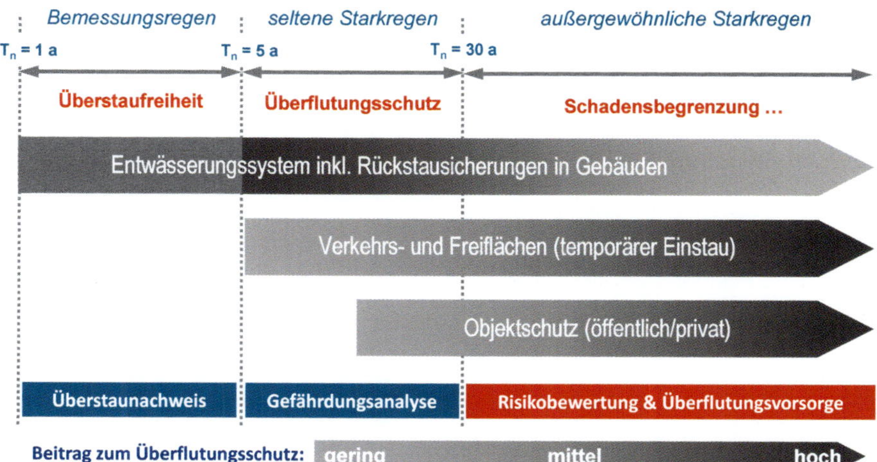

Bild 12.20: Erforderliche Einbindung von Systemen zur Begrenzung von Schäden durch Überflutungen bei Starkregen (nach Scheid und Schmitt, 2015 und DWA, 2016)

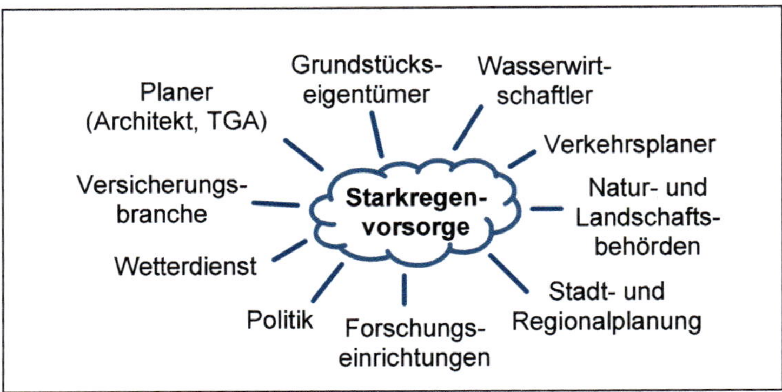

Bild 12.21: Akteure zur gemeinsamen Entwicklung von Maßnahmen zur Starkregenvorsorge

Neben Konzepten aus dem Bereich der ingenieurtechnischen Planung müssen politische Gremien, Versicherungsgesellschaften und wissenschaftliche Institutionen entsprechende Beiträge leisten und miteinander kommunizieren. **Bild 12.21** veranschaulicht die Vielfalt der zu beteiligenden Akteure. Krieger et al. (2017) weisen darauf hin, dass bereits die sektoralen Verantwortlichkeiten innerhalb der Kommunen eine koordinierte Planung und Finanzierung integraler Ansätze zur Überflutungsvorsorge erschweren.

12.5.4 Starkregenindex

Bei der Bewertung von Wahrscheinlichkeiten extremer Regenereignisse ist zu berücksichtigen, dass auch Ereignisse mit geringer Häufigkeit in kurzer Abfolge auftreten können („Zufall hat kein Gedächtnis"). Dem vergleichbaren sogenannten „Spielerfehlschluss" liegt der Irrtum zugrunde, dass ein zufälliges Ereignis wahrscheinlicher würde, wenn es längere Zeit nicht eingetreten ist, oder unwahrscheinlicher, wenn es kürzlich/gehäuft eingetreten ist. Naturereignisse können zwar mit statistischen Methoden ausgewertet werden, die Natur orientiert sich aber nicht an statistischen Kennwerten.

Die Kategorisierung von Starkregen durch die Wiederkehrzeit kann dadurch zu Fehlinterpretationen führen. Die Bezeichnung des „Jahrhundertregens" für einen Starkregen mit Überflutungsfolge birgt inzwischen die Gefahr, inflationär verwendet zu werden. Dabei ist zu berücksichtigen, dass neben der zeitlichen Komponente auch eine räumliche Komponente die Statistik beeinflusst. So ist es wahrscheinlich, dass jedes Jahr irgendwo in Deutschland ein Jahrhundertregen auftritt, an dem jeweiligen Ort aber nur im Mittel einmal in 100 Jahren. Im Rahmen der Risikokommunikation kann bei betroffenen Personen ohne vertiefte Kenntnis wasserwirtschaftlicher Zusammenhänge außerdem der Eindruck entstehen, dass in der nächsten Zeit (z. B. den nächsten 100 Jahren) am selben Ort kein derartiges Ereignis mehr zu befürchten sei. Schmitt (2014) schlägt daher als Instrumentarium der Risikokommunikation eine Kategorisierung von Starkregen mittels „Starkregenindex" in einem Wertebereich von 1 bis 7 vor (SRI7). Diese Kategorisierung ist mit dimensionslosen Indizes zur Kategorisierung von Naturereignissen wie Erdbeben durch Richter-Magnituden oder Windgeschwindigkeiten durch die Beaufort-Skala vergleichbar. Schmitt (2017) gibt dabei zu bedenken, dass allerdings ein wesentlicher Unterschied zur Analogie von Erdbeben- oder Orkanstärken zu berücksichtigen ist. Beide Naturphänomene weisen unmittelbar schädigende Wirkungen auf, während Starkregen erst mittelbar über die hervorgerufenen Abflüsse, Wasserstände oder Fließgeschwindigkeiten eine Schadwirkung bei Überflutungen ausüben. Für die Analyse von Überflutungsgefährdungen und die qualitative Bewertung der Wirksamkeit von Maßnahmen zur kooperativen Überflutungsvorsorge lassen sich nach Schmitt (2017) Starkregenindices vorrangig im Wertebereich 4 bis 6, ortsunabhängige, aber fallbezogene Niederschlagsbelastungen ableiten.

Nach Schmitt et al., (2018) ist eine Ausweitung der SRI-Werte bis 12 (SRI 12) zweckmäßig, um eine transparente Einordnung extremer Starkregenhöhen (T_n >> 100 a) zu ermöglichen. Für SRI-Werte zwischen 1 und 7 werden mit Bezug auf örtliche Starkregenstatistiken aus KOSTRA-Daten (2015) oder extremwertstatistischen Analysen nach Arbeitsblatt DWA-A 531 (2017b) unmittelbar ortsbezogene Regenhöhen zugewiesen, abgestuft nach Wiederkehrzeiten T_n zwischen 1 und 100 Jahren. Zur abgestuften Zuordnung der SRI-Werte zwischen 8 und 12 wird in der jeweiligen Dauerstufe die Regenhöhe der Wiederkehrzeit T_n = 100 (entsprechend SRI = 7) als Bezugswert zur Umrechnung in Starkregenhöhen mit Wiederkehrzeiten T_n > 100 a verwendet.

Der Wertebereich des SRI12 ermöglicht eine größere Aussagekraft bzgl. der „Extremität" aufgetretener Ereignisse bei Niederschlagshöhen weit über 100 mm in wenigen Stunden (**Tabelle 12.4**). Vor dem Hintergrund einer leicht verständlichen Risikokommunikation werden den Stufen mit Wiederkehrzeiten größer als 100 a kein konkreter Wert T_n zugewiesen, um dadurch bewusst keinen Bezug zur Wiederkehrzeit herzustellen. Für Überflutungsberechnungen und rechnerische Nachweise sind Starkregenhöhen etwa ab Starkregenindex 7 nicht mehr geeignet.

Tabelle 12.4: Bewertungskategorie des ortsbezogenen Starkregenindex (SRI) von 1 bis 12 in Abhängigkeit von der Wiederkehrzeit (nach Schmitt et al., 2018)

Wiederkehrzeit T_n (-)	1	2	3,3	5	10	20	25	33,3	50	100	> 100				
Kategorie	Starkregen				intensiver Starkregen				außergewöhnlicher Starkregen		extremer Starkregen				
Starkregenindex SRI (-)	1	1	2	2	3	4	4	5	6	7	8	9	10	11	12

12.6 Hochwasserschutz

Die Unterschiede zwischen Überflutungen durch urbane Sturzfluten und Überschwemmungen aufgrund eines Flusshochwassers sind in Kapitel 12.2 vergleichend gegenübergestellt worden. Ursache eines Hochwassers sind hohe Zuflüsse, beispielsweise aufgrund länger anhaltender ausgiebiger Niederschläge, die ein Fließgewässer anschwellen lassen. Die Entstehung und das Ausmaß von Überschwemmungen durch Hochwasser hängt von zahlreichen einzugsgebietsspezifischen Regimefaktoren ab (Patt et al., 2011). Dazu zählen u.a. klimatische und geomorphologische Gegebenheiten. Fließen beispielsweise in Kerbtälern die seitlichen Oberflächenabflüsse bei gesättigten Böden nach Dauerregen unmittelbar dem Gewässer zu (dem in der Tallage die Ausbreitungsmöglichkeiten fehlen), schwillt dieses innerhalb kurzer Zeit an. Treffen die daraus resultierenden Hochwasserspitzen mit voller Wucht auf urbane Räume, entstehen verheerende Schäden. Hochwasserereignisse sind grundsätzlich natürliche Phänomene. Die historischen Hochwassermarken an vielen Flüssen und jahrhundertealte Aufzeichnungen belegen, dass Menschen seit alters her von Hochwasserereignissen betroffen waren.

Die Hochwassergefahr besteht nicht nur bei Strömen und großen Flüssen. Auch von Bächen und kleineren Flüssen können erhebliche Hochwassergefahren ausgehen. Wer in unmittelbarer Umgebung eines Gewässers wohnt und baut, muss die Gefahr von Überschwemmungen einkalkulieren. **Bild 12.22** zeigt exemplarisch die verheerenden Auswirkungen des Hochwassers im Sommer 2021 auf gewässernahe Siedlungsbereiche (Erftstadt). Dabei wurden nicht nur Grundstücke überflutet, sondern bereichsweise Gebäude und die komplette Infrastruktur zerstört. Besonders dramatisch ist der Verlust vieler Menschenleben durch dieses Hochwasser.

Bild 12.22: Beispiel für die verheerenden Auswirkungen durch das Hochwasser in Teilen Deutschlands im Sommer 2021 (Foto: Sebastien Bozon)

Neben naturgegebenen (ggf. unvermeidbaren) Bedingungen tragen auch radikale Gewässerausbaumaßnahmen der Vergangenheit zur Hochwassergefahr bei. Zur Senkung des Hochwasserrisikos ist Platz erforderlich, damit Gewässer sich ausbreiten können, ohne maßgebliche Schäden anzurichten. Die dämpfende Wirkung bewaldeter Bereiche und natürlicher Auen ist häufig der Kulturlandschaft zum Opfer gefallen. Gewässerbegradigungen (Durchstich der Gewässerschleifen) und fehlende Ausbreitungsmöglichkeiten aufgrund der Landnutzung bis zum Gewässerrand, führen zu einer deutlichen Steigerung der Fließgeschwindigkeit. Neben dem Impuls des Wassers (Masse und Geschwindigkeit) führen Bodenabtrag von der Oberfläche und geschwindigkeitsbedingt hohe Schubspannungen zu einem hohen Feststofftransport. So entstehen neben der zerstörerischen Wirkung der Wassermassen zusätzliche Schäden, wenn sich Schlamm und Geröll in Gebäuden und auf der Oberfläche ablagern. Werden Gewässer in einem engen Korsett durch urbane Räume zwangsgeführt und schnüren Bauwerke, wie Brücken oder Durchlässe (die ggf. auch noch mit Treibgut verlegt sind) den Fließquerschnitt ein, ist das Risiko umso höher. Häufig werden kleinere Gewässer sogar in Kanälen unterirdisch zwangsgeführt. Hier werden Abflüsse durch die Geometrie der Kanäle begrenzt. Inzwischen wird jedoch durch naturnahe Wasserbaumaßnahmen und die natürliche Gestaltung von Gewässern zunehmend der Kompromiss zwischen ökologischen Kriterien und Besiedlungsansprüchen gesucht.

Leider ist ein absoluter Schutz vor Hochwasserereignissen nicht möglich. Klimatische Entwicklungen steigern das Hochwasserrisiko zusätzlich. Insofern gewinnen Hochwasserschutz und Risikomanagement an Bedeutung. Mit der EU-Hochwasserrisikomanagement-Richtlinie (HWRM-RL) aus dem Jahr 2007 hat die Europäische Union einen grenzüberschreitenden gesetzlichen Rahmen zum Umgang mit Hochwassergefahren festgelegt. Strategische Maßnahmen zum Hochwasserschutz in Deutschland sind im Abschnitt 6 des Wasserhaushaltsgesetzes (WHG) geregelt. Zu den vorgeschriebenen Maßnahmen zählen Hochwassergefahren- und Hochwasserrisikokarten, die auf der Basis von Messdaten (Topografie und Hydraulik) mit numerischen Modellen erstellt werden. Für die Gebiete mit potenziell signifikantem Hochwasserrisiko liefern die Karten Informationen über das Ausmaß möglicher Überflutungen (Überschwemmungsgrenzen, Wassertiefen und Fließgeschwindigkeiten). **Bild 12.23**

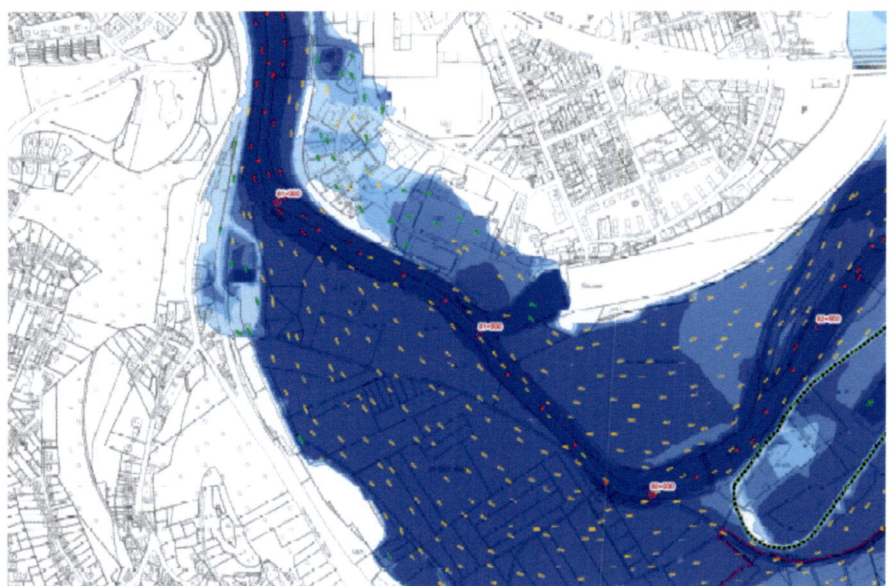

Bild 12.23: Exemplarischer Ausschnitt aus einer Hochwassergefahrenkarte mit Darstellung der Fließtiefen (Blaufärbung) und der Fließgeschwindigkeiten (Farben und Richtungen der Fließpfeile)

zeigt exemplarisch einen Ausschnitt aus einer Hochwassergefahrenkarte im Bereich der Ruhr. Die unterschiedlichen Blaufärbungen repräsentieren mögliche Wassertiefen. Außerdem werden Fließrichtungen und -geschwindigkeiten dargestellt. Die Hochwassergefahrenkarten sind allgemein zugänglich auf entsprechenden Internetseiten abrufbar.

Eine klassifizierende Übersicht über das Spektrum möglicher Hochwasserschutzmaßnahmen enthält **Tabelle 12.5**. Aus dem Bereich der operativen Maßnahmen werden häufig mögliche Vorwarnzeiten nach einem Hochwasser diskutiert. Vorwarnzeiten setzen sich i.d.R zusammen aus der Niederschlagsvorhersage, der gebietsspezifischen Zeit des Oberflächenabflusses (Abflussbildung und Abflusskonzentration) und der Fließzeit bzw. der Wellenverlagerung im Gewässer. Einen entscheidenden Einfluss auf die Vorhersagegenauigkeit haben die Datenlage und die Güte der Modelle zur Abflusssimulation.

Tabelle 12.5 Klassifizierende Übersicht verschiedener Hochwasserschutzmaßnahmen

Operative Maßnahmen	Technische Maßnahmen
• Wetter- (Niederschlag) und Hochwasservorhersage • Melde- und Warndienste • Einsatz- und Evakuierungspläne (Katastrophenschutz) • Vorhaltung mobiler Schutzanlagen • Ausweisung von Risikogebieten und Erstellung von Hochwasser-gefahrenkarten • Angepasste Stadt- und Landschaftsplanung • Erfahrungsaustausch und Schulungen • Aufklärung der Bevölkerung	• Kurzfristige Errichtung mobiler Schutzanlagen (z.B. Hochwasserschutzwände, Sandsackdeiche) • Steuerung wasserwirtschaftlicher Anlagen • Hochwasserrückhaltebecken und Hochwasserpolder sowie Reserveräume für Extremhochwässer • Talsperren (Hochwasserschutzraum) • Schutzmauern (urbaner Raum) • Deiche im Unterlauf von Gewässern • Hochwasserangepasste Bauweise
Flächen- und Gewässergestaltung	
• Ausweisung von Retentionsräumen und Überflutungsflächen (z.B. natürliche Überschwemmungsgebiete, Rückverlegung von Deichen) • Hochwasserangepasste Gebäude-, Stadt- und Raumplanung (z.B. durch Flächenentsiegelung, Etablierung von urbanem Grün, Retentionsbereiche) • Naturnahe Gestaltung von Gewässern und Auen (ggf. Rückbau überformter Abschnitte) • Flächenentsiegelung und angepasste Land- und Forstwirtschaft zur Steigerung des Infiltrations- und Speichervermögens (beispielsweise durch Waldbereiche)	

Patt und Jüpner (2020) nennen mögliche Vorwarnzeiten abhängig von der Einzugsgebietsgröße eines Gewässers. Exakte Angaben sind nicht möglich. Als orientierende Größenordnung können angenommen werden:

- Kleines Einzugsgebiet mit wenigen Hektar (Kategorie Sturzfluten): Keine oder nur sehr kurze Vorwarnzeiten möglich (hohe zeitliche und räumliche Niederschlagsvariabilität).
- Einzugsgebietsgröße von 1 bis etwa 10 km^2: Mehrere Minuten bis wenige Stunden (im urbanen Raum können plötzliche Entlastungsabflüsse aus der Kanalisation zu einer unmittelbaren deutlichen Steigerung des Gewässerabflusses führen).
- Einzugsgebietsgröße > 10 km^2: abflussverzögernde Wirkung der Oberflächenabflüsse und im Gewässer nimmt zu (Stundenbereich).
- Bei Einzugsgebietsgrößen von einigen 1.000 km^2 bestimmen die Eigenschaften des Gewässernetzes die Abflussverzögerung: lange Vorwarnzeiten möglich (Tagesbereich).

Ausführungen zur Berechnung von Hochwasserereignissen und Möglichkeiten des Hochwasserschutzes geben Dyck und Peschke (1989). So werden beispielsweise bei stochastischen Konzeptionen statistische und wahrscheinlichkeitstheoretische Analysen vergangener Hochwasser durchgeführt. Diese werden als Zufallsereignisse betrachtet. Bei der deterministischen Konzeption wird ein maximal mögliches Hochwasser durch einen „maximal möglichen Regen" als Orientierungsgröße zugrunde gelegt. Nach Dyck und Peschke (1989) zählen die quantitative Erfassung und Vorhersage der Entstehung und des Ablaufs von Hochwasser zu den wichtigsten und schwierigsten Aufgaben der Hydrologie.

Im Idealfall lassen sich Maßnahmen zum Hochwasserschutz (technische Maßnahmen) durch Hochwasservermeidungsstrategien (Flächen- und Gewässergestaltung) vermeiden oder zumindest reduzieren.

13 Wasserbewusste Stadtentwicklung

13.1 Natürlicher Wasserhaushalt und Klima

Der natürliche Wasserhaushalt ist ein endloser, zeitlich und räumlich verlaufender Prozess, bei dem ein Teil des Wassers auf der Erde einem ständigen Wechsel unterliegt. Der Kreislaufprozess, der Atmosphäre, Land und Meer miteinander verbindet, besteht aus den Hauptkomponenten:

- Verdunstung und atmosphärischer Wasserdampftransport
- Niederschlag
- Oberflächenabfluss
- Versickerung (Grundwasseranreicherung)

Dyck und Peschke (1989) beschreiben den Wasserkreislauf der Erde als gewaltiges Transportsystem mit der Sonne als Antrieb und der Atmosphäre als Wärmekraftmaschine. Dabei wird ständig Süßwasser aus dem Salzwasser der Meere produziert. In diesem ständigen Prozesskreislauf geht prinzipiell kein einziger Wassertropfen verloren. Das Wasser ändert lediglich seinen Aggregatzustand und den Ort. Vereinfacht kann die Bilanz der Wasserhaushaltsgrößen (Niederschlag, Verdunstung, Abfluss und Speicheränderung) für ein Teilgebiet oder die gesamte Erde durch die Wasserhaushaltsgleichung beschrieben werden.

$$N = V + A \pm \Delta S \tag{13.1}$$

N *Niederschlag*
V *Verdunstung*
A *Abfluss*
ΔS *Speicheränderung (Rücklage – Aufbrauch)*

In dieser Gleichung entspricht der Abfluss der Summe der ober- und unterirdischen Abflüsse eines Gebietes. Die Verdunstung umfasst den Verdunstungsanteil auf der Oberfläche (Evaporation) und von Pflanzen (Transpiration). Die Speicheränderung entspricht der Differenz aus Rückhalt und Aufbrauch (R – A). Dabei ist der Rückhalt die Summe aller Niederschlagsanteile, die im Gebiet als Grundwasserneubildung in der ungesättigten Bodenzone oder oberirdisch (z.B. Oberflächenwasser oder Schnee) gespeichert werden. Aufbrauch ist die Summe der Anteile, die dem Rückhalt während der betrachteten Zeitspanne entnommen werden. Global gesehen entspricht die Verdunstung dem Niederschlag. Wird der Zeitraum lange genug gewählt (> 30 Jahre), gleicht sich die Speicheränderung (beispielsweise durch Schneerückhalt) aus. In den unterschiedlichen Regionen der

Erde herrschen allerdings unterschiedliche klimatische Bedingungen. Je höher die Temperaturen steigen, umso größer wird auch die Verdunstung. Diese kann so große Werte erreichen, dass sie die Niederschläge völlig aufzehrt. In diesem Fall liegen aride Klimaverhältnisse vor (von lateinisch aridus: trocken, dürr). Übersteigt der Niederschlag die Verdunstungsrate (Evapotranspiration), herrscht humides Klima (von lateinisch umidus „feucht, nass, wässerig"). Humide Klimabedingungen sind für den größten Teil Europas charakteristisch.

Aufgrund zahlreicher Einflussgrößen sind Klimaprozesse außerordentlich komplex. Um Bilanzgleichungen für Niederschlag- und Abflussanteile aufzustellen, muss u. a. die räumliche Ausdehnung berücksichtigt werden. Hier erfolgt eine Unterscheidung zwischen dem mikroskaligen, dem mesoskaligen bis hin zum makroskaligen Klima. Der DWD beschreibt die jeweiligen klimatischen Ausdehnungen und Einflussgrößen in seinem Wetterlexikon (DWD, 2018). Demnach beträgt die horizontale Ausdehnung des Makroklimas mehr als 10.000 km. Mesoskalige Phänomene finden etwa in einer horizontalen Ausdehnung von ca. 1 bis zu 2.000 km statt. Die typische Lebensdauer reicht hier von einer Stunde bis hin zu einer Woche. Fronten, Gewitter, tropische Stürme und großräumigere Wolkencluster zählen zu den typischen Prozessen des Mesoklimas, das von Geländeform, Hangneigung und Beschaffung der Erdoberfläche beeinflusst wird. Viele Phänomene des Stadtklimas (wie z. B. die Hitze-Inseln) können dem Mesoklima zugeordnet werden. Durch die Überlagerung von großskaligen und lokalen Einflüssen sind die Phänomene des Mesoklimas nicht immer einfach zu untersuchen oder vorherzusagen.

Beim mikroskaligen Klima werden atmosphärische Prozesse mit einer horizontalen Ausdehnung von wenigen Millimetern bis zu einigen hundert Metern betrachtet. Das Mikroklima bildet sich in einem begrenzten Umfang in den bodennahen Luftschichten aus. Es wird maßgeblich von den vorhandenen Oberflächenstrukturen (Untergrund, Bewuchs, Bebauung) beeinflusst. So können Bewuchs und Bebauung auf engem Raum bereits große Temperaturunterschieden und wechselnde Windgeschwindigkeiten hervorrufen. Im urbanen Raum sind um einige Grad höhere Temperaturen im Bereich asphaltierter Flächen im Vergleich zu einem nahe gelegenen Grünbereich nicht außergewöhnlich. Städtebauliche Maßnahmen beeinflussen das Mikroklima maßgeblich.

Einen wesentlichen Einfluss auf das Klima haben die Meere, aber auch die Binnengewässer. Ein Gewässer wie beispielsweise der Bodensee beeinflusst die regionalen klimatischen Bedingungen. Der großvolumige Wasserkörper wechselt seine Temperatur im Vergleich zur Luft stark verzögert, so dass im Umfeld des Sees ein Temperaturausgleich erfolgt. In den Sommermonaten herrschen dadurch ähnliche klimatische Bedingungen wie im mediterranen Raum und im Winter sind Frosttage selten. Doch nicht nur große Flüsse und Seen, sondern auch die Vielzahl an kleineren Fließgewässern sind ein wichtiger Systembestandteil des Wasserhaushaltes. Sie nehmen Oberflächenabflüsse auf und transportieren diese in das nächst größere Gewässer bis letztlich zur Mündung in eines der Meere. Von den Gewässeroberflächen verdunstet das Wasser (Evaporation). Wasseroberflächen im urbanen Raum haben während einer Hitzeperiode tagsüber kühlende Wirkung. Nachts kann der Wasserkörper aber auch wärmer sein als die Umgebungsluft.

13.2 Klima und Wasserhaushalt im urbanen Raum

13.2.1 Stadtklima

Der Begriff des urbanen Raumes repräsentiert besiedelte Bereiche und ist als Synonym für städtische Gebiete zu verstehen. Dabei ist eine eindeutige Abgrenzung zwischen der Stadt und dem Land häufig nicht möglich. Im Vergleich zu antiken oder mittelalterlichen Städten, die durch eine Stadtmauer eindeutig zum ländlichen Umfeld abgrenzt waren, sind urbane Räume heute zunehmend durch abgestufte Verdichtungsbereiche geprägt. Grundsätzlich grenzt sich der urbane Raum vor allem durch Bebauung und Infrastruktur, (hohe) Bevölkerungsdichte sowie eine gewisse Naturferne und nichtlandwirtschaftliche Strukturen vom ländlichen Raum ab.

Die klimatischen und lufthygienischen Veränderungen, die städtische Räume im Vergleich zum Freiland aufweisen, fasst Kuttler (2013) als Stadtklima zusammen. Dabei ist das Stadtklima ein mit der Bebauung wechselwirkendes Mikro- und Mesoklima, das zusätzlich durch technisch produzierte Abwärme und anthropogene atmosphärische Spurenstoffe modifiziert wird.

Neben den Vorteilen, die das Leben in der Stadt bietet, stellen u. a. klimaspezifische Einschränkungen eine Belastung für die Bevölkerung in dicht besiedelten Räumen dar. Die derzeitigen Klimaentwicklungen verstärken diesen Einfluss. Ein Beispiel sind die heißen und trockenen Sommer in den vergangenen Jahren des 21. Jahrhunderts, die zu einem deutlichen Anstieg der Mortalitäts- und Morbiditätsraten in der Bevölkerung geführt haben (Kuttler, 2013 sowie Otto, 2019). Dieser Zeitraum ist durch einen extremen Anstieg der wärmsten Jahre seit Beginn der Wetteraufzeichnungen geprägt (Plöger, 2020). Zahlreiche Klimamodelle zeigen, dass dieser Trend anhält oder sogar zunimmt. Neben der Hitze zählen Wetterphänomene wie Stürme und die in Kapitel 12 beschriebenen Starkregen zu den zunehmenden Herausforderungen. Um diesen Entwicklungen zu begegnen, muss der Förderung naturnaher Prozesse im urbanen Raum eine höhere Bedeutung eingeräumt werden.

13.2.2 Wasserwirtschaftliche Folgen städtebaulicher Entwicklungen

Für die Bilanzierung der Abfluss- und Verdunstungsanteile im urbanen Raum sind kleinräumige klimatische Bedingungen maßgeblich. Fehlende offene Wasser- und Grünflächen sowie dominierende Flächenbefestigungen und Bebauung beeinträchtigen die klimatischen Bedingungen. Veränderungen der jeweiligen Anteile der Wasserbilanzgleichung im urbanen Raum veranschaulicht **Bild 13.1**.

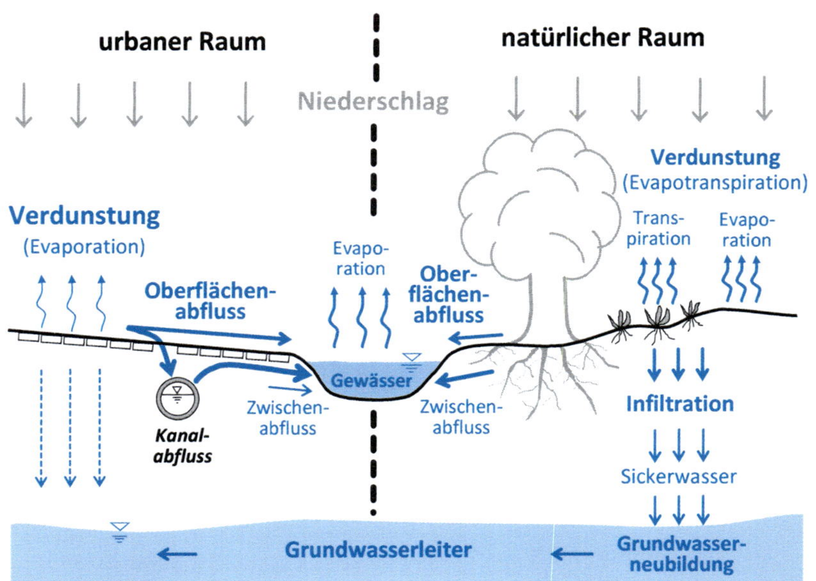

Bild 13.1: Vergleichende Gegenüberstellung der Prozesse und Wasserhaushaltsgrößen des lokalen Wasserhaushaltes im urbanen Raum (links) und im natürlichen Raum (rechts)

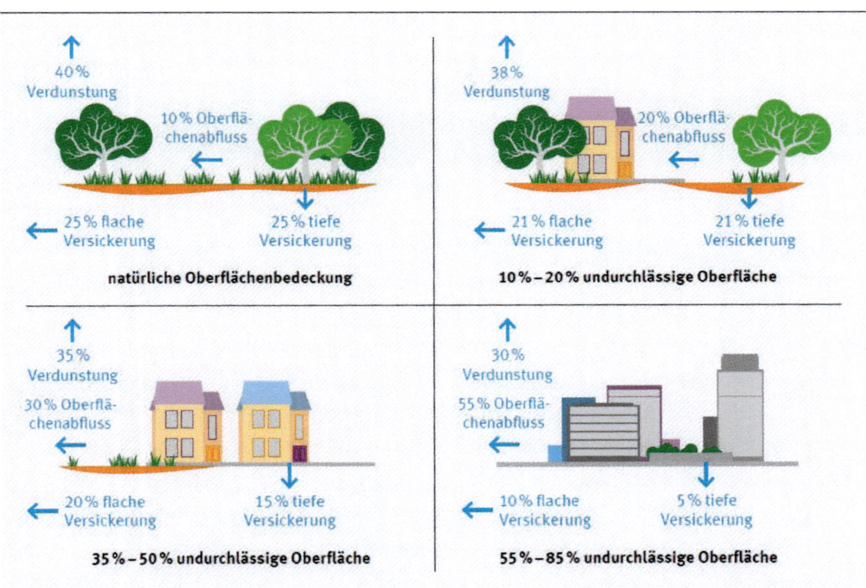

Bild 13.2: Einfluss der Urbanisierung auf die Prozesse des Wasserkreislaufs (United States Environmental Protection Agency, 2005 - UBA nach US EPA, 2004)

Bei hohem Anteil befestigter Flächen überwiegen Oberflächenabflüsse. Versickerung und Verdunstung finden hier nur eingeschränkt statt. Diese Entwicklungen führen dazu, dass Prozesse des natürlichen Wasserhaushaltes massiv gestört werden. Eine übergeordnete Zielsetzung wasserwirtschaftlicher Konzepte ist die Reduzierung der Veränderung des natürlichen Wasserhaushaltes durch Siedlungsaktivitäten, im Rahmen der ökologisch, technisch und wirtschaftlich vertretbaren Möglichkeiten (DWA, 2006c). **Bild 13.2** zeigt, in welchem Umfang der Verdunstungs- und Infiltrationsanteil bei zunehmender Bebauung abnimmt, während der Oberflächenabflussanteil steigt. Allgemein wird der Verdunstungsanteil häufig unterschätzt. Ortsabhängig können 30 bis mehr als 60 % des gefallenen Niederschlages bei natürlicher Flächenausbildung wieder verdunsten. Damit liegt der Verdunstungsanteil teilweise deutlich über dem Versickerungsanteil. Ein hoher Anteil wird dabei durch Pflanzen verdunstet (Transpiration). Dieser Zusammenhang unterstreicht die Notwendigkeit von Begrünungskonzepten im urbanen Raum.

Aufgrund der klimatischen Veränderungen werden die Häufigkeit und Intensität von Starkregen zunehmen. Außerdem werden längere Hitzeperioden in den Sommermonaten prognostiziert (IPCC, 2021). Städtebauliche Entwicklungen verschärfen diese Probleme, die aufgrund der klimatischen Entwicklungen in urbanen Räumen zu erwarten sind.

- Durch fehlende Grünflächen und die enge Bebauung wird die kühlende Wirkung von verzögerten Verdunstungsprozessen durch Pflanzen aufgehoben, außerdem wird der eingeschränkte Luftaustausch begünstigt. Es kommt zu Hitzestaus, die während heißer Sommermonate die Bewohner belasten.
- In Innenstädten sind verfügbare Flächen weitgehend befestigt und bebaut. Innerhalb kürzester Zeit werden Oberflächenabflüsse auf diesen Flächen gesammelt und in die Kanalisation eingeleitet. Verdunstung und Versickerung, die den natürlichen Wasserhaushalt prägen, finden nur eingeschränkt statt.
- Die Oberflächenabflüsse, die innerhalb kürzester Zeit in die Kanalisation eingeleitet werden, führen zu stoßartigen Einleitungen und Systementlastungen in naheliegende Gewässer, die dann anschwellen und über die Ufer treten können.
- Menschen siedeln bevorzugt in unmittelbarer Gewässernähe, obwohl bekannt ist, dass Gewässer systembedingt Hochwasser führen können. Die Nähe zum Wasser ist praktisch und attraktiv. Gebäude reichen in urbanen Räumen bis unmittelbar an das Gewässerufer und unterliegen somit einem erhöhten Überflutungsrisiko.
- In der Kulturlandschaft wurde Gewässern der Raum genommen. Sie wurden begradigt, in ein enges Korsett gezwängt und die Auen degradiert. Der enge Raum führt zu höheren Fließgeschwindigkeiten. Bei einem Hochwasser fehlt der Platz.
- Vielfach wurden kleinere Fließgewässer sogar schlicht kanalisiert. In Kanäle gezwängt leiten diese ehemaligen Bäche dann Oberflächenabflüsse und den gewässerspezifischen Basisabfluss in Rohrleitungen unterhalb der Verkehrsflächen ab.

Konzepte, die auch in eng besiedelten urbanen Räumen dazu führen, dass der natürliche Wasserhaushalt unterstützt wird, sind eine wichtige Voraussetzung für angenehme Lebensbedingungen. Hier muss ein Umdenken stattfinden. Wasser in der Stadt darf nicht nur zum Entsorgungsproblem reduziert werden, sondern muss Teil der Gestaltung urbaner Lebensräume sein.

Deister et al. (2016) zeigen, dass die erforderliche Orientierung der Wasserbilanz für bebaute Räume an der Größenordnung unbebauter Gebiete möglich ist, wenn Konzepte zur Regenwasserbewirtschaftung bei städtebaulichen Entwicklungen ausreichend Berücksichtigung finden. Das von den Autoren aufgestellte Wasserbilanzmodell WABILA ermöglicht eine einfache Bilanzierung des urbanen Wasserhaushaltes. Dabei wird die Ausprägung der einzelnen Komponenten Direktabfluss, Grundwasserneubildung und Verdunstung mithilfe von Wasserbilanzmodellen aufgezeigt, die auf folgender Bestimmungsgleichung basieren:

$$P_{korr} = R_D + GWN + ET_a \qquad (13.2)$$

Bei den berücksichtigten Komponenten handelt es sich um die mittlere korrigierte jährliche Niederschlagshöhe (P_{korr}), die in die Hauptkomponenten Direktabfluss (R_D), Grundwasserneubildung (GWN) und tatsächliche Evapotranspiration (ET_a) aufgeteilt wird. Die Niederschlagshöhe (P) wird aufgrund messsystembedingter Fehler (z. B. durch Windeinflüsse) korrigiert (DWA, 2018a). Das Bilanzierungsmodell ist ein Instrument zur Quantifizierung von Defiziten des Wasserhaushalts bebauter Bereiche und ermöglicht die Planung konkreter Regenwassermanagementmaßnahmen. Die Bilanzierung des urbanen Wasserhaushaltes im Rahmen wasserwirtschaftlicher Planungen berücksichtigt das Merkblatt DWA-M 102-4/BWK-M 3-4 (DWA/BWK, 2020b).

13.3 Maßnahmen zur wasserbewussten Stadtentwicklung

13.3.1 Wasserbewusste Stadtentwicklung

Der lokale Wasserhaushalt und klimatische Entwicklungen müssen die Planung und den Betrieb wasserwirtschaftlicher Infrastruktursysteme prägen. Dabei reicht eine isolierte Betrachtung der wasserwirtschaftlichen Aufgaben nicht aus. Eine klimabedingte Zunahme extremer Wetterphänomene erfordert ganzheitliche Konzepte, die das Ergebnis einer Kooperation von Wasserwirtschaftlern und Stadtklimatologen sowie Stadt-, Verkehrs- und Freiraumplanern sind. Regenwasser darf nicht mehr einfach auf möglichst kurzem Wege abgeleitet und „entsorgt“ werden, sondern muss die Gestaltung urbaner Räume prägen. Beispielgebend dafür sind Anlagen zur Regenwasserversickerung, die bereits seit Jahrzehnten ein Bestandteil siedlungswasserwirtschaftlicher Konzepte sind (Sieker, 1991). Seit Beginn der 1990er Jahre werden darüber hinaus integrale Ansätze diskutiert, die durch den Begriff der „wassersensitiven Stadtgestaltung“ geprägt sind. Auf internationaler Ebene ist die Bezeichnung „Water Sensitive Urban Design (WSUD)“ gebräuchlich (Hoyer et al., 2011 oder Fletcher et al., 2015). Ziel ist es, den urbanen Raum unter Berücksichtigung wasserwirtschaftlicher, hydrologischer, stadtplanerischer, verkehrsplanerischer und gewässerökologischer Aspekte zu entwickeln bzw. zu verändern. Die Bedeutung des englischsprachigen Begriffes „sensitiv“ ist nicht einfach als „sensibel“ aufzufassen, sondern auch als sorgfältig und verständnisvoll. Dabei werden im deutschen Sprachgebrauch die Begrifflichkeit „wassersensitiv“ und „wassersensibel“ häufig synonym verwendet. Künftig wird in diesem Zusammenhang der Begriff der „wasserbewussten Stadtentwicklung“ bevorzugt, um die Bedeutung der Integration von Wasser als wichtiges Element urbaner Räume noch stärker zu verdeutlichen (Uhl, 2021).

Bei der Beschreibung und Bewertung stadthydrologischer Systeme und Prozesse werden häufig die Begriffe „Vulnerabilität“ und „Resilienz“ verwendet. Im Kontext der wassersensitiven Stadtentwicklung ist mit „Vulnerabilität“ die Verwundbarkeit bzw. Verletzlichkeit gegenüber Überflutungen und Hitze gemeint. In hoch verdichteten und befestigten Siedlungsgebieten ohne nennenswerte Begrünung entstehen während sommerlicher Hochtemperaturphasen sogenannte „städtische Wärmeinseln“ (engl. Urban Heat Island UHI). Nach Kuttler (2013) beschreibt dieser Begriff stark generalisierend das Faktum einer inselartig ausgebildeten urbanen Übererwärmung, die von einem kühlen Freiland umgeben wird. Resilienz bedeutet in diesem Zusammenhang Robustheit und Flexibilität urbaner Räume gegenüber Hitzeeinwirkungen und Starkregen, die durch ein Maßnahmenpaket, das die wassersensitive Stadtentwicklung bereithält, erreicht werden soll. Wesentliche Ziele der wassersensitiven Stadtentwicklung ist somit die Gestaltung urbaner Räume, um

- Schäden als Folge extremer Starkregen zu minimieren (Überflutungsvorsorge)
- Folgen von Trockenperioden und Hitzetagen durch Kühlprozesse zu mindern (Hitzevorsorge)

Eine wesentliche Maßnahme wassersensitiver Stadtentwicklung ist die Begrünung. Hilfreiche Maßnahmen beginnen mit der Pflanzung einzelner Bäume bis zur Integration von Grünanlagen und Parks in urbane Räume. Zunehmend werden Gebäude vertikal und horizontal begrünt. In den folgenden Kapiteln werden unterschiedliche Maßnahmen dazu beschrieben. Kurzgefasst handelt es sich dabei um Maßnahmen zur Überflutungsvorsorge durch:

- Lenken von Oberflächenabflüssen in Bereiche mit geringem Schadenspotenzial
- Infiltration von Oberflächenabflüssen zur Grundwasseranreicherung (Versickerung)
- Verdunstung, um Regenwasser erst gar nicht abflusswirksam werden zu lassen
- Verzögern von Abflüssen durch Rückhaltung auf der Oberfläche u. a. zur Entlastung des Kanalnetzes

Bei den Maßnahmen zur Hitzevorsorge handelt es sich um

- Begrünung zur Beschattung und Verdunstung
- Anlegen offener Wasserflächen bzw. Offenlegung kanalisierter Gewässer zur Unterstützung der Verdunstungsprozesse
- Verminderung befestigter Flächen (Entsiegelung) und Verwendung von Baustoffen mit reduziertem Wärmeaufnahmeverhalten zur Verminderung der Wärmestrahlung

Im Kontext zur wasserbewussten Stadtentwicklung wird umgangssprachlich auch der Begriff „Schwammstadt“ (engl. Sponge-City) verwendet. Mit dem Schwammstadt-Prinzip soll verdeutlicht werden, dass Regenwasser nicht mehr unmittelbar in die Kanalisation eingeleitet wird. Oberflächenabflüsse sollen im Boden versickern und in natürlich gestalteten Retentionsräumen zwischengespeichert werden. Verdunstungsprozesse durch Grünpflanzen ergänzen das Prinzip. Letztlich geht es darum, die Einflüsse durch Bebauung und Befestigung vor allem durch naturähnliche Maßnahmen zu kompensieren, um so dem natürlichen Wasserhaushalt im urbanen Raum zumindest näherungsweise zu entsprechen. Erste Ansätze zur Dezentralisierung der Entwässerung sind beispielsweise das Mulden-Rigolen-System zur Versickerung von Oberflächenabflüssen.

Urbanes Grün wirkt sich dabei nicht nur positiv auf das Stadtklima und die Stadtentwässerung aus. Es liefert auch einen wichtigen Beitrag zur Förderung der Artenvielfalt. Außerdem binden Pflanzen CO_2 und Luftschadstoffe und produzieren Sauerstoff.

Im Kontext der wasserbewussten Stadtentwicklung werden unterschiedliche Maßnahmen und Infrastruktursysteme farblich zugeordnet. Der Begriff der grünen Infrastruktur beschreibt naturnah gestaltete Bereiche und Gebäudebestandteile, die im urbanen Raum einen ökologischen Beitrag leisten. Im Idealfall verbinden diese Maßnahmen sowohl Nutzbarkeit als auch biologische Vielfalt und Ästhetik miteinander. In Verbindung mit wassergeprägten Bereichen und Systemen wird der Begriff der blau-grünen Infrastruktur verwendet. Im Idealfall werden blau-grüne Infrastrukturmaßnahmen unmittelbar in urbane Strukturen integriert. Das können Parks, Stadtwälder, Grüngürtel oder Straßenbäume, Hausgärten und Straßenbegleitgrün sein. Graue Infrastrukturen sind bautechnische Systeme aus Werkstoffen wie beispielsweise Stahl, Asphalt oder Beton. Diese können maßgeblich zur Sammlung und zum Abfluss von Wasser beitragen. Zumeist erfolgt der Abfluss hier aber möglichst rasch und ohne nennenswerten Beitrag zum natürlichen Wasserhaushalt. **Tabelle 13.1** veranschaulicht diese unterschiedlichen Infrastruktursysteme durch exemplarische Beispiele.

Aussagen zur Wirkung einzelner blau-grüner Infrastrukturmaßnahmen liefert **Tabelle 13.2**. Ziel ist es, dem natürlichen Wasserhaushalt im urbanen Raum so nahe zu kommen wie möglich. Dabei sind die in der Tabelle gelisteten offenen Wasserflächen im urbanen Raum zumeist bereits Bestandteil des natür-

Tabelle 13.1: Beispiele für die Bezeichnung unterschiedlicher Infrastruktursysteme im wasserwirtschaftlichen Kontext

<table>
<tr><th>Grüne Infrastruktur</th><th>Blaue Infrastruktur</th><th>Graue Infrastruktur</th></tr>
<tr><td rowspan="2">Dach- und Fassadenbegrünung
Versickerungsanlagen
Stadtwälder und Parkanlagen
Hausgärten
Straßenbegleitgrün</td><td>Gewässer im urbanen Raum (z. B. Teichanlagen oder offene Fließgewässer)
Wasserrückhalteräume</td><td>Kanalnetz
Grundstücksentwässerungssysteme
Gebäude und befestigte Flächen (z. B. Dächer und Verkehrsflächen)</td></tr>
<tr><td colspan="2">Wasserspiele, Springbrunnen</td></tr>
<tr><td colspan="3">Multifunktionale Flächen</td></tr>
</table>

Tabelle 13.2: Bewertung von Maßnahmen der Niederschlagswasserbewirtschaftung zur Angleichung des urbanen an den natürlichen Wasserhaushaltes (verändert und ergänzt nach DWA, 2020b)

Maßnahme		Wirkung		
		Reduktion des Direktabflusses	Steigerung der Grundwasser-neubildung	Steigerung der Verdunstung
Wasserdurchlässige Flächenbefestigung		+	+	+
Freiflächenbegrünung		++	+	++
Regenwasserversickerung (anlagenabhängig)		++	++	o
Dachbegrünung	intensiv	+	-	+
	extensiv	++	-	++
Fassadenbegrünung		o	o	++
Baum		o	o	++
Baumrigole (ohne Wirkung des Baumes)		++	++	o
Offene Wasserflächen	stehend	+	o	++
	fließend	+	o	+
Eignung ++ sehr gut + gut o wenig - ungeeignet				

lichen Wasserhaushaltes. Häufig sind diese jedoch naturfern gestaltet oder sogar kanalisiert. Hier geht es darum, anthropogen überformte Gewässer so gut es geht, wieder in das Stadtbild zu integrieren oder auch neue, künstliche Wasserkörper zu schaffen. Die jeweilige Bewertung in vier Kategorien kann im Einzelfall sicher unterschiedlich gesehen werden. Pauschale Aussagen sind schon allein deshalb schwierig, weil die Wirkungen der jeweiligen Systeme von zahlreichen Randbedingungen abhängen. Dazu zählen beispielsweise die Größe der Systeme und die Häufigkeit im urbanen Raum. Hier geht es auch nicht um eine eindeutige Quantifizierung, sondern um orientierende Hinweise.

Zahlreiche Beispiele zeigen, dass die Entwässerung von Gebäuden und Grundstücken durch ansprechende Regenwasserbewirtschaftungskonzepte neben den ökologischen auch ökonomische Vorteile hat. Da die Niederschlagswassergebühr abhängig von dem Anteil der befestigten Flächen, die zur Kanalisation entwässern, erhoben wird, lohnt sich der Rückbau undurchlässiger Flächen grundsätzlich auch finanziell. Da beispielsweise bei Gründächern häufig ein Notüberlauf zur Kanalisation erforderlich ist, besteht hier jedoch auch weiterhin ein Gebührenanspruch (Dudey und Grüning, 2005). Viele Kommunen fördern aber Gründächer oder wasserdurchlässige Flächenbefestigungen zumindest durch eine Reduzierung der Niederschlagswassergebühr.

Urbanes Grün leistet einen wichtigen Beitrag zur Angleichung des urbanen an den natürlichen Wasserhaushalt. Bei der Entwicklung von Begrünungskonzepten ist der dauerhafte Pflegeaufwand zu berücksichtigen. Den damit verbundenen Aufwand und Nutzen wägt Grüning (2020) ab. Im wasserwirtschaftlichen Kontext sind demnach zu beachten:

- Laubfall und Pollen und das Risiko der Verlegung von Straßenabläufen, so dass bei intensiven Regenereignissen die Einleitung in die Kanalisation behindert wird (Kapitel 12.5.2).
- Durchwurzelung von Leitungen, da vor allem im Gehwegsbereich Wurzeln von Straßenbegleitgrün mit der unterirdischen Infrastruktur konkurrieren.

Die Etablierung von urbanem Grün erfordert langfristige Konzepte, die bereits in der Planungsphase die Bewässerung und den Platzbedarf der Pflanzen berücksichtigen. Hier sind intelligente Lösungen gefragt, bei denen Bewässerungskonzepte beispielsweise in wasserwirtschaftliche Systeme integriert sind. Dazu zählen die in Kapitel 13.3.3 beschriebenen Baumrigolen.

13.3.2 Flächenentsiegelung und Versickerung

Ein wesentlicher Bestandteil der wasserbewussten Gestaltung von urbanen Räumen sind Anlagen zur Regenwasserversickerung. Dabei werden Oberflächenabflüsse gezielt in den Untergrund geleitet. Die Möglichkeit der Regenwasserversickerung ist vor allem von folgenden Rahmenbedingungen abhängig:

- Versickerungsfähiger Boden (k_f-Wert)
- Ausreichender Grundwasserflurabstand
- Genügend Platz (verfahrensabhängige Varianten möglich)
- Ausreichend Abstand zu unterkellerten Gebäuden (Vernässung vermeiden)

- Altlastenfreier Untergrund
- Standort außerhalb von Wasserschutzgebieten (Zone I und II)
- Keine Verunreinigung der Oberflächenabflüsse (ggf. Vorbehandlung erforderlich)

Die Auflistung zeigt, dass neben der Schmutzwasserableitung auch künftig eine Ableitung von Oberflächenabflüssen durch die Kanalisation erforderlich ist, da nicht überall Regenwasser versickert werden kann. Besteht jedoch die Möglichkeit der Versickerung, so stellt sie eine ausgezeichnete Variante der ortsnahen Regenwasserbewirtschaftung dar. Das Wasserhaushaltsgesetz gibt vor, dass Niederschlagswasser ortsnah versickert, verrieselt oder direkt oder über eine Kanalisation ohne Vermischung mit Schmutzwasser in ein Gewässer eingeleitet werden soll (WHG § 55 Abs. 2). Versickerungsanlagen sind ein wesentliches Element von Entwässerungskonzepten mit modifiziertem Misch- oder Trennverfahren (Kapitel 2.4.3).

Sind Oberflächenabflüsse verunreinigt, bestehen zahlreiche Möglichkeiten einer ortsnahen (dezentralen) Vorbehandlung. Huber et al. (2015) sowie Sommer et al. (2015) beschreiben unterschiedliche Systeme zur dezentralen Behandlung von Oberflächenabflüssen. Einen wirksamen Reinigungseffekt hat auch die Versickerung durch eine mindestens 0,2 m hohe belebte und begrünte Oberbodenschicht. Eine exemplarische Auswahl von Anlagen zur Regenwasserversickerung zeigt **Bild 13.3**.

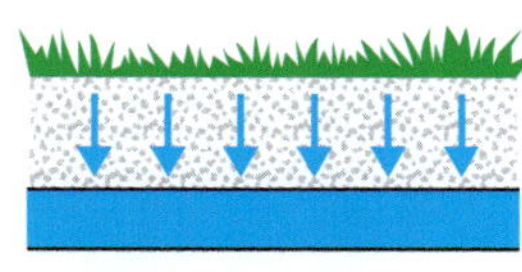

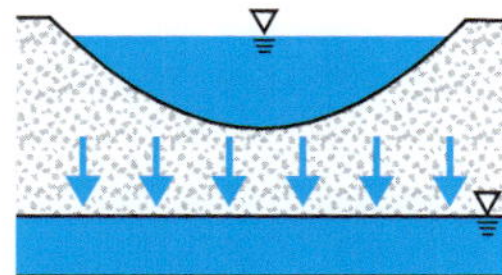

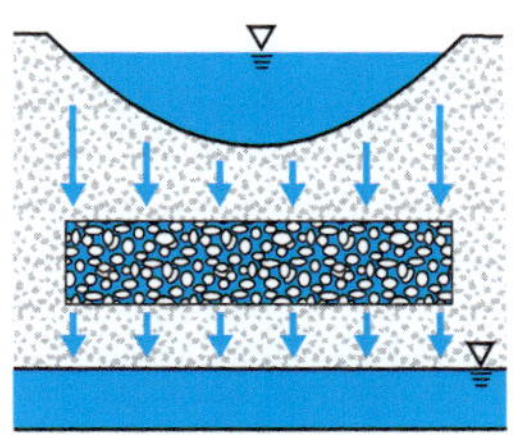

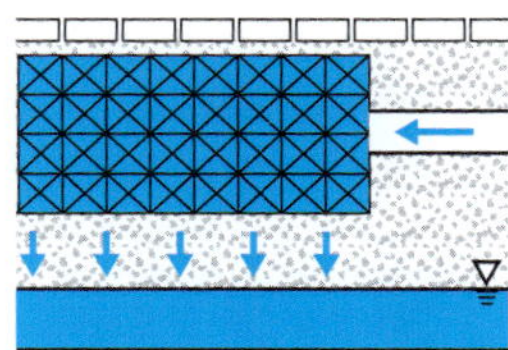

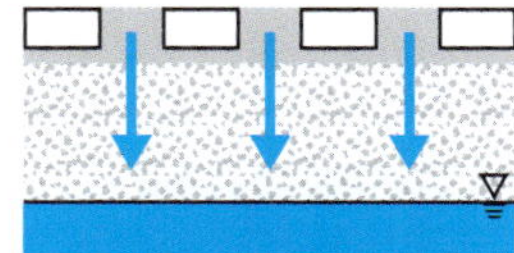

Bild 13.3: Aufbau und Funktionsprinzip unterschiedlicher Anlagen zur Regenwasserversickerung

Bild 13.4: Teil einer kaskadierten Anlage zur Rückhaltung und Versickerung von Oberflächenabflüssen

Neben dem verfügbaren Platz hat vor allem die Durchlässigkeit des Bodens einen maßgeblichen Einfluss auf die Wahl der Anlage. Dazu muss der Durchlässigkeitsbeiwert (k_f-Wert) des Untergrundes bestimmt werden. Er ist ein Maß für die Versickerungsfähigkeit des Bodens. Gemäß Arbeitsblatt DWA-A 138 (2020) beginnt die Möglichkeit der Versickerung bei k_f-Werten $\geq 1 \cdot 10^{-6}$ m/s.

Grundsätzlich ist die Versickerung über die Fläche gegenüber einer punktuellen Einleitung vorzuziehen. Die Versickerung durch die obere belebte Bodenzone hat gegenüber der unterirdischen Versickerung den Vorteil, dass hier eine natürliche Reinigung quasi automatisch abläuft. Neben der Filterwirkung an der Oberfläche und in der Bodenmatrix erfolgt eine Stoffumsetzung durch biologische und chemische Prozesse.

Hinweise zur Art und die Bemessung von Versickerungsanlagen enthält das Arbeitsblatt DWA-A 138 (2020). In Geiger et al. (2009) sind neben der Bemessung und Konzeption von Versickerungsanlagen auch zahlreiche Anlagenbeispiele beschrieben.

Bild 13.5: In die Grünanlage eines Kirchengebäudes integrierte bepflanzte Mulde zur Versickerung von Dachabflüssen

Bild 13.4 zeigt Teile einer Mulden-Kaskade zur Versickerung von Oberflächenabflüssen im Zufahrtsbereich eines Krankenhauses. Das kaskadierte System gleicht die topografischen Niveauunterschiede des Geländes aus. Durch Überleitung aus oberen in untere Mulden ist eine maximale Volumenaktivierung möglich.

Für Versickerungsanlagen bestehen vielfältige optisch ansprechende und pflegeleichte Gestaltungsmöglichkeiten. Eine Flächen- oder Muldenversickerung kann im einfachsten Fall bereits durch eine anspruchslose Wiesenfläche erfolgen. Ein zusätzlicher Pflegeaufwand im Vergleich zu einer Wiese entsteht dabei nicht. Ein Beispiel zur Grundstücksentwässerung durch eine Versickerungsanlage zeigt **Bild 13.5**. Hier werden die Abflüsse eines größeren Flachdaches in die dargestellte bepflanzte Mulde geleitet. Die Niederschlagswassergebühr für die angeschlossene befestigte Fläche wurde komplett erlassen. Das Entwässerungskonzept des gesamten Grundstücks wurde mit dem Wasserzeichen der Emschergenossenschaft ausgezeichnet, die in ihrem Einzugsgebiet vergleichbare Entsiegelungsmaßnahmen zur Abkopplung befestigter Flächen von der Kanalisation fördert.

13.3.3 Bäume und Baumrigolen

Stadtbäume zeichnen sich durch zahlreiche Wirkungen im urbanen Räumen aus. Bäume wirken als Schattenspender, steigern die Luftfeuchtigkeit und kühlen durch Transpiration an heißen Tagen. Bäume prägen das Stadtbild. Die optische Erscheinung von Bäumen wird von der Bevölkerung in der Regel positiv wahrgenommen. Die Wirkung von Stadtbäumen auf das urbane Mikroklima, den Luftaustausch oder den Rückhalt von Schadstoffen beschreiben Henninger und Weber (2020). Die Autoren erläutern die Prozesse zur Verbesserung der kleinräumigen meteorologischen Verhältnisse und die luftfilternden Funktion, verweisen aber auch auf eine mögliche Verminderung des Luftaustausches innerhalb urbaner Straßenschluchten. Diese einschränkenden Effekte können durch standortspezifische Pflanzkonzepte allerdings deutlich reduziert werden.

Die Wachstumsbedingungen von Stadtbäume sind durch zahlreiche Einschränkungen geprägt. Dazu zählen verdichtete Böden, räumliche Enge und eine beschränkte Zuführung von Luft und Wasser in den Wurzelraum. Klimatische Entwicklungen führen zunehmend zu längeren Trockenphasen und hohen Temperaturen im Frühjahr und Sommer. Voraussetzung für die Etablierung von urbanem Grün sind die Wahl geeigneter Standorte und angepasster Arten sowie nachhaltige Pflegekonzepte. Bäume benötigen Platz, Wasser und durchlüftete Wurzelräume, um zu gedeihen.

Baumrigolen ermöglichen die Kombination eines Be- und Entwässerungskonzeptes. **Bild 13.6** veranschaulicht das Prinzip einer Baumrigole. Hier wird eine langfristige Versorgung des Baumes mit Wasser und Nährstoffen gewährleistet und zusätzlich eine ortsnahe Speicherung und Versickerung von Oberflächenabflüssen ermöglicht. Einen Überblick über unterschiedliche Bewässerungskonzepte für Stadtbäume geben Dickhaut und Eschenbach (2019).

Bild 13.7 zeigt ein Baumrigolenkonzept, das die Bewässerung des Baumes und die Belüftung der Baumwurzeln mit dem Rückhalt von Oberflächenabflüssen als Beitrag zur Überflutungsvorsorge miteinander kombiniert. Das im Rahmen des Forschungs- und Entwicklungsvorhabens BeGrüKlim konzipierte System stellt durch einen Speicherraum im Bereich der Pflanzgrube des Baumes eine langfristige Bewässerung sicher (Grüning, 2020). An den Behälter werden beispielsweise Grundstücksentwässerungsleitungen oder auch Straßeneinläufe angeschlossen. Durch ein Textilgewebe gelangt das Wasser aus dem Speicher in den Bereich der Baumwurzeln. Aus dem unteren Behälter versickern die Oberflächenabflüsse in den Untergrund. Ein Notüberlauf an das öffentliche Kanalnetz verhindert eine Überflutungsgefährdung.

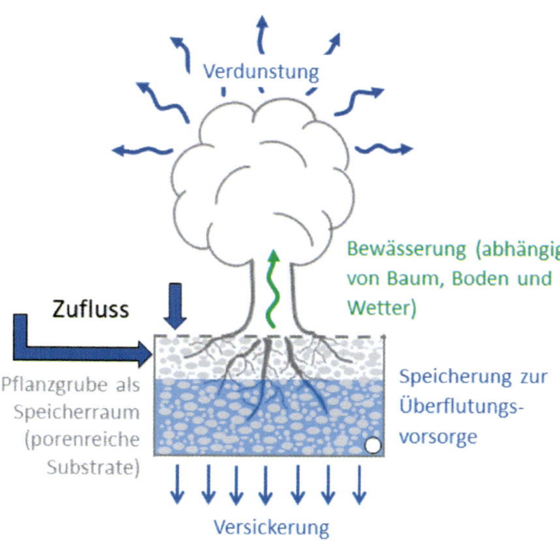

Bild 13.6: Exemplarischer Aufbau und Wirkung einer Baumrigole

Bild 13.7: Konzept zur Bewässerung von Stadtbäumen und zum Rückhalt von Regenwasser mit einem unterirdischen Speichersystem (Fa. Humberg/FH Münster)

13.3.4 Begrünung von Gebäuden und Grundstücken

Die Möglichkeiten der wasser- und klimasensitiven Gestaltung von Gebäuden und privaten Grundstücken sind vielfältig. Das beginnt bereits bei der Gestaltung von Vorgärten. Leider entstehen unter dem Vorwand eines geringeren Pflegeaufwandes zunehmend komplett kiesbedeckte Vorgärten (**Bild 13.8**). Grünflächen mit Bodendeckern bieten dagegen optimale Möglichkeiten, um Regenwasser versickern und verdunsten zu lassen. Die in Kapitel 13.3.2 erläuterten Möglichkeiten der Regenwasserversickerung sollten bei der Entwässerungskonzeption privater Grundstücke zunehmend berücksichtigt werden.

Neben der ortsnahen Versickerung auf den Grundstücken bieten Gründächer eine Möglichkeit der klimagerechten Gestaltung urbaner Räume. In Abhängigkeit von Aufbau und Art der Dachbegrünung (extensiv oder intensiv) können etwa 60 bis über 80 % des Jahresniederschlages zurückgehalten werden (Uhl et al., 2000). Die Dachbegrünung erfolgt dabei nicht primär, um kurzfristig Abflüsse bei intensiven Starkregen zurückzuhalten, sondern um den lokalen Wasserhaushalt im urbanen Raum langfristig zu unterstützen. **Bild 13.9** zeigt exemplarisch den Dachaufbau einer extensiven Dachbegrünung. Auf der Dachkonstruktion wird eine Wurzelschutzfolie aufgelegt. Darüber liegen eine Speicherschutzmatte, ein Dränagesystem, ein Filtervlies, die Substratschicht und die Bepflanzung.

Bild 13.8: Beispiel eines strukturarm gestalteten Vorgartens mit hohem Anteil befestigter Flächen

Extensive Dachbegrünungen erfordern nur einen geringen Pflegeaufwand (**Bild 3.10**). Hier werden niedrigwüchsige Pflanzen (Moose, Sukkulenten, Kräuter, Gräser) verwendet, die den extremen Standortbedingungen auf dem Dach (Extremtemperaturen, Frost, Wind) angepasst sind (**Bild 3.11**). Die Höhe des Gründach-Schichtaufbaus beträgt etwa 5 bis 15 cm. Damit die Pflanzen auch längere Trockenzeiten überdauern, sollte eine ausreichend hohe Substratschicht von ca. 10 cm vorgesehen werden. Extensivbegrünungen sind bis zu einer Dachneigung von 45 Grad möglich.

Intensive Gründächer sind mit Dachgärten vergleichbar. Die Höhe des Dachaufbaus beginnt hier bei 25 cm und kann bis zu 100 cm betragen. Grundsätzlich sind die erforderlichen statischen Voraussetzungen zu berücksichtigen. Die Gestaltungsmöglichkeiten sind vielfältig. Es können auch mehrjährige Stauden und Gehölze angepflanzt werden. Die Pflanzen erfordern einen entsprechenden Gründachschichtaufbau und eine regelmäßige Wasser- und Nährstoffversorgung. Die Dachneigung ist in der Regel auf 5 Grad begrenzt. Wachsende Beliebtheit erfährt die Nutzung von Dächern zum urbanen Gartenbau (Urban Gardening). Hierbei werden Flachdächer in Ballungsräumen zum Anbau von Nutz- und Zierpflanzen genutzt.

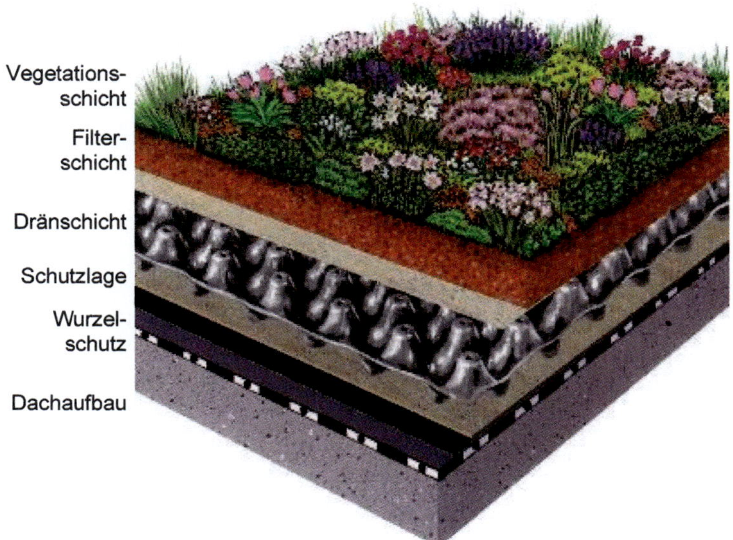

Bild 13.9: Dachaufbau einer extensiven Dachbegrünung (ZinCo)

Bild 13.10: Beispiel extensiver Dachbegrünung in der Sommerzeit bei hohen Temperaturen (Hans-Joachim Kunert)

Bild 13.11: Beispiel einer Naturdachgestaltung mit Kräuter-Gräser-Sedum und einem Drän- und Wasserspeicherelement (Optigrün international AG)

Inzwischen sind Konzepte verfügbar, die eine Regelung von Wasserspeichern im Dachaufbau ermöglichen. So können Trockenphasen durch kontinuierliche Bewässerung überbrückt und bei vorhergesagten Niederschlägen zusätzliche Retentionsräume geschaffen werden.

Die Abflussbildung von Gründächern hängt in erster Linie von der Art der Ausführung und der Höhe sowie dem aktuellen Wassergehalt der Substratschicht ab. Zur Orientierung kann eine Speicherfähigkeit von 3 bis 4 l/m^2 angenommen werden. In Tabelle 13.3 sind dazu mittlere Werte angegeben. Untersuchungen zum Abflussverhalten unterschiedlicher Gründachaufbauten führten Uhl et al. (2000) durch. Demnach bewirken bereits Schichtaufbauten ab 5 cm eine deutliche Verringerung des Regenabflusses. Selbst bei vollständiger Durchnässung lagen die Spitzenabflussbeiwerte (ψs) der untersuchten Gründächer unter 0,5. Eine Steigerung der Retentionswirkung war bei Schichtaufbauten bis zu einer Höhe von 15 cm nachzuweisen. Höhere Substrataufbauten bewirkten lediglich eine unterproportionale Verringerung des Jahresabflusses.

Die Wirkung von Gründächern beschränkt sich dabei nicht auf den Rückhalt des Regenwassers und einen positiven Einfluss auf die lokalklimatischen Verhältnisse. Wie **Tabelle 13.3** zeigt, entstehen abhängig von der Bepflanzung neue Lebensräume für unterschiedliche Tier- und Pflanzenarten.

Konzepte bis hin zu Visionen zur Gebäudebegrünung zeigen Entwürfe innovativer Architekten und Stadtplaner. Der Entwurf eines 16-stöckigen Gebäudes mit vertikaler Begrünung, begrünten Terrassen und einem Dachgarten der Architektin Aika Schluchtmann zeigt, dass eine Symbiose aus Lebensqualität und Ökologie mitten in einer Großstadt möglich ist (**Bild 13.12**). Der Entwurf des Gebäudes berücksichtigt das langfristige Pflegekonzept. Durch entsprechende Gänge sind die Pflanzen dauerhaft für Beschneidungsmaßnahmen zugänglich. Ebenfalls muss ein Bewässerungskonzept die regelmäßige Bewässerung gewährleisten.

Zukunftsweisende Konzepte entwickelt ebenfalls der italienische Architekt Stefano Boeri. Vertikale Wald-Hochhäuser nach seinen Entwürfen gibt es bereits in der Schweiz und in Mailand. In Süd-China entsteht die Dschungel-Stadt Liuzhou. Hier sind nicht nur Parks, Gärten und Straßen begrünt, sondern auch die Gebäude selbst werden konsequent bepflanzt.

Bei knapper Flächenverfügbarkeit bzw. um Flächenbefestigungen gering zu halten, muss letztlich Raum durch Höhe geschaffen werden. Begrünte Hoch-

Tabelle 13.3: Gegenüberstellung der ökologischen Wirkung unterschiedlicher Dachaufbauten (verändert und ergänzt nach Pfoser et al., 2013)

Wirkkriterien		Kiesdach	Gründach	
			extensiv	intensiv
Rückhalt des jährlichen Regenvolumens		20 bis 30 %	30 bis 60 %	60 bis 90 %
Speicherfähigkeit (abhängig von Aufbauhöhe)		gering	20 bis 50 l/m²	30 bis 100 l/m²
Verdunstung des jährlichen Regenvolumens (Kühlwirkung)		bis 40 %	bis 70 %	bis 90 %
Deckungsgrad Flora		1 %	85 %	95 %
Artendiversität (Anzahl Arten)	Flora	12	53	36
	Fauna	7	43 bis 57	30
Individuendichte Fauna (Anzahl pro m²)		0,6 pro m²	10,6 pro m²	13 pro m²

Bild 13.12: Mehrstöckiges vertikal und horizontal begrüntes Gebäude in München (Aika Schluchtmann Architekten)

häuser stellen dabei besondere Anforderungen an das Bepflanzungskonzept. Dabei ist beispielsweise der Schutz gegen herabfallende Äste zu berücksichtigen. Die aufgeführten Beispiele zeigen aber, dass begrünte Gebäude in unterschiedlichen Lagen und Dimensionen möglich sind.

13.3.5 Kühleffekte durch Förderung von Verdunstungsprozessen

Neben den positiven Einflüssen auf die Entwässerung urbaner Räume stellen unterschiedliche Maßnahmen zur Begrünung einen überaus wichtigen Beitrag zur Kühlung von Ballungsräumen dar. Wie Kuttler (2013) beschreibt, sind städtische Lufttemperaturen im Vergleich zum Umland im Jahresmittel um 1 bis 2 K erhöht. Dabei beeinflussen Größe und Struktur der Stadt sowie Jahreszeit und Wetterlage die Temperaturunterschiede erheblich. In Einzelfällen sind über kurze Zeiten in den Nachtstunden sogar Temperaturdifferenzen von 10 K bis 15 K gemessen worden.

In innerstädtischen Räumen ist nahezu jeder Quadratmeter Fläche bebaut oder befestigt. Farbe, Zusammensetzung und Wasseraufnahmefähigkeit der Baustoffe weisen zum Teil extreme thermische Eigenschaften auf. Kuttler (2013) beschreibt diese Zusammenhänge anschaulich. Demnach bewirkt die Bodenfeuchte einen wesentlichen Unterschied bei der Luft- und Bodenerwärmung. Bei einem feuchten Lehmboden dringen Temperaturänderungen schneller und tiefer in den Boden ein als bei trockenen Substraten. An der Oberfläche stellen sich jedoch bedingt durch den Energieaufwand bei der Evaporation niedrigere Temperaturen ein. Dunkle Asphaltoberflächen zeichnen sich im Vergleich zu natürlichem Boden (trockener Lehmboden) durch eine dreimal so hohe Wärmeleitfähigkeit, doppelt so hohe Temperaturleitfähigkeit und einen über dreimal so hohen Wärmeeindringkoeffizienten aus. Sie absorbieren aufgrund ihrer dunklen Farbe viel Strahlungsenergie und heizen sich im Vergleich zu natürlichen Materialien bei sommerlicher Einstrahlung sehr stark auf, da dann kein Energietransport über die Verdunstung stattfindet. Das unterscheidet eine Asphaltoberfläche von natürlichem Boden, der meistens Feuchtigkeit enthält. Die Bodenfeuchtigkeit wird unter Aufwand von Energie in die Atmosphäre transportiert. Dieser Energieanteil steht dann der Luft- und Bodenerwärmung nicht zur Verfügung, so dass natürliche Bodenoberflächen in der Regel kühler sind als zumeist verwendeten künstlichen Baustoffe. Bereits teilbefestigte Flächen unterstützen die Verdunstung deutlich. So verdunsten von Asphaltflächen lediglich 20 % des Jahresniederschlages. Dagegen liegt der jährliche

Bild 13.13: Stadtgarten Essen als Beispiel für die Integration von Grünflächen in dicht besiedelten Räumen (© Johannes Kassenberg)

Verdunstungsanteil bei Rasengittersteinflächen bereits bei 45 %. Der damit für den Verdunstungsprozess erforderliche zusätzliche Energieaufwand trägt damit nicht mehr zur Erwärmung bei.

Bauliche Barrieren hemmen darüber hinaus den Luftaustausch, so dass sich die heiße Luft staut. Hier können entsprechend angeordnete Straßen eine Schneise bilden, um kühlere Luft von den Außengebieten in die Kernbereiche zu transportieren.

Auch bei dem enormen Anstieg der Grundstückspreise in den attraktiv empfundenen Gegenden müssen Konzepte zur Begrünung umgesetzt werden. Diese Konzepte tragen auf vielfältige Weise zur dauerhaften Attraktivität bei. Trotz beengter Platzverhältnisse gibt es Möglichkeiten, Vegetation in urbanen Räumen anzuordnen. Dazu zählen Konzepte zur Gebäudebegrünung (Gründächer und Fassadenbegrünung), Baumbepflanzungen im Verkehrsraum (Alleen und Plätze) oder die Anordnung von Parkanlagen (**Bild 13.13** und **Bild 13.14**).

Bild 13.14: Zentrumsnaher Stadtgarten von Castrop-Rauxel mit offener Wasserfläche

Nach BBSR (2015) entwickeln Parkanlagen mit einer Fläche von rund 2 ha bereits ein eigenes kühleres Binnenklima, das in überhitzte Stadträume ausstrahlen kann. Die abkühlende Wirkung reicht 200 bis 300 m. Dann hat sich die kühlere Luft an die Temperatur der aufgeheizten Stadt angeglichen. Demnach ist in dichten Stadtgebieten ein Netz aus mehreren kleineren, 2 bis 3 ha großen Grünflächen mit Abständen von etwa 400 m untereinander als klimatisch besonders günstig einzuschätzen.

Die höchste Evaporations- und Kühlleistung wird durch eine semiaquatische und aquatische Vegetation erreicht. Insofern würde eine Bepflanzung mit ständiger Wasserversorgung (feuchte Wiesen, Schilfbepflanzungen, Schwimmpflanzen) besonders wirksam zur Kühlung beitragen. Aufgrund der hohen Evapotranspiration haben urbane Feucht-Grünflächen eine höhere Kühlleistung als offene Wasserflächen.

Die klimatologische Wirkung offener Wasserflächen auf das urbane Umfeld wird durch zahlreiche Faktoren beeinflusst. Dazu zählen die Art (Fließ- oder Stillgewässer), die Größe des Gewässers, die Wassertiefe und die Lage innerhalb des Stadtgebietes sowie der Luftaustausch zwischen Wasserkörper und Stadt (Uferbebauung). Wasser weist vor allem aufgrund der hohen Wärmekapazitätsdichte im Vergleich zur natürlichen oder künstlichen Bodenoberfläche eine geringe Erwärmungsrate auf. Somit sind Wasserkörper bei hohen Lufttemperaturen im Sommer deutlich kühler als ihre direkte Umgebung. Außerdem bewirkt die erhöhte Verdunstungsrate eine Kühlwirkung. Je nach Größe und Volumen sowie in Abhängigkeit von der Klimazone und der Art des Gewässers liegen die Lufttemperaturdifferenzen zwischen der Wasserfläche und dem angrenzenden Umland zwischen 0,4 K in der Nacht und über 5 K am Tag (Henninger und Weber, 2020). Allerdings kann in den Nachtstunden ein umgekehrter Effekt eintreten, da die Abkühlung infolge des Wärmespeichervermögens verzögert ausfällt. Dann kann das Gewässer eine höhere Temperatur aufweisen als die Umgebungsluft.

Einen maßgeblichen Beitrag zur Kühlung in eng besiedelten Bereichen liefern Bäume. Die Kühlwirkung resultiert aus unterschiedlichen Prozessen. Neben der Beschattung durch die Blätter reflektieren die Blattoberflächen die kurzwelligen Sonnenstrahlen und nutzen diese außerdem zur Transpiration. Ein Teil der abgefangenen Strahlung wird genutzt, um Wasser aus den Spaltöffnungen der Blätter zu verdunsten. Weil das Wasser beim Verdunsten Wärme verbraucht, kühlen sich die Umgebung auf diese Weise ab. Die Kühlwirkung hängt dabei stark von der Baumart und den Standortbedingungen ab. Untersuchungen von Rahman (2016) zeigen, dass die Kühlleistung einer Linde bis zu 2,3 kW betragen kann. Die Leistung eines Klimagerätes liegt zwischen 1 und 10 kW. An heißen, sonnigen Tagen können die Bäume abhängig von Größe und Witterung etwa 100 bis 300 l Wasser verdunsten.

13.3.6 Gestaltung öffentlicher Bereiche zur multifunktionalen Flächennutzung

Multifunktionale Flächen, sind Freiflächen im urbanen Raum, bei denen eine temporäre Überflutung keine maßgebliche Schadwirkung hervorruft. Diese Flächen werden die meiste Zeit über nicht zum Rückhalt von Oberflächenabflüssen genutzt. Häufig handelt es sich um Sportanlagen, Grünflächen, öffentliche Plätze, Verkehrsflächen mit eingeschränkter Nutzung oder auch Spielplatzbereiche. Hier halten sich während und unmittelbar nach einem Starkregen normalerweise keine Personen auf, so dass eine moderate temporäre Überflutung zulässig ist. **Bild 13.15** veranschaulicht dieses Konzept. Die Einstauhöhen während der Überflutungsphasen beschränken sich in der Regel auf wenige Zentimeter. Ziel ist es, Oberflächenabflüsse durch Starkregen, von sensiblen Bereichen (Souterrainwohnungen, U-Bahnhöfen, Unterführungen etc.) in diese weniger sensiblen Bereiche zu leiten. Das Wasser wird anschließend (zeitlich verzögert) in ein Gewässer oder in die Kanalisation eingeleitet.

Eine Möglichkeit der multifunktionalen Nutzung bietet die gezielte Führung von Oberflächenabflüssen über Verkehrswege. Grundsätzlich wird das auf Straßenflächen anfallende Regenwasser im Straßenraum gesammelt und fließt den Gefälleverhältnissen entsprechend über den nächsten Straßeneinlauf in die Kanalisation. Aus Gründen der Verkehrssicherheit, soll das Wasser möglichst nicht auf der Straße stehen. Bei außergewöhnlichen Regenereignissen kann der uneingeschränkte Abfluss allerdings nicht mehr gewährleistet werden. In diesen Ausnahmesituationen kann der durch Bordsteine eingefasste Straßenraum temporär als offenes Gerinne genutzt werden, um Abflüsse in Bereiche mit vermindertem Schadenspotenzial abzuleiten (**Bild 13.16**). Über Möglichkeiten und Grenzen dieser multifunktionalen Nutzung von Verkehrsflächen berichtet Benden (2014). Er sieht folgende Mitbenutzungsmaßnahmen im öffentlichen Straßenraum:

- Mitbenutzung der Fahrbahn (inkl. Profilanpassungen)
- Mitbenutzung der Flächen des parkenden bzw. haltenden Verkehrs (Stellplätze, Bushaltebuchten)
- Mitbenutzung der Seitenräume (Grünstreifen, Tiefbeete, Fuß- und Radwege, Plätze etc.)
- Mitbenutzung der Flächen zur Verkehrslenkung bzw. -beruhigung (Mittelinseln, Kreisverkehre etc.)
- Mitbenutzung des Straßenuntergrundes

Den Möglichkeiten, öffentliche Verkehrsräume zur gezielten Wasserführung und Retention zu nutzen, stehen häufig Bedenken der Verkehrssicherheit gegenüber. Diese können ausgeräumt werden, wenn sich die multifunktionale Nutzung von Verkehrsflächen auf seltene Ereignisse begrenzt und dann ohnehin keine oder nur eine eingeschränkte Nutzung möglich wäre. Dabei ist eine Beeinträchtigung wichtiger Verkehrswege zu vermeiden und der Wasserstand zu begrenzen.

Bild 13.15: Multifunktionale Nutzung eines Platzes als Aufenthaltsort und als temporärer Rückhalteraum (MUST Städtebau)

Bild 13.16: Temporäre Nutzung von Verkehrswegen zur Ableitung von Oberflächenabflüssen bei Starkregen (MUST Städtebau)

13.3.7 Gestaltung erlebbarer Gewässer

Stehende oder fließende Gewässer im urbanen Raum sind weit mehr als eine Bereicherung des Stadtbildes. Doch bereits dieser positive Aspekt ist nicht zu unterschätzen. Attraktiv gestaltete Wasserflächen wirken anziehend auf die Bevölkerung. Leider sind zahlreiche Fließgewässer im Zuge städtebaulicher Entwicklungen kanalisiert und damit unter die Oberfläche verdrängt worden. **Bild 3.17** zeigt einen kanalisierten Bach der über eine Strecke von mehreren Kilometern unterhalb eines eng bebauten Stadtgebietes verläuft. Es handelt sich um einen Kanal, durch den ständig ein natürliches Gewässer fließt. Bei Regenewetter werden Oberflächenabflüsse in diesen Bachkanal eingeleitet. Derartige kanalisierte Bäche sind häufig innerhalb urbaner Bereiche zu finden. Naturnah gestalteten Gewässern in innenstädtischen Bereichen wurde vor Jahrzehnten keine Bedeutung beigemessen. Sie wurden eher als störend empfunden und verschwanden einfach in den Untergrund. Heute ist es nicht einfach, diese Missstände wieder rückgängig zu machen. Neben dem hohen finanziellen Aufwand fehlt es schlicht an Platz, um die Gewässer wieder erlebbar

Bild 13.17: Kanalisierter Bachlauf unterhalb eines stark verdichteten urbanen Raumes

in das Stadtbild zu integrieren. Das Ergebnis einer aufwändigen Offenlegung eines ehemals kanalisierten Gewässers veranschaulicht **Bild 3.18**. Die topografsichen Bedingungen ermöglichen hier lediglich eine tief eingeschnittene Gewässerführung. Die beengten Platzverhältnisse lassen einen mäandriereden Verlauf mit Uferrandstreifen nicht zu. Die Gewässerbepflanzung kompensiert diese Problematik im Rahmen der eingeschränkten Möglichkeiten. Eine derartige Lösung ist ein Beispiel für den Kompromiss zwischen erstrebenswertem Ziel und Machbarkeit.

Grundsätzlich müssen Gewässer im Rahmen der bestehenden Möglichkeiten wieder naturnah gestaltet werden. Im Gegensatz zur raschen Ableitung von Oberflächenabflüsse in die und innerhalb der Kanalisation, tragen naturnah gestaltete Gewässer zum zeitverzögerten Rückhalt (Retention) der Abflüsse bei. Ziel muss es sein, erlebbare Gewässer durch offene Gewässerführung und durch Rückbau oder Umgestaltung degradierter Auen und überformter Randzonen zu schaffen. Derartig gestaltete offene Gewässer können maßgeblich zur sicheren Ableitung von hohen Abflüssen nach intensiven Regenereignissen beitragen. **Bild 3.19** zeigt ein naturnah gestaltetes Hochwasserrückhalteraum mit Doppelfunktion. Neben der Rückhaltfunktion kann das Gewässer erlebt werden. Steine und Sitzgelegenheiten in und am Gewässer ermöglichen die Nutzung als Kinderspielplatz.

Bild 13.18: Beispiel für die Offenlegung eines ehemals kanalisierten Gewässers im beengten urbanen Raum

Bild 13.19: Beispiel für eine multifunktionale Gewässernutzung durch Gestaltung eines Hochwasserrückhalteraumes als Wasserspielplatz

13.4 Ökosystemleistungen wasserwirtschaftlicher Systeme

Neben der grundsätzlichen Aufgabe urbane Räume zu entwässern, weisen wasserwirtschaftliche Systeme auch ökologische und ökonomische sowie soziale und gesellschaftliche Vorteile auf. Diese sogenannten Ökosystemleistungen repräsentieren Nutzen und Vorteile, die Menschen aus dem Ökosystem beziehen können (Breuste, 2019). Dazu zählen beispielsweise Maßnahmen zur lokalen Klimaregulation, die Schadstoffbindung durch Pflanzen oder eine positive Wahrnehmung (Wohlfühlfaktor) und der Erholungswert. Diese zeigen sich beispielsweise an Ökosystemdienstleitungen von urbanem Grün mit physisch wahrnehmbaren und auch psychischen Wirkungen auf den Menschen (Breuste, 2019 oder Dickhaut und Eschenbach, 2019). Dabei sind die Wahrnehmungen sicher individuell. So kann ein Baum im Sommer als willkommener Schattenspender wahrgenommen werden. Die positive Wahrnehmung ändert sich möglicherweise im Herbst, wenn das Laub abgeworfen wird.

Wasser bzw. wasserwirtschaftliche Systeme sind ein maßgeblicher Bestandteil der blau-grünen Infrastruktur. Neben der anziehenden Wirkung von Gewässern steht Wasser in einem kausalen Zusammenhang zur grünen Infrastruktur, die ohne Bewässerung nicht existieren kann. Die Gewässer im urbanen Raum weisen häufig eine gewisse Naturferne auf oder sind vollkommen künstlich gestaltet. Doch auch künstlich gestaltete Systeme können einen erheblichen Beitrag zur Attraktivitätssteigerung leisten.

Die folgenden Beispiele zeigen, ohne Anspruch auf eine vollständige Klassifikation, in welcher Art und Form innerhalb urbaner Strukturen Wasser respektive Gewässer wahrzunehmen ist.

- Fließgewässer (Bäche und Flüsse) oder Stillgewässer (Teiche und Seen) - mehr oder weniger naturnah gestaltet
- Offene Kanäle (z. B. Wasserstraßen oder Grachten)
- Natürliche oder vor allem künstliche Gräben zur Bewässerung (z. B. landschaftgärtnerische Gestaltung) oder Entwässerung (z. B. Wegeseitengräben)
- Wasserspiele wie Fontänen oder Springbrunnen sowie Wasserspielplätze
- Systeme die Erholungs- und Freizeitwert mit Retentionswirkungen bei intensiven Niederschlägen kombinieren (sogenannte multifunktionale Bereiche)
- Anlagen zur Versickerung und Speicherung von Regenwasser

Ein gelungenes Beispiel für die Kombination zahlreicher Funktionen ist der Aasee in Münster (**Bild 13.20**). Der 40 ha große See wurde ursprünglich als Überflutungsschutzmaßnahme angelegt. Heute ist der See und das Umfeld des Sees ein bedeutendes Naherholungsgebiet und ermöglicht unterschiedliche Sport- und Freizeitaktivitäten. Der nur 2 m tiefe See ist auch Teil des städtischen Entwässerungssystems. Es werden Oberflächenabflüsse eingeleitet. Gerade in heißen Sommerphasen können beispielsweise Nährstoffeinträge zu Sauerstoffdefiziten führen, die durch entsprechende Behandlungsmaßnahmen reduziert werden. Das künstliche Gewässer ist ebenfalls durch einen hohen ökologischen Nutzen gekennzeichnet. Es bietet beispielsweise Lebensraum für zahlreiche Fische und Wasservögel.

Bild 13.21 zeigt den Phönix-See in Dortmund. Es handelt sich um einen künstlich angelegten See, der auf dem Areal eines ehemaligen Stahlwerkes entstanden ist. Der 24 ha große grundwassergespeiste See prägt das städtische Umfeld grundlegend. Er bietet u.a. Möglichkeiten der Naherholung und sportlichen Aktivitäten. Im Umfeld des Sees sind begehrte Wohn- und Büroge-

Bild 13.20: Der Aasee in Münster besticht durch zahlreiche Ökosystemleistungen im urbanen Raum (© Presseamt Münster / Bernhard Fischer)

Bild 13.21 Blick auf den künstlich angelegten Phönix-See Im Dortmunder Stadtteil Hörde mit umfangreicher multifunktionaler Wirkung

bäude und eine attraktive Promenade entstanden. Aus wasserwirtschaftlicher Sicht bietet der See, neben klimaregulierenden Effekten im nahen Umfeld, als Retentionsraum einen wichtigen Beitrag zur Überflutungsvorsorge. Neben dem Basisvolumen von 600.000 m³ (Seekörper) steht ein zusätzlicher Hochwasserrückhalteraum von 235.000 m³ zur Verfügung.

Ein weiteres Beispiel für die Möglichkeiten der Integration erlebbarer Gewässerlandschaften in urbane Bereiche ist die naturnah gestalte Ulsteraue in der Stadt Geisa (**Bild 13.22**). Aus einem völlig überbauten Raum ist hier ein geschwungener Wasserlauf mit einem Wasserspielplatz, Liegeinseln und Badeteich zu entstanden. Die positive Wahrnehmung vergleichbarer gestalteter Räume prägen die Wahrnehmung des hohen Wertes von Wasser und Gewässern.

Einen exemplarischen Überblick diverser Ökosystemleistungen in Verbindung mit der blau-grünen Infrastruktur gibt **Tabelle 13.4**. Dabei können die aufgeführten Systeme abhängig von der Gestaltung und Lage unterschiedliche Ökosystemdienstleitungen übernehmen. Insofern ist eine eindeutige Bewertung nicht grundsätzlich möglich.

Bild 13.22: Naturnah gestaltete Ulsteraue als Beispiel für erlebbare Gewässer im urbanen Umfeld (Robert Storch und Erik Hanf, Landschaftsarchitekten)

Tabelle 13.4: Mögliche lokale Ökosystemdienstleistungen der blauen bzw. blau-grünen Infrastruktur im urbanen Raum

Art und Form	Entwässerung	Bewässerung	Lokale Klimaregulation	Freizeit und Erholung	Stadtnatur
Stehende Gewässer	(x)	(x)	x	x	x
Fließende Gewässer	x	(x)	x	x	x
Wasserspiele	–	–	(x)	x	x
Retentionsräume	x	–	–	(x)	(x)
Multifunktionale Bereiche	x	–	–	x	x
Versickerungsanlagen	x	(x)	x	(x)	x
Dachbegrünung	x	x	x	(x)	x

13.5 Vorsorgemaßnahmen als gesamtgesellschaftliche Verantwortung

Extreme Starkregenereignisse mit Überflutungsfolge haben in den letzten Jahren die Entwässerungstechnik verstärkt in die öffentliche Wahrnehmung gerückt. Oft wird in diesem Zusammenhang die Frage nach der Verantwortung für diese Entwicklung gestellt. Die Verantwortung kann in diesem Fall aber niemand von sich abschieben. Die Frage nach dem Umfang anthropogen bedingter Einflüsse auf den Klimawandel geht jeden an, insbesondere Menschen der Industrienationen. Dass alles getan werden muss, um Treibhausgasentwicklungen zu begrenzen, ist (weitgehend) unbestritten. Die zunehmende Flächenbefestigung durch die Ausweitung urbaner Räume betrifft ebenfalls jeden. Die Nutzung und damit auch der Ausbau von Verkehrswegen und der Wohnungsbau sind ein allgemeines Anliegen. In der Vergangenheit lag die Zunahme befestigter Flächen nach Angabe des Umweltbundesamtes in Deutschland bei über 100 ha pro Tag. Hier ist inzwischen ein rückläufiger Trend erkennbar. Allerdings ist der Bedarf nach Wohnraum in den Ballungsräumen ungebremst. Durch wasserbewusste Stadtentwicklungskonzepte können die negativen Folgen der Urbanisierung zumindest teilweise kompensiert werden.

Wohnen im unmittelbaren Umfeld natürlicher Fließgewässer ist attraktiv. Jeder muss sich aber bewusstmachen, dass Hochwässer natürliche Prozesse sind und dass damit in Gewässernähe ein systembedingtes Überflutungsrisiko besteht. Durch urbane Sturzflutereignisse sind aber auch abseits von Fließgewässern vergleichbare Gefahrensituationen möglich.

Der Schutz vor Überflutungen erfordert ein Maßnahmenpaket, an dem sich zahlreiche Akteure beteiligen müssen. Hier ist nicht nur die Politik gefragt. Letztlich muss jeder Grundstückseigentümer privat Vorsorge treffen. Doch dafür fehlt oft das Problembewusstsein. Wird zu Beginn von Lehrveranstaltungen oder bei öffentlichen Informationsveranstaltungen die Frage gestellt, was mit dem abfließenden Duschwasser oder dem gefallenen Regen letztlich passiert, herrscht häufig völlige Ahnungslosigkeit. Wenn die Existenz und der Nutzen der vor allem unterirdisch angeordneten Entwässerungssysteme in der Öffentlichkeit nicht bekannt sind, wird die Frage nach den Grenzen der Entwässerungstechnik gar nicht erst gestellt. Nutzen und Möglichkeiten moderner Entwässerungssysteme inklusive stadthydrologischer Maßnahmen müssen verstärkt in das allgemeine Bewusstsein gerückt werden. Künftige Entwicklungen klimatischer Bedingungen erfordern Konzepte mit einer naturähnlichen Wasserbilanz auch im urbanen Raum. Dies gelingt nur durch eine erhebliche

Zunahme von Natur auch in eng bebauten Strukturen. Hier muss sich jeder bewusstmachen: Blau-grüne Infrastruktur braucht dauerhaft Pflege. Innovative Stadtentwicklungskonzepte dürfen nicht innerhalb kurzer Zeit zu verwahrlosten Grünbereichen führen, die von der Bevölkerung negativ wahrgenommen werden. Auch hier ist jeder gefragt, seinen Beitrag zu leisten. Dabei profitieren von naturähnlich gestalteten urbanen Lebensräumen so viele: vom kleinsten Insekt bis zum Menschen.

Literaturverzeichnis

Assmann, A. (2018): Starregen und Hochwasser in kleinen Einzugsgebieten – Auswirkungen und Vorsorgemaßnahmen. Wasser und Abfall (20. Jahrgang) Nr. 9, September 2018

ATV (1985) Arbeitsblatt ATV-A 136: Niederschlag - Aufbereitung und Weitergabe von Niederschlagsregistrierungen. Regelwerk der Abwassertechnischen Vereinigung e.V. (ATV) in Zusammenarbeit mit dem Verband Kommunaler Städtereinigungsbetriebe (VKS), Hennef, Dezember 1985

ATV (1996) ATV-Handbuch Bau und Betrieb der Kanalisation. 4. Auflage, Ernst & Sohn Verlag für Architektur und technische Wis-senschaften GmbH, Berlin

ATV-DVWK (2000) Arbeitsblatt ATV-DVWK-A 134: Planung und Bau von Abwasserpumpanlagen. Deutsche Vereinigung für Wasserwirtschaft, Abwasser und Abfall e. V. (DWA), Hennef, Juni 2000

ATV-DVWK (2003) Arbeitsblatt ATV-DVWK-A 198: Vereinheitlichung und Herleitung von Bemessungswerten für Abwasseranlagen. Deutsche Vereinigung für Wasserwirtschaft, Abwasser und Abfall e. V. (DWA), Hennef, April 2003

ATV-DVWK (2004): Bewertung der hydraulischen Leistungsfähigkeit bestehender Entwässerungssysteme. Arbeitsbericht der ATV-DVWK-AG ES-2.1. KA-Abwasser, Abfall 51 (2004) Nr. 1, S. 69-75

Bartelme, N. (2005): Geoinformatik. Modelle - Strukturen - Funktionen. 4. Auflage, Springer-Verlag, Berlin Heidelberg

BBSR (Hrsg.) (2015): Überflutungs- und Hitzevorsorge durch die Stadtentwicklung. Ergebnisbericht der fallstudiengestützten Expertise „Klimaanpassungsstrategien zur Überflutungsvorsorge verschiedener Siedlungstypen als kommunale Gemeinschaftsaufgabe", herausgegeben vom Bundesinstitut für Bau-, Stadt- und Raumforschung (BBSR), ISBN: 978-3-87994-161-2, Bonn, April 2015

Becker, M.; Spengler, B. und Vaupel, W. (1998): Luftbilder zur Ermittlung befestigter Flächen - Verlässliche Grundlage für siedlungswasserwirtschaftliche Berechnungen. KA Korrespondenz Abwasser 45 (1998) Nr. 8, S. 1454-1464

Behr, F.-J. (2019): GIS-Technologie, Interoperabilität, IT, Standards. http://www.gis-news.de/technologie/datenformate/ubernahme-digitaler-datenbestande/, besucht am 03.06.2019

Belke, R. und Grüning, H. (2004) Realisierung eines großvolumigen Sammlersystems zur Regenwasserbewirtschaftung im Mönchengladbacher Stadtgebiet. Korrespondenz Abwasser (51) Nr. 12, S. 1340-1344

Benden, J. (2014): Möglichkeiten und Grenzen einer Mitbenutzung von Verkehrsflächen zum Überflutungsschutz bei Starkregenereignissen. Dissertation. Schriftenreihe des Instituts für Stadtbauwesen und Stadtverkehr der RWTH Aachen, Nr. 57

Berger, C.; Falk, C.; Hetzel, F.; Pinnekamp, J.; Roder, S. und Ruppelt J. (2016): Zustand der Kanalisation in Deutschland - Ergebnisse der DWA-Umfrage 2015. Korrespondenz Abwasser, Abfall (63) Nr. 6, S. 498-508

Bill, R. (2010): Grundlagen der Geo-Informationssysteme. 5. Auflage, Wichmann-Verlag

Blasius, R. und Büsing, F. W. (1894): Die Städtereinigung. Verlag von Gustav Fischer, Jena

BMVI (2015): Stufenplan Digitales Planen und Bauen. Bundesministerium für Verkehr und digitale Infrastruktur (BMVI), Berlin, Dezember 2015

Bosseler, B.; Puhl, R. und Harting, K. (2003): Zustandserfassung und Dichtheitsprüfung von Hausanschluss- und Grundleitungen (Endbe-richt), Gelsenkirchen

Breuer, L. J. (1988): Grundlagen der Radarhydrometrie. Zeitschrift für Stadtentwässerung und Gewässerschutz, Heft 4, S. 5-37, SuG-Verlagsgesellschaft, Hannover

Breuste J. (2019) Die grüne Stadt - Stadtnatur als Ideal, Leistungsträger und Konzept für Stadtgestaltung. Springer Verlag, Berlin

Brombach, H.; Michelbach S. und Wöhle C. (1992): Sedimentations- und Remobilisierungsvorgänge im Abwasserkanal. Verbundprojekt: Niederschlagsbedingte Schmutzbelastung der Gewässer aus städtischen befestigten Flächen, Band 3, Schriftenreihe des Instituts für Siedlungswasserwirtschaft der Universität Karlsruhe, Februar 1992

Bronstert, A.; Bormann, H.; Bürger, G.; Haberlandt, U.; Hattermann, F.; Heistermann, M.; Huang, S.; Kolokotronis, V.; Kundzewicz, Z.; Menzel, L.; Meon, G.; Merz, B.; Meuser, A.; Paton, E. N.; Petrow, T. (2017): Hochwasser und Sturzfluten an Flüssen in Deutschland. In Klimawandel in Deutschland. Brasseur, G. P.; Jacob, D. und Schluck-Zöller, S. (Hrsg.), Springer Verlag, Berlin Heidelberg

Butler, D. and Davies, J. W. (2011): Urban Drainage. 3rd Edition, Spon Press, London and New York

Burger, G.; Kleidorfer, M. und Rauch, W. (2014): Kanalnetzberechnung – die nächste Generation? KA Korrespondenz Abwasser 61 (2014) Nr. 3, S. 202-209

Deister, L.; Brenne, F.; Stokman, A.; Henrichs, M.; Jeskulke, M.; Hoppe, H. und Uhl, M. (2016): Wassersensible Stadt- und Freiraumplanung. Handlungsstrategien und Maßnahmenkonzepte zur Anpassung an Klimatrends und Extremwetter. SAMUWA Publikation. http://www.samuwa.de/img/pdfs/leitfaden_wassersensible_stadt-entwicklung.pdf

Despotović, J.; Petrović, J. und Jacimović, N. (2002): Measurement, calibration of rainfall-runoff models and assessment of the return period of flooding events at urban catchment Kumodraz in Belgrade. Water Science and Technology, Vol. 45, No. 2, pp. 127-133

Dettmar, J. und Brombach, H. (2019): Im Spiegel der Statistik: Abwasserkanalisation und Regenwasserbehandlung in Deutschland. Korrespondenz Abwasser, Abfall 66 (2019) Nr. 5, S. 354-364

DGUV (1997): Deutsche gesetzliche Unfallversicherung (DGUV) Vorschrift 38 Unfallverhütungsvorschrift Bauarbeiten vom 1. April 1977, in der Fassung vom 1. Januar 1997

Dickhaut W. und Eschenbach A. (Hrsg.) (2019) Entwicklungskonzept Stadtbäume – Anpassungsstrategien an sich verändernde urbane und klimatische Rahmenbedingungen. HafenCity Universität Hamburg

Dilly, T. C.; Schmitt, T. G. und Dittmer, U. (2019): Smrt Water: Konzepte für einen intelligenten Umgang mit Wasser in der Stadt der Zukunft. Korrespondenz Abwasser, Abfall 66 (2019) Nr. 10, S. 802-811

DIN (1994) DIN 4049-3: Hydrologie - Teil 3: Begriffe zur quantitativen Hydrologie, Oktober 1994

DIN (2008) DIN 4030-1: Beurteilung betonangreifender Wässer, Böden und Gase - Teil 1: Grundlagen und Grenzwerte, Juni 2008

DIN (2011) DIN 18196: Erd- und Grundbau – Bodenklassifikation für bautechnische Zwecke, Mai 2011

DIN (2012a) DIN 4124: Baugruben und Gräben – Böschungen, Verbau, Arbeitsraumbreiten, Januar 2012

DIN (2012b) DIN 1986-30: Entwässerungsanlagen für Gebäude und Grundstücke – Teil 30: Instandhaltung, Februar 2012

DIN (2016a) DIN 1986-100: Entwässerungsanlagen für Gebäude und Grundstücke – Teil 100: Bestimmungen in Verbindung mit DIN EN 752 und DIN EN 12056, Dezember 2016

DIN (2016b) DIN 4045: Abwassertechnik – Grundbegriffe, November 2016

DIN (2016c) DIN 18205: Bedarfsplanung im Bauwesen, November 2016

DIN (2018) DIN 1998: Unterbringung von Leitungen und Anlagen in öffentlichen Verkehrsflächen – Richtlinie für die Planung, Juli 2018

DIN EN (2001) DIN EN 12056-4: Schwerkraftentwässerungsanlagen innerhalb von Gebäuden Teil 4: Abwasserhebeanlagen – Planung und Bemessung Deutsche Fassung EN 12056-4:2000, Januar 2001

DIN EN (2014) DIN EN 16323: Wörterbuch für Begriffe der Abwassertechnik; Dreisprachige Fassung EN 16323:2014, Juli 2014

DIN EN (2015) DIN EN 1610: Einbau und Prüfung von Abwasserleitungen und -kanälen. Deutsche Fassung EN 1610:2015, Dezember 2015

DIN EN (2017) DIN EN 752: Entwässerungssysteme außerhalb von Gebäuden – Kanalmanagement. Deutsche Fassung EN 752:2017, Juli 2017

Dudey, A. und Grüning, H. (2005) Berücksichtigung durchlässig befestigter Oberflächen bei der Gebührenkalkulation. Kommunale Steuer-Zeitschrift (54) Nr. 2, S. 26-29

DWA (2005a) Arbeitsblatt DWA-A 116-1: Besondere Entwässerungsverfahren Teil 2: Unterdruckentwässerungssysteme außerhalb von Gebäuden. Deutsche Vereinigung für Wasserwirtschaft, Abwasser und Abfall e. V. (DWA), Hennef, März 2005

DWA (2005b) Merkblatt DWA-M 180: Handlungsrahmen zur Planung der Abflusssteuerung in Kanalnetzen, Deutsche Vereinigung für Wasserwirtschaft, Abwasser und Abfall e. V. (DWA), Hennef, Dezember 2005

DWA (2006a) Arbeitsblatt DWA-A 118: Hydraulische Bemessung und Nachweis von Entwässerungssystemen. Deutsche Vereinigung für Wasserwirtschaft, Abwasser und Abfall e. V. (DWA), Hennef, März 2006

DWA (2006b) Arbeitsblatt DWA-A 110: Hydraulische Dimensionierung und Leistungsnachweis von Abwasserleitungen und -kanälen. Deutsche Vereinigung für Wasserwirtschaft, Abwasser und Abfall e. V. (DWA), Hennef, August 2006

DWA (2006c) Arbeitsblatt DWA-A 100: Leitlinien der integralen Siedlungsentwässerung (ISiE). Deutsche Vereinigung für Wasserwirtschaft, Abwasser und Abfall e. V. (DWA), Hennef, Dezember 2006

DWA (2007a) Arbeitsblatt DWA-A 116-2: Besondere Entwässerungsverfahren Teil 2: Druckentwässerungssysteme außerhalb von Gebäuden. Deutsche Vereinigung für Wasserwirtschaft, Abwasser und Abfall e. V. (DWA), Hennef, Mai 2007

DWA (2007b) Merkblatt DWA-M 153: Handlungsempfehlungen zum Umgang mit Regenwasser. Deutsche Vereinigung für Wasserwirtschaft, Abwasser und Abfall e. V. (DWA), Hennef, August 2007

DWA (2007c) Arbeitsblatt DWA-A 112: Hydraulische Dimensionierung und Leistungsnachweis von Sonderbauwerken in Abwasserleitungen und -kanälen. Deutsche Vereinigung für Wasserwirtschaft, Abwasser und Abfall e. V. (DWA), Hennef, August 2007

DWA (2008) Arbeitsblatt DWA-A 125: Rohrvortrieb und verwandte Verfahren. Deutsche Vereinigung für Wasserwirtschaft, Abwasser und Abfall e. V. (DWA), Hennef, Dezember 2008

DWA (2010a): Klimawandel – Herausforderungen und Lösungsansätze für die deutsche Wasserwirtschaft. Themenband der DWA-Koordinierungsgruppe „Wasserwirtschaftliche Strategien zum Klimawandel“, Deutsche Vereinigung für Wasserwirtschaft, Abwasser und Abfall e. V. (DWA), Hennef, Mai 2010

DWA (2010b) Arbeitsblatt DWA-A 111: Hydraulische Dimensionierung und betrieblicher Leistungsnachweis von Anlagen zur Abfluss- und Wasserstandsbegrenzung in Entwässerungssystemen. Deutsche Vereinigung für Wasserwirtschaft, Abwasser und Abfall e. V. (DWA), Hennef, Dezember 2010

DWA (2011a) Merkblatt DWA-M 181: Messung von Wasserstand und Durchfluss in Entwässerungssystemen. Deutsche Vereinigung für Wasserwirtschaft, Abwasser und Abfall e. V. (DWA), Hennef, September 2011

DWA (2011b) Arbeitsblatt DWA-A 530: Beobachteranleitung für nebenamtliche Niederschlagsstationen Nst (A) und Nst (k) (BAN). Deutsche Vereinigung für Wasserwirtschaft, Abwasser und Abfall e. V. (DWA), Hennef, November 2011

DWA (2012) Merkblatt DWA-M 182: Fremdwasser in Entwässerungssystemen außerhalb von Gebäuden, Deutsche Vereinigung für Wasserwirtschaft, Abwasser und Abfall e. V. (DWA), Hennef, April 2012

DWA (2013a): Methoden der Überflutungsberechnung. Arbeitsbericht der DWA-Arbeitsgruppe ES-2.6. KA Korrespondenz Abwasser, Abfall 60 (2013) Nr. 6, S. 506-511

DWA (2013b): Starkregen und urbane Sturzfluten – Praxisleitfaden zur Überflutungsvorsorge, DWA-Themenband T1, Deutsche Vereinigung für Wasserwirtschaft, Abwasser und Abfall e. V. (DWA), Hennef, August 2013

DWA (2013c) Merkblatt DWA-M 176: Hinweise zur konstruktiven Gestaltung und Ausrüstung von Bauwerken der zentralen Regenwasserbehandlung und -rückhaltung. Deutsche Vereinigung für Wasserwirtschaft, Abwasser und Abfall e. V. (DWA), Hennef, November 2013

DWA (2013d) Arbeitsblatt DWA-A 166: Bauwerke der zentralen Regenwasserbehandlung und -rückhaltung – Konstruktive Gestaltung und Ausrüstung. Deutsche Vereinigung für Wasserwirtschaft, Abwasser und Abfall e. V. (DWA), Hennef, November 2013

DWA (2013e) Arbeitsblatt DWA-A 117: Bemessung von Regenrückhalteräumen. Deutsche Vereinigung für Wasserwirtschaft, Abwasser und Abfall e. V. (DWA), Hennef, Dezember 2013

DWA (2013f) Merkblatt DWA-M 145-1: Kanalinformationssysteme – Teil 1: Grundlagen und systemtechnische Anforderungen. Deutsche Vereinigung für Wasserwirtschaft, Abwasser und Abfall e. V. (DWA), Hennef, Dezember 2013

DWA (2014) Arbeitsblatt DWA-A 272: Grundsätze für die Planung und Implementierung Neuartiger Sanitärsysteme (NASS). Deutsche Vereinigung für Wasserwirtschaft, Abwasser und Abfall e. V. (DWA), Hennef, Juni 2014

DWA (2015) Merkblatt DWA-M 149-3: Zustandserfassung und -beurteilung von Entwässerungssystemen außerhalb von Gebäuden Teil 3: Beurteilung nach optischer Inspektion. Deutsche Vereinigung für Wasserwirtschaft, Abwasser und Abfall e. V. (DWA), Hennef, April 2015

DWA (2016) Merkblatt DWA-M 119: Risikomanagement in der kommunalen Überflutungsvorsorge für Entwässerungssysteme bei Starkregen. Deutsche Vereinigung für Wasserwirtschaft, Abwasser und Abfall e. V. (DWA), Hennef, November 2016

DWA (2017a): Niederschlagserfassung durch Radar und Anwendung in der Wasserwirtschaft, DWA-Themenband T2/2017, Deutsche Vereinigung für Wasserwirtschaft, Abwasser und Abfall e. V. (DWA), Hennef, März 2017

DWA (2017b) Arbeitsblatt DWA-A 531: Starkregen in Abhängigkeit von Wiederkehrzeit und Dauer. Deutsche Vereinigung für Wasserwirtschaft, Abwasser und Abfall e. V. (DWA), Hennef, Mai 2017

DWA (2017c): Neuartige Sanitärsysteme (NASS). Arbeitsbericht der DWA-Arbeitsgruppe KA-1.6 „Bemessungshinweise“ im Fachausschuss KA-1 „Neuartige Sanitärsysteme. KA Korrespondenz Abwasser, Abfall 64 (2017) Nr. 12, S. 1074-1082

DWA (2018a) Merkblatt DWA-M 504-1: Ermittlung der Verdunstung von Land- und Wasserflächen – Teil 1: Grundlagen, experimentelle Bestimmung der Landverdunstung, Gewässerverdunstung. Deutsche Vereinigung für Wasserwirtschaft, Abwasser und Abfall e. V. (DWA), Hennef, Juli 2018

DWA (2018b): Building Information Modeling in der Wasserwirtschaft. Arbeitsbericht der DWA-Ad-hoc-Arbeitsgruppe WI-00.5 „Building Information Modeling. KA Korrespondenz Abwasser, Abfall 65 (2018) Nr. 12, S. 1107-1112

DWA (2019) Arbeitsblatt DWA-A 139: Einbau und Prüfung von Abwasserleitungen und -kanälen. Deutsche Vereinigung für Wasserwirtschaft, Abwasser und Abfall e. V. (DWA), Hennef, März 2019

DWA (2020a) Arbeitsblatt DWA-A 113: Hydraulische Dimensionierung und Leistungsnachweis von Abwasserdrucksystemen. Deutsche Vereinigung für Wasserwirtschaft, Abwasser und Abfall e. V. (DWA), Hennef, Januar 2020

DWA, 2020b) Arbeitsblatt DWA-A 138-1 Anlagen zur Versickerung von Niederschlagswasser – Teil 1: Planung, Bau, Betrieb (Entwurf). Deutsche Vereinigung für Wasserwirtschaft, Abwasser und Abfall e. V. (DWA), Hennef, November 2020

DWA/BWK (2020a) Arbeitsblatt DWA-A 102-2/BWK-A 3-2: Grundsätze zur Bewirtschaftung und Behandlung von Regenwetterabflüssen zur Einleitung in Oberflächengewässer – Teil 2: Emissionsbezogene Bewertungen und Regelungen. Herausgeber: Deutsche Vereinigung für Wasserwirtschaft, Abwasser und Abfall e. V. (DWA) sowie Bund für Ingenieure und Wasserwirtschaft, Abfallwirtschaft und Kultrbau e.V. (BWK), Hennef und Aachen, Dezember 2020

DWA/BWK (2020b) Merkblatt DWA-M 102-4/BWK-A 3-2: Grundsätze zur Bewirtschaftung und Behandlung von Regenwetterabflüssen zur Einleitung in Oberflächengewässer – Teil 4: Wasserhaushaltsbilanz für die Bewirtschaftung des Niederschlagswassers (Entwurf). Herausgeber: Deutsche Vereinigung für Wasserwirtschaft, Abwasser und Abfall e. V. (DWA) sowie Bund für Ingenieure und Wasserwirtschaft, Abfallwirtschaft und Kulturbau e.V. (BWK), Hennef und Aachen, Dezember 2020

DWD Deutscher Wetterdienst (Hrsg.) (1997): AKORD – Anwender-koordinierte Organisation von Radar-Daten. Produktkatalog, Stand: Dezember 1997

DWD (2015) KOSTRA-DWD-2010: Starkniederschlagshöhen für Deutschland (Bezugszeitraum 1951-2010) - Abschlussbericht. Offenbach: Deutscher Wetterdienst (DWD)

DWD (2018a) Deutscher Wetterdienst: https://www.dwd.de/DE/leistungen/starkniederschlagsauswertung/starkniederschlagsauswertung.html, besucht am 28.12.2018

DWD (2018b) Deutscher Wetterdienst: Wetterlexikon, https://www.dwd.de/DE/service/lexikon/Functions/glossar.html?nn=103346&lv2=102248&lv3=102572, besucht am 30.08.2018

Dyck, S. und Peschke, G. (1989): Grundlagen der Hydrologie. 2., bearbeitete Auflage, VEB Verlag für Bauwesen, Berlin

FGSV (2005): Richtlinien für die Anlage von Straßen, Teil Entwässerung (RAS-Ew), Forschungsgesellschaft für Straßen- und Verkehrswesen, e. V., Köln.

Fletcher, T.D., Shuster, W., Hunt, W.F., Ashley, R., Butler, D., Arthur, S. ,Trowsdale, S., Barraud, S.,

Semadeni-Davies, A., Bertrand- Krajewski, J.-L., Mikkelsen, P.S., Rivard, G., Uhl, M., Dagenais, D. (2015): SUDS, LID, BMPs, WSUD and more - The evolution and application of terminology surrounding urban drainage. - In: Urban Water Journal Vol 12, Issue 7, pp. 525-542

Frehmann T. (2003) Untersuchungen der Wirksamkeit von Stauraumkanälen mit unten liegender Entlastung zur Regenwasserbehandlung. Forum Siedlungswasserwirtschaft und Abfallwirtschaft Universität Essen, Heft 21, Shaker Verlag, Aachen

Freimann R. (2009): Hydraulik für Bauingenieure. Carl Hanser Verlag, München

Fuchs, L.; Graf, T.; Haberlandt, U.; Kreibich, H.; Neuweiler, I.; Sesters, M.; Berkhahn, S.; Feng, Y.; Peche, A.; Rözer, V.; Sämann, R.; Shehu, B. und Wahl, J. (2018): Echtzeitvorhersage urbaner Sturzfluten und damit verbundene Wasserkontaminationen. In: Regenwasser in urbanen Räumen – aqua urbanica trifft Regenwassertage, Schriften-reihe Wasser Infrastruktur Ressourcen, Band 1, TU Kaiserslautern, S. 17-28

Geiger, W.; Dreiseitl, H. und Stemplewski, J. (2009): Neue Wege für das Regenwasser. 3. völlig neu überarbeitete Auflage, Oldenbourg Industrieverlag, München

Grüning, H. und Orth, H. (2001): Control strategies for optimisation of urban wastewater system based on precipitation forecast. In Proceedings: NOVATECH 2001, 4th International Conference on Innovative Technologies in Urban Drainage, Lyon-Villeurebanne, France, 25.-27. June 2001, pp. 477-484

Grüning, H. (2002): Ein Modell zur simultanen Bewirtschaftung von Kanalnetz und Kläranlage unter Berücksichtigung resultierender Gewässerbelastungen. Schriftenreihe Siedlungswasserwirtschaft der Ruhr-Universität Bochum, Band 42

Grüning, H. und Grimm, M. (2015): Unwetter mit Rekordniederschlägen in Münster. Korrespondenz Wasserwirtschaft (8) Nr. 2, S. 88-93

Grüning H. (2020) Pro und Contra urbanes Grün. In: Transforming Cities, Heft 4/2020, Jahrgang 5, S. 63-67

Günthert, F. W. und Faltermaier, S. (2018): Prüfung von Rohrleitungen. In: Rohrleitungen 2 von Horlacher, H. -B. und Helbig, U. (Hrsg.), Kapitel 21, 2. Auflage, Springer Vieweg, Berlin

Hager, W. H. (1995): Abwasserhydraulik Theorie und Praxis. Korri-gierter Nachdruck. Springer-Verlag, Berlin Heidelberg

Hassinger, R. (2000): Problematik der Durchflussmessung in Abwasseranlagen. Schriftenreihe Siedlungswasserwirtschaft der Ruhr-Universität Bochum, Band 38, S. 31-46

Henninger S. und Weber S. (2020) Stadtklima. Verlag Ferdinand Schöningh, Paderborn

Hennerkes, J. (2006): Reduzierung von Fremdwasser bei der Abwasserentsorgung. Dissertation, Aachener Schriften zur Stadtentwässerung, Band 10, Gesellschaft zur Förderung der Siedlungswasserwirtschaft an der RWTH Aachen, Aachen

Hoppe, H. und Grüning, H. (2005): Messdaten vs. Berechnungsannahmen - Einfluss der Grundlagenermittlung auf das Planungsergebnis. 23. Bochumer Workshop „Optimierung von Kanalnetz und Kläranlage bei knappen Kassen“, Schriftenreihe Siedlungswasserwirtschaft der Ruhr-Universität Bochum, Bd. 49, S. 147-171

Hoppe, H. (2006): Unsicherheiten von Grundlagendaten im Rahmen integrierter Planungen urbaner Abwasserentsorgungssysteme. RuhrUniversität Bochum, Schriftenreihe Siedlungswasserwirtschaft Bochum, Band 51

Hoppe, H. und Grüning, H. (2006): Analyse notwendiger Mess- und Planungsdaten. 24. Bochumer Workshop „Betrieb und Überwachung von Kanalnetz und Kläranlage", Schriftenreihe Siedlungswasserwirtschaft der Ruhr-Universität Bochum, Bd. 52, S. 87-107

Hoppe, H. und Jeskulke, M. (2018): Auskunfts- und Informationssystem Starkregenvorsorge (AIS) als Beitrag zur Klimaanpassung Extreme Regenereignisse (KLAS) in Bremen. In: Beitrag zum StarkRegenCongress 2018 am 9. und 10. Oktober 2018 in Gelsenkirchen (www.klas-bremen.de)

Hoppe, H.; Raith, K.; Kutsch, S.; Ante, J.; Gigl, Th. und Massing, Ch. (2018): Qualitätsabhängige Kanalnetzsteuerung – Konzeption und Umsetzung lokaler und stadtgebietsweiter Steuerungsstrategien. Beitrag zum 30. Hamburger Kolloquium zur Abwasserwirtschaft, 11./12. September 2018. Tagungsband TUHH. Hamburger Berichte zur Siedlungswasserwirtschaft Band Nr. 97, S. 87ff

Hoppe, H.; Gruber, G.; Dittmer, U. und Rieckermann, J. (2019): Daten-basierte Planungs-, Betriebs- und Vollzugskonzepte zur nachhaltigen Regenwasserbehandlung. Beitrag zur 52. Essener Tagung für Wasserwirtschaft vom 20. bis 22. März 2019, Aachen

Hoppe, H.; Dittmer, U.; Gruber, G. und Rieckermann, J. (2019): Datenbasierte Planungs-, Betriebs- und Vollzugskonzepte zur nachhaltigen Regenwasserbehandlung. In: Tagungsband zur 52. Essener Tagung. Schriftenreihe „Gewässerschutz – Wasser – Abwasser", Gesellschaft zur Förderung des Instituts für Siedlungswasserwirtschaft an der RWTH Aachen e.V., S. 26/1-26/16

Hoppe, H. und Falter, D. (2019): Starkregen im urbanen Raum – Methoden und Modelle. Tagungsband. IRO-Schriftenreihe aus dem Institut für Rohrleitungsbau Oldenburg, Band 46, S. 42-51

Hoyer, J.; Dickhaut, W.; Kronawitter, L. und Weber, B. (2011): Water Sensitive Urban Design. Principles and Inspiration for Sustainable Stormwater Management in the City of the Future. Jovis Verlag, Berlin

HSB (2017): Ermittlung von Überflutungsgefahren mit vereinfachten und detaillierten hydrodynamischen Modell. Praxisleitfaden, erstellt im Rahmen des DBU-Forschungsprojektes „KLAS II" unter Beteiligung der Hochschule Bremen, der Dr. Pecher AG, der hanseWasser Bremen GmbH und der Freien Hansestadt Bremen, Oktober 2017

Huber M., Helmreich B. und Welker A. (2015) Einführung in die dezentrale Niederschlagswasserbehandlung für Verkehrsflächenund Metalldachabflüsse. Berichte aus der Siedlungswasserwirtschaft der Technischen Universität München, Nr. 213, Garching.

Illgen, M.; Kissel, M. und Piroth, K. (2013): Starkregen und urbane Sturzfluten – Handlungsempfehlungen zur kommunalen Überflutungsvorsorge. KA Korrespondenz Abwasser, Abfall 60 (2013) Nr. 11, S. 951-960

IPCC (2021) Climate Change 2021: The Physical Science Basis. Working Group I contribution to the Sixth Assesment Report of the Intergovernment Panel on Climate Change, Cambridge University Press, Camebridge

Imhoff, K.; Imfoff, K. R. und Jardin, N. (2018): Taschenbuch der Stadtentwässerung. 32. Verbesserte Auflage, herausgegeben von Norbert Jardin, Deutscher Industrieverlag GmbH, Essen

Jedlitschka, J. und Orth, H. M. (2006): Druck-, Unterdruck- und Absetzentwässerung. Kapitel 5 aus Abwasserableitung – Kursunterlagen zum weiterbildenden Studium „Wasser und Umwelt" der Bauhaus Universität Weimar, Universitätsverlag Weimar

Jirka, G.H. und Lang, C. (2009): Einführung in die Gerinnehydraulik. Universitäsverlag Karlsruhe

Jüpner R., Lesny K., Patt H. und Weiß G. (2020) Technischer Hochwasserschutz. In: Hochwasser-

Handbuch - Auswirkungen und Schutz (Kapitel 8), 3. Auflage, Springer Vieweg, Wiesbaden

Krämer, S.; Wahl, J. und Fuchs, L. (2018): Ereignisbezogene Überflutungsmodellierung mit Radarregendaten. In: Regenwasser in urbanen Räumen – aqua urbanica trifft Regenwassertage, Schriftenreihe Wasser Infrastruktur Ressourcen, Band 1, TU Kaiserslautern, S. 17-28

Kreienkamp, F.; Deutschländer, T.; Malitz, G.; Rauthe, M.; Becker, A.; Früh, B. und Becker, P. (2016): Starkniederschläge in Deutschland. Deutscher Wetterdienst, Offenbach am Main

Krieger, K.; Schmitt, T. G. und Illgen, M. (2017): Risikomanagement in der kommunalen Überflutungsvorsorge nach DWA-Merkblatt M 119. In: Herausforderungen Regenwasser, gwf Praxiswissen, DIV Deut-scher Industrieverlag GmbH, Essen, S. 108-113

Kuttler W. (2013) Klimatologie. 2., aktualisierte und ergänzte Auflage, Verlag Ferdinand Schöningh, Paderborn

Lange, J. und Otterpohl, J. (2000): Abwasser: Handbuch zu einer zukünftigen Wasserwirtschaft. 2. überarbeitete Auflage, Mallbeton-Verlag, Donaueschingen-Pfohren

Lange, R. -L. (2013): Untersuchungen zum Ablagerungsverhalten in der Mischkanalisation als Grundlage der Optimierung von Reinigungsintervallen. Schriftenreihe Siedlungswasserwirtschaft der Ruhr-Universität Bochum, Bd. 66, Bochum

LANUV (2014): Nachhaltiges kommunales Niederschlagswasserbeseitigungskonzept. Arbeitshilfe zur Erstellung von ABK, LANUV-Arbeitsblatt 24, Recklinghausen

Latif, M. (2009): Klimawandel und Klimadynamik. Verlag Eugen Ulmer, Stuttgart

Lautrich, R. (1980): Der Abwasserkanal. 4. neubearbeitete und erweiterte Auflage, Verlag Paul Parey, Hamburg und Berlin

Macke, E. (1980): Vergleichende Betrachtungen zum Feststofftransport im Hinblick auf ablagerungsfreie Strömungszustände in Regen- und Schmutzwasserkanälen. Mitteilungen des Leichtweiß-Institutes der TU Braunschweig, Heft 69

Macke, E. (2013): Flachstrecken und Ablagerungen. DWA-Fortbildungsveranstaltung „Hydraulische Planung von Abwasseranlagen“ (Seminarunterlagen), am 2./3. Juli 2013 in Dortmund

Malitz, G. und Ertel, H. (2015): Abschlussbericht zum KOSTRA-DWD-2010 - Starkniederschlagshöhen für Deutschland (Bezugszeitraum 1951 bis 2010), Offenbach am Main 2015

Merlein, J.; Kleinschroth, A. und Valentin, F. (2002): Systematisierung von Absturzbauwerken. Mittelungen des Lehrstuhls für Hydraulik und Gewässerkunde der Technischen Universität München, Heft Nr. 69, München

Merlein, J. (2002): Einfluss der Strömung in Schächten auf die Leistungsfähigkeit von eingestauten Abwasserkanälen. Mittelungen des Lehrstuhls für Hydraulik und Gewässerkunde der Technischen Universität München, Heft Nr. 70, München

Münch, P. (1993): Stadthygiene im 19. und 20. Jahrhundert. Schriftenreihe der Historischen Kommission bei der Bayerischen Akademie der Wissenschaften, Band 49, Vandenhoeck & Ruprecht, Göttingen

MUNLV (2004): Anforderungen an die Niederschlagsentwässerung im Trennverfahren. Runderlass des Ministeriums für Umwelt und Naturschutz, Landwirtschaft und Verbraucherschutz des Landes Nordrhein-Westfalen vom 26.05.2004

Niemann, K. (2002): Steuerungsmaßnahmen für den Kläranalgenbetrieb bei Mischwasserzufluss. Schriftenreihe Siedlungswasserwirtschaft der Ruhr-Universität Bochum, Bd. 43

Otto F. (2019) Wütendes Wetter. 3. Auflage, Ullstein Buchverlage GmbH, Berlin

Patt H., Jüging P. und Kraus W. (2011) Naturnaher Wasserbau – Entwicklung und Gestaltung von Fließgewässern. 4., aktualisierte Auflagen, Springer-Verlag, Berlin Heidelberg

Patt H. und Jüging P. (2020) Einführung in die Thematik. In: Hochwasser-Handbuch – Auswirkungen und Schutz. 3. Auflage (Kapitel 1), Springer-Verlag, Wiesbaden

Pfister, A. (2016): Langjährige Entwicklung von Starkregen – Handlungsempfehlungen für die Zukunft. In: Schriftenreihe Gewässerschutz – Wasser – Abwasser, Bd. 239, Gesellschaft zur Förderung der Siedlungswasserwirtschaft der RWTH Aachen e. V., Aachen, S. 35/1-35/14

Pecher, R. (1994): Ermittlung des für die Bemessung maßgeblichen Abflusse. In: ATV-Handbuch Planung der Kanalisation (Kapitel 14.3), 4. Auflage, Ernst & Sohn Verlag, Berlin

Pecher, R.; Schmidt, H. und Pecher, D. (1991): Hydraulik der Abwasserkanäle in der Praxis. Kommissionsverlag Paul Parey, Hamburg und Berlin

Pecher, K. H. (2000): Mischwasserbehandlung innerhalb des Kanalnetzes, Schriftenreihe Gewässerschutz - Wasser - Abwasser, Bd. 177, Gesellschaft zur Förderung der Siedlungswasserwirtschaft der RWTH Aachen e. V., Aachen, 2000, S. 12/1-12/16

Pecher, K. H. (2008): Sanierung der öffentlichen Mischkanalisation bei erforderlicher Dränagewasserableitung. In: Schriftenreihe Gewässerschutz – Wasser – Abwasser, Bd. 211, Gesellschaft zur Förderung der Siedlungswasserwirtschaft der RWTH Aachen e. V., Aachen, S. 40/1 bis 40/12

Pfoser N., Henrich J. Jenner N., Schreiner J., Kanashiro C., Heusinger J., Weber S., Hegger M. und Dettmar J. (2013) Gebäude Begrünung Energie – Potenziale und Wechselwirkungen. Forschungsgesellschaft Landschaftsentwicklung Landschaftsbau e.V. (FLL), Bundesinstitut für Bau-, Stadt- und Raumforschung (BBSR), FLL-Schriftenreihe FV2014/01, Bonn

Plöger S. (2020) Zieht euch warm an, es wird heiß! 3. Auflage, Westend Verlag GmbH, Frankfurt/Main

Quirmbach, M. und Schultz, G. A. (2000): Comparison of rain-gauge and radar data as input to an urban rainfall-runoff model. In Preprints: 5th International Workshop on Precipitation in Urban Areas, Pontresina, Switzerland, 10-13 December 2000, pp. 20-25

Quirmbach, M.; Freistühler, E. und Papadakis, I. (2012): Auswirkungen des Klimawandels in der Emscher-Lippe-Region – Analysen zu den Parametern Lufttemperatur und Niederschlag, dynaklim-Publikation Nr. 30, November 2012, www.dynaklim.de

Rahman, M. (2016): Comparing the cooling benefits of different urban tree species at contrasting growth conditions. In: Gesellschaft für Ökologie e.V. (Hrsg.): Verhandlungen der Gesellschaft für Ökologie, Band 46. Jahrestagung der Gesellschaft für Ökologie, 5.-9. Sep. 2016 in Marburg. Görich & Weiershäuser, Marburg, S. 367-368

Rahmstorf, S. und Schellnhuber, H. J. (2018): Der Klimawandel. 8. Auflage, Verlag C.H. Beck oHG, München

Ristenpart, E. (1995): Feststoffe in der Mischkanalisation. Vorkommen, Bewegung und Verschmutzungspotential. Schriftenreihe für Stadtentwässerung und Gewässerschutz, Band 11, SuG-Verlagsgesellschaft, Hannover

Sartor J. (2008) Hydrologisch-hydraulische Bemessung von Hochwasserpumpwerken. KA Korrespondenz Abwasser, Abfall 55, Nr. 8, S. 860-864

Scheid, C. und Schmitt, T. G. (2015): Ermittlung von Bemessungsabflüssen zur Dimensionierung von Entwässerungssystemen, DWA-Seminar Hydraulische Planung von Abwasseranlagen, am 05./06.05.2015 in Münster

Schiller, H. (2018): Klimawandel - Große Sommerhochwasser – Lange Trockenperioden: geschichtlicher Rückblick verdeutlicht Zusammenhänge. KW Korrespondenz Wasserwirtschaft (2018) Nr. 1, S. 647-652

Schlenkhoff, A.; Kemper, S. und Mayer, A. (2015): Physikalische Modellversuche zur hydraulischen Leistungsfähigkeit von Straßeneinläufen. gwf-Wasser|Abwasser 156 (2015) Nr. 5, S. 550-554

Schmitt, T. G. und Hahn, H. H. (1983): Variable, belastungsabhängige Zeitschrittwahl in der hydrodynamischen Kanalnetzberechnung. Korrespondenz Abwasser 30 (1983) Nr. 9, S. 325-634

Schmitt, T. G. und Illgen, M. (2001): Abflussbeiwerte für die Bemessung und Abflusssimulation von Entwässerungsanlagen. KA Wasserwirtschaft, Abwasser, Abfall 48 (2001) Nr. 12, S. 1720-1728

Schmitt, T. G. (2002): Standortbestimmung zur Regenwasserbehandlung. In: Gewässerschutz – Wasser – Abwasser (GWA) Schriftenreihe des Instituts für Siedlungswasserwirtschaft der RWTH Aachen, Begleitband zur 3. Essener Tagung, Band 188, S. 22/1 bis 22/22

Schmitt, T. G. (2006): Kanalnetzberechnung, Simulationsmodelle. In: Abwasserableitung – Kursunterlagen zum weiterbildenden Studium „Wasser und Umwelt" der Bauhaus Universität Weimar (Kapitel 2), Universitätsverlag Weimar

Schmitt, T. G. (2014): Starregenindex zur Kommunikation von Überflutungsursachen und Risiken. KA Korrespondenz Abwasser, Ab-fall 61 (2018) Nr. 8, S. 681-687

Schmitt, T. G. (2017): Weiterentwicklung des Starregenindex zur Verwendung in der kommunalen Überflutungsvorsorge. In: Herausforderungen Regenwasser, gwf Praxiswissen, DIV Deutscher In-dustrieverlag GmbH, Essen, S. 100-107

Schmitt, T. G.; Uhl, M.; Sitzmann, D.; Becker, M.; Flores, C.; Arndt, S.; Blume, G.; Treseler, U.; Ruß, H. J. und Stock, H. -D. (2008): Arbeitshilfe für die Durchführung von Messungen im Kanalnetz zur Ermittlung des abflusswirksamen Anteils der befestigten Flächen in Nordrhein-Westfalen, LANUV-Arbeitsblatt 4, Landesamt für Natur, Umwelt und Verbraucherschutz Nordrhein-Westfalen (Hrsg.), Recklinghausen

Schmitt, T. G.; Krüger, M.; Pfister, A.; Becker, M.; Mudersbach, C.; Fuchs, L.; Hoppe, H. und Lakes, I. (2018): Einheitliches Konzept zur Bewertung von Starkregenereignissen mittels Starkregenindex. KA Korrespondenz Abwasser, Abfall 65 (2018) Nr. 2, S. 113-120

Schultz, G. A. und Quirmbach, M. (2000): Abschlussbericht zum DFG-Forschungsvorhaben Schu 311/24-3 - Teilbericht des DFG-Verbundforschungsvorhabens „Gemeinsame Bewirtschaftung (Steuerung) von Kanalnetz und Kläranlage zur Minimierung von Überlastungen und Schadwirkungen im Gewässer", Bochum

Šifalda, V. (1998): Kanalnetzbemessung und der Regenzug. Wasserwirtschaft 88 (1998) Nr. 12, S. 642-644

Sieker F. (1991) Möglichkeiten und Grenzen der entwässerungstechnischen Regenwasserversickerung unter Berücksichtigung von Boden und Grundwasser (Überblick BMFT-Verbunsprojekt). Schriftenreihe für Stadtentwässerung und Gewässerschutz Band 4, Hannover

Sieker, F.; Kaiser, M. und Sieker, H. (2006): Dezentrale Regenwasserbewirtschaftung im privaten, gewerblichen und kommunalen Bereich. Frauenhofer IRB Verlag, Stuttgart

Sommer H., Post M. und Estupinan F. (2015) Dezentrale Behandlung von Straßenabflüssen - Übersicht verfügbarer Anlagen. 3. Auflage. Broschüre zum Projekt „Dezentrale Behandlung von Straßenabflüssen", gefördert durch das Land Berlin im Rahmen des Umwelt Entlastungs-Programms Berlin und mit Mitteln des EU EFRE Fonds (Europäischer Fonds für regionale Entwicklung).

Stein, D. (1985): Hydraulischer Rohrvortrieb. DVGW-Schriftenreihe Wasser Nr. 202, Eschborn

Stein, D. (2003): Grabenloser Leitungsbau. 1. Auflage, Ernst & Sohn Verlag, Berlin

Stein, D. und Stein, R. (2014): Instandhaltung von Kanalisationen. 4. Auflage, Band 1, Stein & Partner, Bochum

Tandler, R. (1994): Ansätze für eine parallele Überstauberechnung von Kanalnetzen. KA Korrespondenz Abwasser 41 (1994) Nr. 10, S. 1750-1761

Uhl M., Schiedt L., Henneberg M. und Mann, G.: Langzeitstudie zum Abflussverhalten begrünter Dächer. Wasser und Boden, 55 (3/2003), S. 28-36.

Uhl M. (2021) Persönliche Mitteilung vom 18.01.2021

Valentin, F und Sorg, W. (2006): Hydraulische Grundlagen. In: Abwasserableitung – Kursunterlagen zum weiterbildenden Studium „Wasser und Umwelt" der Bauhaus Universität Weimar (Kapitel 1), Universitätsverlag Weimar

Verworn, H. -R. (1999): Die Anwendung von Kanalnetzmodellen in der Stadthydrologie. Schriftenreihe für Stadtentwässerung und Gewässerschutz, Band 18, SuG-Verlagsgesellschaft, Hannover

Verworn, H. -R. (2005): Das neue Berechnungsverfahren für 5- und 10-Minuten-Werte in KOSTRA. KA Abwasser, Abfall 2005 52 (2005) Nr. 12, S. 1335 bis 1343

Verworn, H. -R. (2008): Flächenabhängige Abminderung statistischer Regenwerte. Korrespondenz Wasserwirtschaft (1) Nr. 9, S. 493-498

Weismann D. und Lohse M. (2007) Sulfid-Praxishandbuch der Abwassertechnik. Vulkan-Verlag, Essen

WHG (2009) Wasserhaushaltsgesetz: Gesetz zur Ordnung des Wasserhaushalts vom 31. Juli 2009 (BGBl. I S. 2585), zuletzt geändert durch Artikel 2 des Gesetzes vom 4. Dezember 2018 (BGBl. I S. 2254)

Stichwortverzeichnis

A

B

C

D

E

F

G

H

I

J

K

L

M

N

O

P

R

S

Z

Verzeichnis der Beispielrechnungen